西门子PLC

从入门到精通（视频学习版）

刘振全　王汉芝　王有成　编著

化学工业出版社

·北京·

内容简介

本书以西门子S7-200 SMART PLC硬件结构、工作原理、指令系统为基础，以开关量、模拟量编程设计方法为重点，以控制系统的工程应用为最终目标，结合百余个PLC应用案例，详细介绍西门子S7-200 SMART PLC的应用。主要内容包括：西门子S7-200 SMART PLC基本指令、应用指令、模拟量控制、控制系统设计方法、PLC控制变频器与步进电机和伺服电机、PLC通信、PLC与组态软件和触摸屏综合应用等，指令和应用讲解中都有配套案例，帮助读者边学边练。

本书可作为广大电气工程技术人员学习PLC技术的参考用书，也可作为高等院校、职业院校自动化类、电气类、机电一体化、电子信息类等相关专业的PLC教学或参考用书。

图书在版编目（CIP）数据

西门子PLC从入门到精通：视频学习版/刘振全，王汉芝，王有成编著 . —北京：化学工业出版社，2022.9
ISBN 978-7-122-41729-9

Ⅰ .①西… Ⅱ .①刘… ②王… ③王… Ⅲ .①PLC技术 Ⅳ .①TM571.61

中国版本图书馆CIP数据核字（2022）第104774号

责任编辑：宋 辉　　　　　　　　　文字编辑：毛亚囡
责任校对：李雨晴　　　　　　　　　装帧设计：张 辉

出版发行：化学工业出版社
　　　　　（北京市东城区青年湖南街 13 号　邮政编码 100011）
印　　装：北京缤索印刷有限公司
787mm×1092mm　1/16　印张 25¼　字数 646 千字
2022 年 10 月北京第 1 版第 1 次印刷

购书咨询：010-64518888　　　售后服务：010-64518899
网　　址：http://www.cip.com.cn
凡购买本书，如有缺损质量问题，本社销售中心负责调换。

定　　价：118.00元　　　　　　　　版权所有　违者必究

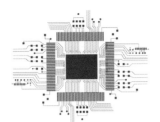

SIEMENS PLC

前 言

本书主要介绍西门子S7-200 SMART PLC的编程和使用,以硬件结构、工作原理、指令系统为基础,以开关量、模拟量编程设计方法为重点,以控制系统的工程应用为最终目的,结合百余个丰富的PLC应用案例,内容上循序渐进,由浅入深全面展开,使读者夯实基础、提高水平,最终达到从工程角度灵活运用的目的。

全书共分11章,包括西门子S7-200 SMART PLC基本指令详解、应用指令详解、基本控制案例、模拟量控制、西门子PLC控制系统设计方法及应用案例、PLC控制变频器与步进电机及伺服电机、PLC通信、PLC和组态软件及触摸屏的综合应用、典型控制案例等内容。

本书具有以下特色:

1. 图文并茂、例说应用,可为读者提供丰富的编程借鉴,解决编程无从下手和系统设计缺乏实践经验的难题。

2. 入门篇以硬件结构、工作原理、指令系统为基础,结合丰富的应用案例解析,侧重指令的典型应用,为读者打好西门子编程的基础。

3. 提高篇系统阐述开关量和模拟量控制的编程方法,给出多个典型案例,让读者容易模仿,达到举一反三、灵活应用的目的,提高读者的PLC编程能力和水平。

4. 精通篇涵盖变频器、步进电机、伺服电机、通信、组态软件与触摸屏应用等内容,让技术与工程无缝对接,理论与实践相结合,结合典型应用实例,帮助读者边学边用,提高分析解决工程问题的能力,精通PLC编程技术。

为便于读者举一反三,除书中正文100余个视频讲解外,附录中还提供了拓展视频,包括西门子PLC编程与仿真视频拓展:西门子S7-200 PLC编程与仿真、西门子S7-200 SMART PLC编程与仿真、西门子S7-300 PLC编程与仿真、西门子S7-400 PLC编程与仿真、西门子S7-300 PLC编程与仿真(博途)、西门子S7-400 PLC编程与仿真(博途)、西门子1200 PLC编程与仿真(博途)、西门子1500 PLC编程与仿真

（博途）等内容。

　　本书不仅为读者提供了一套有效的编程方法和可借鉴的丰富的编程案例，还为工程技术人员提供了大量的实践经验，可作为广大电气工程技术人员学习 PLC 技术的参考用书，也可作为高等院校、职业院校自动化类、电气类、机电一体化、电子信息类等相关专业的 PLC 教学或参考用书。

　　本书由刘振全、王汉芝、王有成编著，白瑞祥教授审阅全部书稿，并提出了宝贵建议，张耀洲、刘花廷、张有志为本书编写提供了帮助，在此一并表示衷心的感谢。

　　欢迎读者加入 QQ 群 (878322208) 进行交流学习。

　　由于编者水平有限，书中难免有不足之处，敬请广大专家和读者批评指正。

编著者

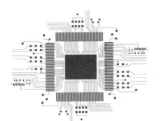

SIEMENS PLC

目 录

第1篇 入门篇

第 4 章　西门子 S7-200 SMART PLC 基本控制案例 ——————— 141

第 2 篇　提高篇

第 5 章　西门子 S7-200 SMART PLC 模拟量控制 ——————— 177

第6章 西门子 PLC 控制系统设计方法 —————— 197

第7章 西门子 PLC 系统控制应用案例 —————— 233

第3篇 精通篇

第 1 章
西门子 S7-200 SMART PLC 概述

1.1 CPU 模块与工作原理

西门子 200
SMART 编程
软件使用与仿真

1.1.1 PLC 控制系统的基本结构

PLC 是微机技术与传统的继电接触器控制技术相结合的产物，它克服了继电接触器控制系统中机械触点的复杂接线、可靠性低、功耗高、通用性和灵活性差的缺点，充分利用了微处理器的优点，又照顾到现场电气操作维修人员的技能与习惯，特别是 PLC 的程序编制，不需要专门的计算机编程语言知识，而是采用了一套以继电器梯形图为基础的简单指令形式，使用户程序编制形象、直观、方便易学，调试与查错也都很方便。

PLC 控制系统的基本结构如图 1-1 所示。

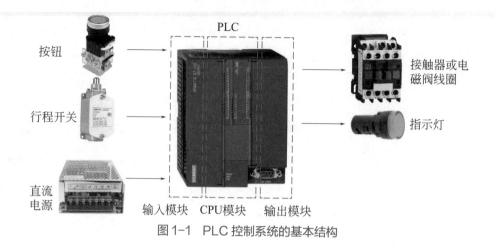

图 1-1　PLC 控制系统的基本结构

1.1.2　S7-200 SMART PLC 的 CPU 模块

CPU 模块又称为基本模块和主机，是一个完整的控制系统，它可以单独完成一定的控制任务，主要功能是采集输入信号、执行程序、发出输出信号和驱动外部负载。

（1）CPU 模块的组成

CPU 模块由中央处理单元、存储器单元、输入输出接口单元以及电源组成。

① 中央处理单元　中央处理单元（CPU）一般由控制器、运算器和寄存器组成。CPU 是 PLC 的核心，它不断采集输入信号，执行用户程序，刷新系统输出。

② 存储器　PLC 的存储器包括系统存储器和用户存储器两种。存放系统软件的存储器称为系统存储器，存放应用软件的存储器称为用户存储器。常用的存储器有 RAM、ROM、EEPROM 三种。

③ 输入输出接口电路　现场输入接口电路由光耦合电路和微机的输入接口电路组成，其作用是将按钮、行程开关或传感器等产生的信号传递到 CPU。

现场输出接口电路由输出数据寄存器、选通电路和中断请求电路组成，其作用是将 CPU 向外输出的信号转换成可以驱动外部执行元件的信号。例如可以控制接触器线圈等电器的通、断电。

④ 电源　PLC 一般使用 220V 交流电源或 24V 直流电源，内部的开关电源为 PLC 的中央处理器、存储器等电路提供 5V、12V、24V 直流电源，使 PLC 能正常工作。一般交流电压波动在 ±10% 范围内。

（2）常见 CPU 模块的型号、参数

常见 CPU 模块的型号、参数如表 1-1 所示。

表 1-1　常见 CPU 模块的型号、参数

型号	供电 / 输入 / 输出	I/O 点数
CPU SR20	AC/DC/RLY	20（12 输入 /8 输出）
CPU ST20	DC/DC/DC	
CPU CR20s	AC/DC/RLY	

型号	供电 / 输入 / 输出	I/O 点数
CPU SR30	AC/DC/RLY	30（18 输入 /12 输出）
CPU ST30	DC/DC/DC	
CPU CR30s	AC/DC/RLY	
CPU SR40	AC/DC/RLY	40（24 输入 /16 输出）
CPU ST40	DC/DC/DC	
CPU CR40s	AC/DC/RLY	
CPU CR40	AC/DC/RLY	
CPU SR60	AC/DC/RLY	60（36 输入 /24 输出）
CPU ST60	DC/DC/DC	
CPU CR60s	AC/DC/RLY	
CPU CR60	AC/DC/RLY	

CPU 的型号具有不同的含义，如图 1-2 所示。

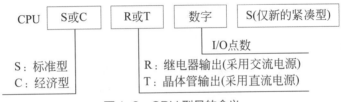

图 1-2　CPU 型号的含义

（3）CPU 模块的数字量输入输出电路

① 数字量输入电路　如图 1-3 所示，输入采用光电耦合电路，1M 是同一组输入点内部电路的公共点。当外部触点接通时，电路中有电流通过，发光二极管发光，使光敏三极管饱和导通；当电流从输入端流入时为漏型输入，反之则为源型输入。输入电流为数毫安。

当外部触点断开时，发光二极管熄灭，使光敏三极管截止。

光敏三极管导通或截止的信号经内部电路传送给 CPU 模块。

② 数字量输出电路　数字量输出电路分为继电器输出和晶体管输出两种。

继电器输出电路如图 1-4（a）所示，它可以驱动交、直流负载。其承受瞬时过电压和过电流的能力较强，但动作速度慢，动作次数有限。

1.1.2
数字量输入电路

1.1.2
数字量输出电路

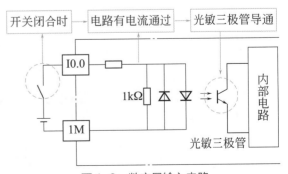

图 1-3　数字量输入电路

晶体管输出电路如图 1-4（b）所示，它只能驱动直流负载。晶体管反应速度快、寿命长，过载能力稍差。

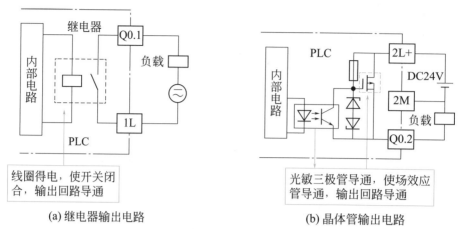

(a) 继电器输出电路　　　　　(b) 晶体管输出电路

图 1-4　数字量输出电路

1.1.3　PLC 的工作过程

1.1.3
PLC 的工作过程

（1）工作过程

如图 1-5 所示，PLC 初始化后，分 5 个阶段处理各种任务，称为一个扫描周期。完成一个扫描周期后，又重新执行上述任务，周而复始，循环扫描。

① CPU 自诊断测试　主要是检测主机硬件、各模块状态是否正常。

② 通信处理　主要是接收程序、命令和各种数据，并显示相应的状态、数据和出错信息。

③ 输入采样　如图 1-6 所示，外部输入电路接通时，将输入端子的状态读入输入映像区，对应的过程映像输入寄存器为 ON（1 状态）时，梯形图中对应的常开触点闭合，常闭触点断开。反之常开触点断开，常闭触点闭合。

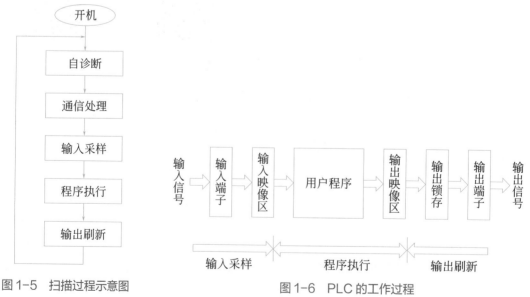

图 1-5　扫描过程示意图　　　　　图 1-6　PLC 的工作过程

④ 程序执行　如图 1-6 所示，从输入映像区读取软元件的 ON/OFF 状态，然后 CPU 将执行用户程序。执行程序过程中，根据程序执行结果刷新输出映像区，而不是实际的 I/O 点。

⑤ 输出刷新　梯形图中的某一输出线圈"通电"时，对应的输出映像区中的二进制数为 1，使对应输出端子的输出回路接通，外部负载通电。反之，外部负载断电。

可用中断程序和立即 I/O 指令提高 PLC 的响应速度。

（2）PLC 的工作过程举例

PLC 的工作过程示意图与梯形图如图 1-7 所示，在读取输入阶段，启动和停止按钮的触点的接通 / 断开状态被读入相应的输入映像寄存器。执行程序阶段的工作过程为：

① 从输入映像区 I0.1 中取出二进制数，存入堆栈的栈顶。

② 从输出映像区 Q0.0 中取出二进制数，与栈顶中的二进制数 I0.1 相"或"，运算结果存入栈顶。

③ 因为 I0.2 是常闭触点，取出输入映像区 I0.2 中的二进制数后，将它取反，与前面的运算结果相"与"后，存入栈顶。

④ 将栈顶中的二进制数传送到 Q0.0 的输出映像区。

⑤ 在刷新输出阶段，CPU 将各输出映像区中的二进制数传送给输出模块并锁存起来，如果 Q0.0 中存放的是二进制数 1，外接的接触器线圈将通电，电机启动，反之电机停止。

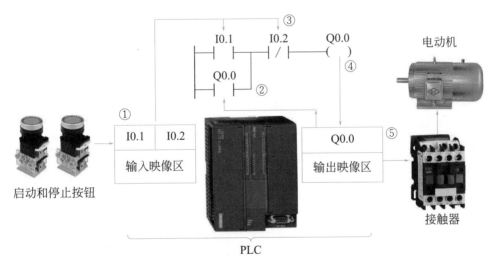

图 1-7　PLC 的工作过程示意图与梯形图

1.2　S7-200 SMART PLC 外部结构与接线

1.2.1　外部结构

（1）CPU 模块的外部结构

SR/ST 系列 CPU 模块的外部结构如图 1-8 所示，其 CPU 单元、存储器单元、输入输出单元及电源集中封装在同一塑料机壳内，它是典型的整体式结

1.2.1　S7-200
SMART CPU
模块外部结构

① 数字量输入端子
⑥ 以太网通信接口
⑦ 信号板或通信板
③ CPU状态指示灯
⑥ RS485通信接口
① 数字量输出端子

⑦ 导轨固定卡口
⑦ 电源输入端子
② 输入状态指示灯
④ 扩展接口
② 输出状态指示灯
⑤ MicroSD卡槽
⑦ 24V电源输出端子

图1-8   S7-200 SMART CPU 模块的外部结构

构。当系统需要扩展时，可选用需要的扩展模块与基本模块（又称主机、CPU 模块）进行连接完成。CPUSR40 的外部结构正面图如图 1-9 所示。

① 输入、输出端子   输入端子是外部输入信号与 PLC 连接的接线端子，位于底部端盖下面。外部端盖下面还有输入公共端子和 24V 直流电源端子，可以为传感器和光电开关等提供电源。

输出端子是外部负载与 PLC 连接的接线端子，在顶部端盖下面。此外，顶部端盖下面还有输出公共端子和 PLC 工作电源接线端子。

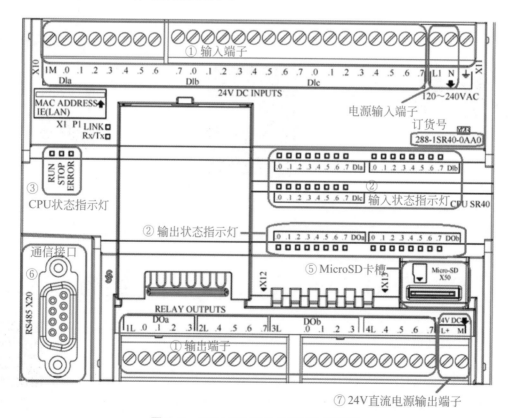

图1-9   CPU SR40 的外部结构正面图

② 输入、输出状态指示灯　输入状态指示灯用于显示是否有输入控制信号接入 PLC。当指示灯亮时，表示有控制信号接入 PLC；当指示灯不亮时，表示没有控制信号接入 PLC。

输出状态指示灯用于显示是否有输出信号驱动执行设备。当指示灯亮时，表示有输出信号驱动外部设备；当指示灯不亮时，表示没有输出信号驱动外部设备。

③ CPU 状态指示灯　CPU 状态指示灯有 RUN、STOP、ERROR 三个。当 RUN 指示灯亮时，表示运行状态；当 STOP 指示灯亮时，表示停止状态；当 ERROR 指示灯亮时，表示系统故障，PLC 停止工作。

④ 扩展接口　扩展接口位于 CPU 模块的右侧面，卸下盖板后，扩展模块通过插针连接，从而使连接更加紧密。

⑤ MicroSD 卡槽　标准 S7-200 SMART CPU 支持使用 MicroSD HC 卡，可使用任何容量为 4 ～ 16GB 的标准型商业 MicroSD HC 卡。

⑥ 通信接口　CPU CR20s、CPU CR30s、CPU CR40s 和 CPU CR60s 型号的 PLC 没有以太网端口，不支持使用以太网通信相关的所有功能。其他型号板载一个 RS485 和以太网接口。

⑦ 其他　除上述端口外，还有信号板或通信板、导轨固定卡口、电源输入端子和 24V 电源输出端子等。

（2）PLC 运行状态

PLC 运行状态有 "RUN" 和 "STOP" 两种，分别由 CPU 状态指示灯指示。使 PLC 处于不同运行状态的方式为：

① 将 CPU 置于 RUN 模式　在 PLC 菜单功能区或程序编辑器工具栏中单击 "运行"（RUN）按钮，出现提示窗口时，单击 "确认"（OK）按钮便可更改 CPU 的工作模式。

在程序编辑器工具栏中单击 "程序状态"（Program Status）按钮，可监视 STEP 7-Micro/WIN SMART 中的程序，使 PLC 进入 "RUN" 模式。

② 将 CPU 置于 STOP 模式　若要停止程序，需单击 "停止"（STOP）按钮，出现提示窗口时，单击 "确认" 按钮。也可在程序逻辑中采用 STOP 指令，将 CPU 置于 STOP 模式。

1.2.2　端子排布和外部接线

（1）各类型 PLC 的端子排布

在 PLC 编程中，外部接线图也是其中的重要组成部分之一。由于 CPU 模块、输出类型和外部电源供电方式的不同，PLC 外部接线图也不尽相同。各类型 PLC 端子排布情况如表 1-2 所示。

1.2.2
PLC 的外部接线

表 1-2　各类型 PLC 的端子排布

CPU 型号	电源供电方式	公共端公用情况	
		输入端	输出端
CPU SR20	85 ～ 264V AC 电源	I0.0 ～ I1.3 公用 1M	Q0.0 ～ Q0.3 公用 1L；Q0.4 ～ Q0.7 公用 2L
CPU ST20	20.4 ～ 28.8V DC 电源	I0.0 ～ I1.3 公用 1M	Q0.0 ～ Q0.7 公用 2L+2M
CPU SR30	85 ～ 264V AC 电源	I0.0 ～ I2.1 公用 1M	Q0.0 ～ Q0.3 公用 1L；Q0.4 ～ Q0.7 公用 2L；Q1.0 ～ Q1.3 公用 3L

CPU 型号	电源供电方式	公共端公用情况	
		输入端	输出端
CPU ST30	20.4 ~ 28.8V DC 电源	I0.0 ~ I2.1 公用 1M	Q0.0 ~ Q0.7 公用 2L+2M；Q1.0 ~ Q1.3 公用 3L+3M
CPU SR40	85 ~ 264V AC 电源	I0.0 ~ I2.7 公用 1M	Q0.0 ~ Q0.3 公用 1L；Q0.4 ~ Q0.7 公用 2L，Q1.0 ~ Q1.3 公用 3L；Q1.4 ~ Q1.7 公用 4L
CPU ST40	20.4 ~ 28.8V DC 电源	I0.0 ~ I2.7 公用 1M	Q0.0 ~ Q0.7 公用 2L+2M；Q1.0 ~ Q1.7 公用 3L+3M
CPU SR60	85 ~ 264V AC 电源	I0.0 ~ I4.3 公用 1M	Q0.0 ~ Q0.3 公用 1L；Q0.4 ~ Q0.7 公用 2L；Q1.0 ~ Q1.3 公用 3L；Q1.4 ~ Q1.7 公用 4L；Q2.0 ~ Q2.3 公用 5L；Q2.4 ~ Q2.7 公用 6L
CPU ST60	20.4 ~ 28.8V DC 电源	I0.0 ~ I4.3 公用 1M	Q0.0 ~ Q0.7 公用 2L+2M；Q1.0 ~ Q1.7 公用 3L+3M；Q2.0 ~ Q2.7 公用 4L+4M

（2）PLC 的外部接线

每个型号的 CPU 模块都有 DC 电源 /DC 输入 /DC 输出和 AC 电源 /DC 输入 / 继电器输出 2 类，因此每个型号的 CPU 模块（主机）也对应 2 种外部接线图。下面以型号 CPU SR40 和 CPU ST40 模块的外部接线图为例进行介绍。

① CPU SR40 AC/DC/ 继电器型接线 CPU SR40 AC/DC/ 继电器型接线图如图 1-10 所示，共有上下两排端子。

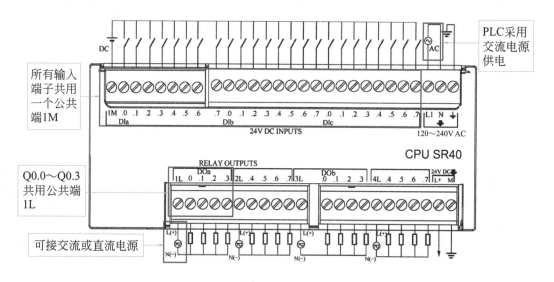

图 1-10 CPU SR40 AC/DC/ 继电器型接线图

a. 右下方的 L+、M 端子为 PLC 向外输出 24V/400mA 直流电源，该电源可作为输入端电源使用，也可作为传感器供电电源。其中，L+ 为电源正，M 为电源负。

b. 输入端子位于上排，端子编号采用 8 进制，分别是 I0.0 ~ I0.7、I1.0 ~ I1.7、I2.0 ~ I2.7。24 个输入端子共用一个公共端 1M。数字量输入点内部为双向二极管，因此可以接成漏型或源型，如图 1-11 所示。

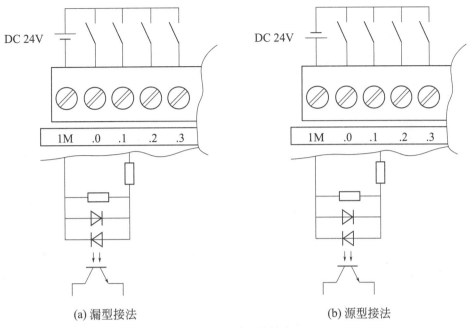

(a) 漏型接法   (b) 源型接法

图 1-11　输入端接法

c. 输出端子位于下排，端子编号也采用 8 进制。输出端子共分 4 组。第 1 组包含 Q0.0 ～ Q0.3 和公共端 1L；Q0.4 ～ Q0.7 和 2L、Q1.0 ～ Q1.3 和 3L、Q1.4 ～ Q1.7 和 4L 分别为第 2 ～ 4 组。根据负载性质的不同，其输出回路电源可以接直流或交流，但要保证同一组输出要接同样的电源。

② CPU ST40 DC/DC/DC 型接线　CPU ST40 DC/DC/DC 型接线图如图 1-12 所示。

a. 右下方的 L+、M 端子和输入端子接线与 CPU SR40 模块相同。

b. 输出端子位于下排，端子编号也采用八进制。输出端子共分 2 组。第 1 组包含 Q0.0 ～ Q0.7 和电源端 2L+ 与 2M；Q1.0 ～ Q1.7 和 3L+ 与 3M 为第 2 组。其输出端子只能接直流电源，而且只能接成源型输出，不能接成漏型，即每一组的 L 接电源正极。

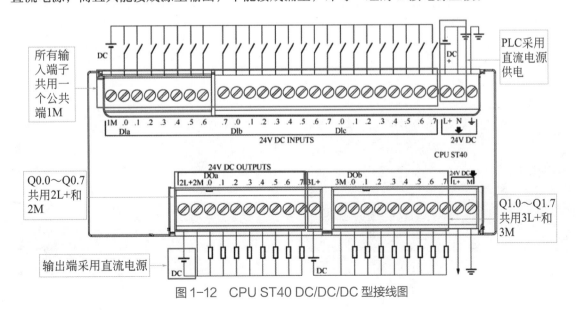

图 1-12　CPU ST40 DC/DC/DC 型接线图

1.3 S7-200 SMART PLC 编程软件的安装和使用

1.3.1 编程软件的安装方法

（1）简介及系统需求

STEP 7-Micro/WIN SMART 编程软件为用户开发、编辑和监控应用程序提供了良好的编程环境。它简单、易学，能够解决复杂的自动化任务，适用于所有 SIMATIC S7-200 SMART PLC 机型软件编程，同时支持 STL、LAD、FBD 三种编程语言，用户可以根据自己的喜好随时在三者之间切换。软件包提供丰富的帮助功能，即使初学者也能容易地入门，包含多国语言包，可以方便地在各语言版本间切换，具有密码保护功能，能保护代码不受他人操作和破坏。

PC 机或编程器的最小配置如下：

- Windows 7（支持 32 位和 64 位）和 Windows 10（支持 64 位）。
- 至少 350MB 的空闲硬盘空间。

（2）软件安装

① 双击"Setup"图标 （或者右键单击、选择"打开"）。

② 在弹出的对话框中单击下拉箭头，选择"中文（简体）"，如图 1-13 所示。

③ 屏幕上弹出"STEP 7-Micro/WIN SMART-InstallShield Wizard"对话框，单击"下一步"按钮，如图 1-14 所示。

图 1-13 语言选择

④ 弹出许可认证的对话框，选择"我接受许可证协定和有关安全的信息的所有条件"，然后单击"下一步"按钮，如图 1-15 所示。

⑤ 如图 1-16 所示，在出现的选择安装路径的对话框中，如果使用程序默认的安装路径，则在对话框上直接单击"下一步"按钮。

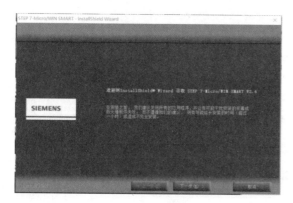

图 1-14 安装指引

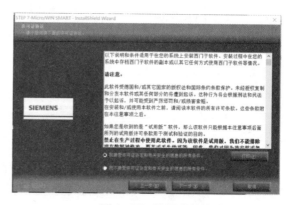

图 1-15 接受安装协议

如果要更改安装路径，则需要单击"浏览（R）..."按钮。将弹出更改路径的窗口，可在"路径"子窗口中填写路径，或者在"目录"子窗口中用鼠标选择路径。修改路径后单击对话框右下角的"确定"按钮，如图 1-17 所示。再在弹出的窗口上单击"下一步"按钮。

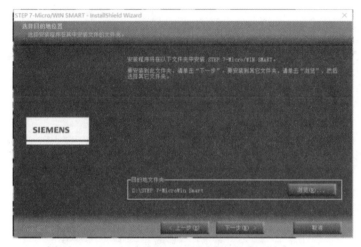

图 1-16　安装路径

图 1-17　选择安装路径

⑥ 将出现如图 1-18 所示的对话框。稍等片刻，直到安装程序准备完毕。

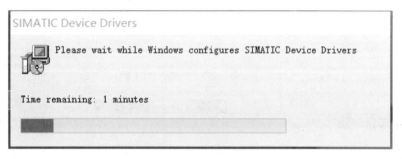

图 1-18　安装程序

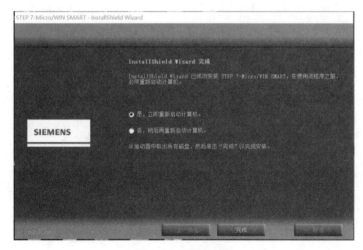

图 1-19　重启系统

⑦ 安装完成后会出现如图 1-19 所示的对话框，选择"是，立即重新启动计算机"以完成安装程序。

⑧ 重启后，桌面将会出现图标，如图 1-20 所示。

图 1-20　软件图标

1.3.2 编程软件的界面

STEP 7-Micro/WIN SMART 操作界面如图 1-21 所示。

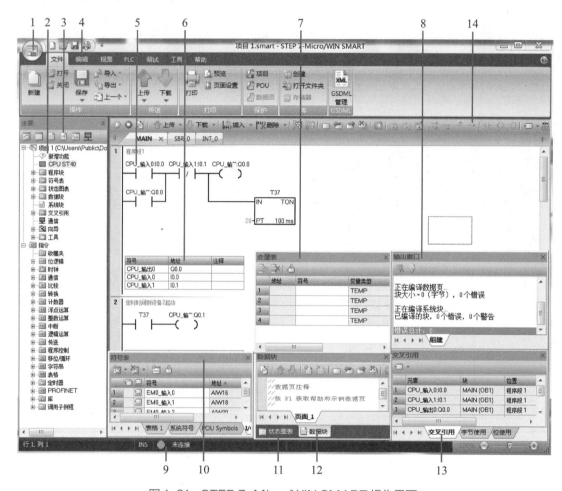

图 1-21　STEP 7-Micro/WIN SMART 操作界面

1—快速访问按钮；2—项目树和指令树；3—导航栏；4—菜单；5—程序编辑器；6—符号信息表；7—变量表；
8—输出窗口；9—状态栏；10—符号表；11—状态图表；12—数据块；13—交叉引用；14—工具栏

（1）快速访问按钮和快速访问工具栏

快速访问工具栏显示在菜单选项卡正上方。通过快速访问文件按钮可简单快速地访问"文件"（File）菜单的大部分功能，并可访问最近打开的文档。

单击图 1-22（a）下拉菜单中的"更多命令..."按钮，得到图 1-22（b），选择命令"添加"或"删除"就可以改变快速访问工具栏。

（2）项目树和指令树

右键单击项目，可进行全部编译、比较、设置项目密码、项目选项或进入帮助，如图 1-23（a）所示。其中选项部分如图 1-23（b）所示。

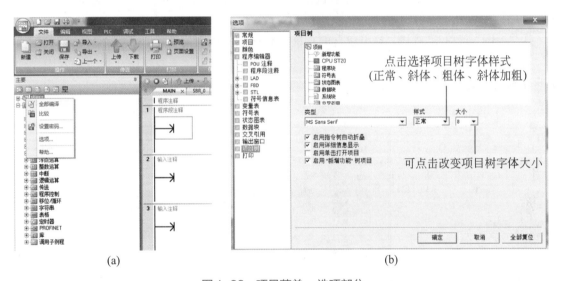

图 1-22　快速访问工具栏

(a)　　　　　　　　　　　　(b)

图 1-23　项目菜单 – 选项部分

（3）导航栏

如图 1-24 所示，导航栏包含符号表、状态图表、数据块、系统块、交叉引用、通信等各视图的快捷方式。

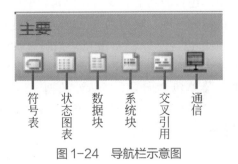

图 1-24　导航栏示意图

（4）菜单

STEP 7-Micro/WIN SMART 软件下拉菜单的结构为桌面平铺模式，根据功能类别分为文件、编辑、视图、PLC、调试、工具和帮助，共七组。单击每一组菜单可展开对应的功能区，可单击右键 - 最小化功能区，将功能区隐藏，也可以采用同样方式将功能区恢复，如图 1-25 所示。

图 1-25　菜单栏

①"文件"菜单　"文件"菜单主要包含对项目整体的编辑操作，导入导出、上传 / 下载、打印、项目保护、库文件操作等。

②"编辑"菜单　"编辑"菜单主要包含对项目程序的修改功能，包括剪切、复制、插入、删除程序对象以及搜索替换等功能。

③"视图"菜单　"视图"菜单包含的功能有程序编辑语言的切换、不同组件之间的切换显示、符号表和符号寻址优先级的修改、书签的使用、POU 注释、程序段注释等。其中，视图中的 3 种编辑器切换示意图如图 1-26 所示。

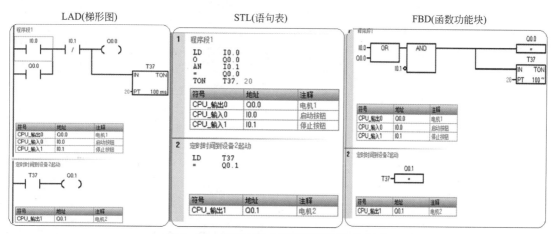

图 1-26　视图中的 3 种编辑器切换示意图

④"PLC"菜单　"PLC"菜单包含的功能有运行、停止、编译、上传、下载、存储卡设定、PLC 信息查看与比较、对 CPU 清除程序、暖启动、设置时钟、通过 RAM 创建 DB 等。

⑤"调试"菜单　"调试"菜单包含读写 CPU 变量、强制与取消强制、单次执行（运行 1 个扫描周期）与多次执行（执行多个扫描周期）等。

⑥"工具"菜单　"工具"菜单包含向导（高速计数器、运动、PID、PWM、文本显示、Get/Put、数据日志、PROFINET）、工具（运动控制面板、PID 控制面板、SMART 驱动器组态、查找 PROFINET 设备）、设置等。

⑦"帮助"菜单　"帮助"菜单包含软件自带帮助文件的快捷打开方式和西门子支持网站的

超级链接以及当前的软件版本。

（5）程序编辑器

程序编辑器窗口包含用于该项目的编辑器（LAD、FBD或STL）的局部变量表和程序视图。

① 建立窗口　如图1-27所示，首先，使用"文件"→"新建"或"文件"→"打开"或"文件"→"导入菜单"命令，打开一个STEP 7-Micro/WIN项目。然后使用以下一种方法用"程序编辑器"窗口建立或修改程序。

单击项目树中的"程序块"选项，打开主程序（OB1）POU，用户可以单击子程序或中断程序标签，打开另一个POU。

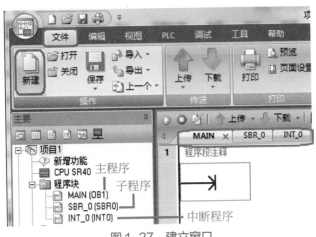

图1-27　建立窗口

② 更改编辑器选项　使用下列方法之一更改编辑器选项：

a. 如图1-28所示，在"视图"（View）菜单功能区的"编辑器"（Editor）部分将编辑器更改为LAD、FBD或STL。

b. 通过"工具"（Tools）菜单功能区"设置"（Settings）区域内的"选项"（Options）按钮，可组态启动时的默认编辑器。

图1-28　切换程序编辑器类型

（6）符号信息表和变量表

① 符号信息表可通过单击视图中的"符号信息表"来进行显示或隐藏。

② 在变量表中指定的变量名称适用于定义时所在的POU（程序组织单元），被称为局部变量（子程序和中断例行程序使用的变量）。

（7）输出窗口和状态栏

① "输出窗口" 显示最近编译的 POU 和在编译过程中出现的错误清单。如果已打开 "程序编辑器" 窗口和 "输出窗口"，可双击 "输出窗口" 中的错误信息使程序自动滚动到错误所在的程序段。可采用 "视图" → "组件" → "输出窗口" 打开输出窗口，如图 1-29 所示。

② 状态栏位于主窗口底部，显示在 STEP 7-Micro/WIN SMART 中执行的操作的编辑模式或在线状态的相关信息。

（8）符号表、状态图表和数据块

① 符号表用来给存储地址或常量指定名称，其中可以被指定名称的存储器为：I、Q、M、SM、AI、AQ、V、S、C、T、HC。在符号表中定义的符号适用于全局。

② 在状态图表中，可以输入地址或已定义的符号名称，通过显示当前值来监视或修改程序输入、输出或变量的状态。通过状态图表还可强制或更改过程变量的值，同时可以创建多个状态图表，以查看程序不同部分中的元素。

③ 数据块可以用来向 V 存储器的特定位置分配常数。

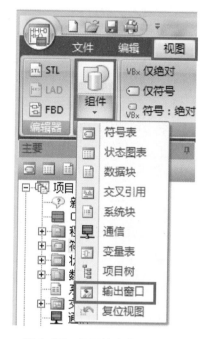

图 1-29　打开输出窗口的方法

（9）交叉引用

"交叉引用" 列表识别在程序中使用的全部操作数，并指出 POU、网络或行位置以及每次使用的操作数指令上下文。必须编译程序后才能查看 "交叉引用" 表。

在项目树处，打开 "交叉引用" 文件夹，分别打开 "交叉引用" "字节使用" "位使用" 三个表格，可以看到程序中各软元件被引用的情况，如图 1-30 所示。

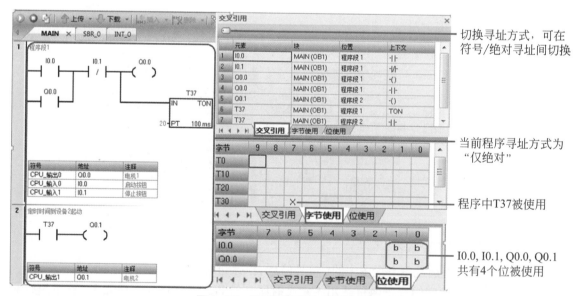

图 1-30　示例程序的交叉引用信息

016

（10）工具栏

编写和调试程序应用最多的就是工具栏，工具栏的图标可实现的功能如图 1-31 所示，其具体功能如表 1-3 所示。

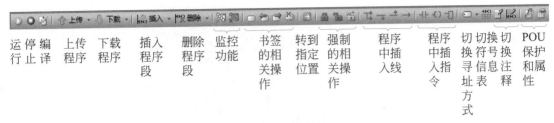

图 1-31　工具栏

表 1-3　工具栏的具体图标

图标	具体功能
	用以将 CPU 的工作模式设为运行、停止或编译程序
	上传和下载程序
	插入或删除当前选择的程序段
	用于程序的调试，可启动或暂停程序监控
	用于放置书签，转到下一个书签，转到上一个书签，删除所有书签和转到特定程序段、行或线
	强制、取消强制和全部取消强制
	编写程序段时，可用于插入线和指令
	用以显示"符号""绝对地址""符号和绝对地址"；切换符号信息表显示、显示 POU 注释以及程序段注释
	设置 POU 保护和常规属性

1.4　S7-200 SMART PLC 编程软件的使用方法

1.4.1　建立通信

（1）硬件连接

① 安装 CPU 到固定位置。

② 在 CPU 左上方的以太网接口插入以太网电缆，如图 1-32 所示。

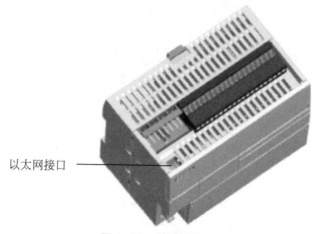

以太网接口 ————

图 1-32   以太网接口

③ 将以太网电缆连接到编程设备的以太网接口上。

（2）建立 STEP 7-Micro/WIN SMART 与 CPU 的连接

① 在 STEP 7-Micro/WIN SMART 中，单击导航栏中的"通信"按钮，打开"通信"对话框，如图 1-33 所示。

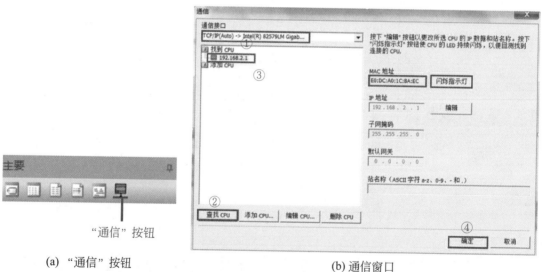

"通信"按钮

(a)   "通信"按钮

(b) 通信窗口

图 1-33   建立通信

② 单击图 1-33（b）中的"通信接口"下拉列表选择编程设备的"网络接口卡"。

③ 单击"查找 CPU"按钮来刷新网络中存在的 CPU。

④ 在设备列表中根据 CPU 的 IP 地址选择已连接的 CPU。如果网络中存在不止一台设备，辨识某台 CPU 时，选中某个 IP 地址，然后单击"闪烁指示灯"按钮，对应的 CPU 则会轮流点亮本体上的 RUN、STOP 和 ERROR 灯。也可以通过"MAC 地址"来确定网络中的 CPU，MAC 地址在 CPU 本体上"LINK"指示灯的上方。

图 1-34 下载窗口

⑤ 选择需要进行下载的 CPU 的 IP 地址之后，单击"确定"按钮，建立连接，跳出如图 1-34 所示窗口。单击"下载"按钮，则可下载程序。

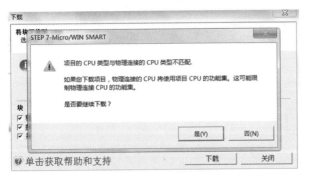

图 1-35 错误窗口

（3）所选 CPU 型号与实际连接 CPU 型号不符情况的处理

建立通信时，出现图 1-35 所示的提示框，则是因为所选 CPU 型号与实际连接 CPU 型号不符，解决方法为：

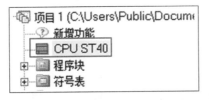

图 1-36 项目树中的 CPU

① 双击项目树中的 CPU，如图 1-36 所示。

图 1-37 CPU 选型窗口

② 在弹出的窗口中选择正确的 CPU 型号，单击"确定"按钮，如图 1-37 所示。

③ 型号确定后，继续下载，下载成功窗口如图 1-38 所示。

图 1-38 下载成功窗口

1.4.2 S7-200 SMART PLC 程序的注释

（1）输入 POU 注释

① 添加注释 单击"程序段 1"上方的注释区域，可以直接输入或编辑 POU 注释。图 1-39 所示的 POU 注释为"添加注释练习程序"。每条 POU 注释最多允许 4096 个字符。POU 注释可见时始终处于 POU 顶端并显示在第一个程序段之前。

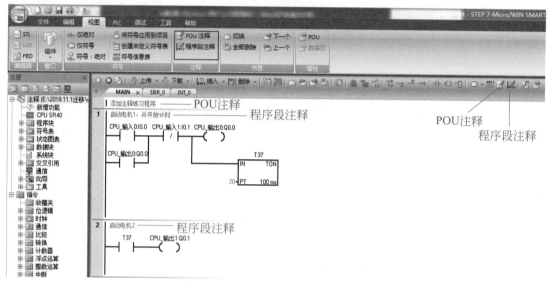

图 1-39 POU 注释和程序段注释

② 切换隐藏注释 STEP 7-Micro/WIN SMART 最初默认显示注释，如果想隐藏注释，可以单击工具栏中的"POU 注释"图标，或者单击"视图"菜单功能区中的"POU 注释"按钮，切换 POU 注释的可见或隐藏状态，如图 1-39 所示。隐藏后的程序画面如图 1-40 所示。

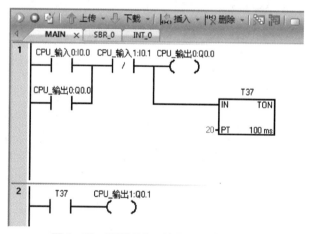

图 1-40 隐藏 POU 注释和程序段注释

（2）输入程序段注释

① 添加注释 单击每个紧邻程序段上方的注释区域，可以直接输入或编辑程序段注释。

图 1-39 中，程序段 1 的注释为"启动电机 1，并开始计时"，程序段 2 的注释为"启动电机 2"。每条程序段注释最多允许 4096 个字符。POU 注释可选，可见时始终处于 POU 顶端并显示在第一个程序段之前。

② 切换隐藏注释　STEP 7-Micro/WIN SMART 最初默认显示注释，如果想隐藏注释，可以单击工具栏中的"程序段注释"图标，或者单击"视图"菜单功能区中的"程序段注释"按钮，切换程序段注释的可见或隐藏状态，如图 1-39 所示。隐藏后的程序画面如图 1-40 所示。

（3）输入 I/O 注释

输入 I/O 注释的步骤如图 1-41 所示。

① 打开项目树的符号表文件夹，打开 I/O 符号表。

② 单击的"视图"菜单功能区中的按钮 VBx 仅绝对，使程序中只显示地址。需要说明的是，步骤①、②的顺序不分先后。

③ 在 I/O 符号表的"符号"一列为对应的 I/O 点输入注释。

④ 单击"视图"菜单功能区中的按钮 将符号应用到项目 或符号表上方的按钮 。

⑤ 为 I/O 点添加注释任务完成。

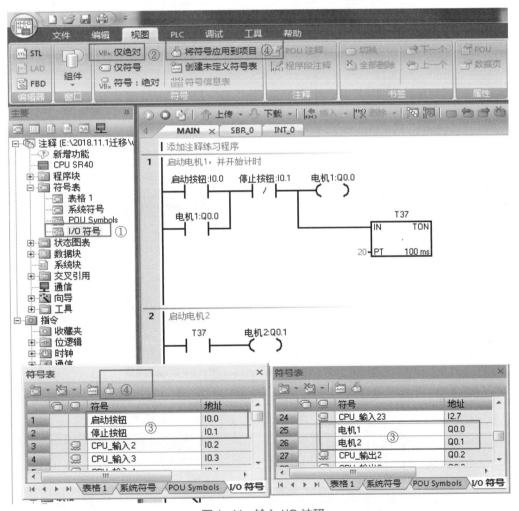

图 1-41　输入 I/O 注释

1.4.3 S7-200 SMART PLC 程序的监控

（1）PLC 程序的监控

① 如图 1-42 所示，下载成功后，单击按钮"RUN"，在弹出的窗口中单击"是"按钮，然后单击工具栏中的监控（图 1-42 中的③处），可打开程序监控，观察程序运行情况。

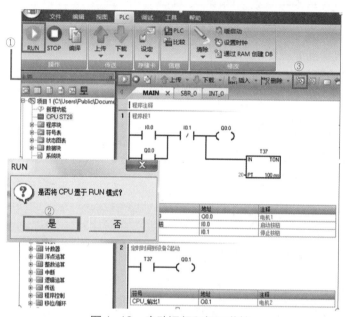

图 1-42　启动运行和打开监控

② 如图 1-43 所示，监控状态下接通的常闭触点显示蓝色。

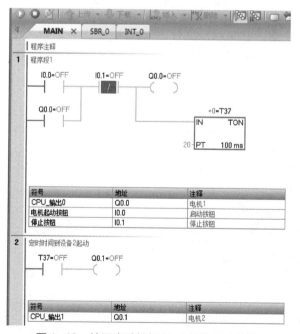

图 1-43　按下启动按钮 I0.0 前的程序监控

③ 按下启动按钮 I0.0，常开触点 I0.0 接通，使 Q0.0 线圈得电，其常开触点 Q0.0 闭合。此刻，即使松开 I0.0，Q0.0 仍保持得电，定时器进行计时，如图 1-44 所示。

④ 要想停止运行，如图 1-45 所示，单击工具栏中的停止图标，再次单击监控图标取消监控。

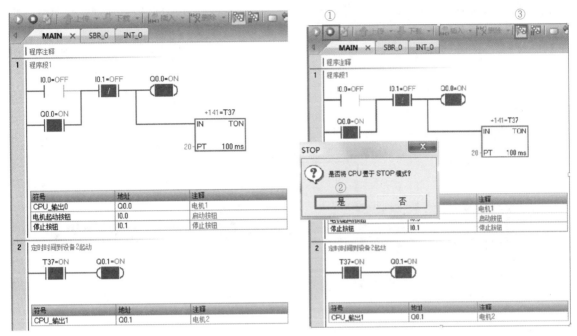

图 1-44　按下启动按钮 I0.0 后的程序监控　　　　图 1-45　停止运行与停止仿真

⑤ PLC 停止运行并取消监控后可进入程序可编辑的状态，如图 1-46 所示，以便于保存程序或者重新修改下载调试。

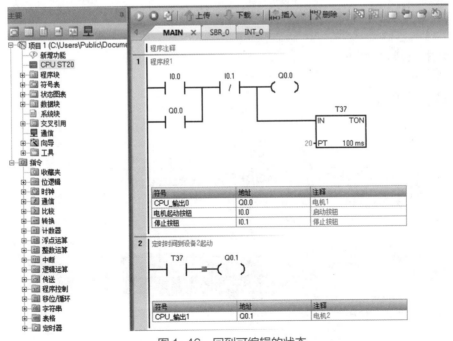

图 1-46　回到可编辑的状态

（2）采用状态图表监控程序

状态图表可用于在硬件系统缺少按钮的情况下，对程序进行调试监控的模拟操作。

① 打开项目树中的"状态图表"文件夹，双击"图表1"可打开状态图表，在地址处输入需要监控或赋值的地址名称，选择输入地址的格式，单击图标 ▶，可以监控各地址的当前值，如图1-47所示。

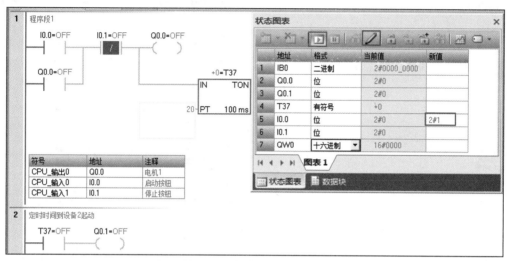

图1-47　状态图表监控情况

② 在图1-47中的I0.0新值位置输入"2#1"，并单击写入图标 ✎，则I0.0的值被强制为"1"，即常开触点I0.0闭合，梯形图监控也会出现I0.0被强制的图标，如图1-48所示。

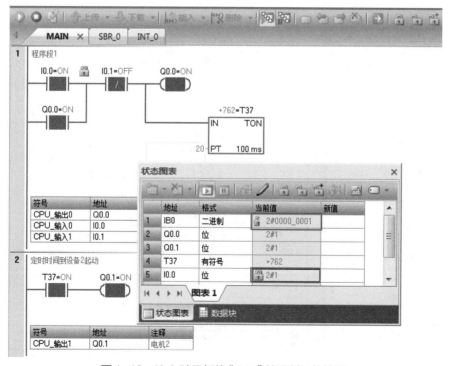

图1-48　I0.0赋予新值"2#1"并强制后的情况

③ 图 1-48 所示的状态图表中，IB0（也就是 I0.0 ～ I0.7）仅有 I0.0 被强制为"1"，所以出现了半强制的图标（半个锁头），也称之为部分强制。状态图表相关项出现强制或部分强制的图标时，可单击开锁图标解除强制，也可切换到趋势图监控模式。

1.4.4 S7-200 SMART PLC 程序的仿真

S7-200 SMART 仿真软件是一个很好的学习 S7-200 SMART 的工具软件，但对有些指令和功能此仿真软件不能识别。对于初学者来说，在没有硬件的条件下，此软件可以实现基本的程序仿真功能。

（1）导出 ASCII 文本文件

仿真软件不能识别 S7-200 SMART 的程序代码，首先需要使用 PLC 编程软件将 S7-200 SMART 的用户程序导出为扩展名为"awl"的 ASCII 文本文件，然后再下载到仿真 PLC 中去。

① 在 S7-200 SMART 编程软件上录入 PLC 程序，保存并编译。

② 在编程软件中打开主程序 MAIN，执行菜单命令"文件"→"导出 POU"，如图 1-49 所示。

③ 导出扩展名为"awl"的 ASCII 文本文件，并为其命名。本例命名为"SMART 仿真举例 01.awl"。

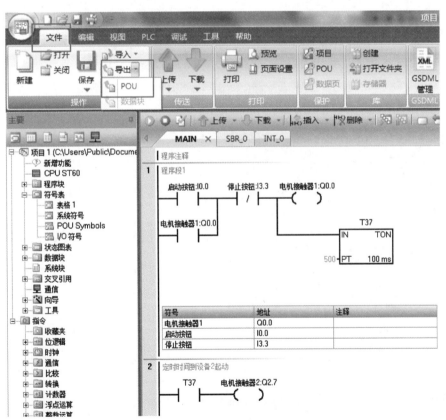

图 1-49　S7-200 SMART 编程软件导出 POU

（2）打开仿真软件

仿真软件不需要安装，直接执行"S7_200 汉化版 .exe"文件就可以打开，如图 1-50（a）所示。单击屏幕中间出现的画面，输入密码"6596"后按回车键，如图1-50（b）所示。

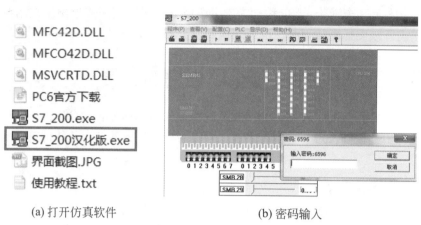

(a) 打开仿真软件   (b) 密码输入

图1-50　打开仿真软

（3）PLC型号的配置

软件打开时，默认的型号为CPU 214，本例使用的PLC型号为SR60，内置I/O点数为36入/24出。为了满足I/O点数的需求，需要对型号进行配置。

① 在菜单栏执行"配置"→"CPU型号"，在出现的对话框中更改CPU型号为226（24入/16出），为达到36入/24出，还需要配置扩展模块。

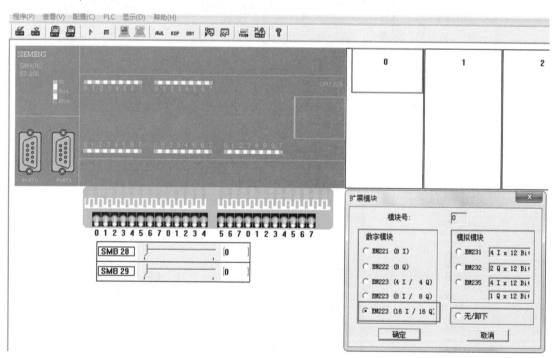

图1-51　选择扩展数字模块

② 如图1-51所示，双击虚拟CPU右侧的"0"区，选择扩展数字模块EM223（16I/16Q），单击"确定"，得到的虚拟硬件如图1-52所示。选择扩展数字模块后，总的输入点为24+16=40点，总的输出点为16+16=32点，符合点数要求。如果原SMART系统还有扩展模块，仿真软

件可再增加点数相当的模块来实现程序仿真。另外，除了可以添加数字量扩展模块外，还可以用同样的方式添加模拟量扩展模块。

③ 图 1-52 中，左边是 CPU226，右边是扩展数字模块 EM223，CPU226 模块下面是用于输入数字量信号的小开关板。开关板下面的直线电位器用来设置 SMB 28 和 SMB 29 的值。

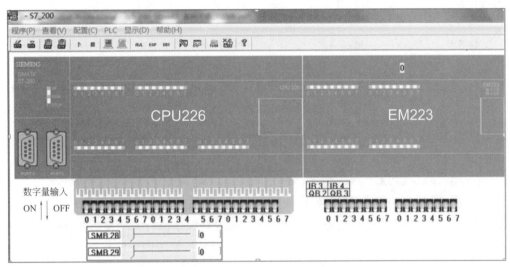

图 1-52　仿真软件型号配置与扩展（共 40 入 /32 出）

（4）装载程序

① 在仿真软件中执行菜单命令"程序"→"装载程序"，如图 1-53 所示。

② 在出现的对话框中选择装载"全部"，单击"确定"按钮，如图 1-54 所示。

③ 在出现的"打开"对话框中选择要装载的"SMART 仿真举例 01.awl"文件，单击"打开"按钮，开始装载程序，如图 1-55 所示。

④ 装载成功后，CPU 模块上出现装载的 ASCII 文件的名称，同时会出现装载的程序代码文本框和梯形图。

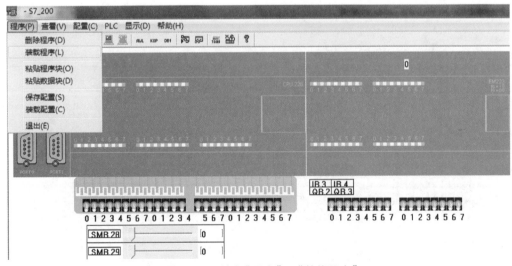

图 1-53　单击"程序"→"装载程序"

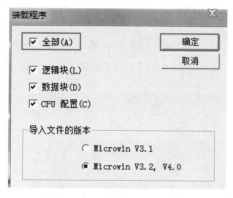

图1-54 装载程序选项

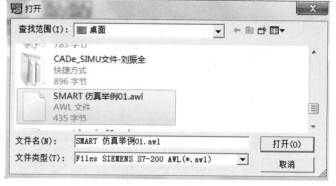

图1-55 添加要装载的程序

（5）执行仿真

① 执行菜单命令"PLC"→"运行"，开始执行用户程序。

② 在执行过程中，可以用鼠标单击CPU模块下面的小开关来模拟输入信号的接通和断开，通过模块上的LED观察PLC输出点的状态变化，来检查程序执行的结果是否正确。

③ 在RUN模式下，单击工具栏中的按钮，可以监控梯形图中触点和线圈的状态，如图1-56所示。

④ 执行菜单命令"查看"→"内存监控"或者单击工具栏中的按钮，可以用出现的对话框监控V、M、T、C等内部变量的值，如图1-56所示，图示的①、②、③、④为操作步骤。

⑤ 需要注意仿真软件中的定时器定时时间比实际时间快10倍左右，为避免定时动作太快而看不清楚仿真过程，可以加大定时器的定时时间。例如，如果定时时间为5s，程序中可以定时为50s。

⑥ 如果用户程序中有仿真软件不支持的指令或功能，则会出现"仿真软件不能识别的指令"的对话框。此时，单击"确定"按钮，不能切换到RUN模式，CPU模块左侧的"RUN"LED的状态不会变化。

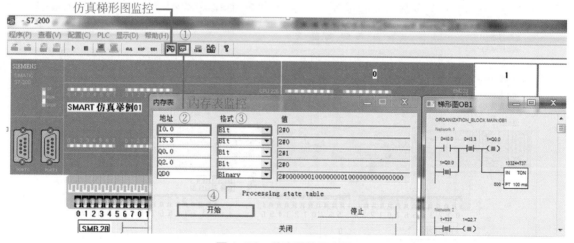

图1-56 仿真监控示意图

①—单击内存监控；②—输入地址；③—选择格式；④—开始监控

1.5 S7-200 SMART PLC 编程的必备知识

1.5.1 数据类型

① 位（bit） 常称为 BOOL（布尔型），只有两个值：0 或 1。

② 字节（Byte） 一个字节共有 8 位，其中 0 位为最低位，7 位为最高位。字节为无符号数，字节的取值范围用十六进制表示为 0 ~ FF，即十进制的 0 ~ 255。

③ 字（Word） 相邻的两字节组成一个字，字为 16 位。字为无符号数，字的范围为十六进制的 0 ~ FFFF，即十进制的 0 ~ 65535。

④ 双字（Double Word） 相邻的两个字组成一个双字，双字为 32 位。双字为无符号数，其范围为十六进制的 0 ~ FFFFFFFF，即十进制的 0 ~ 4294967295。

⑤ 整数（INT，Integer） 整数为 16 位有符号数，最高位为符号位，1 表示负号，0 表示正数，范围为 −32768 ~ 32767。

⑥ 双整数（DINT，Double Integer） 双整数为 32 位有符号数，最高位为符号位，1 表示负号，0 表示正数，范围为 −2147483648 ~ 2147483647。

⑦ 实数（R，Real） 实数又称浮点数，为 32 位，可以用来表示小数。

正数范围为：$+1.175495 \times 10^{-38} \sim +3.402823 \times 10^{38}$。

负数范围为：$-1.175495 \times 10^{-38} \sim -3.402823 \times 10^{38}$。

1.5 PLC 编程的
必备知识

1.5.2 数据存储区

PLC 内部装置虽然沿用了传统电气控制电路中的继电器、线圈及接点等名称，但 PLC 内部并不存在这些实际物理装置，它对应的只是 PLC 内部存储器的一个基本单元。

（1）输入映像寄存器（I）

PLC 的输入端子是从外部接收输入信号的窗口。每一个输入端子与输入映像寄存器（I）的一个相应位对应。执行程序时，对输入点的读取通常是通过输入映像寄存器区，而不是通过实际的物理输入端子。输入映像寄存器的状态只能由外部输入信号驱动，而不能由程序来改变其状态。输入映像寄存器用 I0.0，I0.1，…，I0.7，I1.0，I1.1，…，表示，其中符号以 I 表示。

（2）输出映像寄存器（Q）

输出映像寄存器是 PLC 用来向外部负载发送控制命令的窗口。每一个输出端子与输出映像寄存器（Q）的一个相应位相对应。执行程序时，对输出点的改变通常是改变输出映像寄存器区，而不是直接改变物理输出端子。输出映像寄存器用 Q0.0，Q0.1，…，Q0.7，Q1.0，Q1.1，…，表示，其中符号以 Q 表示。

（3）内部辅助继电器（M）

内部辅助继电器与外部没有直接联系，它是 PLC 内部的一种辅助继电器，其功能与电气控制电路中的中间继电器一样。内部辅助继电器在 PLC 中没有物理的输入 / 输出端子与之对应，其线圈的通断状态只能在程序内部用指令驱动。

内部辅助继电器用 M0.0，M0.1，…，M0.7，M1.0，M1.1，…表示，其中符号以 M 表示。

（4）定时器（Timer）

定时器用来完成定时的控制。定时器含有线圈、触点及定时器当前值寄存器，当线圈得电时，等到达预定时间，它的触点便动作（常开触点闭合，常闭触点断开）。

定时器用 T0，T1～T4，T5～T31，T64，T65～T68，…表示，其中符号以 T 表示。不同的编号范围，对应不同的时钟周期。

（5）计数器（Counter）

计数器用于累计计数输入端接收到的脉冲个数。一般计数器因计数频率受扫描周期的影响，频率不能太高。而高速计数器可用来累计比 CPU 的扫描速度更快的事件。一般计数器有 3 种类型，即增计数器（CTU）、减计数器（CTD）、增减计数器（CTUD），共 256 个，用 C0～C255 表示。高速计数器的当前值是一个双字长（32 位）的整数，且为只读值。

（6）特殊标志位存储器（SM）

特殊标志位存储器是用户程序和系统程序之间的界面，为用户提供特殊的控制功能及系统信息。其中比较常用的有：

① SM0.0——RUN 监控，PLC 在 RUN 方式时，SM0.0 总为 1，又称常 ON 继电器；

② SM0.1——初始脉冲，PLC 由 STOP 转为 RUN 时，SM0.1 接通一个扫描周期；

③ SM0.3——PLC 开机后进入 RUN 方式时，SM0.3 接通一个扫描周期；

④ SM0.5——周期为 1s、占空比为 50% 的时钟脉冲。

（7）累加器 AC

累加器可以用来存放运算数据、中间数据和结果。CPU 提供了 4 个 32 位的累加器，其地址编号为 AC0、AC1、AC2、AC3。累加器的可用长度为 32 位，可采用字节、字、双字的存取方式，按字节、字只能存取累加器的低 8 位或低 16 位，双字可以存取累加器全部的 32 位。

（8）全局变量存储器 V 和局部变量存储器 L

全局变量存储器 V 主要用于存储全局变量，或者存放数据运算的中间结果或设置参数，具有保持功能，并且可以按位、字节、字或双字来存取 V 存储区中的数据。局部变量存储器 L 用来存放局部变量，即变量只能在特定的程序中使用。

（9）顺序控制继电器存储器（S）

顺序控制继电器存储器是使用步进顺序控制指令编程时的重要状态元件，通常与步进指令一起使用以实现顺序功能流程图的编程。

（10）模拟量输入、输出映像寄存器（AI、AQ）

模拟量输入电路是将外部输入的模拟量信号转换成 1 个字长的数字量，存入模拟量输入映像寄存器（AI）中。CPU 将运算的结果存放在模拟量输出映像寄存器（AQ）中，然后通过 D/A 转换器将 1 个字长的数字量转换为模拟量，以驱动外部模拟量控制设备。

1.5.3 数据存储区的地址表示格式

（1）位编址

位地址的格式为：区域标志符 + 字节地址 . 位号。例如 I4.5，如图 1-57（b）所示。在存储空间内只占其中的一位，如图 1-57（a）所示。

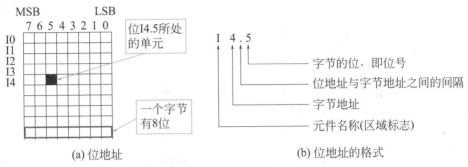

(a) 位地址　　　　　　　　　　　　　(b) 位地址的格式

图 1-57　数据存储区位地址的格式

（2）字节、字、双字编址

字节、字、双字地址的格式为：区域标志符 + 类型符 + 起始地址号。例如字节、字、双字的地址分别用 VB100、VW100、VD100 表示，则其数据存储区地址的格式如图 1-58 所示。

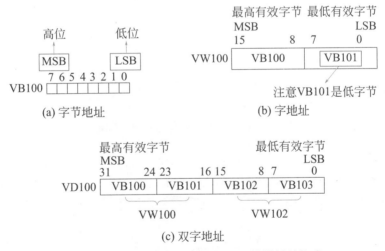

(a) 字节地址　　　　　　　　　　　　(b) 字地址

(c) 双字地址

图 1-58　数据存储区字节、字、双字地址的格式

① 字节编址　一个字节包含 8 位，例如 VB100 包括 V100.0 ～ V100.7 共 8 位，其中 V100.0 为最低位，V100.7 为最高位。其数据存储区地址的格式如图 1-58（a）所示。

② 字编址　相邻的两字节组成一个字。例如 VW100 由 VB100、VB101 两个字节组成，"VW100" 中 100 是字的起始地址，VB101 为低位字节，VB100 为高位字节。其数据存储区地址格式如图 1-58（b）所示。

需要注意的是，字的起始地址尽量使用偶数。在编程时要注意，如果已经用了 VW100，则在使用 VB100、VB101 时要小心，避免数据被覆盖。

③ 双字编址　相邻的两个字组成一个双字。例如 VD100 由 VW100、VW102 两个字组成，即由 VB100 ～ VB103 四个字节组成，"VD100" 中 100 是双字的起始地址，VB103 为最低字节，VB100 为最高字节。其数据存储区地址的格式如图 1-58（c）所示。

需要注意的是，双字的起始地址尽量使用偶数。

1.5.4　PLC 编程语言

PLC 主要有 5 种编程语言：梯形图语言、指令表、顺序功能图、功能块图和结构文本。其中，梯形图（LAD）和功能块图（FBD）为图形语言；指令表（IL）和结构文本（ST）为文字语言；顺序功能图（SFC）是一种结构块控制程序流程图。其中，梯形图编程是一种简单直观并易学的编程语言，本书主要以梯形图编程为主。梯形图常用的术语为：

① 区块：所谓的区块是指两个以上的装置做串接或并接的运算组合而形成的梯形图形，其运算性质可产生并联区块及串联区块。

② 分支线及合并线：往下的垂直线一般来说是根据装置来区分，对于左边的装置来说是合并线（表示左边至少有两行以上的回路与此垂直线相连接），对于右边的装置及区块来说是分支线（表示此垂直线的右边至少有两行以上的回路相连接）。有时，往下的垂直线既可作为分支线又可作为合并线，如图 1-59 所示。

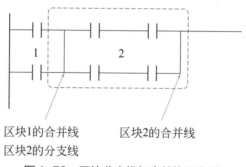

图 1-59　区块分支线与合并线示意图

③ 网络：由装置、各种区块所组成的完整区块网络，其垂直线或是连续线所能连接到的区块或是装置均属于同一个网络。图 1-60 中，网络 1 和网络 2 除左边的母线外，并没有其他线的联系，所以是独立的两个网络。而图 1-61 中没有输出线圈，属于不完整的网络。

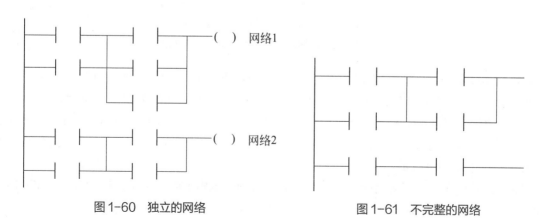

图 1-60　独立的网络　　　　　　　　图 1-61　不完整的网络

1.6 继电器控制系统与 S7-200 SMART PLC

1.6.1 常用低压电气元件

（1）刀开关

如图 1-62（a）所示为瓷底胶盖刀开关，主要用于手动接通和切断电路或隔离电源，用在不频繁接通和分断电路的场合。刀开关有单极、双极和三极三种，其图形符号及文字符号如图 1-62（b）所示。

(a) 瓷底胶盖刀开关

QK或 QK   QK   QK

(a) 单极   (b) 双极   (c) 三极

(b) 刀开关图形、文字符号

图 1-62 刀开关

（2）按钮

按钮是一种手动且可以自动复位的主令电器，分为常开触点和常闭触点两种。在外力作用下，常闭触点先断开，然后常开触点再闭合；复位时，常开触点先断开，然后常闭触点再闭合。按钮外形和结构示意图如图 1-63（a）、（b）所示。

按用途和结构的不同，按钮分为启动按钮、停止按钮和复合按钮等。按钮的图形和文字符号如图 1-63（c）所示。

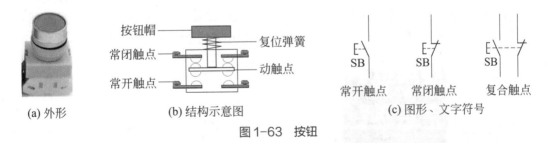

(a) 外形

按钮帽   复位弹簧
常闭触点   动触点
常开触点

(b) 结构示意图

SB 常开触点   SB 常闭触点   SB 复合触点

(c) 图形、文字符号

图 1-63 按钮

（3）熔断器

熔断器是一种简单而有效的保护电器，主要用于保护电源免受短路的损害。熔断器串联在被保护的电路中，在正常情况下相当于一根导线。熔断器一般分成熔体座和熔体两部分。其外形如图 1-64（a）所示，图形和文字符号如图 1-64（b）所示。

(a) 螺旋式熔断器外形　　　　　(b) 图形、文字符号

图 1-64　熔断器

（4）低压断路器

低压断路器又称自动空气开关，在电气线路中起接通、分断和承载额定工作电流的作用，并能在线路和电动机发生过载、短路、欠电压的情况下进行可靠的保护。它的功能相当于刀开关、过电流继电器、欠电压继电器、热继电器及漏电保护器等电器部分或全部的功能总和，是低压配电网中一种重要的保护电器。其外形图如图 1-65（a）所示，图形及文字符号如图 1-65（b）所示。

(a) DZ系列低压断路器外形　　　　　(b) 图形、文字符号

图 1-65　低压断路器

（5）热继电器

电动机在运行过程中若长期负荷过大，频繁启动或者缺相运行等，都可能使电动机定子绕组的电流超过额定值，这种现象叫作过载。热继电器利用电流的热效应原理实现电动机的过载保护，图 1-66（a）所示为一种常用的热继电器外形图。

热继电器主要由发热元件、双金属片和触点 3 部分组成。工作时，发热元件串联在电动机定子绕组中。当电动机过载时，流过发热元件的电流增大，经过一定时间后，双金属片弯曲使继电器常闭触点断开，切断电动机的控制线路，负载停止工作。热继电器的图形及文字符号如图 1-66(b)所示。

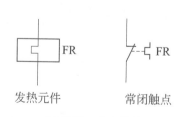

发热元件　　　　　常闭触点

(a) 热继电器外形　　　　　(b) 图形、文字符号

图 1-66　热继电器

(6)接触器

接触器分为直流和交流两大类，结构大致相同。图1-67（a）所示为CJX1系列交流接触器外形图。图1-67（b）所示为交流接触器的结构示意图，它由电磁铁、触点、灭弧状置和其他部件组成。电磁铁包括铁芯、线圈和衔铁等。接触器的触点有主触点和辅助触点两种。

交流接触器工作时，一般当施加在线圈上的交流电压大于线圈额定电压值的85%时，铁芯中产生的磁通对衔铁产生的电磁吸力使衔铁带动触点向下移动。触点的动作使常闭触点先断开，常开触点后闭合。当线圈中的电压值为零时，铁芯的吸力消失，衔铁在复位弹簧的拉动下向上移动，触点复位，使常开触点先断开，常闭触点后闭合。另外，当线圈中的电压值降到某一数值时，铁芯的吸力小于复位弹簧的拉力，此时，也同样使触点复位。这个功能就是接触器的欠压保护功能。交、直流接触器的图形及文字符号如图1-67（c）所示。

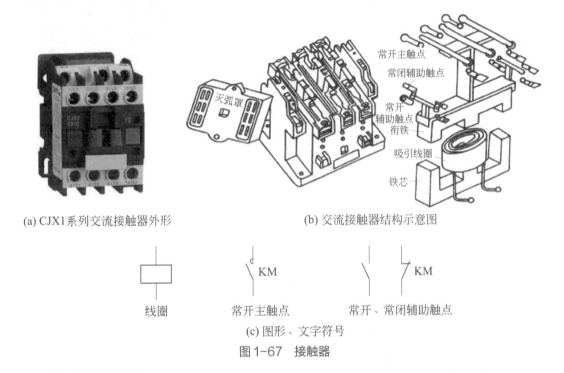

(a) CJX1系列交流接触器外形　　　　　(b) 交流接触器结构示意图

线圈　　　　常开主触点　　　常开、常闭辅助触点

(c) 图形、文字符号

图1-67　接触器

(7)电磁式继电器

电磁式继电器是根据某种输入信号的变化，接通或断开控制电路，实现自动控制和保护电力装置的自动电器。电磁式继电器按其在电路中的连接方式可分为电流继电器、电压继电器和中间继电器等。电磁式继电器的结构及工作原理与接触器基本相同，主要区别在于：电磁式继电器用于切换小电流电路的控制电路和保护电路，而接触器用来控制大电流电路；电磁式继电器没有灭弧装置，也无主触点和辅助触点之分等。图1-68所示为一中间继电器的外形图。

电磁式继电器的图形及文字符号如图1-69所示，电流继电器的文字符号为KI，电压继电器的文字符号为KV，中间继电器的文字符号为KA。

图1-68　中间继电器外形

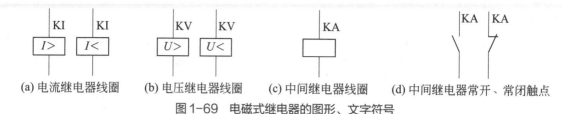

(a) 电流继电器线圈　　(b) 电压继电器线圈　　(c) 中间继电器线圈　　(d) 中间继电器常开、常闭触点

图1-69　电磁式继电器的图形、文字符号

（8）时间继电器

时间继电器是利用某种原理实现触点延时动作的自动电器，经常用于时间控制原则进行控制的场合。图1-70所示为JS7系列空气阻尼式时间继电器外形图。

空气阻尼式时间继电器的电磁机构可以是直流的，也可以是交流的；既有通电延时型，也有断电延时型。对于通电延时型时间继电器，线圈通电后需要延迟一定的时间，其触点才会动作，当线圈断电后，触点马上动作。对于断电延时型时间继电器，线圈通电后，其触点马上动作，当线圈断电后需要延迟一定的时间，触点才发生动作。时间继电器的图形及文字符号如图1-71所示。

图1-70　JS7系列空气阻尼式时间
继电器外形

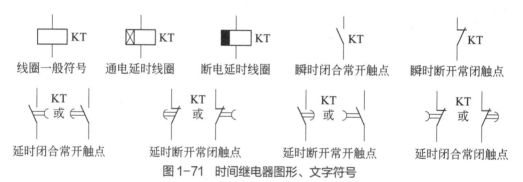

线圈一般符号　　通电延时线圈　　断电延时线圈　　瞬时闭合常开触点　　瞬时断开常闭触点

延时闭合常开触点　　延时断开常闭触点　　延时断开常开触点　　延时闭合常闭触点

图1-71　时间继电器图形、文字符号

（9）速度继电器

速度继电器是用来反映转速与转向变化的继电器，它可以按照被控电动机转速的大小使控制电路接通或断开。速度继电器通常与接触器配合，实现对电动机的反接制动。速度继电器有两组触点（每组各有一对常开触点和常闭触点），可分别控制电动机正、反转的反接制动。如图1-72（a）所示为一速度继电器的外形图，图形及文字符号如图1-72（b）所示。

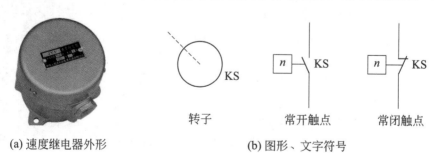

(a) 速度继电器外形　　　　　　转子　　　　常开触点　　　　常闭触点
　　　　　　　　　　　　　　(b) 图形、文字符号

图1-72　速度继电器

（10）行程开关

行程开关是一种利用生产机械的某些运动部件的碰撞来发出控制指令的主令电器，用于控制生产机械的运动方向、行程大小和位置保护等。当行程开关用于位置保护时，又称限位开关，其工作原理类似按钮。如图 1-73（a）所示为一按钮式行程开关外形。行程开关的图形及文字符号如图 1-73（b）所示。

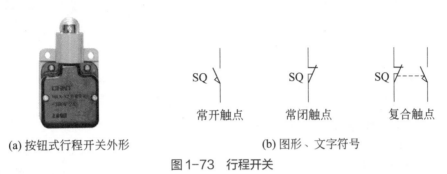

(a) 按钮式行程开关外形　　　　　　(b) 图形、文字符号

图 1-73　行程开关

1.6.2　三相异步电机从继电控制到 PLC 控制

（1）电机连续运转的继电器控制

三相异步电机的连续控制线路原理图如图 1-74 所示，接线如图 1-75 所示。

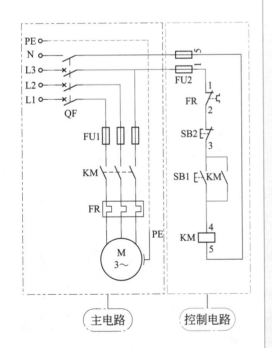

主电路　　控制电路

原理分析：

合上电源开关 QF。

a．启动。

按下 SB1 使其常开触点闭合，线圈 KM 得电，其主触点 KM 闭合，电机接通电源启动；同时辅助常开触点 KM 闭合，实现自锁。

当松开 SB1，其常开触点恢复分断后，因为接触器的常开辅助触点 KM 仍然闭合，将 SB1 短接，控制电路仍保持接通状态，所以接触器线圈 KM 继续得电，电机能持续运转。

这种松开启动按钮后，接触器能够自己保持得电的作用叫作自锁，与启动按钮并联的接触器的一对常开辅助触点叫作自锁触点。

b. 停止。

按下 SB2 使其常闭触点立即分断，线圈 KM 失电，接触器主触点 KM 断开，电机断开电源停转，接触器辅助常开触点 KM 断开，解除自锁。

当松开 SB2 使其常闭触点恢复闭合后，因接触器的自锁触头 KM 在切断控制电路时已经分断，停止了自锁，这时接触器线圈 KM 不可能得电。要使电机重新运行，必须进行重新启动

图 1-74　三相异步电机的连续控制线路原理图

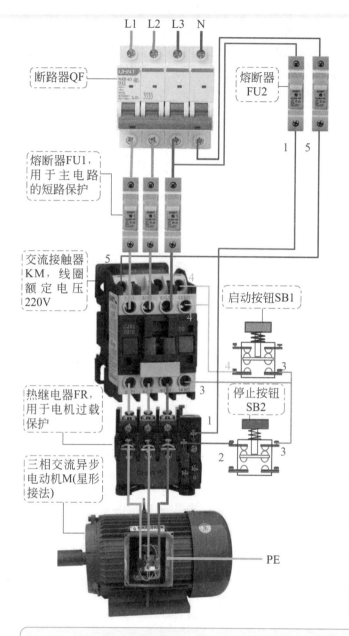

断路器QF

熔断器FU1，用于主电路的短路保护

交流接触器KM，线圈额定电压220V

热继电器FR，用于电机过载保护

三相交流异步电动机M(星形接法)

熔断器FU2

启动按钮SB1

停止按钮SB2

PE

主电路接线说明：

　　a. 断路器 QF：输入端接三相电源相线 L1、L2、L3 以及零线 N，输出端相线接至熔断器 FU1，输出端相线 L3 和零线接控制线路熔断器 FU2。

　　b. 熔断器 FU1：输入端接断路器 QF 的三相电源相线输出端，输出端接至交流接触器 KM 三对主触点的输入端。

　　c. 接触器 KM：接触器的三对主触点输入端接熔断器 FU1 的输出端，接触器的三对主触点输出端接至热继电器的发热元件。

　　d. 热继电器 FR：热继电器的发热元件输入端接接触器三对主触点的输出端，热继电器的发热元件输出端接至电机接线盒。

　　e. 三相交流异步电机 M：接线盒 U1、V1、W1 接线端子接热继电器的发热元件输出端，接线盒 U2、V2、W2 接线端子用短接金属片短接起来；或者 U2、V2、W2 接热继电器发热元件输出端，U1、V1、W1 接线端子短接。电机的这种接法即三相异步电机定子绕组的星形接法。电机外壳接 PE 端子排或接地。

控制电路接线：

　　a. 连接熔断器 FU2 与热继电器 FR 的常闭触点标注为 1 的线我们称为 1 号线，具体接线实现见图 1-75 中的两处标注为 1 的连接导线。

　　b. 2 号线连接热继电器与停止按钮 SB2，具体接线实现见图 1-75 中的两处标注为 2 的连接导线。

　　c. 3 号线涉及停止按钮 SB2、启动按钮 SB1、接触器 KM 的自锁触点，具体接线实现见图 1-75 中的三处标注为 3 的连接导线。

　　d. 4 号线涉及启动按钮 SB1、接触器 KM 线圈、接触器自锁触点，具体接线实现见图 1-75 中的三处标注为 4 的连接导线。

　　e. 5 号线连接接触器 KM 线圈、熔断器 FU2，具体接线实现见图 1-75 中的两处标注为 5 的连接导线。

图 1-75　三相异步电机的连续控制接线图

（2）电机连续运转的 PLC 控制

　　① 电机连续运转控制的 PLC 接线　如图 1-76 所示。

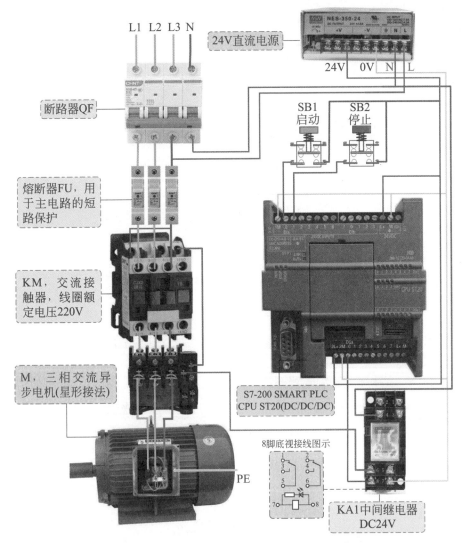

图 1-76 三相异步电机的连续控制 PLC 接线图

a. PLC 电源接线；L+ 接直流电源 24V，M 接直流电源 0V；2L+ 接直流电源 24V，1M、2M 接直流电源 0V。

b. PLC 输入端子接线：启动按钮 SB1 接 I0.0，停止按钮 SB2 接 I0.1。注意此处启动按钮和停止按钮都接的是常开触点。

c. PLC 输出端子接线：Q0.0 接中间继电器 8 号端子（线圈正极）。

d. 中间继电器 KA1 接线：7 号端子（线圈负极）接直流电源 0V；6 号公共端经热继电器一对常闭触点后到接触器线圈（A2 端），中间继电器 4 号接断路器 QF 的输出端电源零线 N。

e. 启动按钮 SB1 接线：按钮一对常开触点一端接直流电源 24V，按钮一对常开触点另一端接 PLC 的 I0.0。

f. 停止按钮 SB2 接线：按钮一对常开触点一端接直流电源 24V，按钮一对常开触点另一端接 PLC 的 I0.1。

g. 该种接法的特点是：热继电器的辅助触点没有连接到 PLC 的输入端。这种情况下如果电机运行过载导致热继电器常闭触点断开时，由于接触器线圈失电，电机会停止运行。此种情况下最好将热继电器设置为手动复位方式，在复位前要先按一下停止按钮 SB2 以保证 PLC 的输出 Q0.0 处于 0 状态，避免热继电器复位后造成电机自行启动。

② 控制程序及程序说明　控制程序如图 1-77 所示

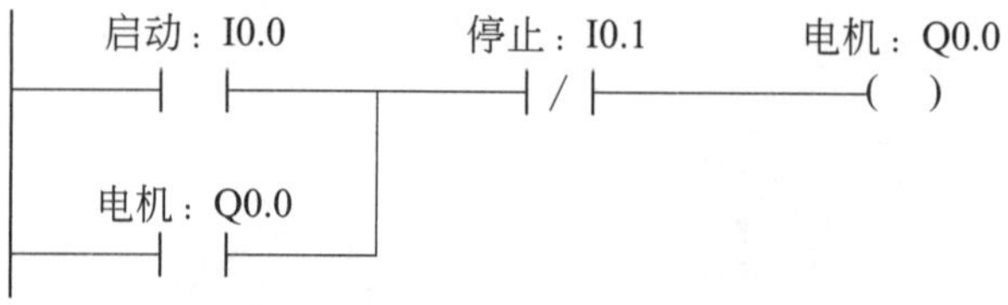

```
  启动：I0.0        停止：I0.1        电机：Q0.0
 ──┤ ├──────┬──────┤/├────────────( )──
            │
  电机：Q0.0 │
 ──┤ ├──────┘
```

图 1-77　控制程序

程序说明：
　　① 按下启动按钮 I0.0，I0.0=On，Q0.0=On 并自锁，中间继电器 KA 得电，使接触器 KM 线圈得电，KM 主触点闭合，电机启动。
　　② 按下停止按钮 I0.1，I0.1 常闭触点断开，输出线圈 Q0.0 的状态都变为 Off，中间继电器 KA 失电，使接触器 KM 线圈失电，KM 主触点断开，电机停止。

1.6.3　电机 Y-△降压启动的继电器控制与 PLC 控制比较

（1）电机的 Y-△降压启动继电器控制

① Y-△降压启动继电器控制电路原理图　Y-△降压启动继电器控制电路原理图如图 1-78 所示。

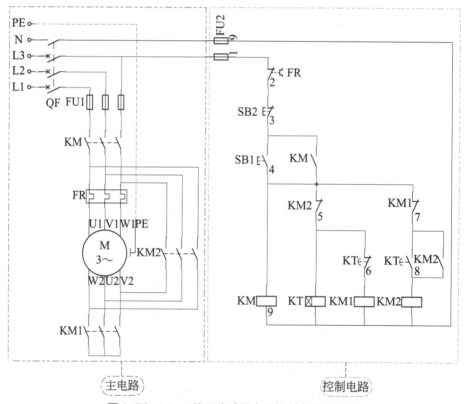

图 1-78　Y-△降压启动继电器控制电路原理图

② 电机 Y- △降压启动继电器控制的主电路　主电路接线图如图 1-79 所示。

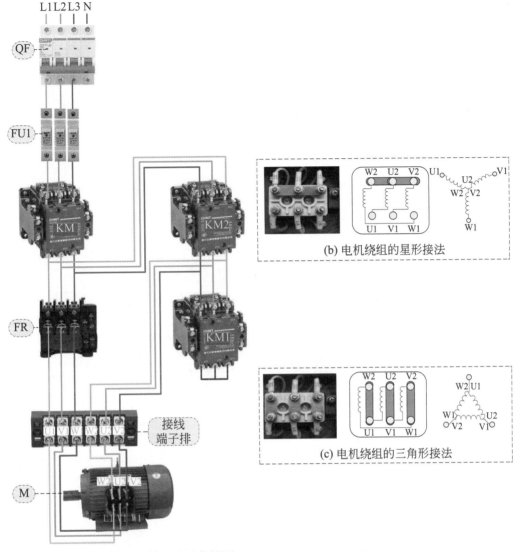

(a) Y-△降压启动继电器控制的主电路接线图

图 1-79　Y- △降压启动继电器控制的主电路接线图

　　电机绕组的星形接法（Y 接）如图 1-79（b）所示；电机绕组的三角形接法（△接）如
图 1-79（c）所示。
　　主电路分析：
　　a. 接触器 KM1 主触点闭合，可使得电机接线盒的 W2、U2、V2 短接，实现电机定子绕组
的星形连接。
　　b. 接触器 KM 主触点闭合，可使得电机接线盒的 U1、V1、W1 接通电源，实现电机的供电。
　　c. 接触器 KM2 主触点闭合，可使得电机接线盒的 U1 接通 W2、V1 接通 U2、W1 接通
V2，实现电机定子绕组的三角形连接。
　　d. 注意：从主电路来看，如果 KM1、KM2 同时得电则会造成三相电源 L1、L2、L3 短路，
因此在控制电路设计时一定要考虑接触器 KM1、KM2 间的互锁。

③ 电机 Y- △降压启动继电器控制的控制电路 控制电路接线图如图 1-80 所示。

控制电路接线：

在图 1-78 中：

a. 1 号线涉及 FU2、FR，具体接线实现见图 1-80 中的两处标注为 1 的连接导线。

b. 2 号线涉及 FR、SB2，具体接线实现见图 1-80 中的两处标注为 2 的连接导线。

c. 3 号线涉及 SB2、SB1、KM 自锁触点，具体接线实现见图 1-80 中的三处标注为 3 的连接导线。

d. 4 号线涉及 SB1、KM 线圈、KM 自锁触点、KM2 常闭触点、KM1 常闭触点，具体接线实现见图 1-80 中的五处标注为 4 的连接导线。

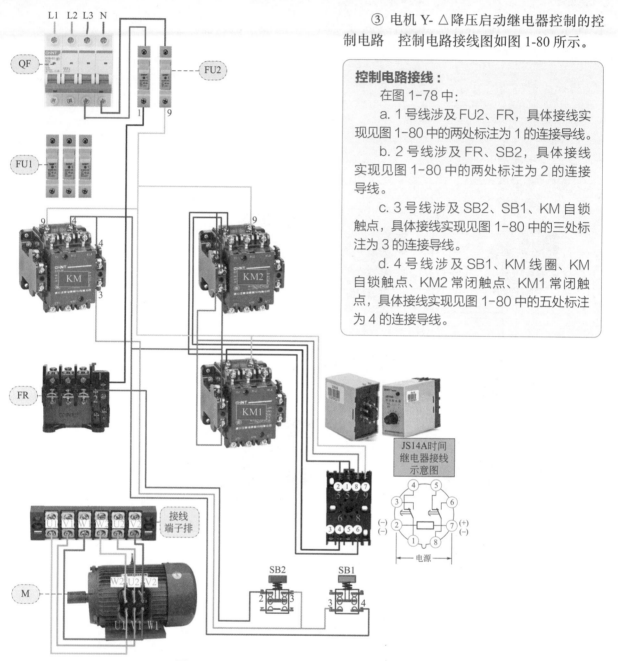

图 1-80 Y- △降压启动继电器控制的控制电路接线图

e. 5 号线涉及 KM2 常闭触点、KT 线圈、KT 延时断开常闭辅助触点，具体接线实现见图 1-80 中的三处标注为 5 的连接导线。

f. 6 号线涉及 KT 延时断开常闭辅助触点、KM1 线圈，具体接线实现见图 1-80 中的两处标注为 6 的连接导线。

g. 7 号线涉及 KT 延时闭合常开触点、KM2 自锁触点、KM1 常闭辅助触点，具体接线实现见图 1-80 中的三处标注为 7 的连接导线。

h. 8 号线涉及 KT 延时闭合常开触点、KM2 自锁触点、KM2 线圈，具体接线实现见图 1-80 中的三处标注为 8 的连接导线。

i. 9 号线涉及 KM 线圈、KT 线圈、KM1 线圈、KM2 线圈、FU2，具体接线实现见图 1-80 中的五处标注为 9 的连接导线。

（2）电机 Y-△ 降压启动的 PLC 控制

① 电机 Y-△ 降压启动的 PLC 控制接线图　如图 1-81 所示。

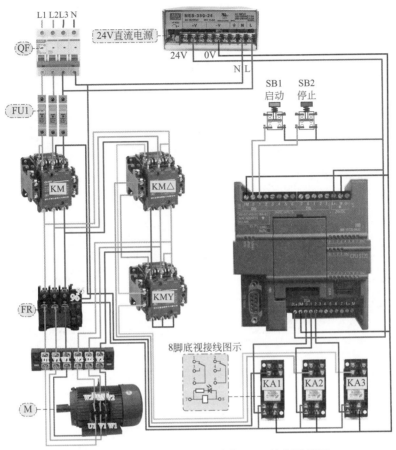

图 1-81　电机 Y-△ 降压启动的 PLC 控制接线图

a. PLC 电源接线：L+ 接直流电源 24V，M 接直流电源 0V；2L+ 接直流电源 24V，1M、2M 接直流电源 0V。

b. PLC 输入端子接线：电机 M 降压启动按钮 SB1 接 I0.0，电机 M 停止按钮 SB2 接 I0.1。

c. PLC 输出端子接线：Q0.0 接中间继电器 KA1 的 8 号端子（线圈正极），Q0.1 接中间继电器 KA2 的 8 号端子（线圈正极），Q0.2 接中间继电器 KA3 的 8 号端子（线圈正极）。

d. 中间继电器 KA1 接线：8 号端子（线圈正极）接 PLC 输出端 Q0.0，7 号端子（线圈负极）接直流电源 0V；6 号公共端接热继电器 FR 的常闭 96 号端子，4 号端子接接触器 KM 线圈。

e. 中间继电器 KA2 接线：8 号端子（线圈正极）接 PLC 输出端 Q0.1，7 号端子（线圈负极）接直流电源 0V；6 号公共端接热继电器 FR 的常闭 96 号端子，4 号端子经接触器 KM △常闭触点后接 KMY 线圈。

f. 中间继电器 KA3 接线：8 号端子（线圈正极）接 PLC 输出端 Q0.1，7 号端子（线圈负极）接直流电源 0V；6 号公共端接热继电器 FR 的常闭 96 号端子，4 号端子经接触器 KMY 常闭触点后接 KM △线圈。

g. 热继电器 FR 接线：FR 的常闭 95 号端子接电源零线 N，96 号端子接中间继电器 KA1、KA2、KA3 的 6 号端子。

h. 按钮 SB1、SB2 接线：均接常开触点，一端接直流电源 24V，另一端接 PLC 输入端。

② 控制程序及程序说明　如图 1-82 所示。

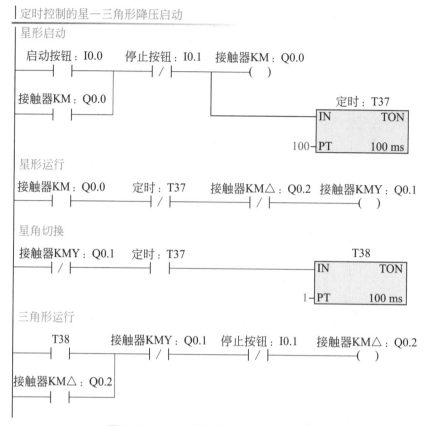

图 1-82　Y-△降压启动控制 PLC 程序

控制要求：

　　三相交流异步电机启动时电流较大，一般为额定电流的 4 ~ 7 倍。为了减小启动电流对电网的影响，采用星－三角形降压启动方式。

　　星－三角形降压启动过程：合上开关后，电机启动接触器和星形降压方式启动接触器先启动。10s（可根据需要进行适当调整）延时后，星形降压方式启动接触器断开，再经过 0.1s 延时后将三角形正常运行接触器接通，电机主电路接成三角形接法，正常运行。采用两级延时的目的是确保星形降压方式启动接触器完全断开后才去接通三角形正常运行接触器。

程序说明：

　　① 按下启动按钮 I0.0，Q0.0 得电并自锁，电机启动接触器 KM 接通，同时 T37 计时器开始计时，在 10s 到来之前，T37 和 Q0.2 的常闭触点闭合，所以 Q0.1=On，即星形降压方式启动接触器 KMY 接通，电机星形接法启动运转。10s 后，T37 计时器到达预设值，T37 常闭触点断开，Q0.1 失电，Q0.1 常闭触点闭合，T38 计时器计时开始，0.1s 后，T38 计时器到达预设值，T38 常开触点闭合，所以 Q0.2=On，即三角形运行接触器 KM△导通，电机切换为三角形接法，正常运转。

　　② 无论电机处于什么运行状态，当按下停止按钮 I0.1 时，I0.1=On，I0.1 常闭触点断开。输出线圈 Q0.0、Q0.1、Q0.2 的状态都变为 Off，各接触器常开触点均断开，电机将停止运行。

第 2 章
西门子 S7-200 SMART PLC 基本指令详解

2.1 位逻辑指令

2.1.1 标准输入输出指令

（1）指令格式及功能

标准输入输出指令格式及功能说明如表 2-1 所示。

表 2-1　标准输入输出指令格式及功能说明

指令名称	梯形图	语句表	功能	操作数
常开触点指令	〈位地址〉┤├	LD<位地址>	用于逻辑运算的开始，当输入映像寄存器值为 1 时常开触点闭合	I、Q、V、M、SM、S、T、C、L
常闭触点指令	〈位地址〉┤/├	LDN<位地址>	用于逻辑运算的开始，当输入映像寄存器值为 1 时常闭触点断开	
立即常开触点指令	〈位地址〉┤I├	LDI<位地址>	立即获取物理输入值，不更新过程映像寄存器。物理输入点（位）状态为 1 时，常开立即触点闭合	I
立即常闭触点指令	〈位地址〉┤/I├	LDNI<位地址>	立即获取物理输入值，不更新过程映像寄存器。物理输入点（位）状态为 1 时，常闭立即触点断开	
线圈输出指令	〈位地址〉──( )	=<位地址>	输出指令将输出位的新值写入过程映像寄存器	Q、M、SM、T、C、V、S
线圈立即输出指令	〈位地址〉──(I)	=I<位地址>	指令会将新值写入物理输出和相应的过程映像寄存器单元	Q

045

（2）标准输入输出指令举例

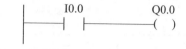

图2-1　标准输入输出指令示例的梯形图

梯形图如图 2-1 所示，此程序是典型的点动控制。

① 按下按钮，I0.0 常开触点闭合，线圈 Q0.0 得电。

② 松开按钮，I0.0 常开触点断开，线圈 Q0.0 失电。

> **重要提示** 在常态（不通电）的情况下处于断开状态的触点叫作常开触点。在常态的情况下处于闭合状态的触点叫作常闭触点。
>
> 点动控制多用于机床刀架、横梁、立柱等快速移动和机床对刀等场合。

2.1.2　触点和电路块串、并联指令

（1）指令格式及功能

触点和电路块串、并联指令格式及功能说明如表 2-2 所示。

表2-2　触点和电路块串、并联指令格式及功能说明

指令名称	梯形图	语句表	功能	操作数
与指令	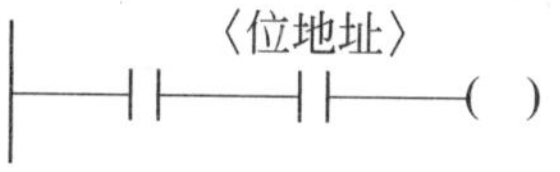 〈位地址〉	A<位地址>	与单个常开触点的串联	I、Q、M、SM、T、C、V、S
与反转指令	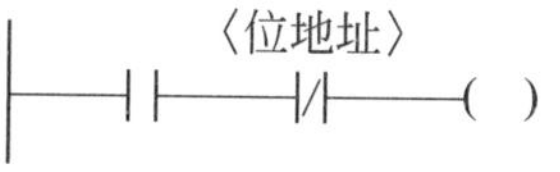 〈位地址〉	AN<位地址>	与单个常闭触点的串联	
或指令	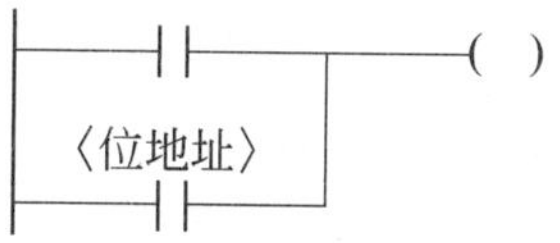 〈位地址〉	O<位地址>	与单个常开触点的并联	
或反转指令	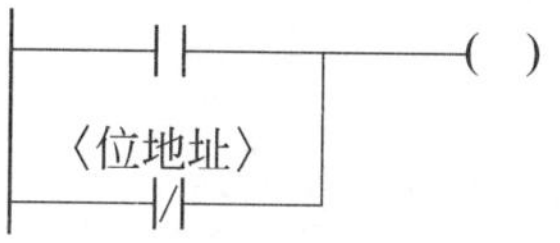 〈位地址〉	ON<位地址>	与单个常闭触点的并联	
电路块串联指令	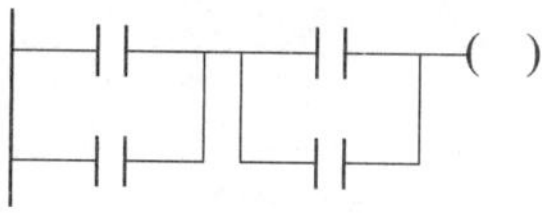	ALD	将电路块串联	无
电路块并联指令	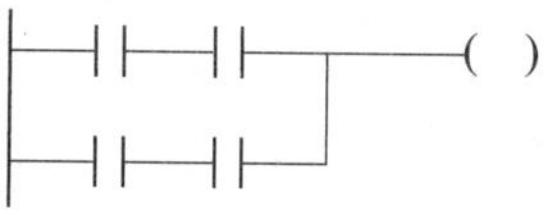	OLD	将电路块并联	

（2）触点串、并联指令举例

梯形图如图 2-2 所示，此程序可以实现电机连续运转控制，其 PLC 接线图如图 2-3 所示。

① 当电机不过载时，I0.2 得电，其常开触点接通。

② 按下启动按钮 I0.0，其常开触点闭合，Q0.0 得电并保持，电机开始运转。与 I0.0 并联的常开触点 Q0.0 闭合，保证 Q0.0 持续得电，这就相当于继电控制线路中的自锁。松开启动按钮后，由于自锁的作用，电机仍保持运转状态。

③ 按下停止按钮 I0.1 时，I0.1 常闭触点断开，电机失电停止运转。要想再次启动，重复步骤②。

④ 电机发生过载时，热继电器 I0.2 失电，其常开触点 I0.2 断开，输出线圈 Q0.0 失电，自锁解除，电机失电停转。

图 2-2　触点串、并联指令示例的梯形图

重要提示 图 2-3 是与图 2-2 对应的 PLC 接线图。电机启动和停止由接触器 KM 来控制。并且由启动按钮（SB1）、停止按钮（SB2）通过 PLC 来控制接触器线圈是否通电。

在读 PLC 梯形图时，会看到常开触点或常闭触点，当外接按钮状态为 On 时，梯形图中对应的常开触点闭合，常闭触点断开。如当外部按钮 SB1 按下时，I0.0 得电，梯形图中 I0.0 常开触点闭合；而 I0.2 连接热继电器的常闭触点，当电机不过载时，热继电器的常闭触点闭合，I0.2 得电，梯形图中 I0.2 常开触点闭合。Q0.0 也可以是电磁阀、灯等其他设备。

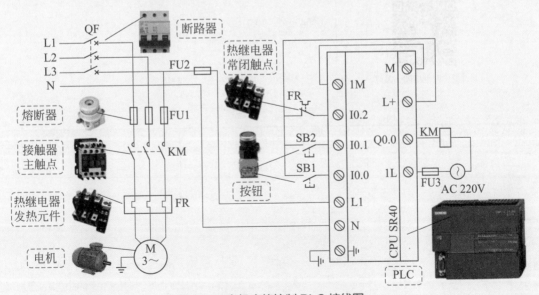

图 2-3　电机启停控制 PLC 接线图

（3）综合应用

① 控制要求　编程实现两地控制一盏灯，要求按下任一开关，都可以控制电灯的点亮和熄灭。范例示意如图 2-4 所示。

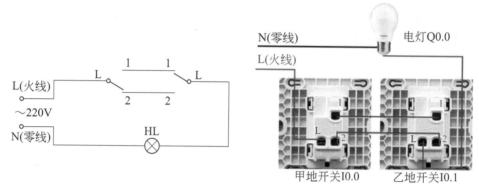

图 2-4　范例示意

② 控制程序及程序说明　控制程序如图 2-5 所示。

a. 当 I0.0 的常闭触点和 I0.1 的常开触点闭合，即 I0.0、I0.1 取值为 01 时，Q0.0 得电，即灯亮。

b. 类似地，当 I0.0、I0.1 分别取 10 时，也可以使 Q0.0 得电，灯亮。其余情况，Q0.0 失电，灯不亮。

c. 根据上述分析可列出真值表如表 2-3 所示。从表 2-3 中可以看出，当两个开关中只有一个开关的状态发生改变时，电灯的状态将会改变，从而可以实现两个开关控制一盏灯。

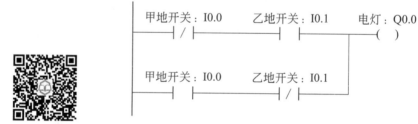

2.1.2　两地控制一盏灯

图 2-5　控制程序

表 2-3　真值表

I0.0	I0.1	Q0.0
0	0	0
0	1	1
1	0	1
1	1	0

> **重要提示**　如果将图 2-5 所示梯形图用图 2-6 代替，则从逻辑功能上来说两个图是一样的。但其执行结果却不一样。这是 PLC "从左到右，从上到下"的扫描机制造成的。因此，编写程序时，不允许编号相同的线圈多次出现。如果有多个输入逻辑影响

同一个线圈，则应该将这些输入逻辑进行并联。形式如图 2-5 所示。

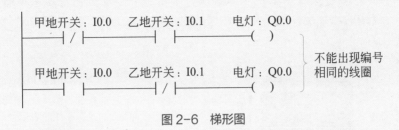

图 2-6　梯形图

2.1.3　置位与复位指令

2.1.3　置位与
复位指令

（1）指令格式及功能

置位与复位指令格式及功能说明如表 2-4 所示。

表 2-4　置位与复位指令格式及功能说明

指令名称	梯形图	语句表	功能	操作数
置位指令 S（set）	〈位地址〉 —（ S ） N	S<位地址>, N	用于置位或复位从指定地址（位）开始的一组位（N）。 可以置位或复位 1～255 个位。 如果复位指令用于定时器或计数器，则将对定时器位或计数器位进行复位，并清零当前值	Q、M、SM、T、C、V、S、L
复位指令 R（Reset）	〈位地址〉 —（ R ） N	R<位地址>, N		
立即置位指令 SI（set）	〈位地址〉 —（ SI ） N	SI<位地址>, N	立即置位（接通）或立即复位（断开）从指定地址（位）开始的一组位（N）。 可立即置位或复位 1～255 个点。新值将写入物理输出点和相应的过程映像寄存器单元	Q
立即复位指令 RI（Reset）	〈位地址〉 —（ RI ） N	RI<位地址>, N		

（2）置位与复位指令举例

梯形图如图 2-7 所示，当 I0.0 闭合时，第一条指令将从 M0.0 开始的 M0.0、M0.1、M0.2 这 3 个位变为 1。

当 I0.1 闭合时，第二条指令将 M0.0 这 1 个位变为 0。

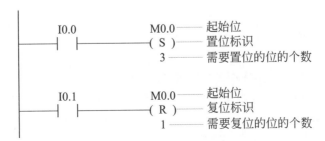

图 2-7　置位与复位指令示例的梯形图

（3）综合应用

① 控制要求　编程实现水塔抽水泵控制，要求按下启动按钮且水塔中有水时，抽水泵运行，开始将容器中的水抽出。按下停止按钮或水塔中无水为空，抽水泵自动停止工作。范例示意如图 2-8 所示。

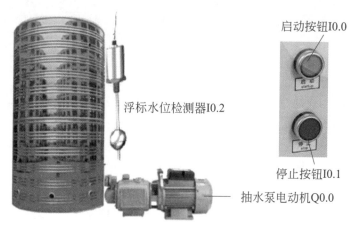

图 2-8　抽水泵控制示意图

② 控制程序及程序说明　控制程序如图 2-9 所示。

a. 容器中有水，I0.2 得电，常开触点闭合，按下启动按钮时，I0.0 得电，置位指令被执行，Q0.0 得电，抽水泵电动机开始抽水。

b. 当按下停止按钮时，I0.1 常开触点闭合，复位指令执行，Q0.0 失电，抽水泵电动机停止抽水。

c. 当容器中的水抽干后，I0.2 失电，其常闭触点接通，Q0.0 被复位，抽水泵电动机停止抽水。

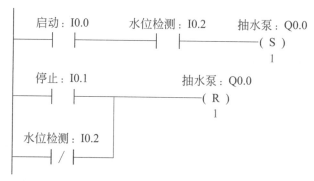

图 2-9　控制程序

① 在图 2-9 中，这两条指令除了左母线相连，其余部分没有相互连接。像这种情况，在西门子编程软件中输入程序时，应该将两条指令分别输入不同的网络，如图 2-10 所示。否则在编译程序时将会报错。
② 对同一元件（同一寄存器的位）可以多次使用 S/R 指令。由于是扫描工作方式，当置位与复位指令同时有效时，写在后面的指令具有优先权。置位与复位指令通常成对使用，也可以单独使用。

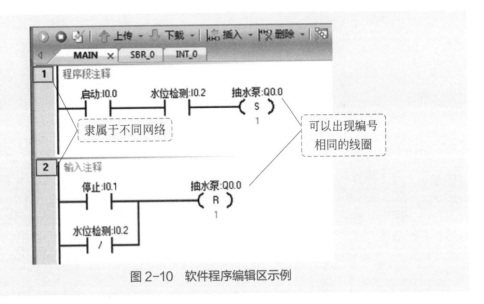

图 2-10　软件程序编辑区示例

2.1.4　置位和复位优先触发器指令

（1）指令格式及功能

置位和复位优先触发器指令格式及功能说明如表 2-5 所示。

表 2-5　置位和复位优先触发器指令格式及功能说明

指令名称	梯形图	语句表	功能	操作数
置位优先触发器指令	bit S1　OUT SR R	SR	置位信号 S1 和复位信号 R 同时为 1 时，置位优先	S1、R1、S、R 的操作数：I、Q、V、M、SM、S、T、C bit 的操作数：I、Q、V、M、S
复位优先触发器指令	bit S　OUT RS R1	RS	置位信号 S 和复位信号 R1 同时为 1 时，复位优先	

（2）置位优先触发器指令举例

梯形图如图 2-11 所示。

① 当只按下启动按钮 I0.0 时，Q0.0 得电；当只按下停止按钮 I0.1 时，Q0.0 失电。

② 当启动按钮 I0.0 和停止按钮 I0.1 都未接通时，Q0.0 保持原来的状态。

③ 当启动按钮 I0.0 和停止按钮 I0.1 同时按下时，由于置位优先，Q0.0 正常得电。

051

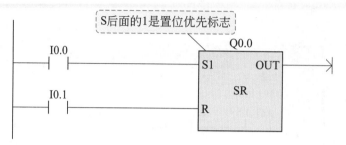

图2-11 置位优先触发器指令示例的梯形图

 重要提示 对于置位优先触发器指令（SR），置位信号 S1 和复位信号 R 可以实现置位和复位，当置位信号 S1 和复位信号 R 同时为 1 时，置位优先。其中，置位输入端用 S1 表示，复位输入端用 R 表示，而不用 R1，是置位优先触发器指令的重要标志。

其真值表如表 2-6 所示。

表2-6 置位优先触发器的真值表

S1	R	OUT（位）
0	0	保持原有状态
0	1	0
1	0	1
1	1	1

（3）复位优先触发器指令举例

梯形图如图 2-12 所示。

① 当只按下启动按钮 I0.0 时，Q0.0 得电；当只按下停止按钮 I0.1 时，Q0.0 失电。

② 当启动按钮 I0.0 与停止按钮 I0.1 都未按下时，Q0.0 保持原来的状态。

③ 当启动按钮 I0.0 与停止按钮 I0.1 同时按下时，由于复位优先，Q0.0 将失电。

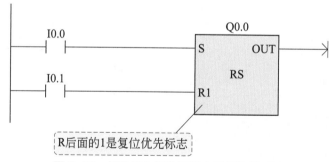

图2-12 复位优先触发器指令示例的梯形图

 重要提示 对于复位优先触发器指令（RS），置位信号 S 和复位信号 R1 可以实现置位和复位，当置位信号 S 和复位信号 R1 同时为 1 时，复位优先。其真值表如表 2-7 所示。

表 2-7 复位优先触发器指令的真值表

S	R1	OUT（位）
0	0	保持原有状态
0	1	0
1	0	1
1	1	0

2.1.5 正负跳变检测指令

2.1.5 正负跳变检测指令

（1）指令格式及功能

正负跳变检测指令格式及功能说明如表 2-8 所示。

表 2-8 正负跳变检测指令格式及功能说明

指令名称	梯形图	语句表	功能
正跳变检测指令	─┤P├─	EU	每检测到一个正跳变（由 OFF 变为 ON），能使其后的触点或线圈接通一个扫描周期
负跳变检测指令	─┤N├─	ED	每检测到一个负跳变（由 ON 变为 OFF），能使其后的触点或线圈接通一个扫描周期

（2）正负跳变检测指令举例

梯形图和时序图如图 2-13 所示：

① 在 I0.1 接通的瞬间，I0.1 产生一个正跳变，使 Q0.0 得电一个扫描周期。

② 在 I0.1 断开的瞬间，I0.1 产生一个负跳变，使 Q0.1 得电一个扫描周期。

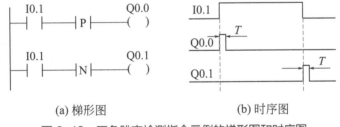

(a) 梯形图　　　(b) 时序图

图 2-13 正负跳变检测指令示例的梯形图和时序图

（3）综合应用

① 控制要求　为节省 PLC 的输入点，可以采用单按钮控制电机的启停。要求按一下按钮，启动电机。再按一下按钮，停止电机……即单数次为启动信号，双数次为停止信号。范例示意如图 2-14 所示。

图 2-14 范例示意

② 控制程序及程序说明　控制程序如图 2-15 所示。

a. 第一次按下 I0.0，其上升沿触发使 M0.0 接通一个扫描周期，Q0.0 得电并自锁，电机启动运行。

b. 在下一个扫描周期，Q0.0 常开触点闭合，M0.0 常开触点断开，因此 M0.1 不得电。

c. 第二次按下 I0.0，I0.0 得电，其上升沿触发使 M0.0 接通一个扫描周期，其常开触点 M0.0 闭合，由于电机在运行中，Q0.0 常开触点闭合，使 M0.1 得电，Q0.0 失电，电机停止运行。

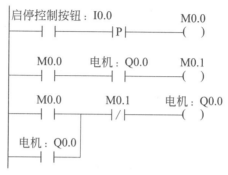

图 2-15　控制程序

2.1.6　取反指令与空操作指令

2.1.6　取反指令与空操作指令

（1）指令格式及功能说明

取反指令与空操作指令格式及功能说明如表 2-9 所示。

表 2-9　取反指令与空操作指令格式及功能说明

指令名称	梯形图	语句表	功能	操作数
取反指令	—|NOT|—	NOT	对逻辑结果取反操作	无
空操作指令	N \[NOP\]	NOP N	空操作，其中 N 为空操作次数，N=0 ～ 255	无

（2）取反指令举例

梯形图如图 2-16 所示。常开触点 I0.0 和 I0.1 同时闭合时，Q0.0 为 1，Q0.1 为 0；反之，Q0.0 为 0，Q0.1 为 1。NOT 指令使 Q0.0 和 Q0.1 的逻辑状态相反。

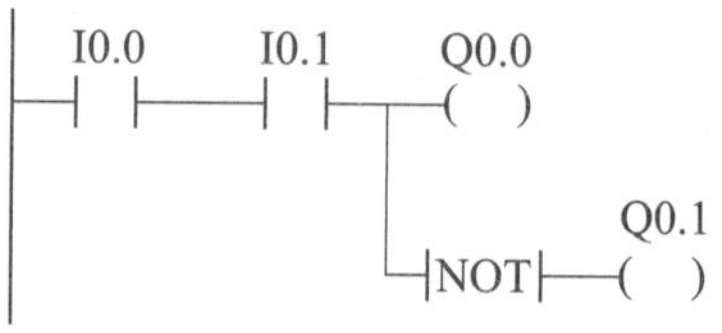

图 2-16　取反指令示例的梯形图

（3）空操作指令举例

梯形图如图 2-17 所示，当 I0.0 闭合时，执行 30 次空操作。空操作指令不影响用户程序的执行。

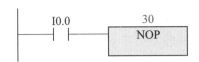

图 2-17 空操作指令示例的梯形图

2.2 定时器指令

2.2.1 定时器指令概述

2.2.1 定时器
指令 (1)

（1）指令格式及功能说明

定时器指令格式及功能说明如表 2-10 所示。

表 2-10 定时器指令格式及功能说明

指令名称	梯形图	语句表	功能	操作数
通电延时型定时器	Tn IN TON PT	TON Tn，PT	当启动输入端 IN 闭合时，定时器位 Tn 延时接通；当启动输入端 IN 断开时，定时器位 Tn 瞬时断开	Tn：T0 ～ T255 IN：I、Q、V、M、SM、S、T、C、L PT：IW、QW、VW、MW、SMW、SW、T、C、LW、AC、AIW、*VD、*LD、*AC、常数
断电延时型定时器	Tn IN TOF PT	TOF Tn，PT	当启动输入端 IN 断开时，定时器位 Tn 延时断开；当启动输入端 IN 接通时，定时器位 Tn 瞬时接通	
保持型通电延时定时器	Tn IN TONR PT	TONR Tn，PT	可以对启动输入端 IN 的多个间隔进行累计计时	

（2）图解定时器指令

以通电延时型定时器指令为例，如图 2-18 所示。

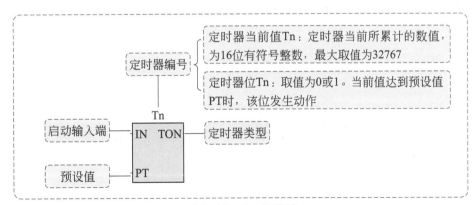

图 2-18 定时器指令

（3）不同定时器的分辨率

不同的定时器编号对应于不同的分辨率等级，定时器的分辨率有 1ms、10ms 和 100ms 共 3 个等级。分辨率等级和定时器编号的关系如表 2-11 所示。

表 2-11　分辨率等级和定时器编号表

定时器类型	分辨率 /ms	计时范围 /s	定时器号
TON TOF	1	32.767	T32, T96
	10	327.67	T33 ～ T36, T97 ～ T100
	100	3276.7	T37 ～ T63, T101 ～ T255
TONR	1	32.767	T0, T64
	10	327.67	T1 ～ T4, T65 ～ T68
	100	3276.7	T5 ～ T31, T69 ～ T95

> **重要提示**
> 通电延时型（TON）定时器和断电延时型（TOF）定时器共用同一组编号，在一个程序中，同一编号的定时器不能被多次使用。例如，如果程序中采用了通电延时型定时器 T37，则不能再用编号为 T37 的断电延时型定时器。
> 另外，以定时器 T33 为例，其分辨率为 10ms，预设值 PT 为 125，则实际定时时间为 125×10ms=1250ms。

2.2.2　定时器指令举例

（1）通电延时型定时器指令举例

① 梯形图如图 2-19（a）所示。当 I0.0 接通时，定时器 T37 开始计时，当计时 1s 时间到时，T37 触点闭合，使线圈 Q0.0 得电。

② 时序图如图 2-19（b）所示。

当 I0.0 第一次从 OFF → ON 时，定时器 T37 开始计时，其当前值从 0 开始递增。其当前值还没达到预设值 PT=10 时，I0.0 断开，则定时器当前值被清零。

当 I0.0 第二次从 OFF → ON 时，定时器 T37 开始计时，其当前值从 0 开始递增。其当前值达到预设值 10 时，定时器位 T37 接通，从而使线圈 Q0.0 得电。当 I0.0 断开时，T37 定时器

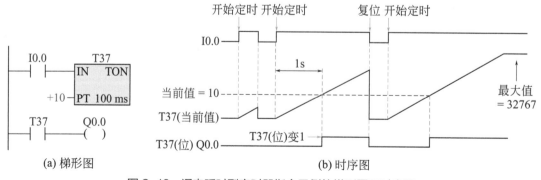

图 2-19　通电延时型定时器指令示例的梯形图和时序图

位立刻复位，同时当前值清 0，输出 Q0.0 变为 0。

当 I0.0 第三次从 OFF → ON 时，定时器 T37 开始计时，其当前值从 0 开始递增。其当前值达到预设值 10 时，定时器位 T37 接通，从而使线圈 Q0.0 得电。此时只要 I0.0 处于接通状态，计时到达预设值以后，当前值仍然增加，直到 32767 停止增加。

（2）断电延时型定时器指令举例

① 梯形图如图 2-20（a）所示。当 I0.0 接通，T33 触点立刻接通，同时将定时器当前值清零，线圈 Q0.0 得电；当 I0.0 断开时，定时器 T33 开始计时，当计时 1s 时间到时，T33 触点断开，线圈 Q0.0 失电。

② 时序图如图 2-20（b）所示。当 I0.0 第一次从 ON → OFF 时，定时器 T33 开始计时，其当前值从 0 开始递增。其当前值达到预设值 100 时，其定时器位 T33 置 0，从而使线圈 Q0.0 失电。同时其当前值停止增加，保持不变。

当 I0.0 第二次从 ON → OFF 时，定时器 T33 开始计时，其当前值从 0 开始递增。其当前值还没达到预设值 100 时，I0.0 接通，则定时器当前值被清零，定时器 T33 触点保持接通。

当 I0.0 第三次从 ON → OFF 时，情况与第一次相同，在此不再赘述。

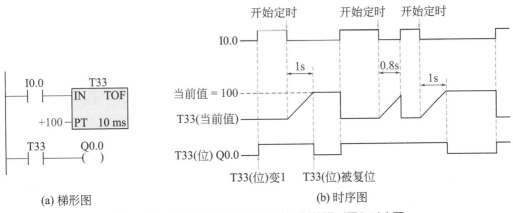

图 2-20　断电延时型定时器指令示例的梯形图和时序图

（3）保持型通电延时定时器指令举例

① 梯形图如图 2-21（a）所示。

当 I0.0 的累计接通时间达到 1s 时，T1 触点立刻接通，线圈 Q0.0 得电。当 I0.1 接通时，定时器 T1 被复位，线圈 Q0.0 失电。

② 时序图如图 2-21（b）所示。

当 I0.0 第一次从 OFF → ON 时，定时器 T1 开始计时，其当前值从 0 开始递增。当计时时间达到 0.6s 时，I0.0 断开，其当前值保持现在的值不变。

当 I0.0 第二次从 OFF → ON 时，定时器 T1 当前值从原有基础上继续增加，当第二次接通时间达到 0.4s，即累计接通时间达到 1s 时，定时器位 T1 置 1，从而使线圈 Q0.0 得电。只要 I0.0 保持闭合，T1 的当前值将继续增加，此后即使是 I0.0 断开，定时器 T1 状态位仍然为 1，只是当前值保持不变。

当 I0.0 第三次从 OFF → ON 时，T1 的当前值将继续增加，直到达到 32767 为止，其定时器位保持 1。当 I0.1 闭合时，定时器被复位，触点 T1 断开，使 Q0.0 失电，同时当前值被清零。

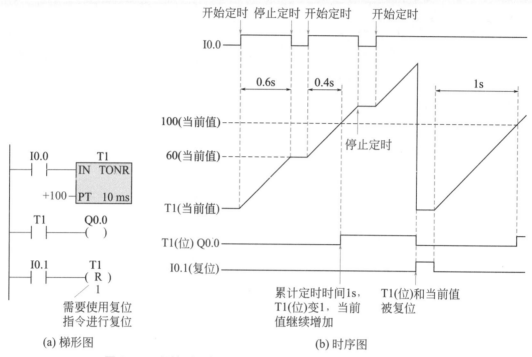

(a) 梯形图　　　　　　　　　(b) 时序图

图2-21　保持型通电延时型定时器指令示例的梯形图和时序图

当 I0.1 断开后，只要 I0.0 接通，定时器将又开始计时，其当前值从 0 开始递增。

③ 复位操作：对于保持型通电延时定时器的复位，不能同普通接通延时定时器的复位那样使用 IN 从 1 变为 0，而只能使用复位指令 R 对其进行复位操作。

2.2.3　定时器的刷新机制

2.2.3　定时器的
刷新机制

（1）不同定时器的刷新机制

不同精度的定时器，它们当前值的刷新周期是不同的，具体情况如下。

① 1ms 分辨率定时器　定时器当前值每隔 1ms 刷新一次，在一个扫描周期中要刷新多次，而不和扫描周期同步。

② 10ms 分辨率定时器　在每次扫描周期开始对 10ms 定时器刷新，在一个扫描周期内定时器当前值保持不变。

③ 100ms 分辨率定时器　只有在定时器指令执行时，100ms 定时器的当前值才被刷新。其子程序和中断程序不是每个扫描周期都执行，因此，在子程序和中断程序中不宜使用 100ms 定时器。

（2）不同刷新机制对执行结果的影响举例

要求用定时器实现电路产生每隔 3s 可使 Q0.0 接通一个扫描周期的方波，如图 2-22（b）所示。

① 用 100ms 定时器实现　如图 2-22（a）所示。

a. 程序执行时，T39 开始计时。当程序执行到 TON 指令时，100ms 定时器被刷新，如果计时时间到 3s，T39 常开触点闭合，Q0.0 得电。

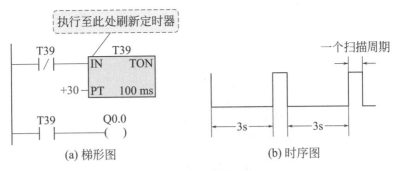

(a) 梯形图   (b) 时序图

图 2-22　梯形图和时序图

b. 下一个扫描周期，T39 常闭触点断开，定时器 T39 被复位，使常开触点 T39 断开，Q0.0 失电。

c. 下一个扫描周期，其常闭触点重新闭合，T39 又开始计时。由此分析，此电路每隔 3s 使 Q0.0 接通一个扫描周期。

② 用 10ms 定时器实现　如图 2-23（a）所示，由于 T33 的分辨率是 10ms，在扫描周期开始对 T33 进行刷新，如果计时时间到 3s，使定时器位 T33 为 1，则 T33 常闭触点断开，定时器被复位，所以，执行到第二个网络时，常开触点 T33 没有机会接通，故 Q0.0 则不会接通。所以此程序不能实现与图 2-22（a）相同的功能。改正方法如图 2-23（b）所示，图中数字标号指示了程序执行顺序。

另外，由于 1ms 分辨率定时器当前值每隔 1ms 刷新一次，图 2-23（a）所示的梯形图同样不适用 1ms 分辨率定时器。

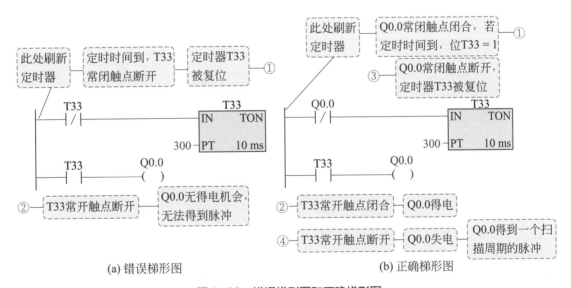

(a) 错误梯形图   (b) 正确梯形图

图 2-23　错误梯形图和正确梯形图

2.2.4　出料搅拌机的控制

（1）控制要求

编程实现出料搅拌机控制，开关闭合时，出料电机延时 2s 启动，开关断开时，延时 2s 停止。每当出料电机累计工作时间达到 10s 时，搅拌电机工作 10s，以此循环。范例示意如图 2-24 所示。

图 2-24　出料搅拌机范例示意

（2）控制程序及程序说明

梯形图如图 2-25 所示。

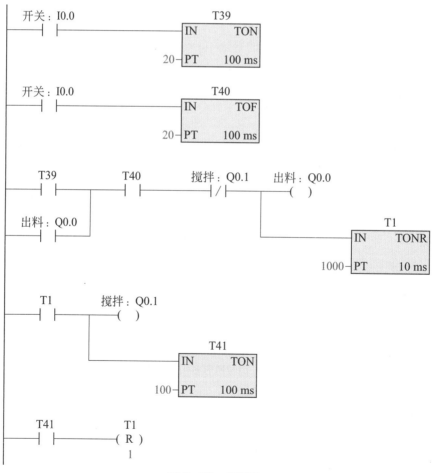

图 2-25　梯形图

① 将开关 I0.0 拨到上方，T39 开始计时，同时 T40 常开触点闭合。2s 后 T39 常开触点闭合，Q0.0 得电并自锁，开始出料，T1 开始计时。

② 此时若将 I0.0 拨到下方，T40 开始计时，2s 后，T40 常开触点断开，Q0.0 失电，停止出料，T1 停止计时但不复位。

③ 再将 I0.0 拨到上方，2s 后 Q0.0 得电，T1 继续计时，直到 Q0.0 的工作时间累计达到 10s，T1 常开触点闭合，搅拌电机 Q0.1 得电，T41 开始计时，出料电机 Q0.0 失电。

④ 当搅拌电机 Q0.1 工作 10s 后，T41 常开触点闭合，将 T1 复位，搅拌电机 Q0.1 失电，同时将 T41 复位。当出料电机 Q0.0 工作时，T1 又开始计时。

2.3 计数器指令

2.3.1 计数器指令概述

（1）指令格式及功能

计数器指令格式及功能说明如表 2-12 所示。

表 2-12 计数器指令格式及功能说明

指令名称	梯形图	语句表	功能	操作数
增计数器指令	Cn CU CTU R PV	CTU Cn, PV	当复位端的信号为 0 时，在计数端 CU 每个脉冲输入的上升沿，计数器的当前值进行加 1 操作	Cn：C0～C255 PV：IW、QW、VW、MW、SMW、SW、LW、T、C、AC、AIW、*VD、*LD、*AC、常数
减计数器指令	Cn CD CTD LD PV	CTD Cn, PV	当装载输入端的信号为 0 时，在计数端 CD 每个脉冲输入的上升沿，计数器的当前值进行减 1 操作	
增减计数器指令	Cn CU CTUD CD R PV	CTUD Cn, PV	当复位端 R 的信号为 0 时，CU 端上升沿到来时，计数器的当前值进行加 1；CD 端上升沿到来时，计数器的当前值进行减 1 操作	

（2）图说计数器指令

以增、减计数器指令为例，如图 2-26 所示。

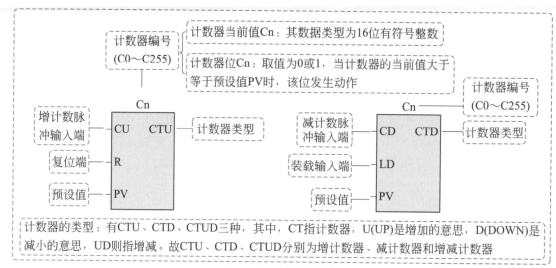

图 2-26 计数器指令

2.3.2 计数器指令举例

（1）增计数器（CTU）指令举例

① 梯形图如图 2-27（a）所示。

当 I0.1 断开时，复位端（R）的状态为 0，此时，当脉冲输入端 CU 持续有上升沿脉冲输入时，计数器的当前值加 1。当前值增加到等于预设值（PV）时，计数器位被置 1，其常开触点 C2 闭合，使 Q0.0 得电。

若此时脉冲输入依然有上升沿脉冲输入，计数器的当前值将继续增加，直到达到 32767 为止。在此期间计数器位保持 1，其常开触点 C2 保持闭合，使 Q0.0 保持得电。

当 I0.1 闭合时，计数器被复位，其当前值被清 0，计数器位变 0，使 Q0.0 失电。此时，即使脉冲输入端有上升沿脉冲输入，计数器不再计数，直到 I0.1 断开，计数器才会重新工作。

② 时序图如图 2-27（b）所示。

在 I0.1 第一段低电平区间，I0.0 有两个脉冲上升沿，计数器的当前值有两次递增，此时当前值为 2，还没有达到预设值 3，计数器位保持 0。随后，I0.1 闭合时，计数器被复位，其当前值被清 0。

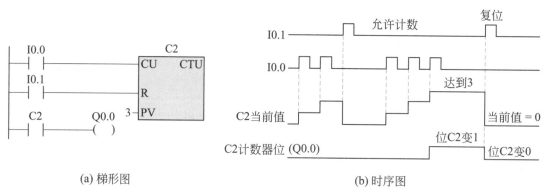

图 2-27 增计数器指令示例的梯形图和时序图

在 I0.1 第二段低电平区间，I0.0 有三个脉冲上升沿，每来一个上升沿，计数器加 1。计数器的当前值加到 3 时，正好等于预设值，计数器位变为 1，其常开触点 C2 闭合，使 Q0.0 得电。随后，I0.1 闭合时，计数器被复位，其当前值被清 0，计数器位变为 0，其常开触点 C2 断开，使 Q0.0 失电。

在 I0.1 第三段低电平区间，计数器开始工作，但因为脉冲输入没有上升沿脉冲输入，计数器当前值和计数器位没有改变。

（2）减计数器（CTD）指令举例

① 梯形图如图 2-28（a）所示。

当 I0.1 闭合时，计数器被复位，计数器位清零，预设值 3 装载入计数器的当前值中。

当 I0.1 断开时，装载端 LD 的状态变为 0，计数器开始接受脉冲输入，当脉冲输入端（CD）每来一个上升沿时，计数器的当前值就减 1。当前值减为 0 时，计数器停止计数，当前值不再改变，其计数器位 C1 变为 1，线圈 Q0.0 得电。

② 时序图如图 2-28（b）所示。

当 I0.1 第一次闭合时，计数器被复位，计数器位清零，计数器的当前值等于预设值 3。

I0.1 断开以后，计数器开始接受脉冲输入，当脉冲输入端（CD）来第三个上升沿时，计数器的当前值减为 0，计数器停止计数，其计数器位 C1 变为 1，线圈 Q0.0 得电。此后即使再来上升沿，当前值也不再改变。

当 I0.1 第二次闭合时，计数器位 C1 清零，计数器的当前值又等于预设值 3，重复第一次的过程。

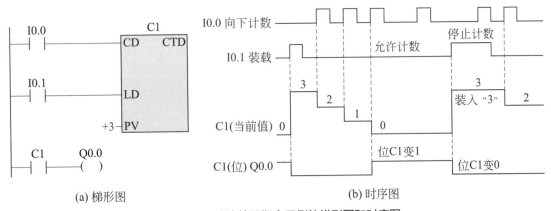

(a) 梯形图　　　　　　　　　　　　　(b) 时序图

图 2-28　减计数器指令示例的梯形图和时序图

（3）增减计数器（CTUD）指令举例

① 梯形图如图 2-29（a）所示。

a. 当 I0.2 断开时，复位端（R）状态为 0，计数脉冲输入有效。当加计数输入端（CU）有上升沿脉冲输入时，计数器的当前值加 1；当减计数输入端（CD）有上升沿脉冲输入时，计数器的当前值减 1。

b. 当计数器的当前值大于等于预设值时，计数器位被置 1，其常开触点 C48 闭合，线圈 Q0.0 得电。此时，如果脉冲输入端 CU 或 CD 继续有脉冲上升沿输入，则当前值将继续增加或减小。

c. 计数器的当前值达到最大值 32767 后，下一个 CU 脉冲上升沿将使计数器当前值跳变为最小值 -32768。计数器的当前值达到最小值 -32768 后，下一个 CD 脉冲上升沿使计数器的当前值跳变为最大值 32767。

d. 当 I0.2 闭合时，复位端（R）状态为 1，计数器位置 0，当前值变 0。

② 时序图如图 2-29（b）所示。

a. 在 I0.2 断开期间，计数脉冲输入有效。当增计数输入端（CU）有上升沿脉冲输入时，计数器的当前值加 1。到第 4 个上升沿，计数器的当前值达到预设值 4，计数器位被置 1，其常开触点 C48 闭合，线圈 Q0.0 得电。

b. 接着脉冲输入端 CU 又来一个上升沿，使当前值加到 5。随后，CD 端又来两个下降沿，使当前值减到 3。此时当前值小于预设值，计数器位变为 0。

c. 当 I0.2 闭合时，计数器位置 0，当前值变 0。

d. 当计数器的当前值大于等于预设值时，计数器位为 1；当计数器的当前值小于预设值时，计数器位为 0。

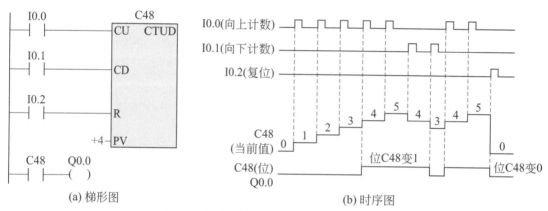

图 2-29 增减计数器指令示例的梯形图和时序图

2.3.3 打卡人数统计系统

（1）控制要求

某公司有 100 人，编程实现打卡人数统计系统。打卡器开启后，每检测到一张磁卡，计数器加 1，当数值达到应上班的总人数时，指示灯变亮，按下复位键，计数器清零。范例示意如图 2-30 所示。

图 2-30 范例示意

（2）控制程序及程序说明

控制程序如图 2-31 所示。

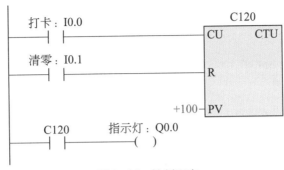

图 2-31 控制程序

① 打卡器开启后，每有一张磁卡靠近，I0.0 得电一次，C120 计数一次。

② 当 C120 的计数当前值达到应上班的总人数时，C120 常开触点闭合，Q0.0 得电，指示灯变亮。

③ 按下复位键 I0.1 时，I0.1 常开触点闭合，计数器清零。

2.4 数据传送指令

2.4.1 单一传送指令

2.4.1
单一传送指令

（1）指令格式及功能

单一传送指令格式及功能说明如表 2-13 所示。

表 2-13 单一传送指令格式及功能说明

指令名称	梯形图	语句表	操作数类型及操作范围	功能
字节传送指令	MOV_B EN ENO IN OUT	MOVB IN, OUT	IN（字节）：IB、QB、VB、MB、SMB、SB、LB、AC、*VD、*LD、*AC、常数 OUT（字节）：IB、QB、VB、MB、SMB、SB、LB、AC、*VD、*LD、*AC	当使能端 EN 有效时，将数据值从 IN 传送到 OUT。而不会更改源存储单元（IN）中存储的值
字传送指令	MOV_W EN ENO IN OUT	MOVW IN, OUT	IN（字、整数）：IW、QW、VW、MW、SMW、SW、T、C、LW、AC、AIW、*VD、*AC、*LD、常数 OUT（字、整数）：IW、QW、VW、MW、SMW、SW、T、C、LW、AC、AQW、*VD、*LD、*AC	
双字传送指令	MOV_DW EN ENO IN OUT	MOVD IN, OUT	IN（双字、双整数）：ID、QD、VD、MD、SMD、SD、LD、HC、&VB、&IB、&QB、&MB、&SB、&T、&C、&SMB、&AIW、&AQW、AC、*VD、*LD、*AC、常数 OUT（双字、双整数）：ID、QD、VD、MD、SMD、SD、LD、AC、*VD、*LD、*AC	

065

指令名称	梯形图	语句表	操作数类型及操作范围	功能
实数传送指令	MOV_R EN ENO IN OUT	MOVR IN, OUT	IN（实数）: ID、QD、VD、MD、SMD、SD、LD、AC、*VD、*LD、*AC、常数 OUT（实数）: ID、QD、VD、MD、SMD、SD、LD、AC、*VD、*LD、*AC	当使能端EN有效时，将数据值从IN传送到OUT。而不会更改源存储单元(IN)中存储的值

（2）字节传送指令举例

梯形图如图 2-32（a）所示。当程序开始执行时，SM0.1 接通一个扫描周期，使 VB0=2#01100101。当 I0.0 接通时，将 VB0 存储区中的数传入 VB1，VB1 存储区内的数也变成 2#01100101，VB0 内的数据不变。执行过程如图 2-32（b）所示。

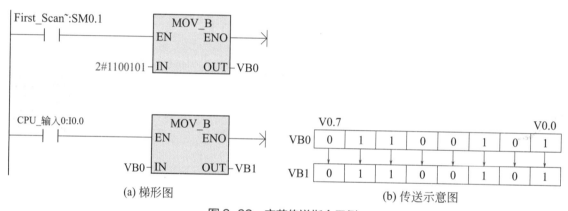

(a) 梯形图   (b) 传送示意图

图 2-32　字节传送指令示例

① SM0.1 为特殊标志位存储器，当 PLC 由 STOP 转为 RUN 时，SM0.1 接通一个扫描周期，常用来初始化；

② VB0 是一个字节，包含 V0.0～V0.7 共 8 个位。

③ 如果 IN 的操作数为常数，可以有二进制、十进制、十六进制三种表示方法。如十进制数: 101，二进制数: 2#01100101，十六进制数: 16#65。

（3）字传送指令举例

① 梯形图如图 2-33（a）所示。当 I0.0 闭合时，将会将常数 16#1446 传入 QW0 存储区。

② 字的数据存储区地址格式如图 2-33（b）所示。QW0 由 QB0、QB1 两个字节组成，其中 QB1 为低位字节，QB0 为高位字节。

③ 图 2-33（c）所示为传送示意图，将 16#46 存入 QB1，将 16#14 存入 QB0。

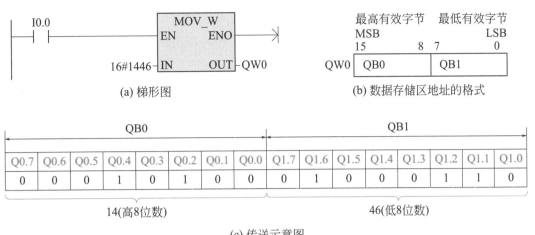

(a) 梯形图

(b) 数据存储区地址的格式

(c) 传送示意图

图 2-33 字传送指令示例

> **重要提示** QB0 由 Q0.0 ~ Q0.7 共 8 位组成，执行完图 2-33（a）所示梯形图后，与 PLC 输出端子 Q0.2、Q0.4、Q1.1、Q1.2、Q1.6 相连的灯将会被点亮。

2.4.2 数据块传送指令

2.4.2 数据块传送指令

（1）指令格式及功能

数据块传送指令格式及功能说明如表 2-14 所示。

表 2-14 数据块传送指令格式及功能说明

指令名称	梯形图	语句表	功能	操作数类型及操作范围
字节的块传送指令	BLKMOV_B EN ENO IN OUT N	BMB IN, OUT, N	当使能端 EN 有效时，将从输入 IN 开始 N 个的字节、字、双字传送到 OUT 的起始地址中。 存储在源单元的数据块数值不变	IN（字节）/OUT（字节）：IB、QB、VB、MB、SMB、SB、LB、*VD、*LD、*AC N（字节）：IB、QB、VB、MB、SMB、SB、LB、AC、常数、*VD、*LD、*AC
字的块传送指令	BLKMOV_W EN ENO IN OUT N	BMW IN, OUT, N		IN（字、整数）/OUT（字、整数）：IW、QW、VW、MW、SMW、SW、T、C、LW、AIW、*VD、*LD、*AC N（字节）：IB、QB、VB、MB、SMB、SB、LB、AC、常数、*VD、*LD、*AC
双字的块传送指令	BLKMOV_D EN ENO IN OUT N	BMD IN, OUT, N		IN（双字、双整数）/OUT（双字、双整数）：ID、QD、VD、MD、SMD、SD、LD、*VD、*LD、*AC N（字节）：IB、QB、VB、MB、SMB、SB、LB、AC、常数、*VD、*LD、*AC

（2）数据块传送指令举例

梯形图如图 2-34（a）所示。

① 当 I0.0 闭合，将常数 16#1446 传入 MW0 存储区。

② I0.1 闭合，将从 MB0 开始的两个字节的数据传入从 QB0 开始的两个字节的存储区，MW0 内的数值不变，执行结果如图 2-34（b）所示。

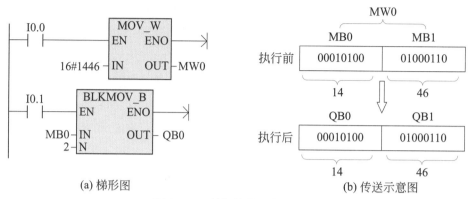

(a) 梯形图　　(b) 传送示意图

图 2-34　数据块传送指令示例

2.4.3　字节交换指令

（1）指令格式及功能

字节交换指令格式及功能说明如表 2-15 所示。

表 2-15　字节交换指令格式及功能说明

指令名称	梯形图	语句表	功能	操作数类型及操作范围
交换字节指令	SWAP EN　ENO IN	SWAP IN	字节交换指令用于交换字 IN 的最高有效字节和最低有效字节	IN（字）：IW、QW、VW、MW、SMW、SW、T、C、LW、AC、*VD、*LD、*AC

（2）字节交换指令举例

梯形图如图 2-35（a）所示。

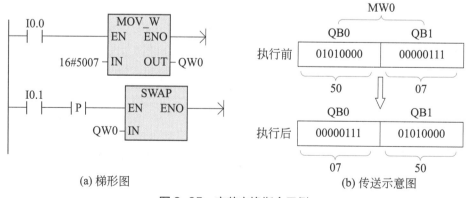

(a) 梯形图　　(b) 传送示意图

图 2-35　字节交换指令示例

① 当 I0.0 闭合，将常数 16#5007 传入 QW0 存储区。

② I0.1 闭合，将 QB0 和 QB1 的数据进行交换，执行结果如图 2-35（b）所示。

③ 执行字节交换指令完毕后，与 PLC 输出端子 Q0.0、Q0.1、Q0.2、Q1.4、Q1.6 相连的灯将会被点亮。

 重要提示 对于字节交换指令，只要使能端 EN 为 1，则每一个扫描周期，都会进行一次字节交换。如果希望 I0.1 每接通一次，QW0 仅进行一次字节交换，需要在 I0.1 后面串接正跳变检测指令。

2.4.4　模具压制控制

2.4.4
模具压制控制

（1）控制要求

编程实现模具压制控制，具体要求为：

① 在试验模式下，工程师先按住启动按钮，手动测试模具压制成形所需时间。

② 在自动模式下，每触发一次启动按钮，就按照试验时测定的时间对模具进行一次压制成形。

范例示意如图 2-36 所示。

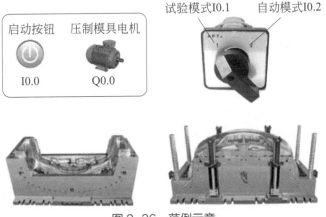

图 2-36　范例示意

（2）控制程序及程序说明

控制程序如图 2-37 所示。

① 试验模式时，开关 I0.1 闭合。按住启动按钮 I0.0，M0.0 线圈得电，其常开触点闭合使 Q0.0 得电，开始压制模具，同时 T37 定时器开始计时，T37 的当前值被传到 VW0 中；当完成模具压制过程后，松开启动按钮，M0.0 线圈失电，其常开触点断开使 Q0.0 失电，停止压制模具。VW0 中存储了模具压制成形所需的时间。

② 自动模式时，开关 I0.2 闭合。按下启动按钮 I0.0，M10.0 线圈得电并自锁，进而使 M0.1 得电，其常开触点闭合使 Q0.0 得电，机床开始自动压制模具。同时 T38 定时器开始计时，到达预设值（VW0 中内容值）后，T38 常闭触点断开，使 M10.0 线圈失电，M10.0 常开触点断开使 T38 定时器被复位。同时，M0.1 失电断开，Q0.0 失电，停止压制模具。

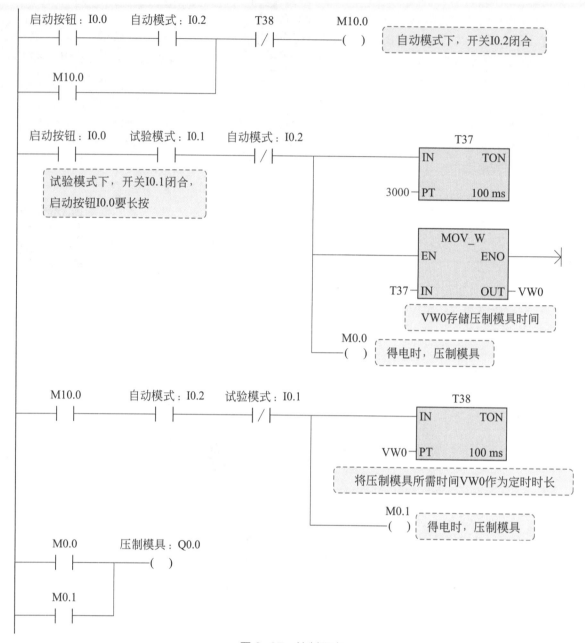

图 2-37 控制程序

2.5 比较指令

2.5.1 比较指令概述

（1）指令格式及功能

比较指令格式及功能说明如表 2-16 所示。

2.5.1
比较指令

表 2-16　比较指令格式及功能说明

指令名称	梯形图	功能	操作数类型及操作范围
等于指令	IN1 ┤ ==? ├ IN2	如果 IN1=IN2, 则结果为 1	
不等于指令	IN1 ┤ <>? ├ IN2	如果 IN1≠IN2, 则结果为 1	梯形图中的"？"代表操作数 1N1 和 1N2 的数据类型，可以是 B（字节）、I（整数）、DW（双整数）、R（实数）等。 　IN1 和 IN2（字节）：IB、QB、VB、MB、SMB、SB、LB、AC、*VD、*LD、*AC、常数
大于等于指令	IN1 ┤ >=? ├ IN2	如果 IN1 ≥ IN2, 则结果为 1	IN1 和 IN2（整数）：IW、QW、VW、MW、SMW、SW、T、C、LW、AC、AIW、*VD、*LD、*AC、常数
小于等于指令	IN1 ┤ <=? ├ IN2	如果 IN1 ≤ IN2, 则结果为 1	IN1 和 IN2（双整数）：ID、QD、VD、MD、SMD、SD、LD、AC、HC、*VD、*LD、*AC、常数
大于指令	IN1 ┤ >? ├ IN2	如果 IN1 > IN2, 则结果为 1	IN1 和 IN2（实数）：ID、QD、VD、MD、SMD、SD、LD、AC、*VD、*LD、*AC、常数 　OUT（BOOL）：0.1
小于指令	IN1 ┤ <? ├ IN2	如果 IN1 < IN2, 则结果为 1	

（2）比较指令举例

梯形图如图 2-38 所示。

① 按下按钮 I0.0，VW0=3000，VD2=-100000000，VD6=100.5。接通开关 I0.2，VW0 > -1000，VD2 < 6000000 两个关系式满足，故线圈 Q0.0 和 Q0.1 得电。

② 按下按钮 I0.1，VW0=-3000，VD2=100000000，VD6=1234.568。接通开关 I0.2，200.78 < VD6 关系式满足，故线圈 Q0.2 得电。

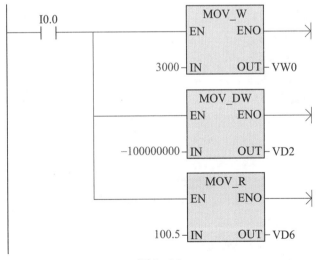

图 2-38

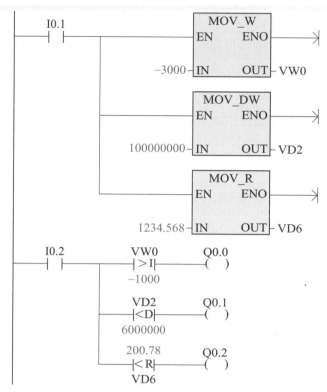

图2-38 比较指令示例的梯形图

2.5.2 十字路口红绿灯控制

2.5.2 十字路口红绿灯控制

（1）控制要求

在十字路口实现红黄绿交通灯的自动控制，南北（直行）时红灯亮时间为50s，绿灯亮时间为42s，绿灯闪烁时间为5s，黄灯亮时间为3s，东西（横行）时的红黄绿灯也是按照这样的规律变化。范例示意如图2-39所示。

（2）控制程序及程序说明

控制程序如图2-40所示。

① 合上交通灯启停开关，程序启动，SM0.5产生周期为1s、占空比为50%的脉冲，计数器C0每隔1s，当前值加1。

② 在南北方向，计数值C0≤42时，M0.0得电导通，南北绿灯Q0.2亮；42<C0≤47时，M0.1得电导通，南北绿灯Q0.2闪亮；47<C0≤50时，M0.2得电导通，南北黄灯Q0.1亮。

③ 在东西方向，在0<C0≤50期间，M0.0、M0.1、M0.2依次得电，东西红灯Q0.3亮。

④ 类似地，在南北红灯亮50s期间，东

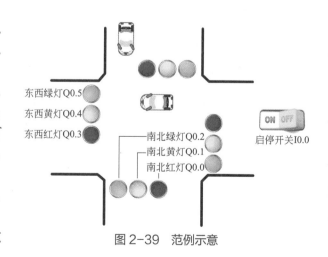

图2-39 范例示意

072

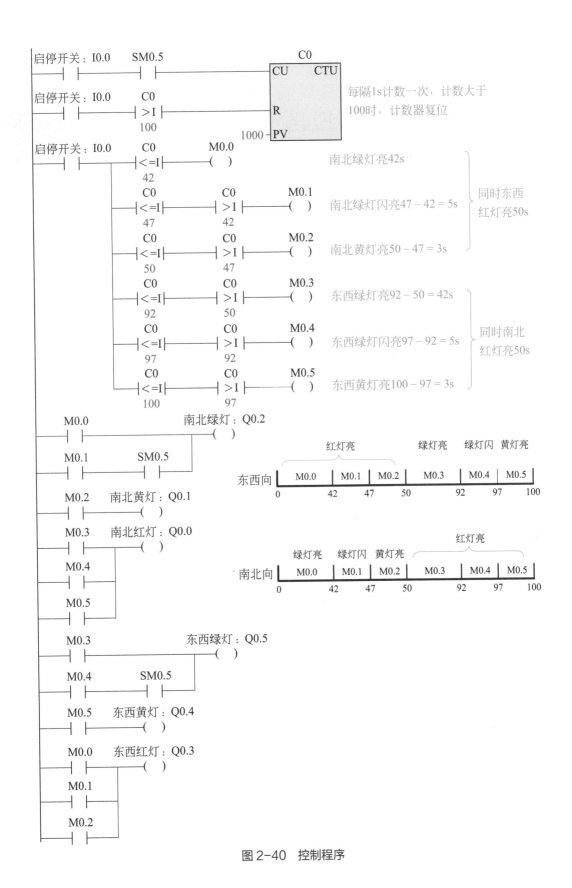

图2-40 控制程序

073

西方向绿灯亮 42s、绿灯闪亮 5s、黄灯灯亮 3s。以此类推。

⑤ 此程序中的计数器也可以用定时器替代，编程方法与此类似。

2.6 移位和循环移位指令

2.6.1 移位指令

（1）指令格式及功能

移位指令格式及功能说明如表 2-17 所示。

表 2-17　移位指令格式及功能说明

指令名称	梯形图	语句表	功能	操作数类型及操作范围
字节左移位指令	SHL_B EN　ENO IN　OUT N	SLB　OUT, N	① 将输入值 IN 的值右移或左移 N 位，然后将结果分配给 OUT 的存储单元中。移出后留下的空位补 0。 ② 移出的最后一位数将被存入 SM1.1。如果移位操作使结果变为零，则 SM1.0 被置位。 ③ 字节操作是无符号操作。字操作和双字操作，使用有符号数据值时，也对符号位进行移位。 ④ 如果移位计数 N 大于或等于允许的最大值，则会按相应操作的最大值进行移位，其中字节、字、双字的最大操作数分别为 8、16、32	IN（字节）：IB、QB、VB、MB、SMB、SB、LB、AC、*VD、*LD、*AC、常数 OUT（字节）：IB、QB、VB、MB、SMB、SB、LB、AC、*VD、*LD、*AC N（字节）：IB、QB、VB、MB、SMB、SB、LB、AC、*VD、*LD、*AC、常数
字节右移位指令	SHR_B EN　ENO IN　OUT N	SRB　OUT, N		
字左移位指令	SHL_W EN　ENO IN　OUT N	SLW　OUT, N		IN（字）：IW、QW、VW、MW、SMW、SW、T、C、LW、AC、AIW、*VD、*LD、*AC、常数 OUT（字）：IW、QW、VW、MW、SMW、SW、T、C、LW、AC、*VD、*LD、*AC N（字节）：IB、QB、VB、MB、SMB、SB、LB、AC、*VD、*LD、*AC、常数
字右移位指令	SHR_W EN　ENO IN　OUT N	SRW　OUT, N		
双字左移位指令	SHL_DW EN　ENO IN　OUT N	SLD　OUT, N		IN（双字）：ID、QD、VD、MD、SMD、SD、LD、AC、HC、*VD、*LD、*AC、常数 OUT（双字）：ID、QD、VD、MD、SMD、SD、LD、AC、*VD、*LD、*AC N（字节）：IB、QB、VB、MB、SMB、SB、LB、AC、*VD、*LD、*AC、常数
双字右移位指令	SHR_DW EN　ENO IN　OUT N	SRD　OUT, N		

（2）移位指令举例

梯形图如图 2-41（a）所示。

① PLC 从 STOP 到 RUN 时，SM0.1 接通一个扫描周期，使 QB0 中的数据为 16#45，即 2#01000101。

② 当 I0.0 闭合时，将 IN 所指定的存储单元 QB0 中的数据向左移动 1 位，右端补 0，并将移位后的结果输出到 OUT 所指定的存储单元 QB0 中。

③ 如果移位位数大于 0，最后一次移出位保存在"溢出"存储器位 SM1.1 中。如果移位操作使结果变为零，零标志位 SM1.0 置 1。图 2-41（b）所示是左移一位的示意图。

④ 右移指令操作类似，在此不再赘述。

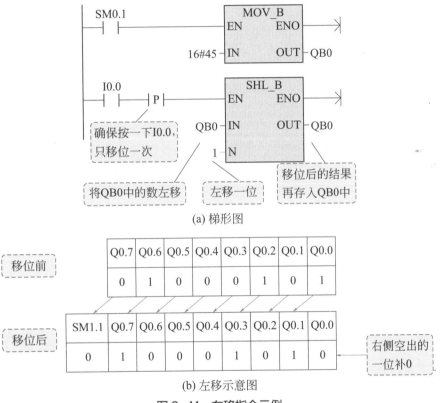

(a) 梯形图

(b) 左移示意图

图 2-41　左移指令示例

 重要提示 对于移位指令，只要使能端 EN 为 1，则每一个扫描周期，都会执行一次移位指令。如果希望 I0.0 每接通一次，仅执行一次移位指令，需要在 I0.0 后面串接正跳变检测指令。

2.6.2　循环移位指令

（1）指令格式及功能

循环移位指令格式及功能说明如表 2-18 所示。

2.6.2
循环移位指令

表2-18　循环移位指令格式及功能说明

指令名称	梯形图	语句表	功能	操作数类型及操作范围
字节循环左移指令	ROL_B EN　ENO IN　OUT N	RLB OUT, N	① 将IN的值循环右移或循环左移N位，并将结果存入OUT中。 ② 循环移出的最后一位存入SM1.1中，如果移位操作使结果变为零，则SM1.0被置位。	IN（字节）: IB、QB、VB、MB、SMB、SB、LB、AC、*VD、*LD、*AC、常数 OUT（字节）: IB、QB、VB、MB、SMB、SB、LB、AC、*VD、*LD、*AC N（字节）: IB、QB、VB、MB、SMB、SB、LB、AC、*VD、*LD、*AC、常数
字节循环右移指令	ROR_B EN　ENO IN　OUT N	RRB OUT, N		
字循环左移指令	ROL_W EN　ENO IN　OUT N	RLW OUT, N	③ 字节操作是无符号操作。字操作和双字操作使用有符号数据值时，也对符号位进行循环移位。	IN（字）: IW、QW、VW、MW、SMW、SW、T、C、LW、AC、AIW、*VD、*LD、*AC、常数 OUT（字）: IW、QW、VW、MW、SMW、SW、T、C、LW、AC、*VD、*LD、*AC N（字节）: IB、QB、VB、MB、SMB、SB、LB、AC、*VD、*LD、*AC、常数
字循环右移指令	ROR_W EN　ENO IN　OUT N	RRW OUT, N	④ 如果循环移位计数N大于或等于允许的最大值，执行循环移位之前先对N执	
双字循环左移指令	ROL_DW EN　ENO IN　OUT N	RLD OUT, N	行求模运算以获得有效循环移位计数。其中字节、字、双字的最大操作数分别为8、16、32	IN（双字）: ID、QD、VD、MD、SMD、SD、LD、AC、HC、*VD、*LD、*AC、常数 OUT（双字）: ID、QD、VD、MD、SMD、SD、LD、AC、*VD、*LD、*AC N（字节）: IB、QB、VB、MB、SMB、SB、LB、AC、*VD、*LD、*AC、常数
双字循环右移指令	ROR_DW EN　ENO IN　OUT N	RRD OUT, N		

重要提示 取模操作对于字节、字和双字的操作分别为：

① 对于字节移位，将N除以8以后取余数，取模的结果对于字节操作是0～7。

② 对于字移位，将N除以16以后取余数，取模的结果对于字操作是0～15。

③ 对于双字移位，将N除以32以后取余数，取模的结果对于双字操作是0～31。

（2）循环移位指令举例

梯形图如图2-42（a）所示。

① PLC从STOP到RUN时，SM0.1接通一个扫描周期，使QB0中的数据为2#01000101。

② 当I0.0闭合时，将IN所指定的存储单元QB0中的数据向左移动1位。移出的数据0填充到右侧空出的单元，同时，也将这个移出的数据"0"存入SM1.1。并将移位后的结果输出

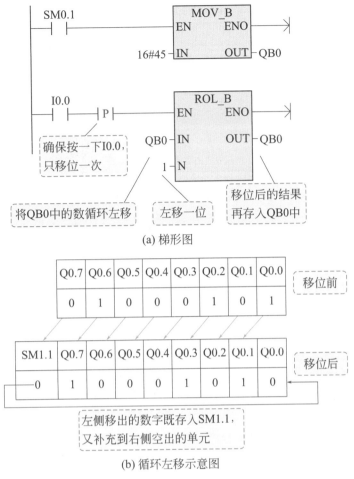

(a) 梯形图

	Q0.7	Q0.6	Q0.5	Q0.4	Q0.3	Q0.2	Q0.1	Q0.0	
	0	1	0	0	0	1	0	1	移位前

SM1.1	Q0.7	Q0.6	Q0.5	Q0.4	Q0.3	Q0.2	Q0.1	Q0.0	
0	1	0	0	0	1	0	1	0	移位后

左侧移出的数字既存入SM1.1，
又补充到右侧空出的单元

(b) 循环左移示意图

图2-42 循环左移指令示例

到 OUT 所指定的存储单元 QB0 中。

③ 如果循环移位操作使结果变为零，零标志位 SM1.0 置 1。

④ 图 2-42（b）所示是循环左移一位的示意图。从图中可以看出，循环移位是环形移位，左侧单元移出的数据补充到右侧空出的单元。同理，对于循环右移指令，右侧单元移出的数据补充到左侧空出的单元。操作方式类似，在此不再赘述。

 对于循环移位指令，只要使能端 EN 为 1，则每一个扫描周期，都会进行执行一次循环移位指令。如果希望 I0.0 每接通一次，仅执行一次循环移位指令，需要在 I0.0 后面串接正跳变检测指令。

2.6.3 移位寄存器指令

（1）指令格式及功能

移位寄存器指令格式及功能说明如表 2-19 所示。

2.6.3
移位寄存器指令

表2-19 移位寄存器指令格式及功能说明

指令名称	梯形图	语句表	功能	操作数类型及操作范围
移位寄存器指令	SHRB ─EN ENO─ ─DATA ─S_BIT ─N	SHRB DATA, S_bit, N	每次使能输入有效时，整个移位寄存器移动1位。空出的单元补入DATD端的数值，移出的数据存入SM1.1。 移位范围为以S_BIT为起始位，长度为N的存储区。 其中：当N＞0时，左移；当N＜0时，右移	DATA、S_bit（位）：I、Q、V、M、SM、S、T、C、L N（字节）：IB、QB、VB、MB、SMB、SB、LB、AC、*VD、*LD、*AC、常数

（2）移位寄存器指令举例

梯形图如图2-43（a）所示。PLC从STOP到RUN时，SM0.1接通一个扫描周期，使MB0中的数据为2#00000101。

从图2-43（b）中可以看出，I0.0共有两个上升沿，所以移位两次，移位示意图如图2-43（c）所示。

① I0.0来第一个上升沿时，I0.1=1，M0.0 ～ M0.3这四位数"0101"左移一位，左移移出的数"0"存入SM1.1，右侧空出的单元填入"1"，注意，"1"是I0.1的数值。

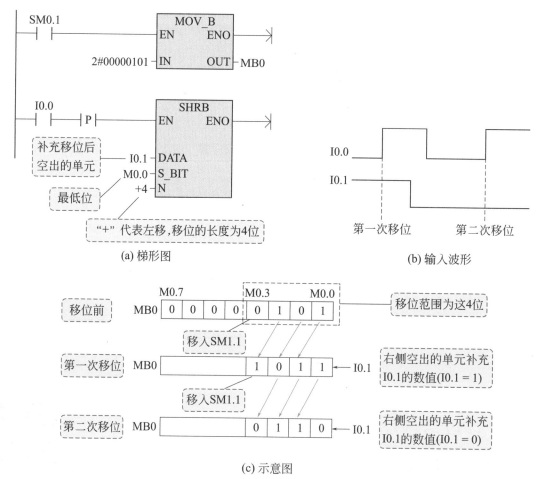

(a) 梯形图　　　　　　　　　　　　　　(b) 输入波形

(c) 示意图

图2-43 移位寄存器指令示例

078

② I0.0 来第二个上升沿时，I0.1=0，M0.0 ～ M0.3 这四位数 "1011" 左移一位，左移移出的数 "1" 存入 SM1.1，右侧空出的单元填入 "0"，注意，"0" 是 I0.1 的数值。

 重要提示

移位寄存器指令的参数包含以下重要含义。
① N 指定移位寄存器的长度和移位方向，"4" 为移位的长度，"+" 号表示左移。
② S_BIT 指定移位寄存器最低有效位的位置，即移位的范围最低位从 M0.0 开始。结合移位长度为 4，所以接下来的移位将在 M0.0 ～ M0.3 这四位的范围内移位。M0.4 ～ M0.7 这四位的数值不受影响。
③ 左移移出的数据存入 SM1.1，右侧空出的单元将填入 DATA 接收的数值位。

2.6.4 物料传送系统的单按钮控制

2.6.4 物料传送系统的单按钮控制

（1）控制要求

在物料传送系统中，用一个按钮控制三台电机顺序启动、逆序停止。要求每按一次按钮顺序启动一台电机，全部启动后每按一次按钮逆序停止一台电机。范例示意如图 2-44 所示。

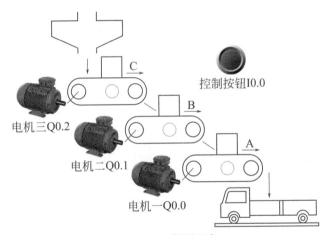

控制按钮I0.0

电机三Q0.2

电机二Q0.1

电机一Q0.0

图 2-44 范例示意

（2）控制程序及程序说明

控制程序如图 2-45 所示。

初始状态 M0.0 被置位，MB0=1。

① 第一次按下控制按钮 I0.0 时，M0.1=1，Q0.0 置位，第一个电机开启。
② 第二次按下控制按钮 I0.0 时，M0.2=1，Q0.1 置位，第二个电机开启。
③ 第三次按下控制按钮 I0.0 时，M0.3=1，Q0.2 置位，第三个电机开启。
④ 第四次按下控制按钮 I0.0 时，M0.4=1，Q0.2 复位，第三个电机关闭。
⑤ 第五次按下控制按钮 I0.0 时，M0.5=1，Q0.1 复位，第二个电机关闭。
⑥ 第六次按下控制按钮 I0.0 时，M0.6=1，Q0.0 复位，第一个电机关闭；M0.0=1，为下一轮控制做好准备。

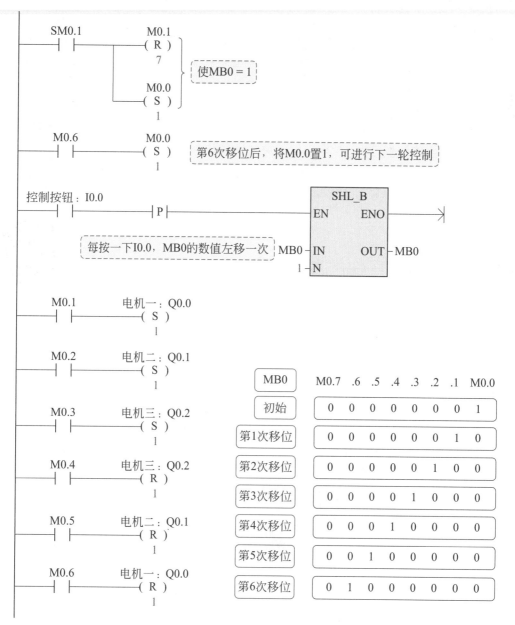

图 2-45 控制程序

2.7 数学运算类指令

2.7.1 整数四则运算指令

（1）整数四则运算指令格式及功能
整数四则运算指令格式及功能说明如表 2-20 所示。

2.7 数学运算类
（四则运算）指令

表 2-20　整数四则运算指令格式及功能说明

指令名称	梯形图	语句表	功能	操作数类型及操作范围
整数加法指令	ADD_I EN　ENO IN1　OUT IN2	+I IN1, OUT	将两个16位整数相加，产生一个16位结果。 IN1+IN2=OUT	IN1 和 IN2（整数）：IW、QW、VW、MW、SMW、SW、T、C、LW、AC、AIW、*VD、*AC、*LD、常数 OUT（整数）：IW、QW、VW、MW、SMW、SW、LW、T、C、AC、*VD、*AC、*LD
整数减法指令	SUB_I EN　ENO IN1　OUT IN2	-I IN1, OUT	将两个16位整数相减，产生一个16位结果。 IN1−IN2=OUT	
整数乘法指令	MUL_I EN　ENO IN1　OUT IN2	*I IN1, OUT	将两个16位整数相乘，产生一个16位结果。 IN1 × IN2=OUT	
整数除法指令	DIV_I EN　ENO IN1　OUT IN2	/I IN1, OUT	将两个16位整数相除，产生一个16位结果（不保留余数）。 IN1/IN2=OUT	

（2）整数四则运算指令举例

【程序要求】编程计算（6+7）×5−3。

梯形图如图 2-46（a）所示，程序仿真结果如图 2-46（b）所示。当 I0.0 接通时，6+7 的结果放入 VW0，VW0×5 的结果放入 VW2，VW2−3 的结果放入 VW4，则 VW4 中存放的结果就是（6+7）×5−3 的值。

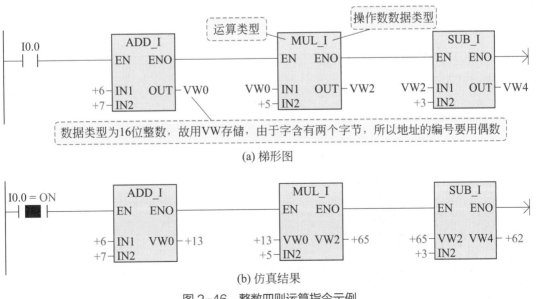

(a) 梯形图

(b) 仿真结果

图 2-46　整数四则运算指令示例

重要提示 由于整数四则运算指令的 OUT 的数据类型为 16 位有符号整数,故操作数采用 VW。

VW0 包含 VB0 和 VB1 两个字节,VW2 包含 VB2 和 VB3 两个字节,VW4 包含 VB4 和 VB5 两个字节,所以计算的中间结果分别存入 VW0、VW2、VW4 中,而不能用 VW0、VW1、VW3。

2.7.2 双整数四则运算指令

(1)指令格式及功能

双整数四则运算指令格式及功能说明如表 2-21 所示。

表 2-21 双整数四则运算指令格式及功能说明

指令名称	梯形图	语句表	功能	操作数类型及操作范围
双整数加法指令	ADD_DI EN ENO IN1 OUT IN2	+D IN1, OUT	将两个 32 位整数相加,产生一个 32 位结果。 IN1+IN2=OUT	IN1 和 IN2(双整数):ID、QD、VD、MD、SMD、SD、LD、AC、HC、*VD、*LD、*AC、常数 OUT(双整数):ID、QD、VD、MD、SMD、SD、LD、AC、*VD、*LD、*AC
双整数减法指令	SUB_DI EN ENO IN1 OUT IN2	-D IN1, OUT	将两个 32 位整数相减,产生一个 32 位结果。 IN1-IN2=OUT	
双整数乘法指令	MUL_DI EN ENO IN1 OUT IN2	*D IN1, OUT	将两个 32 位整数相乘,产生一个 32 位结果。 IN1 × IN2=OUT	
双整数除法指令	DIV_DI EN ENO IN1 OUT IN2	/D IN1, OUT	将两个 32 位整数相除,产生一个 32 位结果(不保留余数)。 IN1/IN2=OUT	

(2)双整数四则运算指令举例

【程序要求】编程计算(369-15)× 5 ÷ 21。

梯形图如图 2-47(a)所示,程序仿真结果如图 2-47(b)所示。当 I0.1 接通时,369-15 的

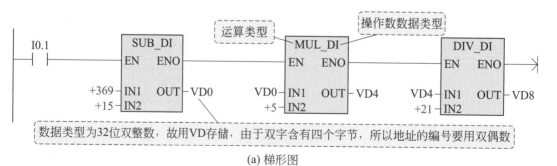

(a) 梯形图

(b) 仿真结果

图 2-47 双整数四则运算指令示例

| 重要提示 | 由于双整数四则运算指令的 OUT 的数据类型为 32 位有符号整数，故操作数采用 VD。由于 VD0 包含 VB0 ~ VB3 四个字节，故程序中使用地址的方式是 VD0、VD4、VD8。 |

结果放入 VD0，VD0×5 的结果放入 VD4，VD4÷21 的结果放入 VD8，则 VD8 中存放的结果就是（369-15）×5÷21 值。事实上，（369-15）×5 的结果并不能被 21 整除，而对于整数和双整数的一般除法，不管余数有多大，都会被舍掉，只保留整数部分，所以，计算结果为 84，如果需要精确计算，则需要使用实数的四则运算。

2.7.3 实数四则运算指令

（1）指令格式及功能

实数四则运算指令格式及功能说明如表 2-22 所示。

表 2-22 实数四则运算指令格式及功能说明

指令名称	梯形图	语句表	功能	操作数类型及操作范围
实数加法指令	ADD_R EN ENO IN1 OUT IN2	+R IN1, OUT	将两个 32 位实数相加，产生一个 32 位实数结果。 IN1+IN2=OUT	IN1 和 IN2（实数）：ID、QD、VD、MD、SMD、SD、LD、AC、*VD、*LD、*AC、常数 OUT（实数）：ID、QD、VD、MD、SMD、SD、LD、AC、*VD、*LD、*AC
实数减法指令	SUB_R EN ENO IN1 OUT IN2	-R IN1, OUT	将两个 32 位实数相减，产生一个 32 位实数结果。 IN1-IN2=OUT	
实数乘法指令	MUL_R EN ENO IN1 OUT IN2	*R IN1, OUT	将两个 32 位实数相乘，产生一个 32 位实数结果。 N1×IN2=OUT	
实数除法指令	DIV_R EN ENO IN1 OUT IN2	/R IN1, OUT	将两个 32 位实数相除，产生一个 32 位实数结果。 IN1/IN2=OUT	

进行加、减、乘、除运算后会对特殊寄存器的一些位产生影响，因此在执行完这些指令后可以查看特殊寄存器中这些位的值，从而知道计算的结果是否正确。

受影响的特殊寄存器位有：SM1.0（零）、SM1.1（溢出位）、SM1.2（负）、SM1.3（被零除）。其具体含义如表 2-23 所示。

表 2-23　受影响的特殊寄存器位

SM 位	功能描述
SM1.0	操作结果 =0 时，置位为 1
SM1.1	执行结果溢出或数值非法时，置位为 1
SM1.2	当数学运算产生负号结果时，设置为 1
SM1.3	尝试除以零时，设置为 1

（2）实数四则运算指令举例

【程序要求】编程计算（888.9−5）×2.1÷5.3。

梯形图如图 2-48（a）所示，程序仿真结果如图 2-48（b）所示。当 I0.2 接通时，888.9−5.0 的结果放入 VD0，VD0×2.1 的结果放入 VD4，VD4÷5.3 的结果放入 VD8，则 VD8 中存放的结果就是（888.9−5）×2.1÷5.3 的值。

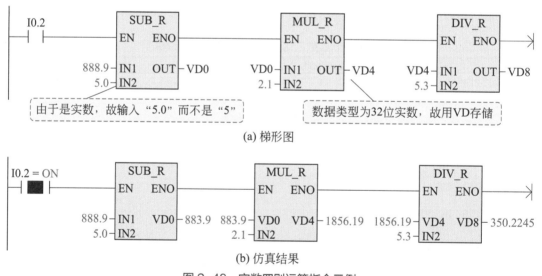

(a) 梯形图

(b) 仿真结果

图 2-48　实数四则运算指令示例

 本次所用指令都是实数运算，所以在减法指令中，IN2 的数值应该输入"5.0"而不是"5"。

2.7.4　完全整数乘法、除法指令

（1）指令格式及功能

完全整数乘法、除法指令格式及功能说明如表 2-24 所示。

表 2-24　完全整数乘法、除法指令格式及功能说明

指令名称	梯形图	语句表	功能	操作数类型及操作范围
完全整数乘法指令	MUL EN　ENO IN1　OUT IN2	MUL IN1, OUT	将两个 16 位整数相乘，产生一个 32 位乘积。 IN1 × IN2 = OUT	IN1 和 IN2（整数）：IW、QW、VW、MW、SMW、SW、T、C、LW、AC、AIW、*VD、*LD、*AC、常数
完全整数除法指令	DIV EN　ENO IN1　OUT IN2	DIV IN1, OUT	将两个 16 位整数相除，产生一个 32 位结果，低 16 位为商，高 16 位为余数。 IN1/IN2 = OUT	OUT（双整数）：ID、QD、VD、MD、SMD、SD、LD、AC、*VD、*LD、*AC

 重要提示　一般来说，乘法计算的积要比乘数的位数高，除法运算后还有余数问题，一般乘法和除法运算不能解决这些问题。例如在一般整数除法中，两个 16 位的整数相除，产生一个 16 位的整数商，不保留余数。双整数除法也同样，只是位数变为 32 位。

完全整数乘法指令是将两个有符号整数的 IN1 和 IN2 相乘，产生一个 32 位双整数结果。完全整数除法中，两个 16 位的有符号整数相除，产生一个 32 位结果，其中，低 16 位为商，高 16 位为余数。

（2）完全整数乘法、除法指令举例

图 2-49 中，相除后 32 位结果存入 VD16 中，其中 VD16 包含：VW16（高 16 位）和 VW18（低 16 位），低 16 位为商，高 16 位为余数。

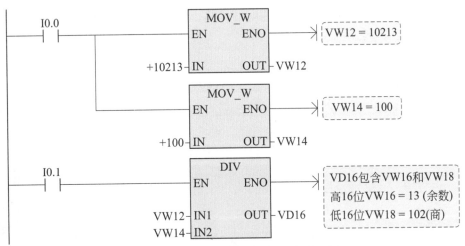

图 2-49　完全整数乘法、除法指令示例

2.7.5　数学函数指令

（1）指令格式及功能

数学函数指令格式及功能说明如表 2-25 所示。

表 2-25　数学函数指令格式及功能说明

指令名称	梯形图	语句表	功能	操作数类型及操作范围
平方根指令	SQRT EN ENO IN OUT	SQRT IN, OUT	计算实数（IN）的平方根，产生一个实数结果 OUT。 SQRT（IN）=OUT	IN（实数）：ID、QD、VD、MD、SMD、SD、LD、AC、*VD、*LD、*AC、常数 OUT（实数）：ID、QD、VD、MD、SMD、SD、LD、AC、*VD、*LD、*AC
指数指令	EXP EN ENO IN OUT	EXP IN, OUT T	执行以 e 为底，以 IN 中的值为幂的指数运算，并在 OUT 中输出结果。 EXP（IN）=OUT	
自然对数指令	LN EN ENO IN OUT	LN IN, OUT	对 IN 中的值执行自然对数运算，并在 OUT 中输出结果。 LN（IN）=OUT	
正弦指令	SIN EN ENO IN OUT	SIN IN, OUT	计算角度值 IN 的正弦值，并在 OUT 中输出结果。输入角度值以弧度为单位。 SIN（IN）=OUT	
余弦指令	COS EN ENO IN OUT	COS IN, OUT	计算角度值 IN 的余弦值，并在 OUT 中输出结果。输入角度值以弧度为单位。 COS（IN）=OUT	
正切指令	TAN EN ENO IN OUT	TAN IN, OUT	计算角度值 IN 的正切值，并在 OUT 中输出结果。输入角度值以弧度为单位。 TAN（IN）=OUT	

（2）数学函数指令举例

【程序要求】求 cos30° 的值。

三角函数指令是对实数弧度值进行相应的计算，本案例中需先将角度值转化为实数弧度值，然后再求余弦。其转换公式为：

$$y = \cos\left(\frac{30 \times 3.14}{180}\right)$$

梯形图如图 2-50 所示，先计算 30 × 3.14 的值并存入 AC0，再计算 $\dfrac{30 \times 3.14}{180}$ 的值并存入 AC0，最终计算出 cos30° 的值并存入 AC1。

2.7.6　递增、递减指令

（1）指令格式及功能

递增、递减指令格式及功能说明如表 2-26 所示。

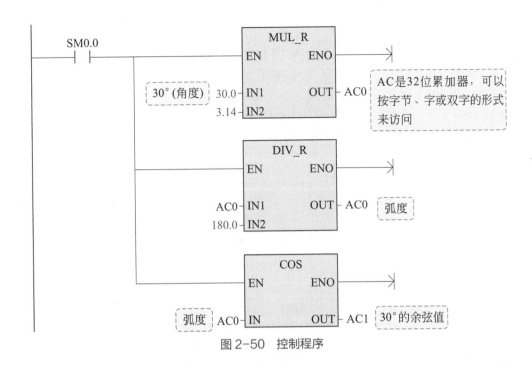

图 2-50 控制程序

表 2-26 递增、递减指令格式及功能说明

指令名称	梯形图	语句表	功能	操作数类型及操作范围
字节递增指令	INC_B EN ENO IN OUT	INCB OUT	递增指令对输入值 IN 加 1 并将结果输入 OUT 中。 IN+1=OUT 为无符号运算	IN（字节）: IB、QB、VB、MB、SMB、SB、LB、AC、*VD、*LD、*AC、常数
字节递减指令	DEC_B EN ENO IN OUT	DECB OUT	递减指令将输入值 IN 减 1，并在 OUT 中输出结果。 IN−1=OUT 为无符号运算	OUT（字节）: IB、QB、VB、MB、SMB、SB、LB、AC、*VD、*AC、*LD
字递增指令	INC_W EN ENO IN OUT	INCW OUT	递增指令对输入值 IN 加 1 并将结果输入 OUT 中。 IN+1=OUT 为有符号运算	IN（整数）: IW、QW、VW、MW、SMW、SW、T、C、LW、AC、AIW、*VD、*LD、*AC、常数
字递减指令	DEC_W EN ENO IN OUT	DECW OUT	递减指令将输入值 IN 减 1，并在 OUT 中输出结果。 IN−1=OUT 为有符号运算	OUT（整数）: IW、QW、VW、MW、SMW、SW、T、C、LW、AC、*VD、*LD、*AC
双字递增指令	INC_DW EN ENO IN OUT	INCD OUT	递增指令对输入值 IN 加 1 并将结果输入 OUT 中。 IN+1=OUT 为有符号运算	IN（双整数）: ID、QD、VD、MD、SMD、SD、LD、AC、HC、*VD、*LD、*AC、常数
双字递减指令	DEC_DW EN ENO IN OUT	DECD OUT	递减指令将输入值 IN 减 1，并在 OUT 中输出结果。 IN−1=OUT 为有符号运算	OUT（双整数）: ID、QD、VD、MD、SMD、SD、LD、AC、*VD、*LD、*AC

（2）递增指令举例

递增指令的梯形图如图 2-51 所示，SM0.1 接通一个扫描周期，使 MB1=2#00000000，I0.0 接通一次，MB1 的内容加 1 并将结果存入 MB1 中。从执行过程看，M1.0 按照 01010 的规律变化，使 Q0.0 和 Q0.1 交替得电。

此程序可用于单一开关控制两灯控制，甲灯亮，乙灯不亮；按一次按钮，乙灯亮，甲灯不亮；再按一次按钮，甲灯亮，乙灯不亮；以此类推。

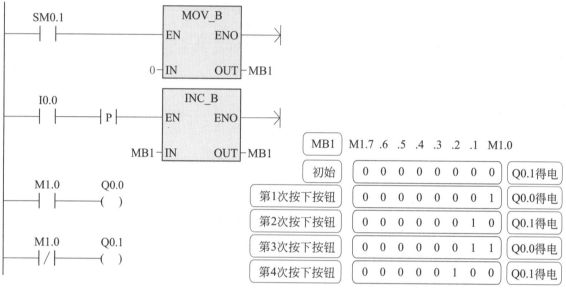

图 2-51 控制程序及执行过程

2.8 逻辑运算指令

2.8.1 字节逻辑运算指令

2.8
逻辑运算指令

字节逻辑运算指令格式及功能说明如表 2-27 所示。

表 2-27 字节逻辑运算指令格式及功能说明

指令名称	梯形图	语句表	功能	操作数类型及操作范围
字节逻辑与指令	WAND_B EN ENO IN1 OUT IN2	ANDB IN1, OUT	对两个输入值 IN1 和 IN2 的相应位执行逻辑与运算，并将结果存入 OUT 的存储单元中。 IN1 AND IN2=OUT	IN（字节）: IB、QB、VB、MB、SMB、SB、LB、AC、*VD、*LD、*AC、常数
字节逻辑或指令	WOR_B EN ENO IN1 OUT IN2	ORB IN1, OUT	对两个输入值 IN1 和 IN2 的相应位执行逻辑或运算，并将结果存入 OUT 的存储单元中。 IN1 OR IN2=OUT	OUT（字节）: IB、QB、VB、MB、SMB、SB、LB、AC、*VD、*LD、*AC

指令名称	梯形图	语句表	功能	操作数类型及操作范围
字节逻辑异或指令	WXOR_B EN ENO IN1 OUT IN2	XORB IN1，OUT	对两个输入值 IN1 和 IN2 的相应位执行逻辑异或运算，并将结果存入 OUT 的存储单元中。IN1 XOR IN2=OUT	IN（字节）: IB、QB、VB、MB、SMB、SB、LB、AC、*VD、*LD、*AC、常数
字节取反指令	INV_B EN ENO IN OUT	INVB OUT	对输入 IN 执行取反操作，并将结果存入 OUT 中	OUT（字节）: IB、QB、VB、MB、SMB、SB、LB、AC、*VD、*LD、*AC

2.8.2 字逻辑运算指令

(1)指令格式及功能

字逻辑运算指令格式及功能说明如表 2-28 所示。

表 2-28 字逻辑运算指令格式及功能说明

指令名称	梯形图	语句表	功能	操作数类型及操作范围
字逻辑与指令	WAND_W EN ENO IN1 OUT IN2	ANDW IN1，OUT	对两个输入值 IN1 和 IN2 的相应位执行逻辑与运算，并将结果存入 OUT 的存储单元中。 IN1 AND IN2=OUT	
字逻辑或指令	WOR_W EN ENO IN1 OUT IN2	ORW IN1，OUT	对两个输入值 IN1 和 IN2 的相应位执行逻辑或运算，并将结果存入 OUT 的存储单元中。 IN1 OR IN2=OUT	IN（字）: IW、QW、VW、MW、SMW、SW、T、C、LW、AC、AIW、*VD、*LD、*AC、常数
字逻辑异或指令	WXOR_W EN ENO IN1 OUT IN2	XORW IN1，OUT	对两个输入值 IN1 和 IN2 的相应位执行逻辑异或运算，并将结果存入 OUT 的存储单元中。 IN1 XOR IN2=OUT	OUT（字）: IW、QW、VW、MW、SMW、SW、T、C、LW、AC、*VD、*AC、*LD
字取反指令	INV_W EN ENO IN OUT	INVW OUT	对输入 IN 执行取反操作，并将结果存入 OUT 中	

(2)逻辑运算举例

字逻辑运算指令示例的梯形图和执行结果如图 2-52 所示，当 I0.0 闭合时，将对 IN1 和 IN2 的输入值逐位进行逻辑与、逻辑或和逻辑异或运算，并对 AC0 进行取反运算。

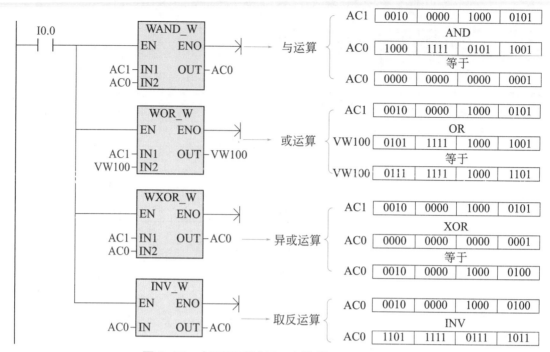

图 2-52　字逻辑运算指令示例的梯形图和执行结果

逻辑与、逻辑或和逻辑异或运算的真值表如表 2-29 所示。

表 2-29　逻辑与、逻辑或和逻辑异或运算的真值表

输入		结果		
A	B	与	或	异或
0	0	0	0	0
0	1	0	1	1
1	0	0	1	1
1	1	1	1	0

逻辑反的真值表如表 2-30 所示。

表 2-30　逻辑反的真值表

输入	输出
0	1
1	0

2.8.3　双字逻辑运算指令

双字逻辑运算指令格式及功能说明如表 2-31 所示。

表 2-31　双字逻辑运算指令格式及功能说明

指令名称	编程语言梯形图	语句表	功能	操作数类型及操作范围
双字逻辑与指令	WAND_DW EN　ENO IN1　OUT IN2	ANDD IN, OUT	对两个输入值 IN1 和 IN2 的相应位执行逻辑与运算，并将结果存入 OUT 的存储单元中。 IN1 AND IN2=OUT	
双字逻辑或指令	WOR_DW EN　ENO IN1　OUT IN2	ORD IN, OUT	对两个输入值 IN1 和 IN2 的相应位执行逻辑或运算，并将结果存入 OUT 的存储单元中。 IN1 OR IN2=OUT	IN（双字）: ID、QD、VD、MD、SMD、SD、LD、AC、HC、*VD、*LD、*AC、常数 OUT（双字）: ID、QD、VD、MD、SMD、SD、LD、AC、*VD、*LD、*AC
双字逻辑异或指令	WXOR_DW EN　ENO IN1　OUT IN2	XORD IN, OUI	对两个输入值 IN1 和 IN2 的相应位执行逻辑异或运算，并将结果存入 OUT 的存储单元中。 IN1 XOR IN2=OUT	
双字取反指令	INV_DW EN　ENO IN　OUT	INVD OUT	对输入 IN 执行取反操作，并将结果存入 OUT 中	

2.9　数据转换指令

2.9.1
数据类型转换指令

2.9.1　数据类型转换指令

（1）指令格式及功能

数据类型转换指令格式及功能说明如表 2-32 所示。

表 2-32　数据类型转换指令格式及功能说明

指令名称	梯形图	语句表	功能	操作数类型及操作范围
字节转换成字整数指令	B_I EN　ENO IN　OUT	BTI IN, OUT	将字节(IN)转换成整数值，将结果存入目标地址(OUT)中	（1）IN 的数据类型和操作数 ① B_I（字节）: IB、QB、VB、MB、SMB、SB、LB、AC、*VD、*LD、*AC、常数
整数转换成字节指令	I_B EN　ENO IN　OUT	ITB IN, OUT	将字整数(IN : 0～255)转换成字节，将结果存入目标地址(OUT)中	② I_B, I_DI（整数）: IW、QW、VW、MW、SMW、SW、T、C、LW、AIW、AC、*VD、*LD、*AC、常数 ③ DI_I, DI_R（双整数）: ID、QD、VD、MD、SMD、SD、LD、HC、AC、*VD、*LD、*AC、常数
字整数转换成双整数指令	I_DI EN　ENO IN　OUT	ITD IN, OUT	将整数值(IN)转换成双整数值，将结果存入目标地址(OUT)中	④ ROUND, TRUNC（实数）: ID、QD、VD、MD、SMD、SD、LD、AC、*VD、*LD、*AC、常数

指令名称	梯形图	语句表	功能	操作数类型及操作范围
双整数转换成整数指令	DI_I EN ENO IN OUT	DTI IN, OUT	将双整数值(IN: -32768～32767)转换成整数值,将结果存入目标地址(OUT)中	(2) OUT的数据类型和操作数 ① I_B(字节): IB、QB、VB、MB、SMB、SB、LB、AC、*VD、*LD、*AC
双整数转换成实数指令	DI_R EN ENO IN OUT	DTR IN, OUT	将32位带符号整数(IN)转换成32位实数,并将结果存入目标地址(OUT)中	② B_I, DI_I: OUT(整数): IW、QW、VW、MW、SMW、SW、T、C、LW、AC、AQW、*VD、*LD、*AC
四舍五入指令	ROUND EN ENO IN OUT	ROUND IN, OUT	将实数(IN)转换成双整数值,小数部分四舍五入,将结果存入目标地址(OUT)中	③ I_DI, ROUND, TRUNC(双整数): ID、QD、VD、MD、SMD、SD、LD、AC、*VD、*LD、*AC
取整指令	TRUNC EN ENO IN OUT	TRUNC IN, OUT	将32位实数(IN)转换成32位双整数值,小数部分直接舍去,将结果存入目标地址(OUT)中	④ DI_R(实数): ID、QD、VD、MD、SMD、SD、LD、AC、*VD、*LD、*AC

(2)字节和整数之间的转换指令举例

字节与整数之间的转换指令示例的梯形图如图2-53(a)所示。由图2-53(b)所示仿真结果可以看出,当I0.0接通时:

① B_I指令将数据类型为字节的55转换为整数55,存入VW0中。

② I_B指令将整数155转换为数据类型为字节的155,存入VB2中。

③ 对于I_B指令,IN的数据取值范围为0～255,当输入IN为300时,则无法转换,指令框显示红色。

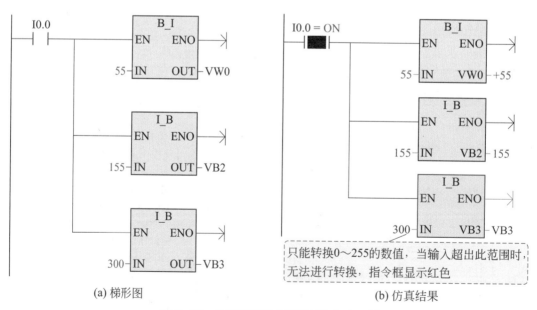

(a) 梯形图　　　　　　　　　　　　　　(b) 仿真结果

图2-53　字节和整数之间的转换指令示例

（3）整数与双整数、双整数和实数之间的转换指令举例

梯形图如图 2-54（a）所示。由图 2-54（b）所示仿真结果可以看出，当 I0.1 接通时：

① DI_I 指令将双整数 1234 转换为整数 1234，存入 VW4 中。

② DI_R 指令将双整数 1234567890 转换为实数 1.234568×10^9，存入 VD6 中。

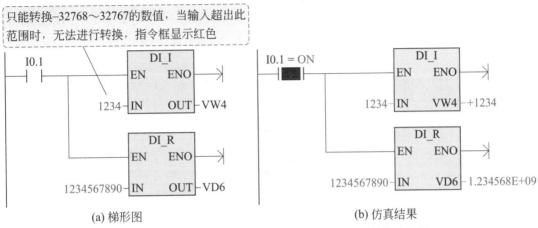

(a) 梯形图　　　　　　　　　　　　(b) 仿真结果

图 2-54　整数与双整数、双整数和实数之间的转换指令示例

注意

对于 DI_I 指令，IN 的数据取值范围为 -32768 ~ 32767，当输入 IN 超出此范围，则无法转换，指令框显示红色。

（4）四舍五入指令和取整指令举例

梯形图如图 2-55（a）所示。由图 2-55（b）所示仿真结果可以看出，当 I0.3 接通时：

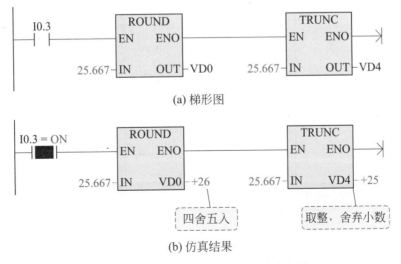

图 2-55　四舍五入指令和取整指令示例

① ROUND 指令将实数 25.667 的小数部分按照四舍五入的规则转换为双整数 26，存入 VD0 中。

② TRUNC 指令将实数 25.667 的小数部分按照舍去的规则转换为双整数 25，存入 VD4 中。

2.9.2 BCD 码与整数的转换指令

2.9.2 BCD 码与整数的转换指令

（1）指令格式及功能

BCD 码与整数的转换指令格式及功能说明如表 2-33 所示。

表 2-33 BCD 码与整数的转换指令格式及功能说明

指令名称	梯形图	语句表	功能	操作数类型及操作范围
BCD 码转换成整数指令	BCD_I EN ENO IN OUT	BCDI，OUT	将 IN 端输入 BCD 码转换成整数，并将结果存入目标地址中（OUT）。 IN 的有效范围是 BCD 码 0 ～ 9999	IN（字）：IW、QW、VW、MW、SMW、SW、T、C、LW、AIW、AC、*VD、*LD、*AC、常数
整数转换成 BCD 码指令	I_BCD EN ENO IN OUT	IBCD，OUT	将 IN 端输入的整数转换成 BCD 码，将结果存入目标地址中（OUT）。 IN 的有效范围是整数 0 ～ 9999	OUT（字）：IW、QW、VW、MW、SMW、SW、T、C、LW、AC、*VD、*LD、*AC

【提示】BCD 码是一种用四位二进制数表示一位十进制数的代码，通常又称为 8421 码

（2）BCD 码与整数的转换指令举例

梯形图如图 2-56（a）所示。由图 2-56（b）所示仿真结果可以看出，当 I0.2 接通时：

① BCD_I 指令将十六进制数 16#45 转换为十进制整数 45，存入 VW0 中。

由于 BCD 码是一种用四位二进制数表示一位十进制数的代码，十六进制表示的 BCD 码 16#45 对应的二进制形式为 2#0100 0101，将每四位化为十进制数则为十进制整数 45。

② I_BCD 指令将十进制整数 3456 转换为 BCD 码 16#3456，存入 VW2 中。

十进制整数 3456，将十进制的每一位数字换为对应的二进制数，则 BCD 码为 2#0011 0100 0101 0110，化为十六进制便为 16#3456。

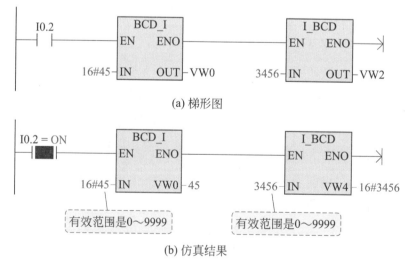

(a) 梯形图

(b) 仿真结果

图 2-56 BCD 码与整数的转换指令示例

2.9.3 译码与编码指令

2.9.3
译码与编码指令

（1）指令格式及功能

译码与编码指令格式及功能说明如表 2-34 所示。

表 2-34　译码与编码指令格式与功能说明

指令名称	梯形图	语句表	功能	操作数类型及操作范围
编码指令	ENCO EN　ENO IN　　OUT	ENCO IN，OUT	在 16 位输入 IN 中，从低位到高位找到第一个取值为"1"的单元，将其位号按照"8421"的权值，编制成二进制代码，从 OUT 的低 4 位输出	IN（字）：IW、QW、VW、MW、SMW、SW、T、C、LW、AC、AIW、*VD、*LD、*AC、常数 OUT（字节）：IB、QB、VB、MB、SMB、SB、LB、AC、*VD、*LD、*AC
译码指令	DECO EN　ENO IN　　OUT	DECO IN，OUT	将输入 IN 的低 4 位按照"8421"的权值，翻译成输出 OUT 的位号，并将此位的值置为"1"，其余的置为"0"	IN（字节）：IB、QB、VB、MB、SMB、SB、LB、AC、*VD、*LD、*AC、常数 OUT（字）：IW、QW、VW、MW、SMW、SW、T、C、LW、AC、AQW、*VD、*LD、*AC

（2）编码与译码指令举例

编码和译码指令示例如图 2-57 所示。

① ENCO 指令中，输入 16#FE80 化为二进制数为 2#1111 1110 1000 0000，在 16 位输入中，从低位到高位第一个取值为"1"的单元位号为 7，故 VB0 的低 4 位 V0.0 ～ V0.3 输出为 0111，即为"7"。

② DECO 指令中，输入的低 4 位为 0101，即"5"，则将输出 OUT 的位号为 5 的单元

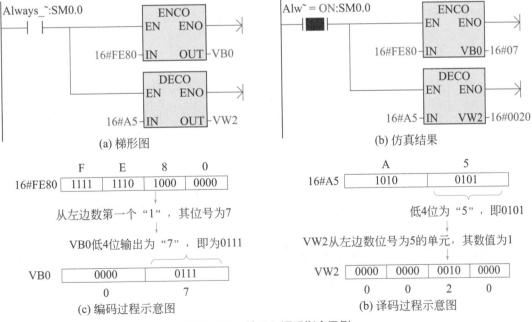

图 2-57　编码和译码指令示例

V0.5 置为 "1"，其余的置为 "0"，故输出为 16#0020。

2.9.4 段码指令

2.9.4
段码指令

（1）指令格式及功能

段码指令格式及功能说明如表 2-35 所示。

表 2-35 段码指令格式及功能说明

指令名称	梯形图	语句表	功能	操作数类型及操作范围
段译码指令	SEG — EN ENO — — IN OUT —	SEG IN, OUT	将输入字节中的低 4 位所表示的十六进制字符转换成七段码编码，并送到输出（OUT）	IN（字节）：IB、QB、VB、MB、SMB、SB、LB、AC、*VD、*LD、*AC、常数 OUT（字）：IB、QB、VB、MB、SMB、SB、LB、AC、*VD、*LD、*AC

（2）七段码编码

图 2-58（a）所示为一个数码管，是由 8 个发光二极管构成的。其中，D.P 为小数点，a、b、c、d、e、f、g 构成数码管的七段码。这 8 个发光二极管的阴极相连并接地，被称为共阴极接法，如图 2-58（b）所示。当发光二极管的阳极接入 1 时，对应的发光二极管将会发光，因此，不同的发光二极管发光，将使数码管显示不同的字形，如图 2-58（c）所示。发光二极管阳极所接的 "0" "1" 便构成七段码编码，如表 2-36 所示。

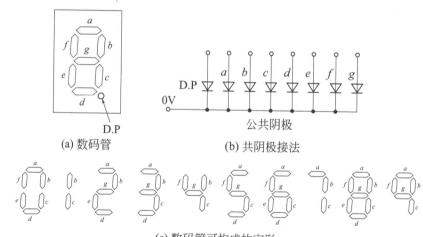

(a) 数码管　　　　　(b) 共阴极接法

(c) 数码管可构成的字形

图 2-58　数码管及其接法

表 2-36　七段码显示器编码

输入	输出 $xgfe\,dcba$	输入	输出 $xgfe\,dcba$
0	0011 1111	5	0110 1101
1	0000 0110	6	0111 1101
2	0101 1011	7	0000 0111
3	0100 1111	8	0111 1111
4	0110 0110	9	0110 0111

（3）段码指令举例

如图 2-59 所示，段码指令是将输入字节低 4 位所表示的十六进制字符转换为七段码编码，输出 QB0 的执行结果 2#01001111 便是数字"3"对应的段码。

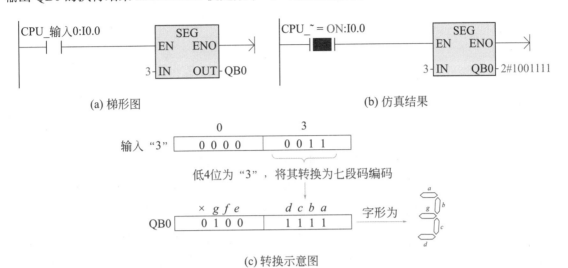

(a) 梯形图   (b) 仿真结果

(c) 转换示意图

图 2-59　段码指令示例

2.9.5　小车运行距离的估算

2.9.5　小车运行距离的估算

（1）控制要求

车轮每转一圈，小车可行进 1.55m，通过检测车轮旋转的圈数，计算小车行进的距离。范例示意如图 2-60 所示。

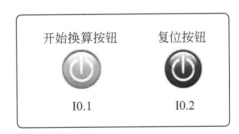

开始换算按钮　　　复位按钮

I0.1　　　　　　I0.2

圈数检测传感器I0.0

图 2-60　范例示意

（2）控制程序及程序说明

控制程序如图 2-61 所示。

① 首先将 1.55 存入 VD0。

② 车轮每转一圈，I0.0 闭合一次，计数器 C0 的当前值加 1。

③ 按下开始换算按钮，计数器的当前值经过数据转换乘以 VD0 中的 1.55 后转换为距离，并将结果四舍五入后存入 VD12，同时 M0.0 得电，将计数器清零。

④ 当小车再次运行时，按下复位按钮 I0.2，M0.0 失电，计数器又可以重新计数。

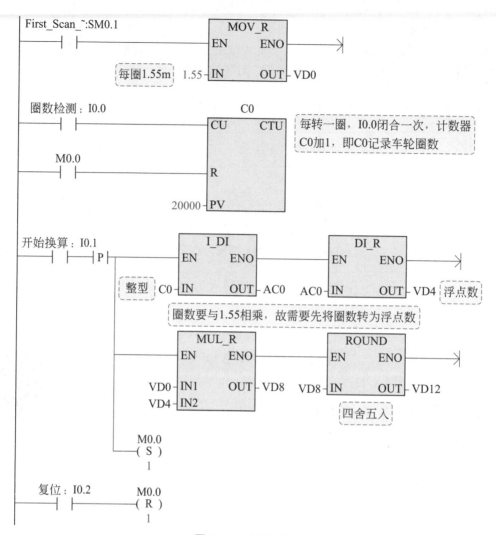

图 2-61　控制程序

第 3 章

西门子 S7-200 SMART PLC 应用指令详解

3.1 时钟指令

3.1.1 时钟指令概述

3.1.1
时钟指令

（1）指令格式和功能

时钟指令格式和功能如表 3-1 所示。

表 3-1 时钟指令格式和功能

指令名称	梯形图	语句表	功能	操作数类型及操作范围
读取实时时钟指令	READ_RTC EN ENO T	TODR T	从 CPU 读取当前时间和日期，并将其装载到从字节地址 T 开始的 8 字节时间缓冲区中	T（字节）：IB、QB、VB、MB、SMB、SB、LB、*VD、*LD、*AC
设置实时时钟指令	SET_RTC EN ENO T	TODW T	通过由 T 分配的 8 字节时间缓冲区数据将新的时间和日期写入 CPU	

内置时钟的时钟指令设有 8 个字节的时钟缓冲区，其格式如表 3-2 所示。

表 3-2 时钟缓冲区的格式

字节	T	T+1	T+2	T+3	T+4	T+5	T+6	T+7
含义	年	月	日	小时	分钟	秒	保留	星期
范围	00～99	01～12	01～31	00～23	00～59	00～59	00	0～7

注：1. 所有日期和时间值必须采用 BCD 格式编码。

2. 表示年份时，只用最低两位数（例如，2020 年表示为 16#20）。

3. T+6 位为保留，没被用到，此位为空位。

4. 1～7 表示星期日、星期一～星期六；16#1= 星期日，16#7= 星期六，16#0 表示禁止星期表示法。

（2）读取实时时钟指令举例

梯形图如图 3-1 所示。

① 从 CPU 读取当前时间和日期，并将其装载到从字节地址 VB0 开始的 8 字节时间缓冲区中。其中 VB0～VB7 存放的分别是年、月、日、时、分、秒、空、星期。

② VB7 中存放的星期，采用 BCD 格式编码，通过 B_I 和 BCD_I 指令将 VB7 中的 BCD 码转换成整数存入 VW20。

③ 利用比较指令，星期日时，Q0.0 亮。

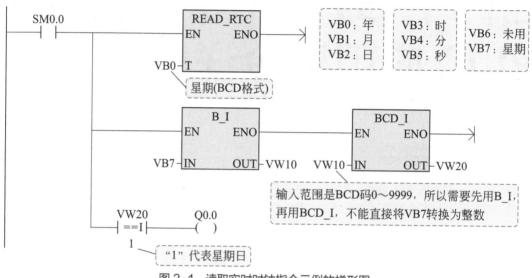

图 3-1 读取实时时钟指令示例的梯形图

（3）设置实时时钟指令举例

控制程序如图 3-2 所示。在利用 PLC 进行控制时，为能准确地控制时间，需要将 CPU 的时钟设定成正确的时钟。

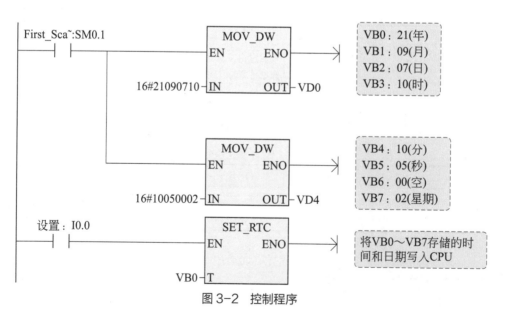

图 3-2 控制程序

① 初始化，将 16#21090710 存入 VD0，将 16#10050002 存入 VD4。VB0 ～ VB7 这 8 个字节存放时间缓冲区数据。

② 当 I0.0 接通时，将以 VB0 开始的 8 字节存放的新的时间和日期写入 CPU。

8 个字节中，每个字节存放的数据的具体含义如表 3-2 所示。

3.1.2 迟到人数统计系统

3.1.2 迟到人数统计系统（1）

（1）控制要求

某学校周一 8 点正式上课，要求统计周一 8:00 ～ 8:30 期间进入某班级教室的人数即迟到人数，0 ～ 1 人迟到教室门口的绿灯亮，2 ～ 5 人迟到教室门口的黄灯亮，6 人及以上迟到教室门口的红灯亮。范例示意如图 3-3 所示。

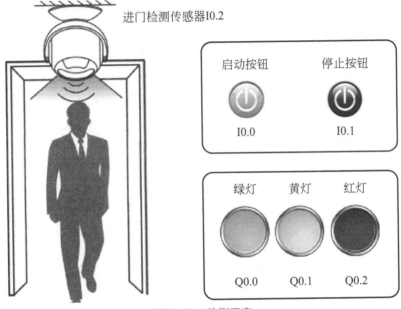

图 3-3　范例示意

（2）控制程序及程序说明

控制程序如图 3-4 所示。

① 按下启动按钮 I0.0，M0.0 得电，系统启动。同时，将计数器清零。

② M0.0 常开触点闭合，读取 CPU 的时钟，并将小时、分钟、星期转换成整数格式。

③ 利用比较指令，周一的 8:00 ～ 8:30 时，M0.1 得电。

④ M0.1 常开触点闭合，每当有人进门，I0.2 接通一次，计数器 C0 加 1，C0 的当前值便是迟到人数。

⑤ 通过比较 C0 的大小，迟到人数小于 2 时，绿灯亮；迟到人数为 2 ～ 5 时，黄灯亮；迟到人数大于 5 时，红灯亮。

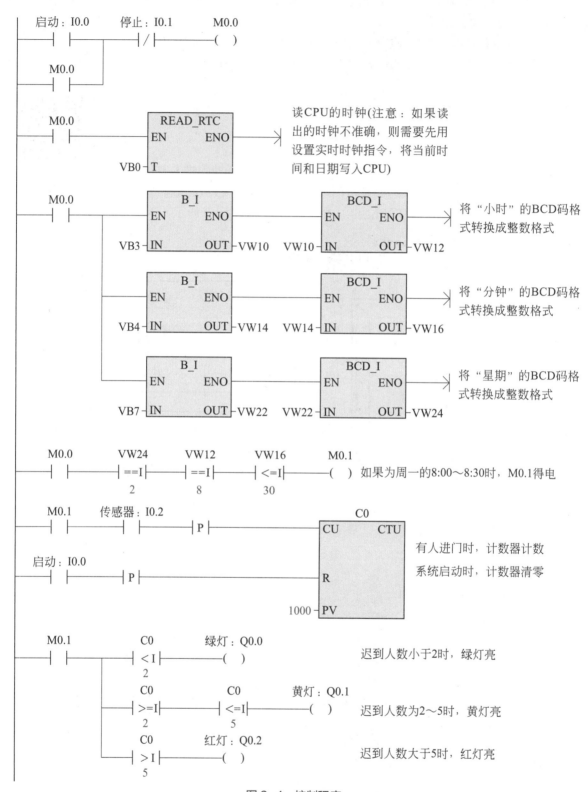

图 3-4　控制程序

3.2 程序控制类指令

3.2.1
循环控制指令

3.2.1 循环控制指令

（1）指令格式和功能

循环控制指令格式和功能如表 3-3 所示。

表 3-3 循环控制指令格式和功能

指令名称	梯形图	语句表	功能	操作数类型及操作范围
循环开始指令 （FOR）	FOR EN ENO INDX INIT FINAL	FOR INDX, INIT，FINAL	① FOR 与（NEXT）之间的程序段叫循环体。 ② 当输入使能端有效时，开始执行循环体。 ③ 每执行一次，当前值计数器 INDX 都加 1。 ④ INDX 等于终止值 FINAL 时，循环结束	INDX（整数）：IW、QW、VW、MW、SMW、SW、T、C、LW、AC、*VD、*LD、*AC INIT、FINAL（整数）：VW、IW、QW、MW、SMW、SW、T、C、LW、AC、AIW、*VD、*LD、*AC、常数
循环结束指令 （NEXT）	——(NEXT)	NEXT		

（2）循环控制指令举例

在循环控制指令中，FOR 和 NEXT 指令必须成对使用。FOR 和 NEXT 可以嵌套，每一对 FOR 和 NEXT 指令构成一层循环，最多能嵌套 8 层。梯形图如图 3-5 所示。

① 首先将 VW0、VW2 中的数清零。

② 本程序嵌套内外两个循环，外循环每执行 1 次，内循环执行 60 次。内循环每执行一次，VW0 的数值加 1；外循环每执行 1 次，VW2 中的数值加 1。

③ 外层循环共执行 24 次，所以，内外循环执行结束时，VW0 中的数据为 1440，VW2 中的数据为 24。

④ 在第一个扫描周期，将 VW0 的数值存入 VW4 中，将 VW2 的数值存入 VW6 中。

3.2.2 跳转 / 标号指令

3.2.2
跳转标号指令

（1）指令格式和功能

跳转 / 标号指令格式和功能如表 3-4 所示。

表 3-4 跳转 / 标号指令格式和功能

指令名称	梯形图	语句表	功能	操作数类型及操作范围
跳转指令	n ——(JMP)	JMP n	跳转至标号为 n 的程序段	n（字）：常数（0～255）
标号指令	n LBL	LBL n	用于标记跳转目的地 n 的位置	

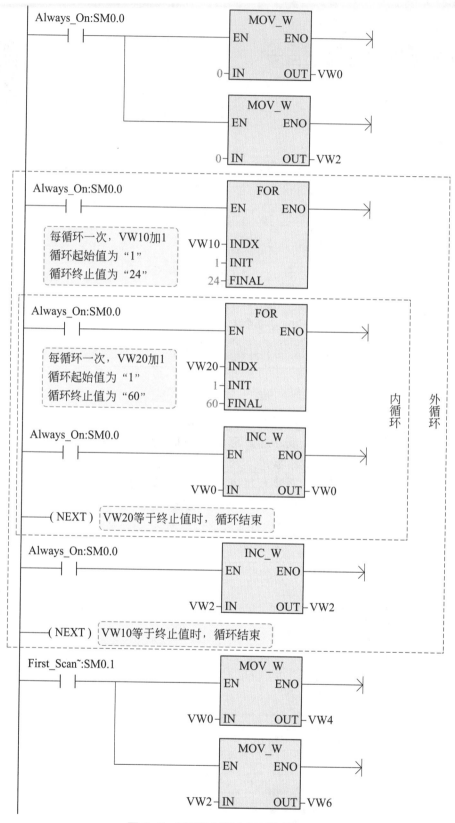

图 3-5 循环控制指令示例的梯形图

（2）使用说明

① 跳转 / 标号指令必须匹配使用，而且只能使用在同一程序块中，如主程序、同一子程序或同一中断程序，不能在不同的程序块中互相跳转。可以有多条跳转指令使用同一标号，但不允许一个跳转指令对应两个标号的情况，即在同一程序中不允许存在两个相同的标号。

② 执行跳转后，被跳过程序段中的各寄存器的状态会有所不同。

a. Q、M、S、C 等元器件的位保持跳转前的状态。

b. 计数器 C 停止计数，当前值存储器保持跳转前的计数值。

c. 对于定时器来说，因刷新方式不同而工作状态不同。在跳转期间，分辨率为 1ms 和 10ms 的定时器会一直保持跳转前的工作状态，原来工作的继续工作，到预置值后，其位的状态也会改变，输出触点动作，其当前值存储器一直累计到最大值 32767 才停止；对于分辨率为 100ms 的定时器来说，跳转期间停止工作，但不会复位，存储器中的值为跳转时的值，跳转结束后，若输入条件允许，可继续计时，但已失去了准确值的意义。所以在跳转段中的定时器要慎用。

（3）跳转 / 标号指令举例

梯形图如图 3-6 所示。

① 第一个扫描周期，MB0 为 0，则 M0.0=0，不满足跳转条件，执行 MB0 加 1，使 M0.0=1，从而使 Q0.0 得电。

② 第二个扫描周期，由于 M0.0=1，执行跳转指令 JMP，则跳过 INC 指令，跳到 LBL 为 1 的程序段执行，M0.0=1，故 Q0.0 保持得电状态。

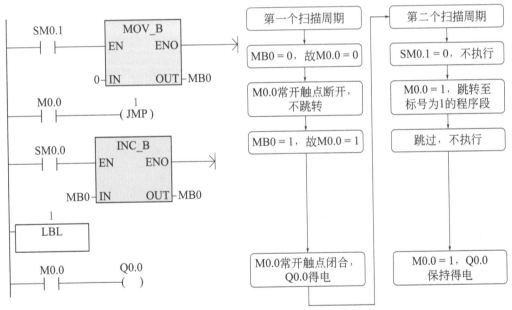

图 3-6　跳转 / 标号指令示例的梯形图

3.2.3　顺控继电器指令

（1）指令格式和功能

顺控继电器指令格式和功能如表 3-5 所示。

3.2.3　顺控
继电器指令

表 3-5 顺控继电器指令格式和功能

指令名称	梯形图	语句表	功能	操作数类型及操作范围
顺控开始指令	S_bit SCR	LSCR S_bit	标志某一顺序控制程序段的开始，当 S_bit 的 Sn=1 时，此顺序控制程序段开始执行	
顺控转移指令	S_bit —(SCRT)	SCRT S_bit	指定要启动标志为 Sn 的下一个程序段。 当执行该指令时，一方面对下一段的 Sn 置位，另一方面同时对本段的 Sn 复位，以便本程序段停止工作。 注意：只有等执行到顺序控制结束指令时，才能过渡到下一个顺序控制程序段	S_bit（位）：S
顺控结束指令	—(SCRE)	SCRE	标志某一顺序控制程序段的结束	

（2）顺控继电器指令举例

梯形图如图 3-7 所示。

① 按下启动按钮 I0.0，将 S0.0 置 1。

② 进入顺控程序段 S0.0 执行，Q0.0 得电，T37 开始计时。

③ T37 计时 2s 后，转到顺控程序段 S0.1 执行，Q0.1 得电，T38 开始计时。

④ T38 计时 2s 后，转到顺控程序段 S0.0 执行，Q0.0 得电，如此循环。

⑤ 按下停止按钮 I0.1，复位 S0.0 和 S0.1，停止运行。

3.2.4 看门狗定时复位指令

（1）指令格式和功能

看门狗定时复位指令格式和功能如表 3-6 所示。

3.2.4 看门狗定时复位指令 (1)

表 3-6 看门狗定时复位指令格式和功能

指令名称	梯形图	语句表	功能
有条件结束指令	—(END)	END	根据逻辑条件终止用户程序，返回程序起点。可以在主程序内使用，但不能在子程序或中断程序内使用
停止指令	—(STOP)	STOP	执行该指令后，PLC 从 RUN（运行）模式进入 STOP（停止）模式。 如果在中断程序内执行暂停指令，中断程序立即终止，并忽略全部等待执行的中断，继续扫描主程序的剩余部分，在当前扫描结束时从 RUN 模式转换到 STOP 模式
看门狗复位指令	—(WDR)	WDR	复位看门狗定时器，并将完成扫描的允许时间增加 500ms

注：1. CPU 处于 RUN 模式时，默认状态下，主扫描的持续时间限制为 500ms。如果主扫描的持续时间超过 500ms，则 CPU 会自动切换为 STOP 模式，并会发出"扫描看门狗超时"错误。

2. 在程序中添加看门狗复位（WDR）指令时，可以延长主扫描的持续时间。每次执行 WDR 指令，主扫描允许时间增加 500ms。

3. 主扫描的最大绝对持续时间为 5s。如果当前扫描持续时间达到 5s，CPU 会无条件地切换为 STOP 模式。

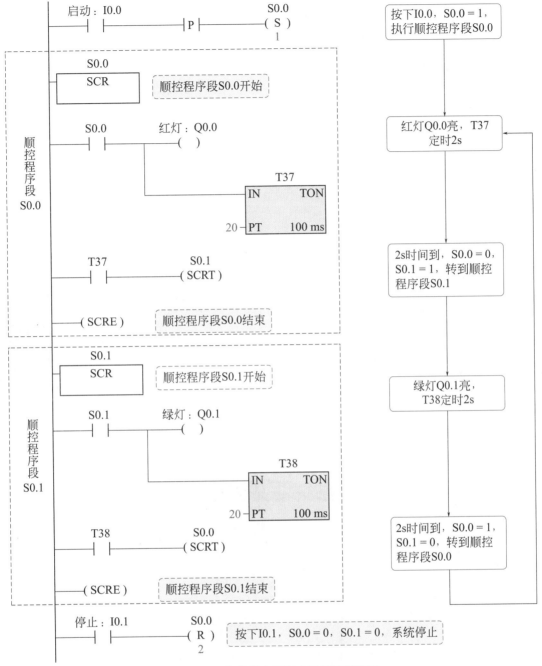

图 3-7 顺控继电器指令示例的梯形图

（2）看门狗定时复位指令举例

梯形图如图 3-8 所示。

① 按下故障按钮 I0.0、PLC 系统出现 I/O 故障或 PLC 监测到系统程序错误时，执行 STOP 指令，系统将会从 RUN 模式变为 STOP 模式。

② 执行 WDR 指令，将复位看门狗定时器，主扫描允许时间增加 500ms

③ 按下按钮 I0.1，PLC 返回程序起点重新执行。只要 I0.1 保持接通，则 Q0.0 不会得电。

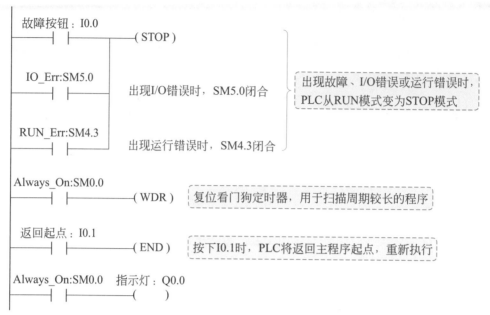

图 3-8 看门狗定时复位指令示例的梯形图

3.2.5 饮料机自动控制

3.2.5 饮料机自动控制

（1）控制要求

启动系统后，按下 1 号料按钮，出 1 号料，按下 2 号料按钮，出 2 号料，按下混合料按钮，出混合料。范例示意如图 3-9 所示。

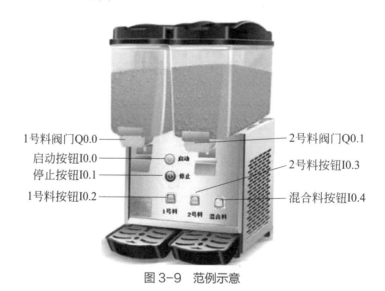

图 3-9 范例示意

（2）控制程序及程序说明

控制程序如图 3-10 所示。

① 启动饮料机，按下启动按钮 I0.0，M0.0 得电并自锁，饮料机通电运行。

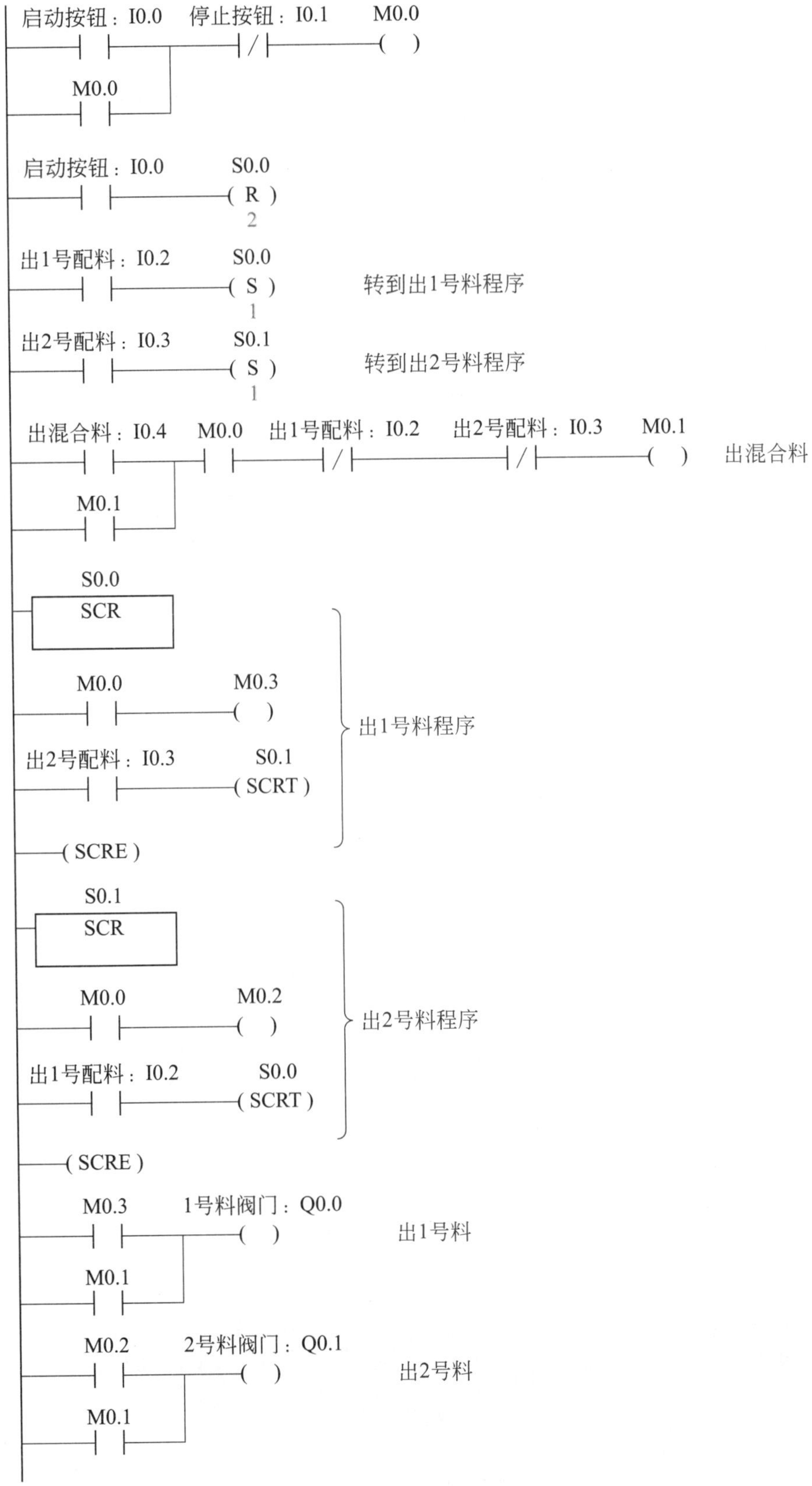

启动按钮：I0.0　停止按钮：I0.1　　M0.0
├─┤├──────────┤/├──────────( )
　　M0.0
├─┤├─┤

启动按钮：I0.0　　S0.0
├─┤├──────────(R)
　　　　　　　　　2

出1号配料：I0.2　　S0.0
├─┤├──────────(S)　　　转到出1号料程序
　　　　　　　　　1

出2号配料：I0.3　　S0.1
├─┤├──────────(S)　　　转到出2号料程序
　　　　　　　　　1

出混合料：I0.4　M0.0　出1号配料：I0.2　出2号配料：I0.3　M0.1
├─┤├──┤├────┤/├──────────┤/├──────( )　　出混合料
　　M0.1
├─┤├─┤

S0.0
┤ SCR │

　　M0.0　　　　M0.3
├─┤├──────────( )　　　　　　┐
出2号配料：I0.3　　S0.1　　　├ 出1号料程序
├─┤├──────────(SCRT)　　　┘

─(SCRE)

S0.1
┤ SCR │

　　M0.0　　　　M0.2
├─┤├──────────( )　　　　　　┐
出1号配料：I0.2　　S0.0　　　├ 出2号料程序
├─┤├──────────(SCRT)　　　┘

─(SCRE)

　　M0.3　1号料阀门：Q0.0
├─┤├──────────( )　　　出1号料
　　M0.1
├─┤├─┤

　　M0.2　2号料阀门：Q0.1
├─┤├──────────( )　　　出2号料
　　M0.1
├─┤├─┤

图 3-10　控制程序

② 需要出 1 号饮料时，按下 I0.2，S0.0 被置位，出 1 号饮料程序 S0.0 被执行，M0.3=ON，Q0.0 得电，1 号料阀门打开，开始出 1 号配料。

③ 需要出 2 号饮料时，按下 I0.3，S0.1 被置位，出 2 号饮料程序 S0.1 被执行，M0.2=ON，Q0.1 得电，2 号料阀门打开，开始出 2 号配料。

④ 出混合饮料时，按下 I0.4，M0.1 得电并自锁，Q0.0、Q0.1 得电，两个出料阀门都打开，由此出混合配料。

⑤ 按下 I0.1，M0.0 失电，饮料机关闭。

3.3 子程序指令

3.3.1 子程序指令

在编写程序时，有的程序段需要多次重复使用。这样的程序段可以编成一个子程序，在满足执行条件时，主程序转去执行子程序，子程序执行完毕后，再返回来继续执行主程序。在主程序中，可以嵌套调用子程序，即在子程序中调用子程序，最大嵌套深度为 8，调用示意图如图 3-11 所示。

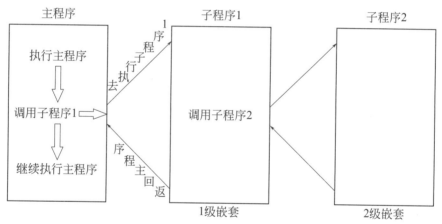

图 3-11 子程序嵌套示意图

（1）指令格式及功能

子程序指令格式和功能如表 3-7 所示。

表 3-7 子程序指令格式和功能

指令名称	梯形图	语句表	功能	操作数类型及操作范围
子程序调用指令	SBR_n EN	CALL SBR_n，	执行调用指令，程序扫描将转到子程序（SBR_n）入口处执行。子程序将执行全部指令直至满足返回条件或者执行到子程序末尾才返回。当子程序返回时，返回到原主程序出口的下一条指令执行，继续往下扫描程序	n（字）：0 ~ 127
子程序返回指令	——(RET)	CRET	根据前面的逻辑终止子程序	

110

（2）子程序的建立和重命名

① 软件中的程序　如图3-12所示，软件中自带三种程序，其中，MAIN为主程序，SBR_0为子程序，INT_0为中断程序。如需要多个子程序或中断程序，则需要自己建立。

② 子程序的创建　选择"编辑"，点开"对象"下的小三角，选择"子程序"，如图3-13所示。

③ 子程序的重命名　如图3-14所示，创建完子程序后，程序块内就会有新建的子程序。选中想要重命名的子程序，单击右键，选择"重命名"，输入合适的名称即可。

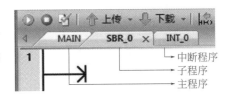

图3-12　软件中的主程序、子程序和中断程序

图3-13　子程序的创建

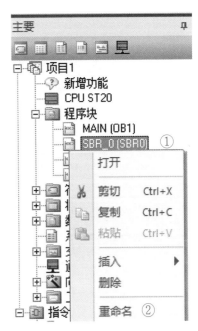

图3-14　子程序的重命名

（3）子程序的编写与调用举例

编写一个可以点动也可以连续运转的程序。

① 按照上面的方法建立子程序，并分别将名称改为点动和连续。

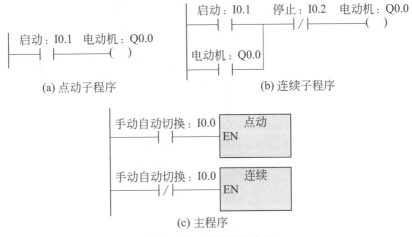

(a) 点动子程序　　(b) 连续子程序

(c) 主程序

图3-15　子程序的编写

111

② 单击点动子程序，在编程区域编写点动控制子程序，如图 3-15（a）所示。I0.1 可以控制电动机 Q0.0 的点动。

③ 单击连续子程序，在编程区域编写连续控制子程序，如图 3-15（b）所示。I0.1 可以控制电动机 Q0.0 的启动，I0.2 可以控制电动机 Q0.0 的停止。

④ 单击主程序 MAIN，在编程区域输入常开触点 I0.0，在左侧的"程序块"中，选中需要调用的子程序，将其拖动到程序编辑区的双箭头处，如图 3-16 所示。编写好的主程序如图 3-15（c）所示。当常开触点 I0.0 接通时，调用点动子程序；当常闭触点 I0.0 接通时，调用连续子程序。

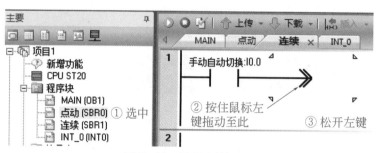

图 3-16　子程序的调用

3.3.2　电动葫芦升降机

3.3.2　电动
葫芦升降机

（1）控制要求

电动葫芦升降机有手动和自动两种工作模式。

① 手动方式下，可手动控制电动葫芦升降机的上升、下降。

② 自动方式下，电动葫芦升降机上升 6s →停 9s →下降 6s →停 9s，重复运行 1h 后发出声光信号并停止运行。范例示意如图 3-17 所示。

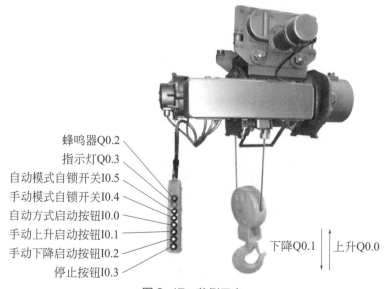

图 3-17　范例示意

（2）控制程序及程序说明

控制程序如图 3-18 所示。

① 当选择手动控制方式时，按下手动模式自锁开关 I0.4，手动子程序执行。按下手动上升按钮，I0.1=ON，Q0.0 得电并自锁，电动葫芦上升。按下停止按钮，I0.3 得电，其常闭触点断开，Q0.0 失电，电动葫芦停止上升。下降工作过程与上升工作过程相似，不再赘述。

② 当选择自动控制方式时，按下自动模式自锁开关 I0.5，I0.5 得电，其常闭触点断开，常开触点闭合，自动子程序执行。

按下自动方式启动按钮，I0.0 得电，使 Q0.0 得电并自锁，电动葫芦上升，同时计时器 T39 开始 6s 计时，计时器 T37 开始 3000s 计时。

T39 计时时间到，T39 常闭触点断开，使 T39、Q0.0 被复位，电动葫芦停止上升。同时其常开触点闭合，T40 开始 9s 计时。

9s 后，T40 常开触点闭合，Q0.1 得电并自锁，电动葫芦下降，T41 开始计时。同时，T40 常闭触点断开，T40 被复位。

6s 后，T41 常开触点闭合，T42 开始计时。同时，T41 常闭触点断开，T41、Q0.1 被复位，电动葫芦停止下降。

9s 后，T42 常开触点闭合，Q0.0 得电并自锁，电动葫芦上升，T39 开始计时。T42 常闭触点断开，T42 被复位。如此循环执行。

③ 定时器有最大计时限制，因此使用定时器 T37 和 T38 接力计时 1h。

④ 当循环时间到达 1h 后，T38 常开触点闭合，Q0.2、Q0.3 被置位，发出声光信号。M0.3 被复位，其常闭触点断开，使 Q0.0、Q0.1 失电，电动葫芦停止上升或下降。

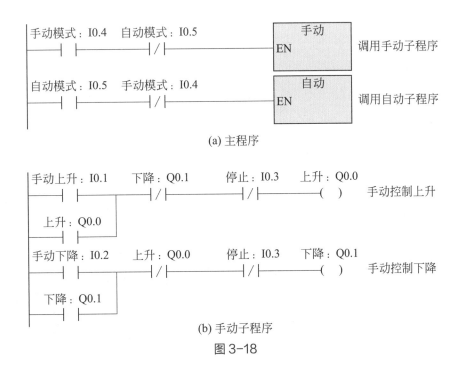

(a) 主程序

(b) 手动子程序

图 3-18

113

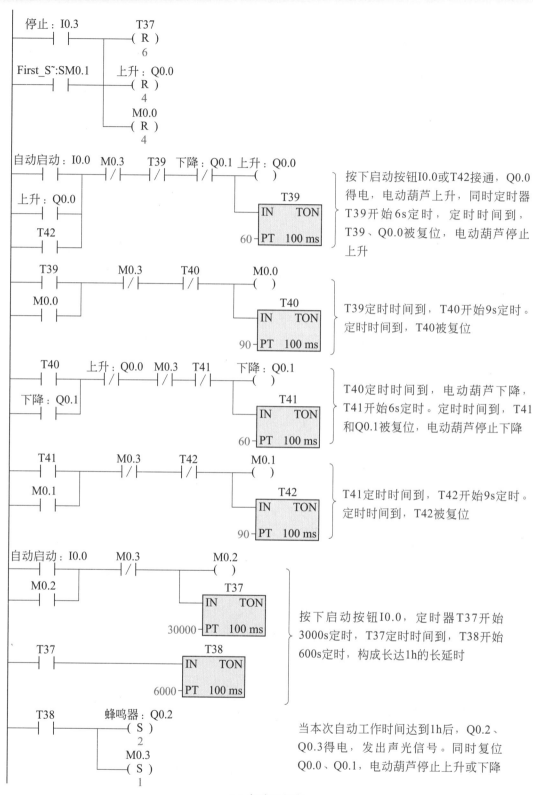

（c）自动子程序

图3-18 控制程序

3.4 中断指令

3.4.1 中断基础知识

所谓中断，是指当 PLC 正执行程序时，系统中出现了某些急需处理的异常情况或特殊请求，这时系统暂时停止执行当前程序，转去执行中断服务程序，当该事件处理完毕后，系统自动回到原来断点处继续执行。主程序执行中断的示意图如图 3-19 所示。中断功能用于实时控制、通信控制和高速处理等场合。

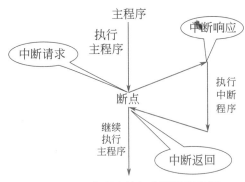

图 3-19　主程序执行中断的示意图

（1）中断事件的类型

中断事件可分为 3 大类：通信中断、时基中断和输入 / 输出中断。

① 通信中断　PLC 的串行通信口在自由端口模式下，可用程序定义波特率、每个字符位数、奇偶校验和通信协议。在执行主程序时，申请中断，才能定义自由端口模式，利用接收和发送中断可简化程序对通信的控制。

② 时基中断　时基中断包括两类，分别为定时中断和定时器 T32/T96 中断。

a. 定时中断：此功能可用于 PID 控制和模拟量定时采样，分为定时中断 0 或 1。使用时，定时中断 0 将周期时间写入 SMB34，定时中断 1 将周期时间写入 SMB35。周期时间为 1 ～ 255ms，时基为 1ms。

当将某个中断程序连接到一个定时中断事件时，如果该定时中断被允许，就开始计时。每到达定时时间，都会执行中断程序。在连接期间，对 SMB34 和 SMB35 的更改不会影响定时周期。如需修改定时周期，则需要重新将中断程序连接到定时中断事件上。

b. 定时器 T32/T96 中断：这类中断只支持时基为 1ms 的定时器 T32 和 T96。中断启动时后，当当前值等于预设值时，在执行 1ms 定时器更新过程中，执行被连接的中断程序。

③ 输入 / 输出中断　它包括输入上升沿 / 下降沿中断、高速计数器中断和脉冲串输出（PTO）中断。

a. 输入上升沿 / 下降沿中断：用输入 I0.0 ～ I0.3 的上升沿或下降沿产生中断，用于捕捉立即处理的事件。

b. 高速计数器中断：对于高速计数器，当当前值等于预置值、计数器计数方向改变和计数器外部复位等事件发生时而产生中断。

c.脉冲串输出（PTO）中断：在完成指定脉冲输出时发生所产生的中断。

（2）中断事件的优先级

按优先级排列的中断事件如表3-8所示。

表3-8　按优先级排列的中断事件

中断事件号	中断事件描述	优先级分组	中断事件号	中断事件描述	优先级分组
8	通信端口0接收字符	通信（最高）	38	I7.1下降沿（信号板）	I/O（中等）
9	通信端口0发送完成		12	HSC0 CV=PV（当前值＝设定值）	
23	通信端口0接收信息完成		27	HSC0输入方向改变	
24	通信端口1接收信息完成		28	HSC0外部复位	
25	通信端口1接收字符		13	HSC1 CV=PV（当前值＝设定值）	
26	通信端口1发送完成		16	HSC2 CV=PV（当前值＝设定值）	
19	PTO0脉冲输出完成	I/O（中等）	17	HSC2输入方向改变	
20	PTO1脉冲输出完成		18	HSC2外部复位	
0	I0.0的上升沿		32	HSC3 CV=PV（当前值＝设定值）	
2	I0.1的上升沿		29	HSC4 CV=PV（当前值＝设定值）	
4	I0.2的上升沿		30	HSC4输入方向改变	
6	I0.3的上升沿		31	HSC4外部复位	
35	I7.0上升沿（信号板）		33	HSC5 CV=PV（当前值＝设定值）	
37	I7.1上升沿（信号板）		43	HSC5方向改变	
1	I0.0的下降沿		44	HSC5外部复位	
3	I0.1的下降沿		10	定时中断0	定时（最低）
5	I0.2的下降沿		11	定时中断1	
7	I0.3的下降沿		21	T32 CT=PT（当前值＝设定值）	
36	I7.0下降沿（信号板）		22	T96 CT=PT（当前值＝设定值）	

3.4.2　中断指令概述

中断指令格式和功能如表3-9所示。

3.4.2
中断指令

表3-9　中断指令格式和功能

指令名称	梯形图	语句表	功能	操作数类型及操作范围
开中断指令	——（ENI）	ENI	全局性启用对所有连接的中断事件的处理	无操作数
关中断指令	——（DISI）	DISI	全局性禁止对所有中断事件的处理	

指令名称	梯形图	语句表	功能	操作数类型及操作范围
有条件返回指令	——(RETI)	CRETI	可用于根据前面的程序逻辑的条件从中断返回	INT（中断例程编号：字节）：常数（0～127） EVNT（中断事件编号：字节）：常数 CPU CR20s、CR30s、CR40s 和 CR60s：0～13、16～18、21～23、27、28 和 32 CPU SR20/ST20、SR30/ST30、SR40/ST40、SR60/ST60：0～13 和 16～44
中断连接指令	ATCH EN ENO INT EVNT	ATCH INT, EVNT	将中断事件 EVNT 与编号为 INT 的中断程序相关联，并启用中断事件	
分离中断指令	DTCH EN ENO EVNT	DTCH EVNT	解除中断事件 EVNT 与所有中断例程的关联，并禁用中断事件	
清除中断指令	CLR_EVNT EN ENO EVNT	CEVENT EVNT	从中断队列中移除所有类型为 EVNT 的中断事件。 使用该指令可将不需要的中断事件从中断队列中清除	

3.4.3　中断程序举例

3.4.3　中断程序举例
（输入输出中断）

（1）中断程序编程步骤

① 首先建立中断程序。建立中断程序的方法同建立子程序的方法相同。

② 根据需要在中断程序中编写其应用程序。

③ 编写主程序，初始化相关参数，在主程序中将中断程序与中断事件相连，并开中断。

（2）输入/输出中断举例

控制程序如图 3-20 所示。

① 主程序中，SM0.1 接通一个扫描周期，进行初始化：

a. 将中断程序 INT_0 与中断事件"2"相连。

b. 将中断程序 INT_1 与中断事件"3"相连。

c. 开中断。

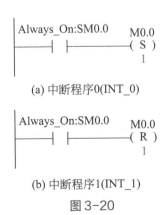

(a) 中断程序0(INT_0)

(b) 中断程序1(INT_1)

图 3-20

117

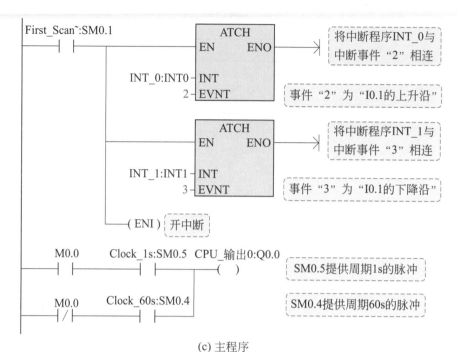

(c) 主程序

图 3-20 输入/输出中断示例的控制程序

② 当 I0.1 从断开到闭合时，事件"2"发生，触发中断，PLC 将会去执行与事件"2"相连的中断程序 INT_0。中断程序中，M0.0 被置 1，返回主程序后，M0.0 的常开触点闭合，Q0.0 将产生周期为 1s 的脉冲。

③ 当 I0.1 从闭合到断开时，事件"3"发生，触发中断，PLC 将会去执行与事件"3"相连的中断程序 INT_1。中断程序中，M0.0 被置 0，返回主程序后，M0.0 的常闭触点闭合，Q0.0 将产生周期为 60s 的脉冲。

（3）定时中断举例

控制程序如图 3-21 所示。

① 主程序中，SM0.1 接通一个扫描周期，进行初始化：

a. 将 QB0 的初值设为 2#11111111。

b. SMB34 为定时中断 0 的时间周期寄存器，将 200 存入 SMB34，即每隔 200ms 中断一次。

c. 将中断程序 INT_0 与中断事件"10"相连。

d. 开中断。

② 当 PLC 运行时，每隔 200ms，事件"10"发生，触发中断，PLC 将会去执行与事件"10"相连的中断程序 INT_0 一次，即每隔 200ms，QB0 取反一次，可以看到 Q0.0 ～ Q0.7 闪烁，周期为 400ms。

3.4.3 中断程序举例（定时中断）

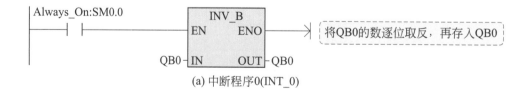

(a) 中断程序0(INT_0)

118

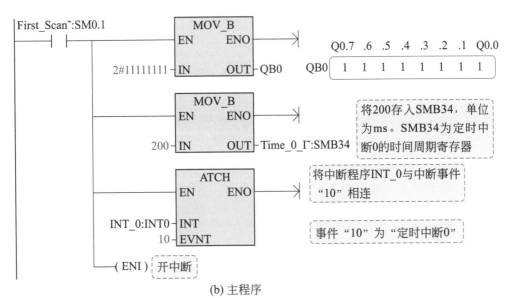

(b) 主程序

图 3-21 定时中断示例的控制程序

3.4.4
定时闹钟实现

3.4.4 定时闹钟实现

（1）控制要求

用 PLC 控制一个闹钟，要求除周六和周日外，每天早上 6:00 响 10s，按下复位按钮闹钟停止；不按复位按钮，每隔 2min 再响 10s，共响 3 次结束。范例示意如图 3-22 所示。

复位按钮I0.0　　　　闹钟Q0.0
图 3-22　范例示意

（2）控制程序及程序说明

控制程序如图 3-23 所示。

中断程序如图 3-23（b）所示，通过定时中断 0，每隔 200ms 执行一次中断程序。在中断程序中，读取 CPU 实时时钟。将 PLC 中的实时时间传送到 VB100 ～ VB107 中。

主程序如图 3-23（a）所示。

① 在第一个扫描周期，将定时时间 200 存入时间周期寄存器 SMB34，即每隔 200ms 中断一次。将中断程序 INT_0 与中断事件 "10" 相连，并开中断。

② 利用 B_I、BCD_I 指令，将时（VB103）、分（VB104）、秒（VB105）的 BCD 数转换成整数，分别储存在 VW120、VW122 和 VW124 中。

③ 当时间为 6 时 0 分 0 秒时，M0.0 得电，其常开触点闭合。如果既不是周六（VB107 ≠ 7）也不是周日（VB107 ≠ 1），M0.1 得电自锁。

④ M0.1 常开触点闭合，使 Q0.0 得电，开始响铃，同时 T37、T38 开始定时。10s 后，T38 得电，其常闭触点断开，Q0.0 失电，停止响铃。2min 后，T37 定时时间到，其常闭触点

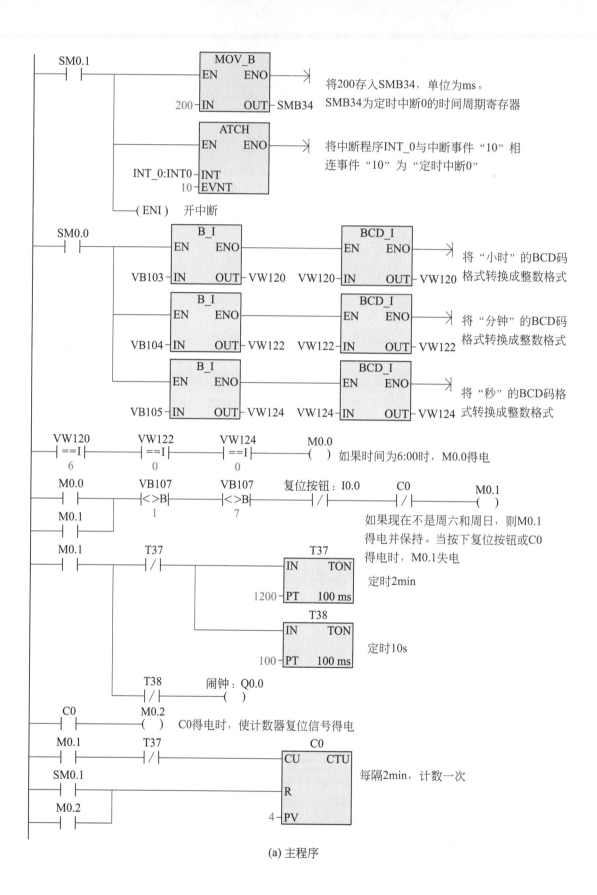

(a) 主程序

(b) 中断程序

图 3-23　控制程序

断开将 T37、T38 复位，复位后 T37 常闭触点重新闭合使 T37、T38 重新开始定时。

⑤ T37 常闭触点断开后再闭合，计数器 C0 加 1，当计数值为 4 时，C0 常闭触点断开 M0.1，并对 C0 复位。

⑥ 若在响铃时按下复位按钮 I0.0，其常闭触点断开，M0.1、Q0.0 失电，停止响铃，T37、T38 不再定时。

3.5　高速计数器

3.5.1　高速计数器基础知识

3.5.1　高速计数器基础知识 (1)

（1）高速计数器

普通计数器要受 PLC 扫描速度的影响，其输入脉冲的频率要小于 PLC 的扫描频率。而高速计数器的脉冲输入频率比 PLC 扫描频率高得多，所以高速计数器可以对脉宽小于主机扫描周期的高速脉冲准确计数，因此能够有效防止发生计数脉冲信号丢失的现象。

高速计数器应用于电动机转速检测，可由编码器将电动机的转速转化成脉冲信号，再用高速计数器对转速脉冲信号进行计数。通过单位时间内所计数的脉冲个数确定电动机的转速。

另外，当高速计数器的当前值等于预设值、计数方向改变或发生复位时，将产生中断，利用中断事件完成预定的操作。

（2）高速计数器的分类

高速计数器的数量共有 HSC0 ～ HSC5 六个，有 0、1、3、4、6、7、9、10 共 8 个模式。编号不同的高速计数器只要模式相同，其运行方式也相同，但对于每一个 HSC 编号来说，并不支持每一种模式。

其中，HSC0、HSC2、HSC4 和 HSC5 支持 8 种计数模式。而 HSC1 和 HSC3 只支持模式 0。高速计数器的工作模式和输入端子如表 3-10 所示。

表 3-10　高速计数器的工作模式和输入端子

高速计数器的编号	输入点	输入点在不同模式下的功能							
		具有内部方向控制的单相计数器		具有外部方向控制的单相计数器		具有增减计数时钟的双相计数器		A/B 相正交计数器	
		模式 0	模式 1	模式 3	模式 4	模式 6	模式 7	模式 9	模式 10
HSC0	I0.0	时钟	时钟	时钟	时钟	增时钟	增时钟	时钟 A	时钟 A
	I0.1			方向	方向	减时钟	减时钟	时钟 B	时钟 B
	I0.4		复位		复位		复位		复位

121

高速计数器的编号	输入点	输入点在不同模式下的功能							
		具有内部方向控制的单相计数器		具有外部方向控制的单相计数器		具有增减计数时钟的双相计数器		A/B 相正交计数器	
		模式 0	模式 1	模式 3	模式 4	模式 6	模式 7	模式 9	模式 10
HSC1	I0.1	时钟							
HSC2	I0.2	时钟	时钟	时钟	时钟	增时钟	增时钟	时钟 A	时钟 A
	I0.3			方向	方向	减时钟	减时钟	时钟 B	时钟 B
	I0.5		复位		复位		复位		复位
HSC3	I0.3	时钟							
HSC4	I0.6	时钟	时钟	时钟	时钟	增时钟	增时钟	时钟 A	时钟 A
	I0.7			方向	方向	减时钟	减时钟	时钟 B	时钟 B
	I1.2		复位		复位		复位		复位
HSC5	I1.0	时钟	时钟	时钟	时钟	增时钟	增时钟	时钟 A	时钟 A
	I1.1			方向	方向	减时钟	减时钟	时钟 B	时钟 B
	I1.3		复位		复位		复位		复位

从表 3-10 中可以看出，高速计数器按照计数方式，可以分为以下四种类型。

① 具有内部方向控制的单相计数器（模式 0 和 1）。

其示意图如图 3-24 所示，其计数方向由其控制字节的 SM × 7.3 位决定（如 HSC0，由 SM37.3 控制方向，见表 3-11）。当该位取值为 1 时，为增计数；取值为 0 时，为减计数。当预设值 PV= 当前值 CV 或计数方向发生改变时，产生中断。

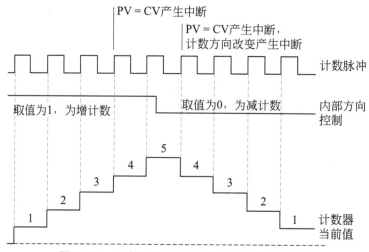

图 3-24　具有内部方向控制的单相计数器示意图

② 具有外部方向控制的单相计数器（模式 3 和 4）。

其示意图如图 3-25 所示，其计数方向由外部输入端子 I×.× 决定（如 HSC0，由 I0.1 控制方向，见表 3-10）。当该位取值为 1 时，为增计数；取值为 0 时，为减计数。当预设值 PV＝当前值 CV 或计数方向发生改变时，产生中断。

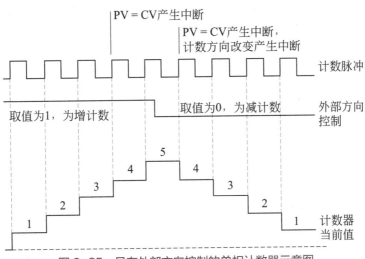

图 3-25　具有外部方向控制的单相计数器示意图

③ 具有 2 个时钟输入的双相计数器（模式 6 和 7）。

其示意图如图 3-26 所示，外部输入的两个端子 I×.× 接入时钟脉冲（如 HSC0，I0.0 为增时钟端子，I0.1 为减时钟端子，见表 3-10）。其中，增时钟端子每来一个脉冲，当前值加 1；减时钟端子每来一个脉冲，当前值减 1。当预设值 PV＝当前值 CV 或计数方向发生改变时，产生中断。

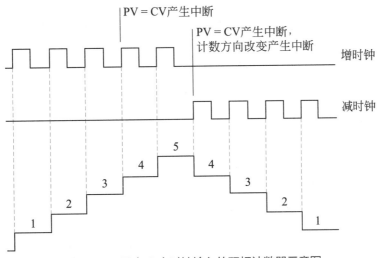

图 3-26　具有 2 个时钟输入的双相计数器示意图

如果增时钟和减时钟输入的上升沿在 0.3μs 内发生，高速计数器可能认为这些事件同时发生。如果发生这种情况，当前值不改变，而且计数方向不改变。只要加时钟和减时钟输入的上升沿之间的间隔大于该时段，高速计数器就能够单独捕获每个事件。

④ A/B 相正交计数器（模式 9 和 10）。

其示意图如图 3-27 所示，外部输入的两个端子 I×.× 接入时钟脉冲，（如 HSC0, I0.0 为 A 时钟端子，I0.1 为 B 时钟端子，见表 3-10）。其中，当 A 相脉冲超前 B 相脉冲 90°，则为增计数；A 相脉冲滞后 B 相脉冲 90°，，则为减计数。

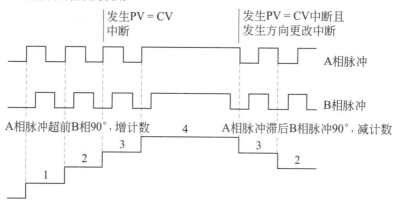

图 3-27　A/B 相正交计数器示意图

另外，还可以选择 1X 模式和 4X 模式。

1X 模式：A 相脉冲超前 B 相脉冲 90°一次，当前值加 1；A 相脉冲滞后 B 相脉冲 90°一次，当前值减 1。

4X 模式：A 相脉冲超前 B 相脉冲 90°一次，当前值加 4；A 相脉冲滞后 B 相脉冲 90°一次，当前值减 4。其示意图如图 3-27 所示。

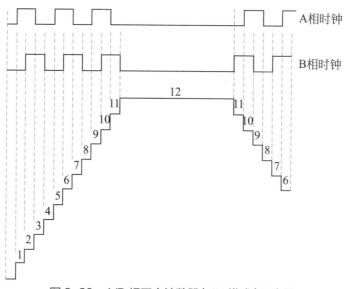

图 3-28　A/B 相正交计数器（4X 模式）示意图

3.5.2 高速计数器的特殊标志存储器

（1）控制字节

每个高速计数器都设定了一个控制字节，可以根据操作要求通过编程来设置字节中各控制位，如复位输入信号的有效状态、计数速率、计数方向、允许写入计数方向、允许写入预设值、允许写入当前值和允许执行高速计数指令等。

控制字节中各控制位的功能如表 3-11 所示。

表 3-11　HSC0 ～ HSC5 的控制字节

HSC0	HSC1	HSC2	HSC3	HSC4	HSC5	描述
SM37.0	不支持	SM57.0	不支持	SM147.0	SM157.0	复位的有效电平控制位： 0= 高电平；1= 低电平
SM37.2	不支持	SM57.2	不支持	SM147.2	SM157.2	A/B 正交相计数器速率： 0 = 4X 计数速率； 1=1X 计数速率
SM37.3	SM47.3	SM57.3	SM137.3	SM147.3	SM157.3	计数方向控制位： 0= 减计数；1= 增计数
SM37.4	SM47.4	SM57.4	SM137.4	SM147.4	SM157.4	向 HSC 中写入计数方向 0= 不更新；1= 更新
SM37.5	SM47.5	SM57.5	SM137.5	SM147.5	SM157.5	向 HSC 写入新的预置值： 0= 不更新；1= 更新
SM37.6	SM47.6	SM57.6	SM137.6	SM147.6	SM157.6	向 HSC 写入新的初始值： 0= 不更新；1= 更新
SM37.7	SM47.7	SM57.7	SM137.7	SM147.7	SM157.7	HSC 允许： 0= 禁止 HSC；1= 允许 HSC

注：SM×.0和SM×.2两位仅在执行 HDEF时使用。

（2）状态字节

每个高速计数器的状态字节提供状态存储器位，用于指示当前计数方向以及当前值是否大于或等于预设值。表 3-12 定义了每个高速计数器的状态位。

表 3-12　HSC0 ～ HSC5 的状态字节

HSC0	HSC1	HSC2	HSC3	HSC4	HSC5	描述
SM36.5	SM46.5	SM56.5	SM136.5	SM146.5	SM156.5	当前计数方向状态位： 0= 减计数；1= 加计数
SM36.6	SM46.6	SM56.6	SM136.6	SM146.6	SM156.6	当前值等于预设值状态位： 0= 不相等；1= 相等
SM36.7	SM46.7	SM56.7	SM136.7	SM146.7	SM156.7	当前值大于预设值状态位： 0= 小于或等于；1= 大于

注：SM×.0～SM×.4这五位未用。

（3）新当前值和新预设值存储器

每个计数器当前值和预设值的存储器如表 3-13 所示。

表 3-13 HSC0 ～ HSC5 的当前值和预设值的存储器

要装入的值	HSC0	HSC1	HSC2	HSC3	HSC4	HSC5
新当前值（新 CV）	SMD38	SMD48	SMD58	SMD138	SMD148	SMD158
新预设值（新 PV）	SMD42	SMD52	SMD62	SMD142	SMD152	SMD162

（4）高速计数器寻址（HC）

如果指定高速计数器的地址，访问高速计数器的当前值，要使用存储器类型 HC 和计数器号。如 HC0、HC1、…、HC5，存储的就是高速计数器的当前值，其数据长度为双字。

3.5.3 高速计数器指令

（1）指令格式和功能

高速计数器指令格式和功能如表 3-14 所示。

3.5.3 高速计数器指令　　高速计数器举例

表 3-14 高速计数器指令格式和功能

指令名称	梯形图	语句表	功能	操作数类型及操作范围
高速计数器定义指令	HDEF ─EN　ENO─ ─HSC ─MODE	HDEF HSC, MODE	为指定的高速计数器 HSC× 选择工作模式。模式选择定义高速计数器的时钟、方向和复位功能	HSC（字节）：编号常数（0～5） MODE（字节）：八种可能的模式（0、1、3、4、6、7、9 或 10） N（字）：HSC 编号常数（0、1、2、3、4 或 5）
高速计数器指令	HSC ─EN　ENO─ ─N	HSC N	根据 HSC 特殊存储器位的状态组态和控制高速计数器。参数 N 指定高速计数器编号	

（2）高速计数器的初始化

高速计数器在运行之前，必须要执行一次初始化程序段或初始化子程序，可以通过编程模式或用 PLC 编程软件自带的指令向导来完成。

高速计数器的初始化一般用 SM0.1=1 调用执行初始化操作的子程序，分为以下几个步骤：

① 设置控制字节；

② 定义计数器和模式；

③ 设置新当前值和新预设值；

④ 设置中断事件；

⑤ 执行全局中断允许指令；

⑥ 执行高速计数指令。

3.5.4 高速计数器在五站点小车往返中的应用

3.5.4 高速计数器在五站点小车往返中的应用

（1）控制要求

小车在 B、C、D、E 四个库房和原点 A 间自动循环往返运动，小车初始在原点 A，按下启动按钮，小车依次到达 B、C、D、E 点，并分别停止 2s 返回到原点 A 点停止。范例示意如图 3-29 所示。

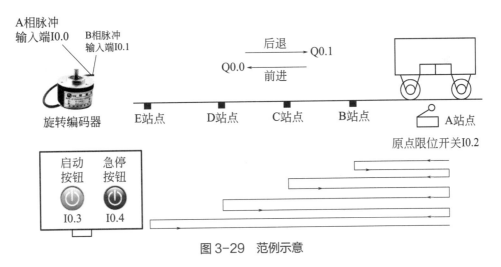

图 3-29　范例示意

（2）高速计数器的配置

① 打开 S7-200 SMART 编程软件，单击"工具"，选择"高速计数器"，在出现的新窗口中选中"HSC0"，如图 3-30 所示。

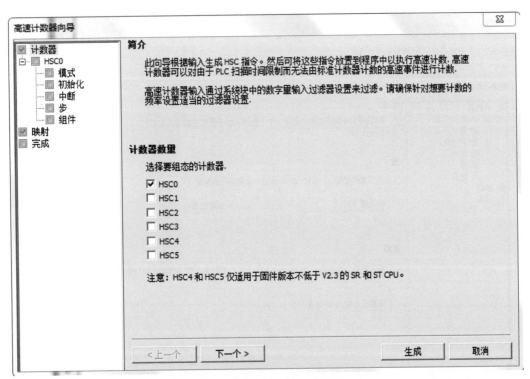

图 3-30　选择要组态的计数器窗口

② 单击"下一个"按钮，在"此计数器应如何命名？"输入框中保留默认值"HSC0"。单击"下一个"按钮，在出现的选择模式窗口选择模式"10"，如图 3-31 所示。

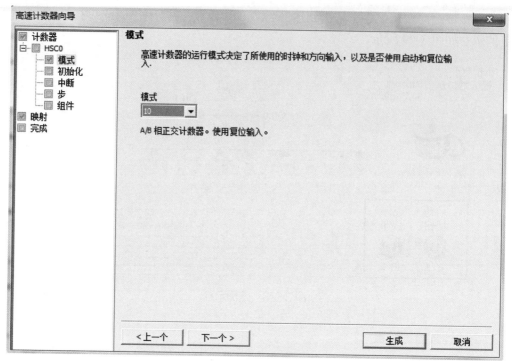

图 3-31　选择模式窗口

③ 单击"下一个"按钮，在出现的初始化窗口中，将预设值设置为"10"（预设值与当前值不能相同），当前值设为"0"，计数方向选择"上"（为增计数），复位输入选择高电平（上限），计数速率为"4×"，如图 3-32 所示。

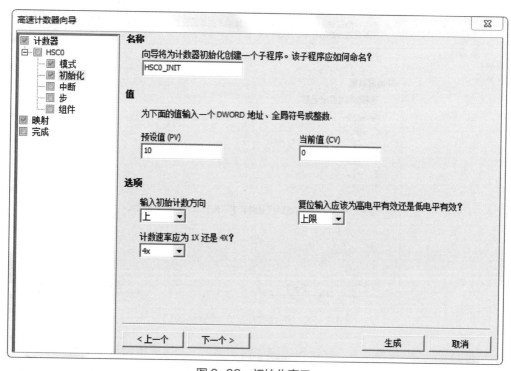

图 3-32　初始化窗口

④ 设置完成后单击"生成"按钮，高速计数器配置完成。配置完成后便自动生成子程序，子程序内容可单击"HSC0_INIT（SBR1）"查看。

具体方法如图 3-33 所示。展开文件夹"调用子例程"，选中"HSC0_INIT（SBR1）"，单击右键，选择"打开"，便可以查看子程序的内容。

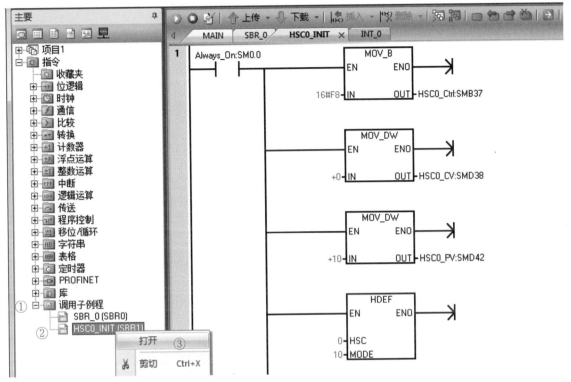

图 3-33 查看"HSC0_INIT（SBR1）"的具体方法

（3）控制程序及程序说明

控制程序如图 3-34 所示。

① 高速计数器采用 HSC0 的模式 10，其中 I0.0 接旋转编码器的 A 相，I0.1 接旋转编码器的 B 相，采用旋转编码器产生 A/B 相脉冲，脉冲的多少反映小车从原点开始行进的距离。另外，通过这两组脉冲不仅可以测量距离，还可以判断旋转的方向。当主轴以顺时针方向旋转时，I0.0 超前 I0.1 信号 90°；当主轴以逆时针方向旋转时，I0.0 滞后 I0.1 信号 90°。由此判断小车是前进还是后退。

② 用手动方法，事先测出从原点 A 到 B、C、D、E 四个仓库计数的脉冲个数分别为 600、1200、1800、2400。例如 HC0=600 时，表示到达 B 仓库。

③ I0.2 接到原点的限位开关，I0.2 为复位端子，当 I0.2 得电时，可将高速计数器复位。程序中，I0.2 来上升沿时，调用子程序，也可以实现复位功能。

④ 开始时设小车在原位 A 点，按下启动按钮 I0.3，Q0.0 线圈得电并自锁，小车前进。到达 B 点时 HC0=600，M0.0 线圈得电自锁，M0.0 常闭触点断开，Q0.0 失电，小车停止。M0.1 置位，对 B 点记忆。定时器 T37 延时 2s。

⑤ 2s 到，T37 常开触点闭合，Q0.1 线圈得电，小车后退。小车后退到 A 点时，I0.2 得电，

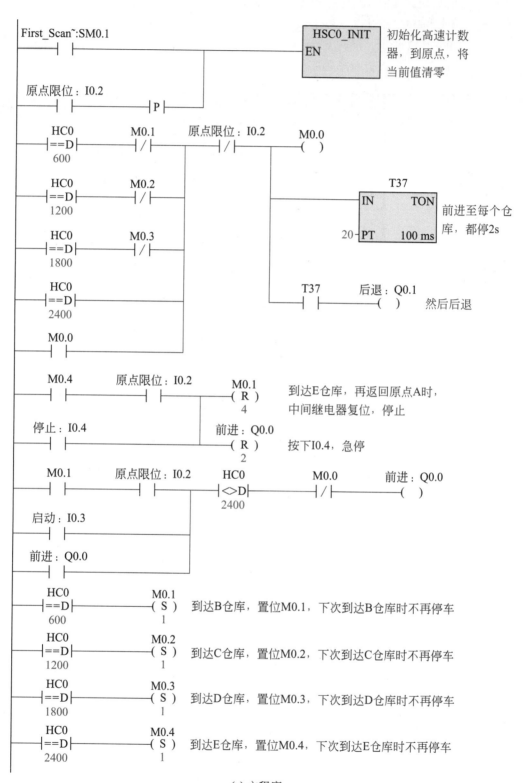

(a) 主程序

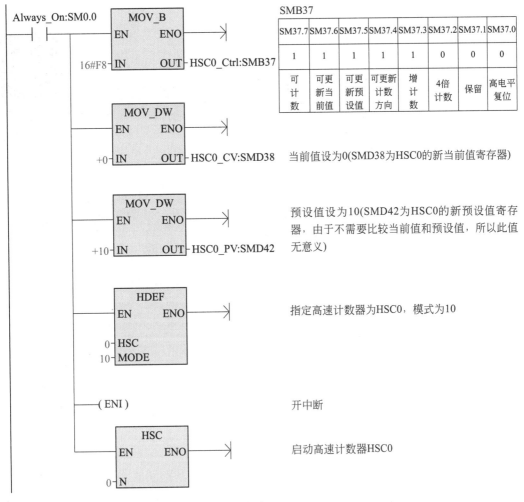

| SMB37 | | | | | | | |
SM37.7	SM37.6	SM37.5	SM37.4	SM37.3	SM37.2	SM37.1	SM37.0
1	1	1	1	1	0	0	0
可计数	可更新当前值	可更新预设值	可更新计数方向	增计数	4倍计数	保留	高电平复位

当前值设为0(SMD38为HSC0的新当前值寄存器)

预设值设为10(SMD42为HSC0的新预设值寄存器，由于不需要比较当前值和预设值，所以此值无意义)

指定高速计数器为HSC0，模式为10

开中断

启动高速计数器HSC0

(b) 子程序HSC0_INIT

图 3-34 控制程序

将高速计数器复位；I0.2 常闭触点断开，M0.0 和 Q0.1 线圈失电，小车停止。Q0.0 线圈得电，小车前进。

⑥ 前进到 B 点时，虽然 HC0=600，但 M0.1 常闭触点断开，M0.0 线圈不得电，小车继续前进。到达 C 点时，HC0=1200，M0.0 线圈闭合并自锁，M0.0 常闭触点断开，Q0.0 失电，小车停止。M0.2 置位对 C 点记忆。定时器 T37 延时 2s。

⑦ 2s 到，T37 常开触点闭合，Q0.1 线圈得电，小车后退。小车后退到 A 点，依次返回 D、E 点，程序执行过程类似。

⑧ 小车最后到达 E 点，M0.1 ～ M0.4 都已经置位。小车从 E 点退回到 A 点时，I0.2 常开触点闭合先对 M0.1 ～ M0.4 复位，由于 M0.1 常开触点断开，I0.2 常开触点闭合不会使 Q0.0 线圈得电，小车停止。

⑨ 子程序的解释如图 3-34（b）所示，在此不再赘述。

3.6 高速脉冲输出

3.6.1 高速脉冲输
出指令和特殊存储器

3.6.1 高速脉冲输出指令和特殊存储器

(1)高速脉冲输出指令格式和功能

高速脉冲输出指令格式和功能如表3-15所示。

表3-15 高速脉冲输出指令格式和功能

指令名称	梯形图	语句表	功能	操作数类型及操作范围
脉冲输出指令	PLS —EN ENO— —N	PLS N	在高速输出点(Q0.0和Q0.1或Q0.3)上实现脉冲串输出(PTO)和脉宽调制(PWM)功能	N(字):常数 0(=Q0.0)、1(=Q0.1)或2(=Q0.3)

注:1.PTO可以输出一串占空比为50%的脉冲,用户可以控制脉冲的频率和脉冲个数。

2.PWM可以输出一串占空比可调的脉冲,用户可以控制脉冲的周期和宽度。

3.SR20/ST20只有两个通道,即Q0.0和Q0.1。

4.SR30/ST30、SR40/ST40以及SR60/ST60有三个通道,即Q0.0、Q0.1和Q0.3。

5.当在Q0.0、Q0.1或Q0.3上激活PTO或者PWM功能时,普通输出点功能被禁止。

PTO为脉冲控制模式,而PWM为模拟量控制模式。当设备对位置有精确要求时选用PTO,而当设备对转速和力矩有精确要求时选用PWM。

(2)高速脉冲输出特殊存储器

PLS指令会从特殊存储器SM中读取数据,使程序按照其存储值控制PTO/PWM发生器。用户可以通过修改SM存储区(包括控制字节),然后执行PLS指令来改变PTO或PWM波形的特性。用户可以在任意时刻禁止PTO或者PWM波形。

高速脉冲输出常用的特殊存储器如表3-16～表3-18所示。

表3-16 PTO/PWM控制寄存器的状态字节

Q0.0	Q0.1	Q0.3	代表的含义		
SM66.4	SM76.4	SM566.4	PTO包络由于增量计算错误而终止。	0=无错误;	1=终止
SM66.5	SM76.5	SM566.5	PTO包络由于用户命令而终止。	0=非手动禁用;	1=用户禁用
SM66.6	SM76.6	SM566.6	PTO管线溢出/下溢。	0=无溢出/下溢;	1=溢出/下溢
SM66.7	SM76.7	SM566.7	PTO空闲。	0=执行中;	1=PTO空闲

表3-17 PTO/PWM控制寄存器的控制字节

Q0.0	Q0.1	Q0.3	代表的含义		
SM67.0	SM77.0	SM567.0	PTO/PWM更新频率/周期值。	0=不更新;	1=更新
SM67.1	SM77.1	SM567.1	PWM更新脉冲宽度值。	0=不更新;	1=更新
SM67.2	SM77.2	SM567.2	PTO更新脉冲计数值。	0=不更新;	1=更新
SM67.3	SM77.3	SM567.3	PWM时间基准选择。	0=1μs/时基;	1=1ms/时基

Q0.0	Q0.1	Q0.3	代表的含义	
SM67.4	SM77.4	SM567.4	保留	
SM67.5	SM77.5	SM567.5	PTO 单 / 多段操作。	0= 单段操作；　1= 多段操作
SM67.6	SM77.6	SM567.6	PTO/PWM 模式选择。	0= 选择 PWM；1= 选择 PTO
SM67.7	SM77.7	SM567.7	PTO/PWM 允许。	0= 禁止；　　　1= 允许

表 3-18　其他 PTO/PWM 寄存器

Q0.0	Q0.1	Q0.3	代表的含义
SMW68	SMW78	SMW568	PTO 频率（范围：1 ~ 65535Hz ） PWM 周期值（范围：2 ~ 65535 ）
SMW70	SMW80	SMW570	PWM 脉冲宽度值（范围：0 ~ 65535 ）
SMD72	SMD82	SMD572	PTO 脉冲计数值（范围：1 ~ 2147483647 ）
SMB166	SMB176	SMB576	进行中的段的编号（仅用在多段 PTO 操作中使用 ）
SMW168	SMW178	SMW578	包络表的起始位置，用从 V0 开始的字节偏移表示（仅在多段 PTO 操作中使用 ）

3.6.2　脉宽调制（PWM）

3.6.2
脉宽调制(PWM)

（1）脉宽调制 PWM

PWM 是脉冲宽度调制方式，如图 3-35 所示，通过对脉冲的宽度进行调节，将输入信号模拟为恒定电压的大小。

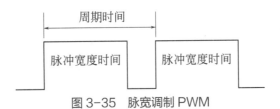

图 3-35　脉宽调制 PWM

如表 3-19 所示，设定脉宽等于周期（使占空比为 100%），输出连续接通。设定脉宽等于 0（使占空比为 0%），输出断开。

表 3-19　脉宽、周期和 PWM 功能的执行结果

脉宽 / 周期	结果
脉宽≥周期值	占空比为 100%；输出连续接通
脉宽 =0	占空比为 0%；输出断开
周期 <2 个时间单位	将周期缺省地设定为 2 个时间单位

（2）用 PLS 指令法实现 PWM 举例

控制程序如图 3-36 所示。

133

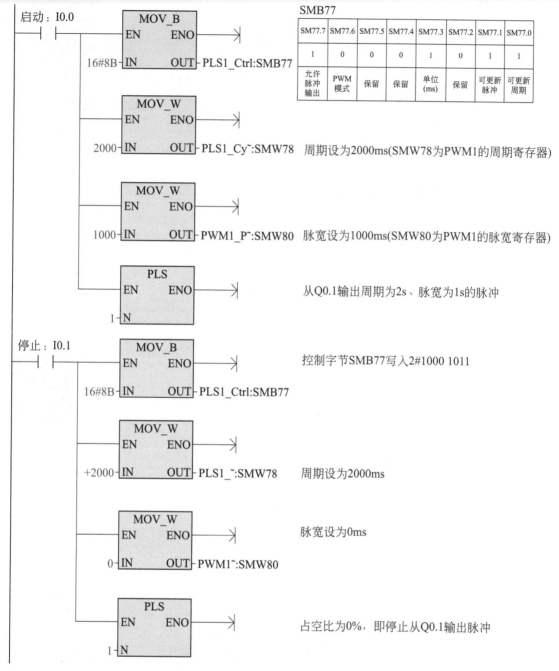

图 3-36 控制程序

① 接通 I0.0，从 Q0.1 输出周期为 2s、脉宽为 1s 的脉冲。

② 接通 I0.1，由于脉宽设为 0，故停止脉冲输出。

（3）用指令向导编程方法实现 PWM

① 指令向导

a. 单击"工具"→"PWM"，在"脉宽调制向导"中选择"PWM1"，单击"下一步"按钮，如图 3-37 所示。

134

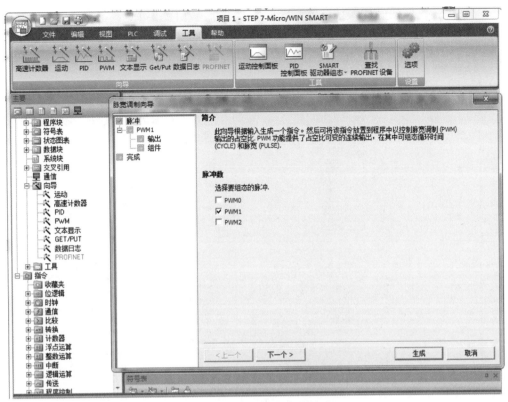

图 3-37　选择要组态的脉冲

b. 在出现的脉冲命名窗口中，可以修改其名称，单击"下一个"按钮，如图 3-38 所示。

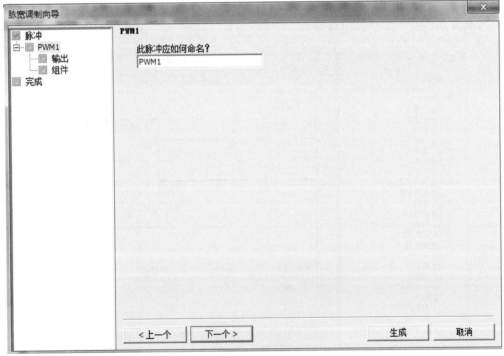

图 3-38　为脉冲命名

c. 在出现的输出窗口中，输出 Q0.1 与前面选择的 PWM1 相对应，不能修改，时基可以选择"毫秒"，单击"生成"按钮，如图 3-39 所示。

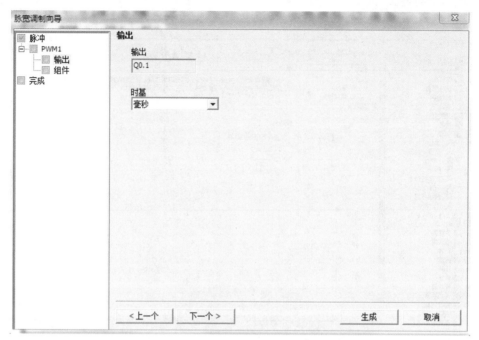

图 3-39　选择时基

② 控制程序　点开指令树的"调用子例程"，便可以看到新生成的子程序[PWM1_RUN（SBR1)]，编写程序并将子程序拖到程序编辑区，如图 3-40 所示。使能端 EN 总是接通，周期设为 2000ms，脉宽设为 1000ms。当 I0.0 接通时，在 Q0.1 输出周期为 2s、占空比为 50% 的脉冲。当 I0.0 断开时，停止输出脉冲。

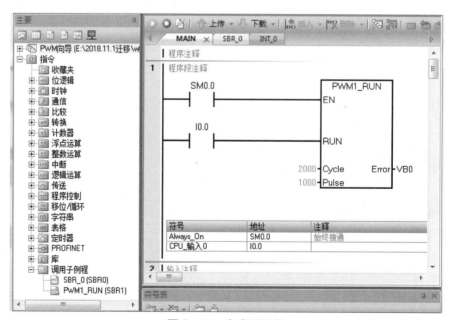

图 3-40　生成子程序

3.6.3　高速脉冲串输出（PTO）

3.6.3　高速脉冲串输出（PTO）（1）

（1）高速脉冲串输出（PTO）

PTO 固定输出占空比为 50% 的方波。方波的频率和脉冲数量可以根据需要指定，脉冲数量的取值范围为 1～2147483647。实践中，经常需要输出多个参数不同的脉冲串，则脉冲串排队，形成管道。当前脉冲串完成输出后，立即输出新脉冲串，这保证了脉冲串顺序输出的连续性。

根据管道的实现方式，PTO 分为两种：单段管道和多段管道。

① 单段管道　单段管道的频率取值范围为：1～65535Hz。如果需要更高的频率（最高为 100000Hz），则必须使用多段管道。

PTO 的参数存储在 SM 单元，在初始的 PTO 段开始后，必须立即使用第二个脉冲串的参数修改 SM 单元，然后再次执行 PLS 指令。在第一个脉冲串完成时，开始输出第二个脉冲串，然后可再重新设置 SM 单元的参数，之后可重复此过程。

② 多段管道　多段管道的频率取值范围为：1～100000Hz。

在多段管道期间，S7-200SMART 从 V 存储器的包络表中自动读取每个脉冲串段的特性。起始字节存储包含脉冲串段的数量。

每个脉冲串段有起始频率、结束频率和脉冲数三个参数，如表 3-20 所示。PTO 生成器会自动将频率从起始频率线性提高或降低到结束频率。在脉冲数量达到指定的脉冲计数时，立即装载下一个 PTO 段。该操作将一直重复到包络结束。

段持续时间应大于 500μs。如果持续时间太短，CPU 可能没有足够的时间计算下一个 PTO 段值。如果不能及时计算下一个段，则 PTO 管道下溢位（SM66.6、SM76.6 和 SM566.6）被置"1"，且 PTO 操作终止。在 PTO 包络作用期间，当前有效段的编号存储在 SMB166、SMB176 或 SMB576 中。

表 3-20　多段管道包络表的格式

从包络表开始的字节偏移量	名称	描述
0	段数	段数范围为 1～255。数 0 将产生非致命性错误，不产生 PTO 输出
1	段 1	起始频率（1～100000Hz）
5		结束频率（1～100000Hz）
9		脉冲计数（1～2147483647）
13	段 2	起始频率（1～100000Hz）
17		结束频率（1～100000Hz）
21		脉冲计数（1～2147483647）
（依此类推）	段 3	（依此类推）

（2）用 PLS 指令法实现 PTO 举例

控制程序如图 3-41 所示。

① 主程序：第一个扫描周期调用子程序。

② 子程序：从 Q0.0 输出频率为 2Hz 的 PTO 脉冲。脉冲个数为 30，脉冲输出完成后，产生中断，调用中断程序。

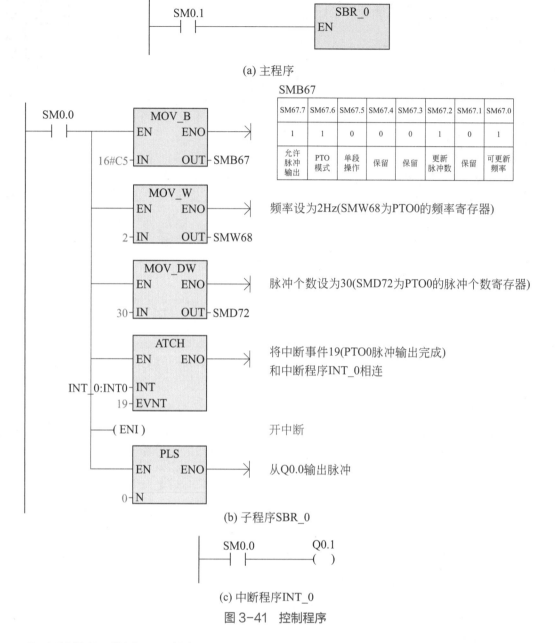

(a) 主程序

| SMB67 | | | | | | | |
SM67.7	SM67.6	SM67.5	SM67.4	SM67.3	SM67.2	SM67.1	SM67.0
1	1	0	0	0	1	0	1
允许脉冲输出	PTO模式	单段操作	保留	保留	更新脉冲数	保留	可更新频率

频率设为2Hz(SMW68为PTO0的频率寄存器)

脉冲个数设为30(SMD72为PTO0的脉冲个数寄存器)

将中断事件19(PTO0脉冲输出完成)和中断程序INT_0相连

开中断

从Q0.0输出脉冲

(b) 子程序SBR_0

(c) 中断程序INT_0

图3-41 控制程序

③ 中断程序：线圈 Q0.1 得电。

3.6.4 智能灌溉控制

（1）控制要求

植物的生长对土壤湿度的要求非常高，对湿度传感器的测量值与设定值进行比较，决定水阀门的开度，使土壤湿度达到要求。当土壤严重干旱时，开关 I0.4 自动打开，控制阀门开度为100%；当土壤干旱时，开关 I0.3 自动打开，控制阀门开度为 50%；当土壤比较干旱时，开关 I0.2 自动打开，控制阀门开度为 25%。范例示意如图 3-42 所示。

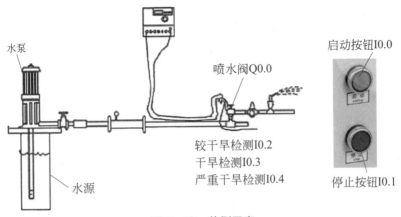

图 3-42　范例示意

（2）控制程序及程序说明

控制程序如图 3-43 所示。

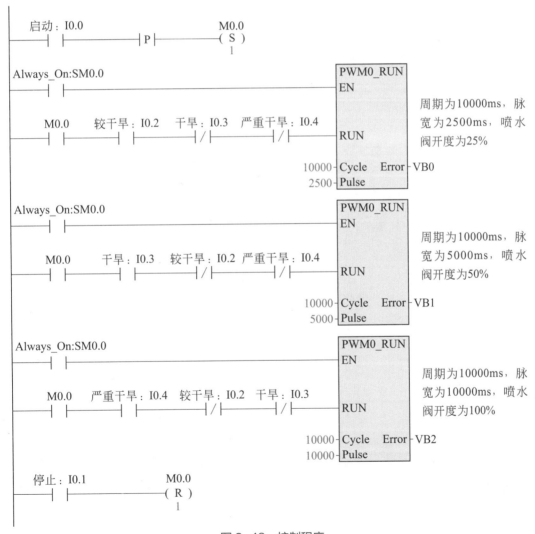

图 3-43　控制程序

① 通过脉宽调制 PWM 指令来控制喷水阀门的开度。利用 PWM 指令向导生成子程序 PWM0_RUN。

② 按下系统启动按钮，I0.0=ON，M0.0 被置位，智能灌溉系统启动。

③ 当湿度传感器的测量值与设定值差距非常大时，即严重干旱，I0.4=ON，调用子程序 PWM0_RUN，脉宽和脉冲周期相等，喷水阀打开至 100% 开度位置。

④ 当湿度传感器的测量值与设定值差距较大时，即干旱，I0.3=ON，调用子程序 PWM0_RUN，脉宽为脉冲周期的 50%，喷水阀打开至 50% 开度位置。

⑤ 当湿度传感器的测量值与设定值存在差距较小时，即较干旱，I0.2=ON，调用子程序 PWM0_RUN，脉宽为脉冲周期的 25%，喷水阀打开至 25% 开度位置。

⑥ 按下系统关闭按钮，I0.1=ON，M0.0 被复位，喷水阀门停止喷水。

第4章
西门子 S7-200 SMART PLC 基本控制案例

案例1 消防水泵的连续和点动控制

（1）控制要求

用启动和停止按钮可以分别控制消防水泵的启动和停止。当同时按下启动和停止按钮时，则实现消防水泵的点动控制。范例示意如图 4-1 所示。

（2）控制程序及程序说明

控制程序如图 4-2 所示。

① 按下启动按钮，I0.0 常开触点闭合，此时若 I0.1 没有按下，Q0.0 得电并自锁，消防水泵正常启动；此时按下 I0.1，Q0.0 失电，自锁解除，消防水泵停止。

② 当 I0.0 与 I0.1 同时被按下时，Q0.0 得电，但无法完成自锁，消防水泵仍然启动，松开两按钮后，Q0.0 失电，消防水泵停止运行（相当于点动控制）。

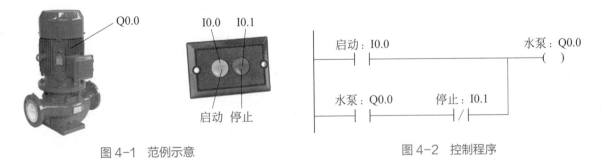

图 4-1 范例示意　　　　　　　　　　　　　　　图 4-2 控制程序

案例2 三相异步电动机反接制动控制

（1）控制要求

按下启动按钮 SB2，主接触器线圈 KM1 得电，电动机 M 启动运转。达到一定转速后，速度继电器常开触点 KS 闭合；按下停止按钮 SB1，制动接触器线圈 KM2 得电，电动机进行反接制动，转速迅速下降，当降到一定速度时，速度继电器常开触点 KS 断开，线圈 KM2 失电，反接停止，制动结束。范例示意如图 4-3 所示。

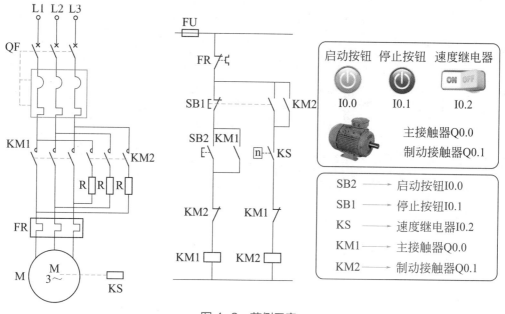

图 4-3　范例示意

（2）控制程序及程序说明

控制程序如图 4-4 所示。

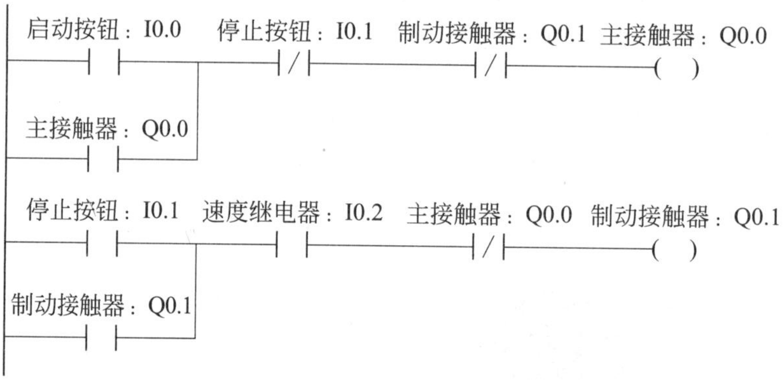

图 4-4　控制程序

① 按下启动按钮 SB2，常开触点 I0.0 闭合，输出线圈 Q0.0 得电并自锁，电动机启动正向运转。当电动机达到一定转速时，速度继电器常开触点 I0.2 闭合。

② 按下停止按钮 SB1：

a. I0.1 常闭触点断开，线圈 Q0.0 失电，常开触点 Q0.0 断开，解除自锁，主接触器 KM1 失电。

b. I0.1 常开触点闭合，线圈 Q0.1 得电并自锁，制动接触器 KM2 得电，电动机进入反接制动状态，电动机转速迅速降低。当电动机转速降到一定速度时，速度继电器 I0.2 常开触点断开，线圈 Q0.1 失电，制动结束。

案例3 圆盘旋转单周控制

(1) 控制要求

在原始位置设置有限位开关，每按一下控制按钮，电动机带动圆盘转一圈，到原始位置时停止。范例示意如图 4-5 所示。

图 4-5 范例示意

(2) 控制程序及程序说明

控制程序如图 4-6（a）所示。

① 圆盘在原位时，限位开关 I0.1 受压，常闭触点 I0.1 断开，M0.0 失电，常闭触点 M0.0 闭合。

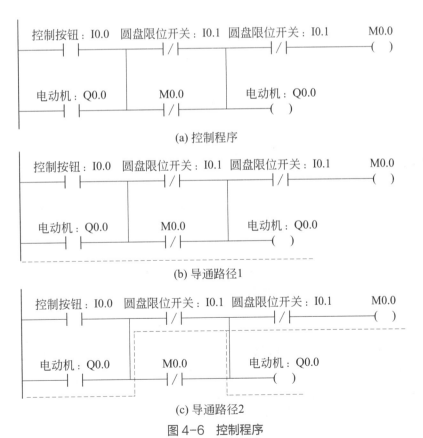

图 4-6 控制程序

② 当按下启动按钮 I0.0 时，输出线圈 Q0.0 得电并自锁，电动机启动运转，带动圆盘转动。导通路径如图 4-6（b）所示。

③ 圆盘转动使限位开关 I0.1 复位，常闭触点 I0.1 闭合，M0.0 得电，常闭触点 M0.0 断开。导通路径如图 4-6（c）所示。

④ 当圆盘转一圈后又碰到限位开关 I0.1，常闭触点 I0.1 断开，Q0.0 输出线圈失电，解除自锁，电动机停止转动。

⑤ 若想再旋转一圈，再按下按钮 I0.0，过程同上，不再赘述。

案例4　机床工作台自动往返控制

（1）控制要求

在机床的使用过程中，时常需要机床工作台自动工作循环。即电机启动后，机床工作台向前运动到达终点时，电机自行反转，机床工作台向后移动。反之，工作台向后到达终点时，电机自行正转，工作台向前移动。范例示意如图 4-7 所示。

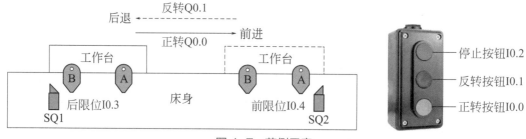

图 4-7　范例示意

（2）控制程序及程序说明

控制程序如图 4-8 所示。

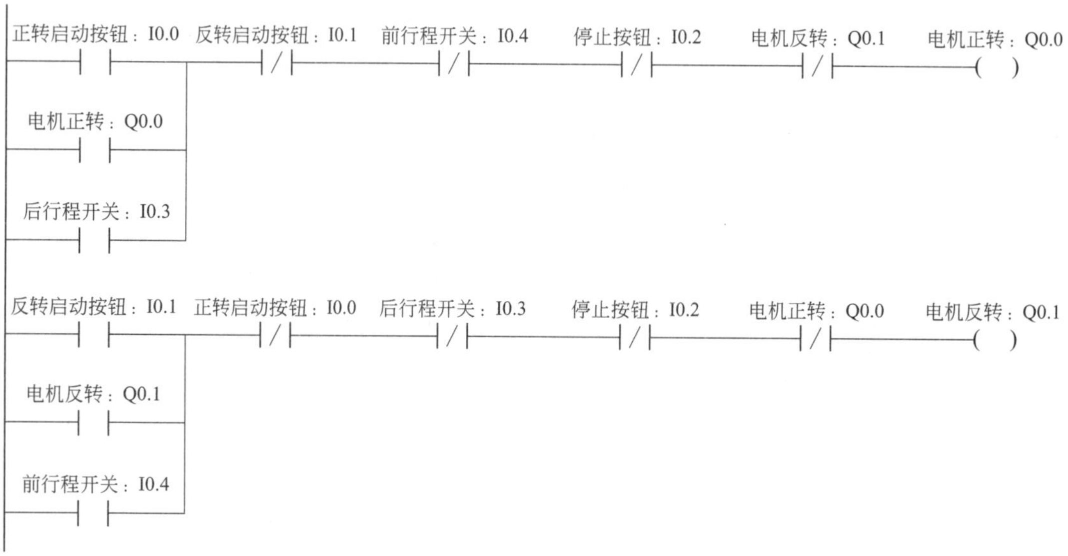

图 4-8　控制程序

① 若按下正转启动按钮 I0.0，I0.0 得电，使 Q0.0 得电，Q0.0 接触器接通，电机正转，机床工作台前移。当工作台到达终点时，碰到前行程开关 SQ2，I0.4 得电，Q0.0 接触器断开，Q0.1 接触器接通，电机反转，工作台后退。

② 当工作台后移到达终点时，碰到后行程开关 SQ1，I0.3 得电，Q0.1 接触器断开，Q0.0 接触器接通，电机正转，工作台前移。机床工作台实现自动往返循环。

③ 按下反转启动按钮 I0.1 时，运转状态相反，同样地自动往返。

④ 按下停止按钮 I0.2 按钮时，电机无论正转还是反转均停止。

案例5　产品正品与次品分离控制

（1）控制要求

利用传送带传送产品，产品在传送带上按等间距排列，要求在传送带入口处，每进来一个产品，光电计数器发出一个脉冲。同时质量传感器对该产品进行检测，如果合格则不动作，如果不合格则输出逻辑信号 1，将不合格产品位置记忆下来。当不合格产品到达电磁推杆位置时，电磁推杆动作，将不合格产品推出。当产品推到位时，推杆限位开关动作，使电磁推杆断电并返回原位。范例示意如图 4-9 所示。

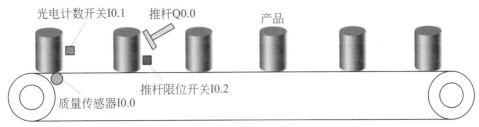

图 4-9　范例示意

（2）控制程序及程序说明

控制程序如图 4-10 所示。

① 当合格产品通过时，质量传感器 I0.0 不得电，I0.0 常开触点断开，M0.0 不得电。

② 当不合格产品通过时，质量传感器 I0.0 得电，常开触点闭合，同时光电计数开关 I0.1

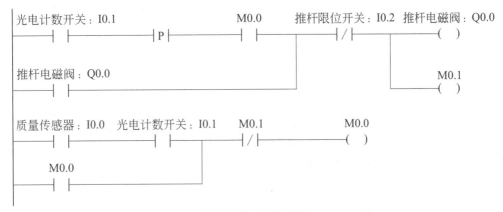

图 4-10　控制程序

检测到有产品通过，I0.1 常开触点闭合，M0.0 得电并自锁。

③ 当下一个产品通过时，不合格产品正好在下一个位置，I0.1 常开触点接通，Q0.0 线圈得电并自锁，推杆将不合格产品推出，同时 M0.1 得电，M0.0 失电。

④ 当推杆触及限位开关后，I0.2 常闭触点断开，Q0.0 线圈失电，M0.1 失电，推杆在弹簧的作用下返回原位，M0.1 常闭触点接通。

⑤ 假如再遇到下一个不合格产品，由于 I0.0、I0.1 仍然闭合，M0.0 线圈又会重新得电。

案例6　机床的互锁联锁控制

(1) 控制要求

在启动机床时要求先启动润滑泵，再启动机头电机，先停机头电机再停润滑泵，即要求电动机有一定的启动顺序，这种先后顺序称为联锁。

在机床机头上下行过程中，为避免控制电机正反转的两个接触器同时得电而造成短路，要求两个接触器不能同时得电动作，这种关系称为互锁。范例示意如图 4-11 所示。

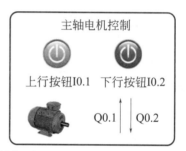

图 4-11　范例示意

(2) 控制程序及程序说明

控制程序如图 4-12 所示。

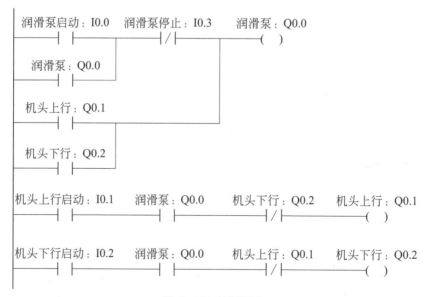

图 4-12　控制程序

① 在启动机床时要求先启动润滑泵,再启动机头电机,先停机头电机再停润滑泵,在此时使用联锁结构编写程序;在机床机头上下行过程中,为避免短路要求两种情况不能同时发生,则此时可使用互锁结构。

② 当按下润滑泵启动按钮 I0.0 时,I0.0 常开触点闭合,Q0.0 得电自锁,润滑泵启动,常开触点 Q0.0 闭合,为机头电机启动做好准备。

③ 当需要机头上行时,按下上行按钮 I0.1,I0.1 常开触点闭合,Q0.1 得电,机头上行。同时,下行回路中 Q0.1 常闭触点断开,下行无法启动。

④ 当需要机头下行时,需要先停止上行,即松开上行按钮,此时按下下行按钮 I0.2,I0.2 常开触点闭合,Q0.2 得电,机头下行。同时,上行回路中 Q0.2 常闭触点断开,上行无法启动。

⑤ 停止润滑泵时,需要在机头驱动电机停止的情况下,才能停止润滑泵。满足条件时,按下润滑泵停止按钮 I0.3,I0.3 常闭触点断开,Q0.0 失电,润滑泵停止。

⑥ 机头的上下行控制实际为电机的点动正反转控制。

案例7 停电系统保护程序

(1)控制要求

在突发停电状况后,当电力突然恢复时,如果生产装置还处于原来的工作状态,在立即恢复工作时,会使得设备产生混乱,从而引发严重事故。为了避免此类情况,要求停电后再次通电时,自动复位所有生产设备。只有按下复位按钮,生产设备才能重新启动。范例示意如图 4-13 所示。

复位按钮

I0.0

设备1　　　设备1启动开关

Q0.0　　　　　I0.1

设备2　　　设备2启动开关

Q0.1　　　　　I0.2

图 4-13　范例示意

(2)控制程序及程序说明

控制程序如图 4-14 所示。

① 在断电后重新通电时,SM0.3 会接通并仅接通一个扫描周期,SM0.3 得电,M0.0 被置位。此时,无论 1 号和 2 号输出信号的启动开关 I0.1、I0.2 处于什么状态,Q0.0、Q0.1 都会处于失电状态,来保护设备。

② 若需要启动设备,只需要按下停电保护复位按钮 I0.0,I0.0 常开触点闭合,M0.0 被复位。此时,常闭触点 M0.0 恢复闭合状态,按下启动开关 I0.1 或 I0.2,Q0.0 或 Q0.1 得电,设备开始正常工作。

③ SM0.3 在 PLC 重新上电并从 STOP 进入 RUN 时接通一个扫描周期,而 SM0.1 无论

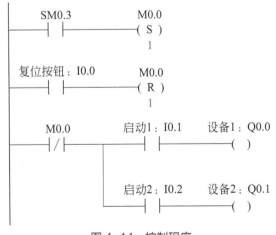

图 4-14　控制程序

是重新上电还是一直通电，只要运行模式 STOP 到 RUN 便接通一个扫描周期。

（1）控制要求

某磨床由砂轮电机 Q0.0、液压泵电机 Q0.1 和冷却泵电机 Q0.2 拖动，三台电机独立控制。要求按下启动按钮，砂轮电机先旋转，然后冷却泵工作，液压泵可以独立工作。范例示意如图 4-15 所示。

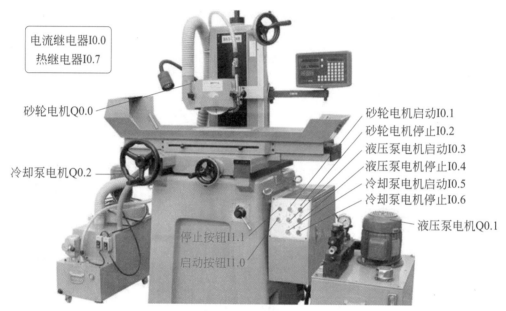

图 4-15 范例示意

（2）控制程序及程序说明

控制程序如图 4-16 所示。

① 当电流处于正常范围时，电流继电器 I0.0 常闭触点闭合，按下启动按钮 I1.0，M0.0 得电并自锁。

② 当按下砂轮电机启动按钮 I0.1 时，I0.1 常开触点闭合，砂轮电机控制接触器 Q0.0 得电并自锁，砂轮电机开始运转。

③ 在砂轮电机 Q0.0 运转的条件下，Q0.0 常开触点闭合，按下冷却泵电机启动按钮 I0.5，冷却泵电机 Q0.2 开始运转。

④ 若按下冷却泵停止按钮 I0.6，可以使冷却泵电机 Q0.2 单独停止；若按下砂轮电机停止按钮 I0.2，可以使砂轮电机停止，同时，Q0.0 常开触点断开，冷却泵电机也随之停转。

⑤ 当按下液压泵电机启动按钮 I0.3 时，液压泵电机 Q0.1 启动运转。当按下液压泵电机停止按钮 I0.4 时，Q0.1 失电，液压泵电机停止运转。

⑥ 当按下总停止按钮 I1.1 时，M0.0 的常开触点断开，所有电机都将停止运转。

⑦ 如果出现电流不正常或电机过载，常闭触点 I0.0 或 I0.7 断开，将会使线圈 M0.0 失电，电机停转。

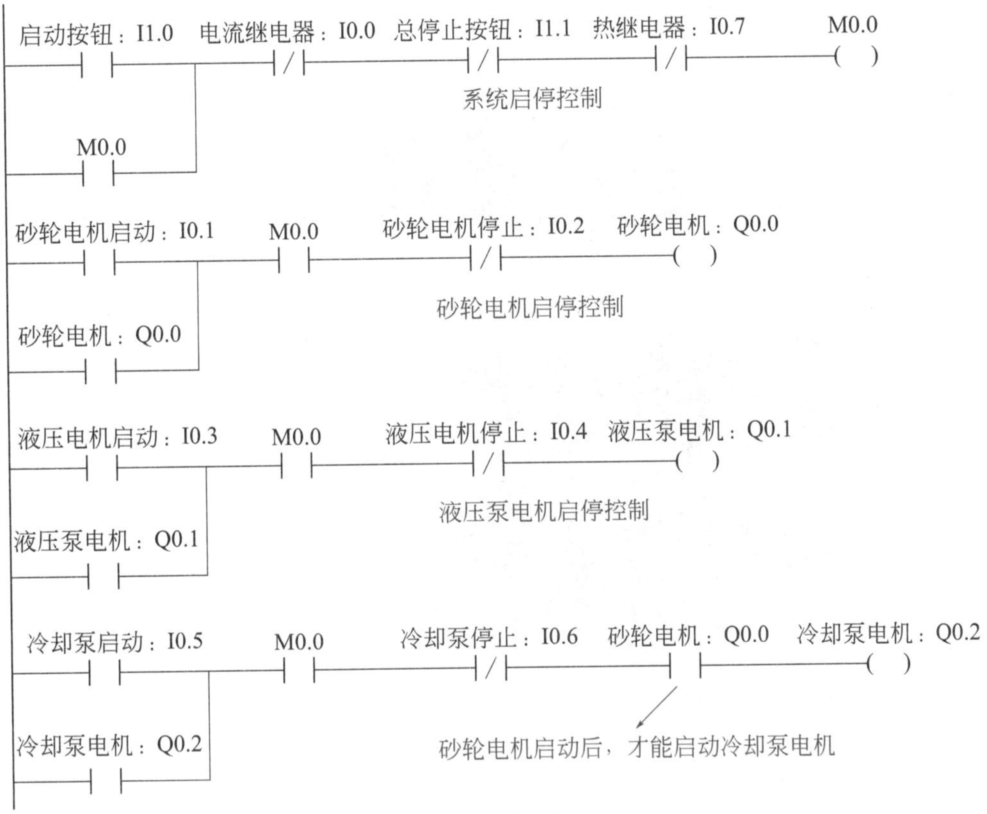

启动按钮：I1.0　电流继电器：I0.0　总停止按钮：I1.1　热继电器：I0.7　　　　　M0.0

系统启停控制

M0.0

砂轮电机启动：I0.1　M0.0　　砂轮电机停止：I0.2　砂轮电机：Q0.0

砂轮电机启停控制

砂轮电机：Q0.0

液压电机启动：I0.3　M0.0　　液压电机停止：I0.4　液压泵电机：Q0.1

液压泵电机启停控制

液压泵电机：Q0.1

冷却泵启动：I0.5　M0.0　　冷却泵停止：I0.6　砂轮电机：Q0.0　冷却泵电机：Q0.2

冷却泵电机：Q0.2　　　　　砂轮电机启动后，才能启动冷却泵电机

图4-16　控制程序

案例9　万能铣床的PLC控制

（1）控制要求

某万能铣床由主轴电机 M1 和冷却泵电机 M2 两台电机拖动。其中主轴电机 M1 为双速电机，并可进行正反转控制。将手动转换开关打到左边，电机为低速旋转模式，此时按下正转按钮，主轴电机正向低速旋转，按下反转按钮，主轴电机反向低速旋转；将手动转换开关打到右边，电机为高速旋转模式，此时按下正转按钮，主轴电机正向高速旋转，按下反转按钮，主轴电机反向高速旋转。冷却泵可以独立控制启停。范例示意如图4-17所示。

（2）控制程序及程序说明

控制程序如图4-18所示。

① 按下总启动按钮 I0.0，M0.0 得到并自锁，系统启动。当主轴电机正常工作时，热继电器 I1.0 不动作，常闭触点 I1.0 接通。

② 当将手动转换开关打到左边时，主轴电机低速开关 I0.6 被接通，使 Q0.2 得电，电机切换至低速模式。

a. 按下主轴正转启动按钮 I0.2，主轴电机正转接触器 Q0.0 得电，主轴电机正向低速旋转，将带动铣头正向低速对工件进行加工。

b. 按下主轴电机停止按钮 I1.1，Q0.0 失电，主轴正转停止。

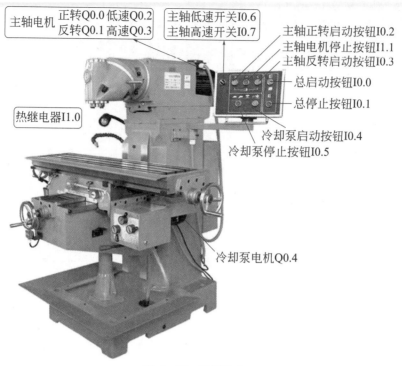

主轴电机 正转Q0.0 低速Q0.2　主轴低速开关I0.6
　　　　 反转Q0.1 高速Q0.3　主轴高速开关I0.7

主轴正转启动按钮I0.2
主轴电机停止按钮I1.1
主轴反转启动按钮I0.3
总启动按钮I0.0
总停止按钮I0.1
冷却泵启动按钮I0.4
冷却泵停止按钮I0.5

热继电器I1.0

冷却泵电机Q0.4

图 4-17　范例示意

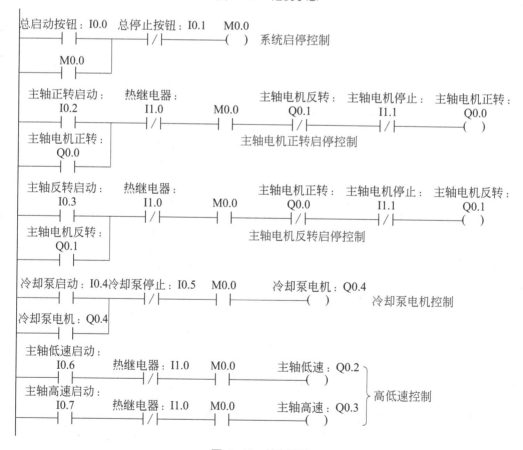

图 4-18　控制程序

c. 按下主轴反转启动按钮 I0.3，使主轴电机反转接触器 Q0.1 得电，主轴电机反向低速旋转，将带动铣头反向低速对工件进行加工。

③ 当将手动切换开关打到右边时，主轴电机高速开关 I0.7 被接通，使 Q0.3 得电，电机切换至高速模式。正反转控制与低速模式类似。

④ 当按下冷却泵启动按钮 I0.4 时，Q0.4 得电并自锁，冷却泵电机通电旋转，当按下冷却泵停止按钮 I0.5 时，I0.5 的常闭触点断开，Q0.4 失电，冷却泵电机停止旋转。

⑤ 当按下总停止按钮 I0.1 时，所有电机都将停转。

案例10　滚齿机的PLC控制

（1）控制要求

某滚齿机由主轴电机 M1 和冷却泵电机 M2 两台电机拖动。其中主轴电机 M1 可正、反转。按下正转按钮，主轴电机开始正转，带动滚齿机顺铣齿轮；按下点动按钮，电机带动滚齿机点动顺铣齿轮。当主轴电机 M1 启动后，闭合冷却泵启动开关，冷却泵电机 M2 通电运转。范例示意如图 4-19 所示。

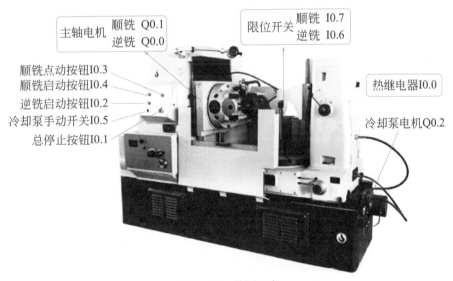

图 4-19　范例示意

（2）控制程序及程序说明

控制程序如图 4-20 所示。

① 按下主轴电机逆铣启动按钮 I0.2，I0.2 常开触点闭合，Q0.0 得电并自锁，主轴电机 M1 反向旋转，带动滚齿机逆铣齿轮。

② 按下主轴电机顺铣启动按钮 I0.4，I0.4 常开触点闭合，M0.0 得电并自锁，Q0.1 得电，主轴电机 M1 正向旋转，带动滚齿机顺铣齿轮；按下 I0.3，主轴电机 M1 点动运转，带动滚齿机点动顺铣齿轮。

③ 当主轴电机 M1 启动后，将冷却泵手动开关 I0.5 打到闭合，冷却泵电机 Q0.2 通电运转。

④ I0.6 和 I0.7 是主轴电机逆、顺铣到位行程开关。当行程开关 I0.6 或 I0.7 闭合时，电机停止运转。

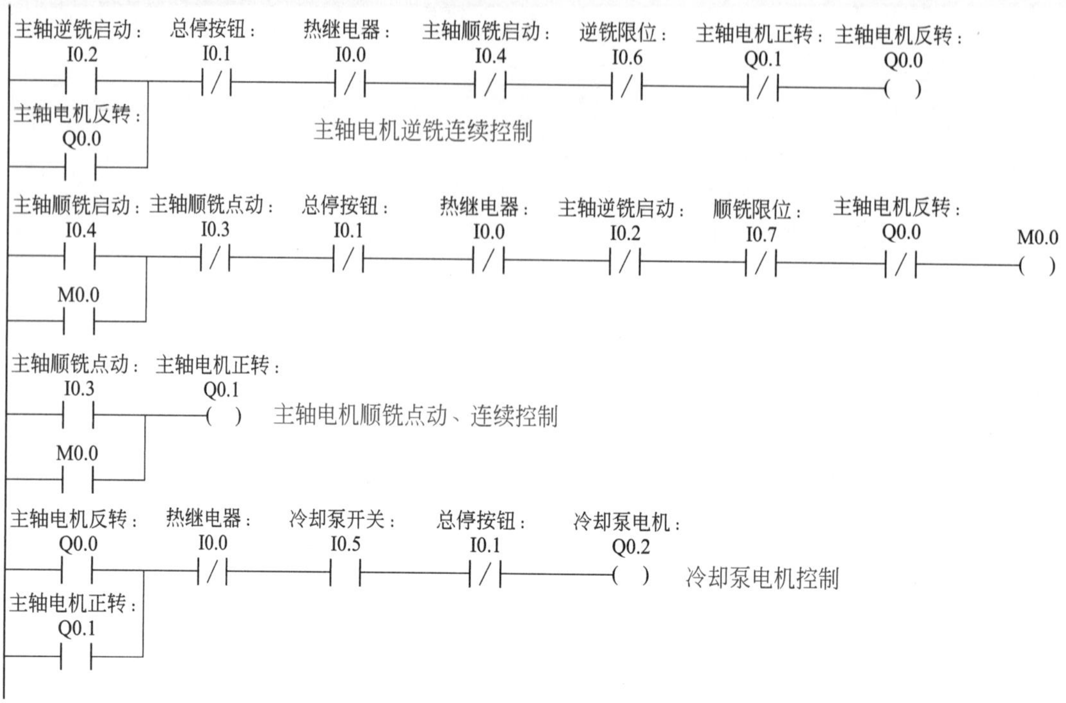

主轴逆铣启动: I0.2 ─┤├─ 总停按钮: I0.1 ─┤/├─ 热继电器: I0.0 ─┤/├─ 主轴顺铣启动: I0.4 ─┤/├─ 逆铣限位: I0.6 ─┤/├─ 主轴电机正转: Q0.1 ─┤/├─ 主轴电机反转: Q0.0 ─( )

主轴电机反转: Q0.0 ─┤├─

主轴电机逆铣连续控制

主轴顺铣启动: I0.4 ─┤├─ 主轴顺铣点动: I0.3 ─┤/├─ 总停按钮: I0.1 ─┤/├─ 热继电器: I0.0 ─┤/├─ 主轴逆铣启动: I0.2 ─┤/├─ 顺铣限位: I0.7 ─┤/├─ 主轴电机反转: Q0.0 ─┤/├─ M0.0 ─( )

M0.0 ─┤├─

主轴顺铣点动: I0.3 ─┤├─ 主轴电机正转: Q0.1 ─( ) 主轴电机顺铣点动、连续控制

M0.0 ─┤├─

主轴电机反转: Q0.0 ─┤├─ 热继电器: I0.0 ─┤/├─ 冷却泵开关: I0.5 ─┤├─ 总停按钮: I0.1 ─┤/├─ 冷却泵电机: Q0.2 ─( ) 冷却泵电机控制

主轴电机正转: Q0.1 ─┤├─

图 4-20 控制程序

⑤ 按下总停止按钮 I0.1，电机全部停止运转。

案例11　卷帘门控制

(1) 控制要求

某车库卷帘门如图 4-21 所示，用钥匙开关选择大门两个控制方式：手动、自动。在手动位置时，可以用按钮进行开门、关门的控制。在自动位置时，可由汽车驾驶员控制，当汽车到

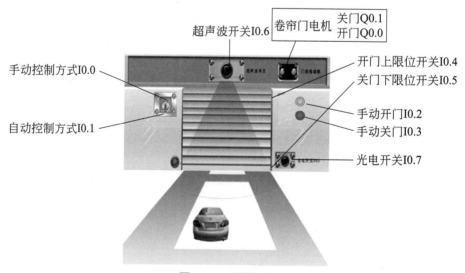

图 4-21 范例示意

达大门前时，由驾驶员发出超声波编码，如编码正确，超声波开关输出逻辑信号，通过 PLC 控制大门开启。当光电开关检测到有车辆进入大门时，红外线被挡住，输出逻辑 1 信号，当车辆进入大门后，红外线不受遮挡，输出逻辑 0 信号，关闭大门。

（2）控制程序及程序说明

控制程序如图 4-22 所示。

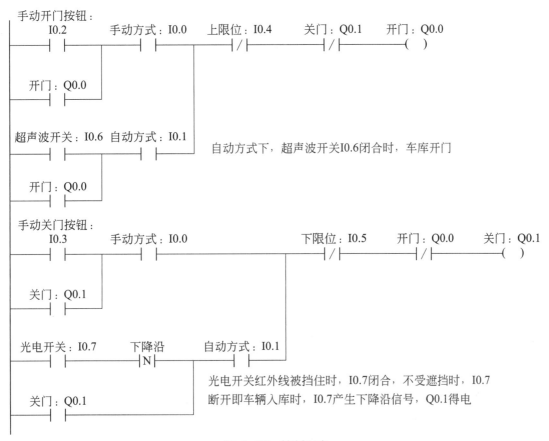

图 4-22 控制程序

① 手动控制方式　将钥匙开关扳向手动控制位置，I0.0 常开触点闭合。

a. 按下开门按钮 I0.2，I0.2 常开触点闭合，Q0.0 得电自锁，卷帘门上升，碰到上限开关 I0.4，I0.4 常闭触点断开，Q0.0 失电，卷帘门停止。

b. 按下关门按钮 I0.3，I0.3 常开触点闭合，Q0.1 得电自锁，卷帘门下降，碰到下限开关 I0.5，I0.5 常闭触点断开，Q0.1 失电，卷帘门停止。

② 自动控制方式　将钥匙开关扳向自动控制位置，I0.1 常开触点闭合。

a. 汽车到达大门前，驾驶员发出开门超声波编码，超声波开关接收到正确的编码则 I0.6 得电，其常开触点闭合，Q0.0 得电自锁，卷帘门上升，碰到上限开关 I0.4，I0.4 常闭触点断开，Q0.0 失电，卷帘门停止。

b. 当车辆进入大门时，光电开关发出的红外线被挡住，I0.7 得电；当车辆进入大门后，红外线不受遮挡时，I0.7 断开，从而产生一个下降沿，Q0.1 得电自锁，卷帘门下降，碰到下限开关 I0.5，I0.5 常闭触点断开，Q0.1 失电，卷帘门停止。

（1）控制要求

按下启动按钮 SB2，电动机运转；按下停止按钮 SB1，电动机立即断电（由于惯性电动机转子会继续转动）。为了使电动机转速尽快降到零，将二相定子接入直流电源进行能耗制动，电动机快速停转，然后直流电源自动断电。范例示意如图 4-23 所示。

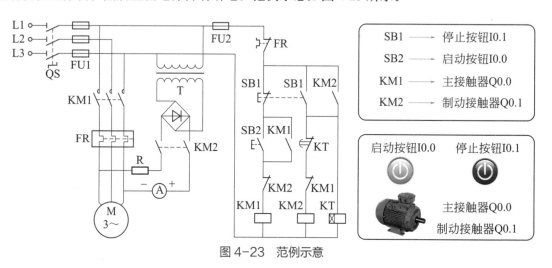

图 4-23　范例示意

（2）控制程序及程序说明

控制程序如图 4-24 所示。

① 按下启动按钮 SB2，I0.0 得电，常开触点闭合，Q0.0 得电自锁，主接触器 KM1 得电，电动机启动运转。

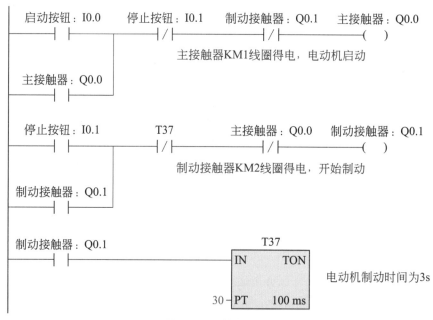

图 4-24　控制程序

② 电动机已正常运行后，若要快速停机，则按下按钮 SB1，I0.1 得电，常闭触点断开，Q0.0 输出线圈失电，Q0.0 常开触点断开，自锁解除，Q0.0 常闭触点闭合，输出线圈 Q0.1 得电并自锁。同时，定时器 T37 开始计时，此时，二相定子接入直流电源，进行能耗制动，电动机转速迅速降低。

③ 计时时间 3s 后，T37 常闭触点断开，Q0.1 输出线圈失电（自锁解除，定时器断电复位），制动接触器 KM2 失电，KM2 常开触点断开，能耗制动结束。

案例13 三相异步电动机的可逆运行能耗制动

（1）控制要求

按下按钮 SB2，电动机正转；按下按钮 SB3，电动机反转；按下停止按钮 SB1，电动机立即断电（由于惯性电动机转子会继续转动）。为了使电动机转速尽快降到零，将二相定子接入直流电源，进行能耗制动，电动机快速停转，然后直流电源自动断电。范例示意如图 4-25 所示。

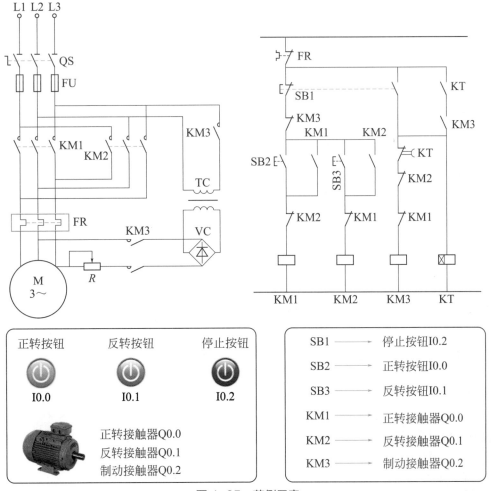

图 4-25 范例示意

（2）控制程序及程序说明

控制程序如图 4-26 所示。

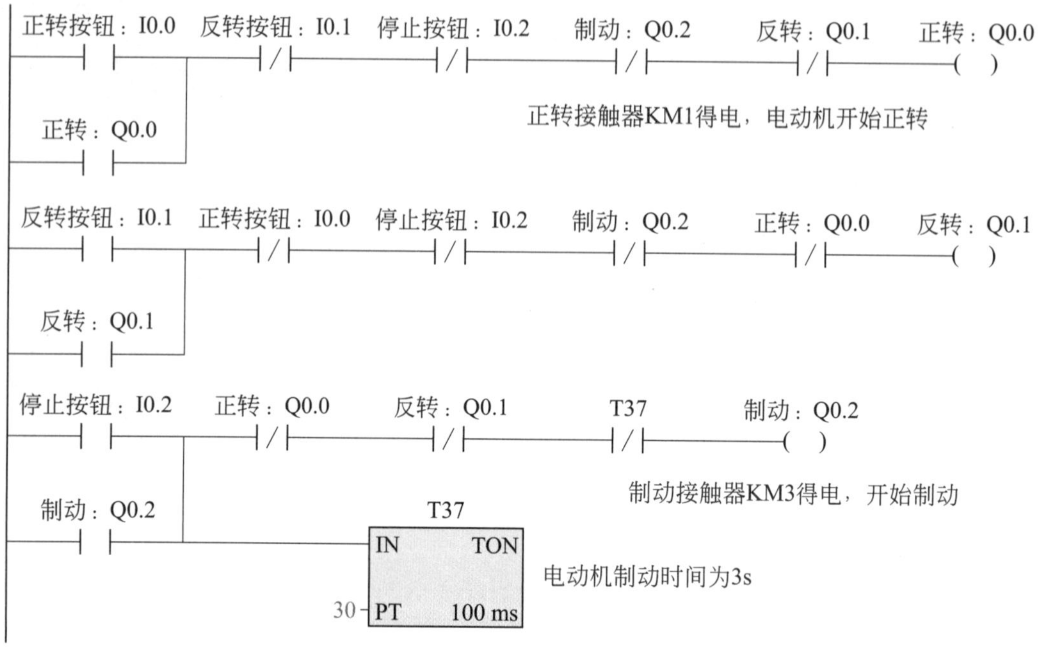

图 4-26　控制程序

① 按下正转按钮 SB2，I0.0 得电，Q0.0 得电自锁，正转接触器 KM1 得电，电动机启动正转。

② 按下反转按钮 SB3，I0.1 得电，Q0.0 失电，Q0.1 得电自锁，反转接触器 KM2 得电，电动机反转。

③ 电动机已正常运行后，若此时电动机为正转，停机过程分析如下。

a. 按下停止按钮 SB1，I0.2 常闭触点断开，线圈 Q0.0 失电并解除自锁，正转接触器 KM1 失电。

b. Q0.0 常闭触点闭合，线圈 Q0.2 得电并自锁，制动接触器 KM3 处于得电状态，进行能耗制动，电动机转速迅速降低。同时，定时器 T37 开始计时。

c. 定时时间 3s 到，T37 常闭触点断开，线圈 Q0.2 并解除自锁，定时器断电复位，制动接触器 KM3 失电，能耗制动结束。

④ 电动机反转时的制动过程与正转时的制动过程类似，不再赘述。

案例14　并励电动机电枢串电阻启动调速控制

（1）控制要求

启动前，选择开关打到开始位置。

将选择开关打到低速位，接触器 KM1 得电→电枢串电阻 R1、R2，低速启动。

将选择开关打到中速位，接触器 KM2 得电→短接电阻 R1，电枢串联 R2，中速启动。

将选择开关打到高速位，接触器 KM3 得电→短接电阻 R1、R2，高速启动。

如将选择开关直接打到高速位，电动机先低速，延时 8s 转为中速，再延时 4s 转为高速。

范例示意如图 4-27 所示。

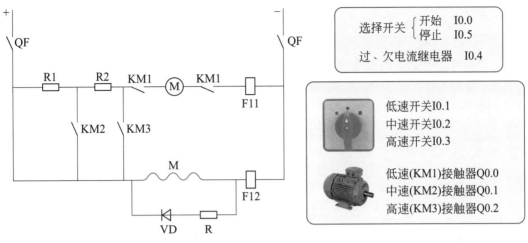

图 4-27　范例示意

（2）控制程序及程序说明

控制程序如图 4-28 所示。

① 首先合上直流断路器 QF，电动机励磁绕组 FI2 得电，在无过、欠电流的条件下，I0.4 常开触点闭合。选择开关扳到开始位置，I0.0 常开触点闭合，M0.0 得电，M0.0 常开触点闭合，为电动机运行做好准备。

② 将选择开关打到低速位置时，I0.1 得电，其常开触点闭合，Q0.0（接触器 KM1）得电，直流电动机电枢绕组串电阻 R1 和 R2 低速启动，同时定时器 T37 得电，计时开始。

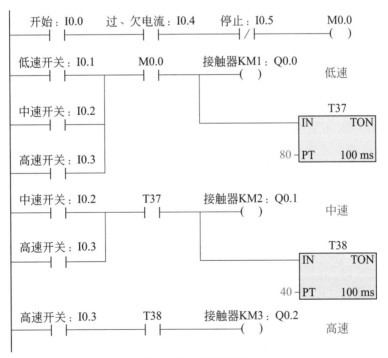

图 4-28　控制程序

③ 将选择开关打到中速位置时，I0.2 得电，其常开触点闭合，Q0.0 仍得电，如果 T37 延时未到 8s，则继续延时；如果 T37 延时已到 8s，Q0.1（接触器 KM2）立即得电，短接 R1，直流电动机电枢绕组串电阻 R2 中速运行，同时定时器 T38 得电，计时开始。

④ 将选择开关打到高速位置，I0.3 得电，其常开触点闭合，Q0.0、Q0.1 仍得电，如果定时器 T38 延时未到 4s，则继续延时；如果定时器 T38 延时已到 4s，Q0.2 立即得电，KM3 主触点闭合，电阻 R1 和 R2 被短接，直流电动机电枢绕组高速运行。

⑤ 如果直接将选择开关打到高速位置，I0.3 得电，常开触点闭合，则 Q0.0 先得电，电动机低速启动；T37 延时 8s 后，Q0.1 得电，电动机中速运行；T38 延时 4s 后，Q0.2 得电，电动机高速运行。

⑥ 将选择开关打到停止位置，I0.5 常闭触点断开，M0.0 失电，输出 Q0.0 ～ Q0.2 不再得电。为了防止电动机自启动的现象，在断电时必须将选择开关打到停止位置，重新来电时需将转换开关打到开始位置，接通 M0.0 后才能启动电动机。

⑦ 在出现过或欠电流的条件下，I0.4 常开触点断开，电动机停止。如果电动机短路，直流断路器 QF 跳闸，直流电源断开，起到保护作用。

案例15　多个定时器实现长延时

(1) 控制要求

每一种 PLC 的定时器都有它自己的最大计时时间，如果需计时的时间超过了定时器的最大计时时间，可以多个定时器联合使用，以延长其计时时间。范例示意如图 4-29 所示。

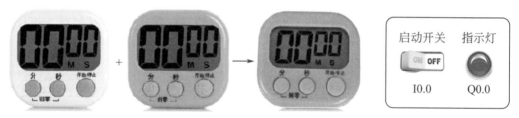

图 4-29　范例示意

(2) 控制程序及程序说明

控制程序如图 4-30 所示。

① 接通计时启动开关 I0.0，T37 开始定时。2000s 后 T37 定时时间到，T37 常开触点闭合，T38 开始定时。2000s 后 T38 定时时间到，T38 常开触点闭合，T39 开始定时。2000s 后 T39 定时时间到，Q0.0 得电，计时完成指示灯点亮。

② 断开计时启动开关 I0.0，定时器 T37 被复位，进而使 T38、T39 复位。

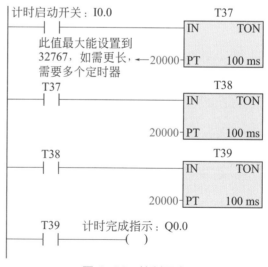

图 4-30　控制程序

158

（1）控制要求

采用定时器和计数器也可以实现长延时，采用计数器可完成成倍形式的计时功能。通过改变计数器的设定值，便得到不同的长延时时间。以一块秒表来近似说明其原理，以大表盘代表定时器，小表盘代表计数器，大表盘转动一圈，小表盘转动一格。范例示意如图 4-31 所示。

图 4-31　范例示意

（2）控制程序及程序说明

控制程序如图 4-32 所示。

① 按下启动按钮 I0.0，M0.0 得到并自锁。M0.0 常开触点闭合，定时器 T37 开始计时。

② 2000s 后计时时间到，T37 常开触点闭合，计数器 C0 加 1。T37 常闭触点断开，使定时器 T37 复位。复位后，T37 常闭触点再次闭合，又一开始新一轮计时。因此，每隔 2000s，

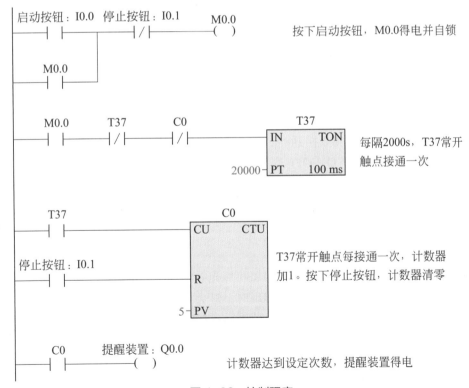

图 4-32　控制程序

T37 常开触点闭合一次，计数器加 1 一次。

③ 当计数器的当前值累计到 5 时，C0 常开触点闭合，Q0.0 得电，提醒装置启动。同时，C0 常闭触点断开，使 T37 复位。

④ 按下 I0.1 时，I0.1 常开触点闭合，C0 被复位。I0.1 常闭触点断开，M0.0 失电并解除自锁，系统停止。

案例17　单灯闪烁控制

（1）控制要求

通过定时器产生单灯闪烁动作。范例示意如图 4-33 所示。

（2）控制程序及程序说明

控制程序如图 4-34 所示。

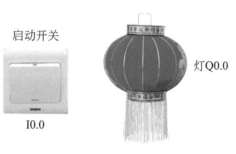

图 4-33　范例示意

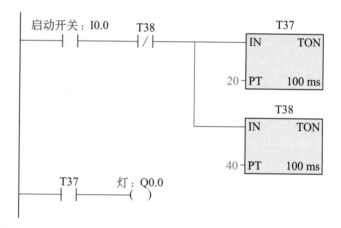

图 4-34　控制程序

① 接通启动开关 I0.0，T37、T38 开始计时。2s 后，T37 计时时间到，T37 常开触点闭合，灯 Q0.0 点亮。

② 4s 后，T38 计时时间到，其常闭触点断开，使 T37、T38 复位，Q0.0 熄灭。复位后，T38 常闭触点闭合，T37、T38 又开始计时，如此循环。

③ 由以上分析可知，当 I0.0 接通时，T37 会产生周期为 4s、占空比为 50% 的脉冲。灯 Q0.0 根据 T37 产生的脉冲产生 ON/OFF 交替闪烁。

案例18　楼宇灯光控制系统

（1）控制要求

要求一种既可以手动也可以自动控制的照明灯光系统。手动情况下，可以自由控制灯的开启和关闭。自动情况下，在弱光且有声音出现时，灯会点亮；无声音时，灯保持关闭状态；强光下，无论有无声音出现，灯都不会点亮。范例示意如图 4-35 所示。

（2）控制程序及程序说明

控制程序如图 4-36 所示。

① 在自动模式下，当照明灯周围环境处于弱光时，光控开关 I0.1 常开触点闭合。

图 4-35　范例示意

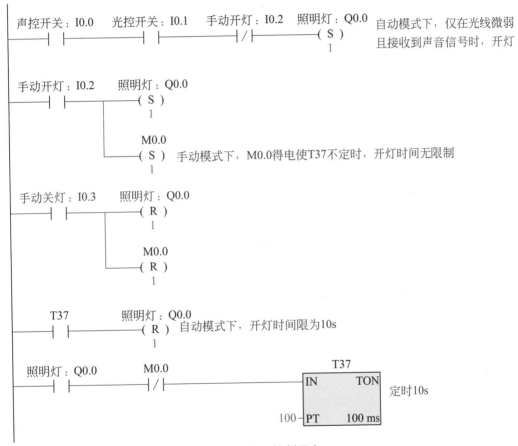

图 4-36　控制程序

a. 若此时周围有声音出现时，则 I0.0 常开触点闭合，Q0.0 被置位，照明灯点亮。

b. 照明灯点亮的同时，定时器 T37 开始计时，10s 后，T37 计时时间到，T37 常开触点闭合，Q0.0 被复位，照明灯 Q0.0 关闭，Q0.0 常开触点断开，T37 被复位。

② 在手动模式下，按下手动开关 I0.2，Q0.0 和 M0.0 被置位，照明灯点亮。M0.0 常闭触点断开，定时器 T37 无法计时，则 Q0.0 不能被复位，照明灯将一直亮，无时间限制。

③ 在任意模式下，当按下 I0.3 时，Q0.0 被复位，照明灯熄灭。同时，M0.0 被复位，M0.0 常闭触点闭合，可再次启动自动模式。

161

（1）控制要求

某车间要求空气压力要稳定在一定范围内，所以要求只有在排气扇 M1 运转，排气流传感器 S1 检测到排风正常后，进气扇 M2 才能开始工作。如果进气扇或者排气扇工作 5s 后，各自传感器都没有发出信号，则对应的指示灯闪动报警。范例示意如图 4-37 所示。

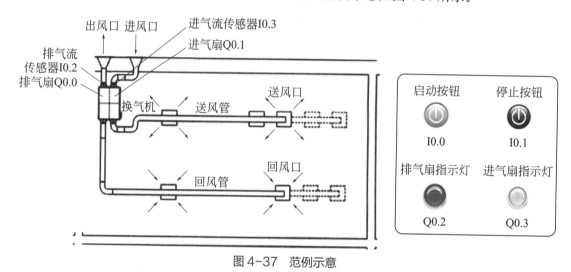

图 4-37　范例示意

（2）控制程序及程序说明

控制程序如图 4-38 所示。

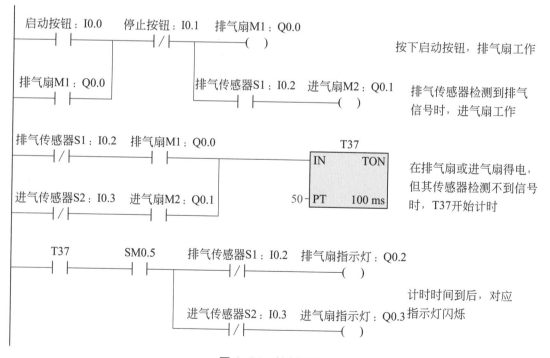

按下启动按钮，排气扇工作

排气传感器检测到排气信号时，进气扇工作

在排气扇或进气扇得电，但其传感器检测不到信号时，T37 开始计时

计时时间到后，对应指示灯闪烁

图 4-38　控制程序

① 按下启动按钮 I0.0，Q0.0 线圈得电自锁，排气扇 M1 启动。排气流传感器 S1 检测到排风正常时，I0.2 常开触点闭合，Q0.1 线圈得电，进气扇 M2 工作。

② 如果进气扇与排气扇工作均正常，则排气、进气传感器 I0.2、I0.3 常闭触点均断开，定时器 T37 不定时。

③ 如果进气扇或者排气扇工作不正常，排气、进气传感器 I0.2、I0.3 只要有一个检测不到信号，其常闭触点导通，定时器 T37 开始计时。5s 后，T37 常开触点闭合，对应指示灯 Q0.2 和 Q0.3 闪烁报警。其中 SM0.5 提供周期为 1s、占空比为 50% 的脉冲。

④ 按下停止按钮 I0.1，I0.1 常闭触点断开，风扇失电停止工作。

案例20　风机与燃烧机连动控制

（1）控制要求

某车间用一条生产线为产品外表做喷漆处理。其中烘干室的燃烧机与风机连动控制，即燃烧机在启动前 2min 先启动对应的风机，当燃烧机停止 2min 后停止对应的风机。范例示意如图 4-39 所示。

（2）控制程序及程序说明

控制程序如图 4-40 所示。

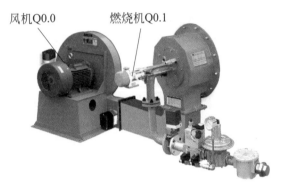

图 4-39　范例示意

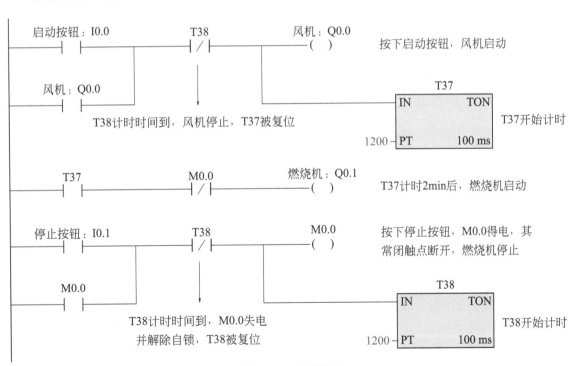

图 4-40　控制程序

① 按下启动按钮 I0.0，Q0.0 得电自锁，风机启动，同时 T37 开始计时。

② 计时 2min 到时，T37 常开触点闭合。Q0.1 得电，燃烧机启动。

③ 按下停止按钮 I0.1，M0.0 得电自锁，其常闭触点断开，Q0.1 失电，燃烧机停止，同时 T38 开始计时。

④ 计时 2min 到时，T38 常闭触点断开，使 Q0.0、M0.0 失电，风机停止运行，同时复位 T37、T38。

案例21　水塔水位监控与报警系统

（1）控制要求

要求水位保持在 I0.1 和 I0.2 之间，当水塔中的水位低于下限位开关 I0.1 时，给水泵 Q0.0 打开，开始向水塔中注水；若水位低于最低水位液位开关 I0.0，除向内注水外，1s 后若还低于最低水位，则系统发出警报。当水塔中的水位高于上限位开关 I0.2 时，排水阀 Q0.1 打开，开始向水塔外排水；若水位高于最高水位液位开关 I0.3，除向外排水外，1s 后若还高于最高水位，则系统发出警报。范例示意如图 4-41 所示。

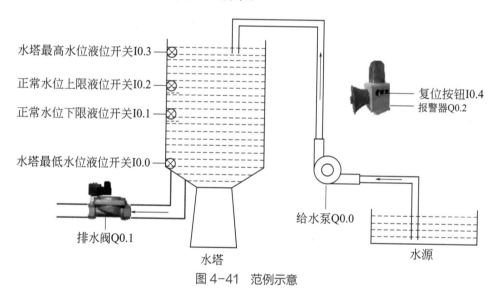

水塔最高水位液位开关I0.3

正常水位上限液位开关I0.2

正常水位下限液位开关I0.1

水塔最低水位液位开关I0.0

排水阀Q0.1

水塔

复位按钮I0.4
报警器Q0.2

给水泵Q0.0

水源

图 4-41　范例示意

（2）控制程序及程序说明

控制程序如图 4-42 所示。

① 水塔安装有四个液位传感器，当水位高于传感器时，传感器状态为 ON。

② 水位为正常水位，即处在 I0.1 与 I0.2 之间时，I0.0、I0.1 状态为 ON，I0.2、I0.3 状态为 OFF。I0.0、I0.1 常闭触点断开，Q0.0 失电，给水泵关闭；I0.2、I0.3 常开触点断开，Q0.1 失电，排水阀门关闭。

③ 水位高于 I0.2 时，I0.2 常开触点闭合，排水阀门 Q0.1 打开，开始向外排水。

④ 若水位高于 I0.3，T37 开始计时，1s 后，若水位还高于 I0.3，Q0.2 得电，系统发出警报。当水位恢复低于 I0.3 时，I0.3 常开触点断开，报警装置 Q0.2 复位。

⑤ 水位低于 I0.1 时，I0.1 常闭触点闭合，给水泵 Q0.0 打开，向水塔内供水。

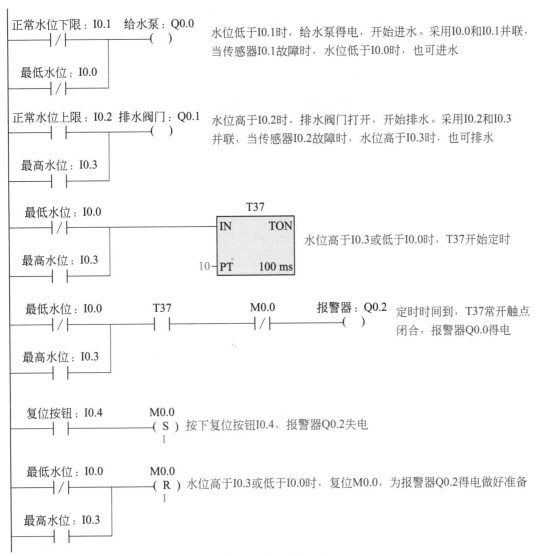

图 4-42　控制程序

⑥ 若水位低于 I0.0，T37 开始计时，1s 后，若水位还低于 I0.0，Q0.2 得电，系统发出警报。当水位恢复高于 I0.0 时，I0.0 常闭触点断开，报警装置 Q0.2 复位。

⑦ 工作人员按下复位按钮 I0.4，也可以使报警装置复位。

⑧ 为防止传感器失灵，进水控制采用 I0.0 和 I0.1 的常闭触点并联，排水控制采用 I0.2 和 I0.3 的常开触点并联。

案例22　霓虹灯交替点亮与闪烁控制

（1）控制要求

按下启动按钮，中间灯 L1 先亮，6s 后，中间灯 L1 熄灭。中间灯熄灭 3s 后，外围灯 L2 ～ L5 灯闪烁；外围灯闪烁 12s 后进入下一个循环。按下停止按钮，灯熄灭。范例示意如图 4-43 所示。

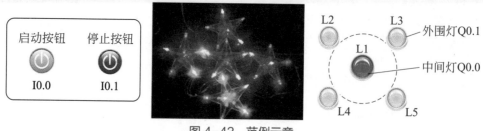

图 4-43 范例示意

（2）控制程序及程序说明

控制程序如图 4-44 所示。

① 按下启动按钮，M0.0 得电并自锁。Q0.0 得电，中间灯点亮，T37 开始计时。

② T37 计时到 6s 时，T37 常闭触点断开，中间灯 Q0.0 熄灭，T37 常开触点闭合，T38、T39 开始计时。

③ T38 计时到 3s 时，Q0.1 得电，外围灯闪烁。

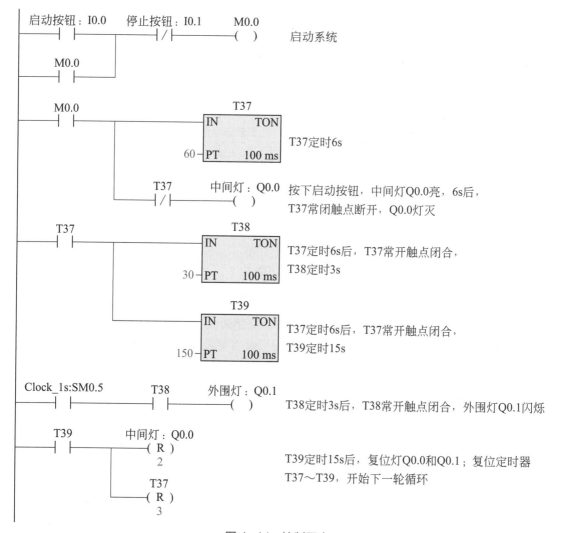

图 4-44 控制程序

④ T39 计时到 15s 时，T39 常开触点闭合，Q0.0、Q0.1、T37 ～ T39 复位，进入下一轮循环。

案例23 转盘间歇旋转控制

（1）控制要求

打开启动开关，转盘开始转动，每转 90°，压下限位开关，停止 30s，并不断重复上述过程范例示意如图 4-45 所示。

旋转电机Q0.0
限位开关I0.1
启动开关I0.0

图 4-45 范例示意

（2）控制程序及程序说明

控制程序如图 4-46 所示。

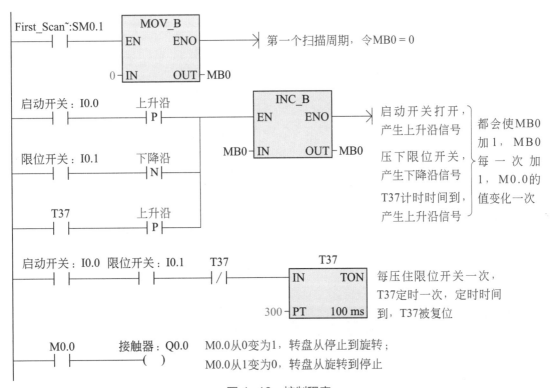

First_Scan~:SM0.1 ──MOV_B── EN ENO ──┤ 第一个扫描周期，令MB0 = 0
0 ─IN OUT─MB0

启动开关：I0.0 上升沿 ──P── ──INC_B── EN ENO ──┤ 启动开关打开，产生上升沿信号
限位开关：I0.1 下降沿 ──N── MB0─IN OUT─MB0 压下限位开关，产生下降沿信号
T37 上升沿 ──P── T37计时时间到，产生上升沿信号
都会使MB0加1，MB0每一次加1，M0.0的值变化一次

启动开关：I0.0 限位开关：I0.1 T37 T37
──┤ ├── ──┤ ├── ──┤/├── IN TON
300─PT 100 ms
每压住限位开关一次，T37定时一次，定时时间到，T37被复位

M0.0 接触器：Q0.0 ( )
M0.0从0变为1，转盘从停止到旋转；
M0.0从1变为0，转盘从旋转到停止

图 4-46 控制程序

① 转盘在原位时，限位开关 I0.1 受压。

② 接通启动开关 I0.0，I0.0 从断开到接通，产生一个上升沿，执行一次 INC 指令，使 MB0 加 1，即 MB0=1，M0.0=1，接触器 Q0.0 得电，转盘开始转动。转盘转动后限位开关 I0.1 不再受压。

③ 旋转 90° 后，限位开关 I0.1 受压，I0.1 常闭触点从闭合变为断开，产生一个下降沿，执行一次 INC 指令，使 MB0 加 1，即 MB0=2，M0.0=0，接触器 Q0.0 失电，转盘停止转动。同时，I0.1 常开触点闭合，定时器 T37 开始计时。

④ 延迟 30s 后，T37 得电，T37 常开触点从断开变为闭合，产生一个上升沿，再执行一次 INC 指令，使 MB0=3，M0.0=1，接触器 Q0.0 得电，转盘重新开始转动。T37 常闭触点断开，使 T37 复位，之后将重复上述过程。

案例24　单按钮控制电机启停

(1) 控制要求

在继电器 - 接触器控制系统中，控制电机的启停往往需要两个按钮，这样当 1 台 PLC 控制多台这种具有启停操作的设备时，势必占用很多输入点。有时为了节省输入点，通过利用 PLC 软件编程，实现交替输出。

操作方法是按一下该按钮，输入的是启动信号。再按一下该按钮，输入的是停止信号……即单数次为启动信号，双数次为停止信号。范例示意如图 4-47 所示。

(2) 控制程序及程序说明

控制程序如图 4-48 所示。

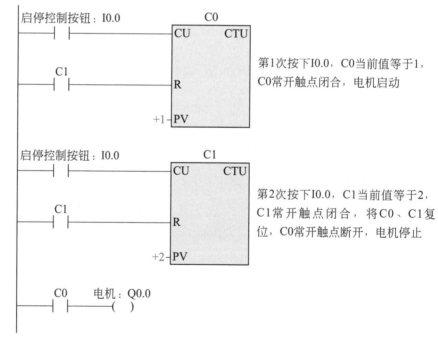

图 4-47　范例示意　　　　　图 4-48　控制程序

① 第一次按下 I0.0，计数器 C0、C1 分别加 1，C0 当前值为 1，达到其预设值，C0 常开触点闭合，Q0.0 得电，电机运转。

② 第二次按下 I0.0，计数器 C1 加 1，C1 当前值为 2，达到其预设值，计数器 C0、C1 被复位，C0 常开触点断开，电机停止运转。

③ 第三次按下 I0.0，步骤如上述，不再赘述。

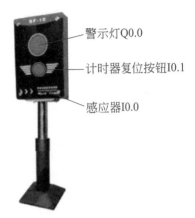

警示灯 Q0.0
计时器复位按钮 I0.1
感应器 I0.0

案例25 小区停车读卡计费系统

(1) 控制要求

小区暂时停车时，通过读卡计时来付费。在不超过一天的时间内通过读卡器计时付费；超过一天，在读卡时，Q0.0 警示灯亮提示停车已经超过一天。范例示意如图 4-49 所示。

图 4-49 范例示意

(2) 控制程序及程序说明

控制程序如图 4-50 所示。

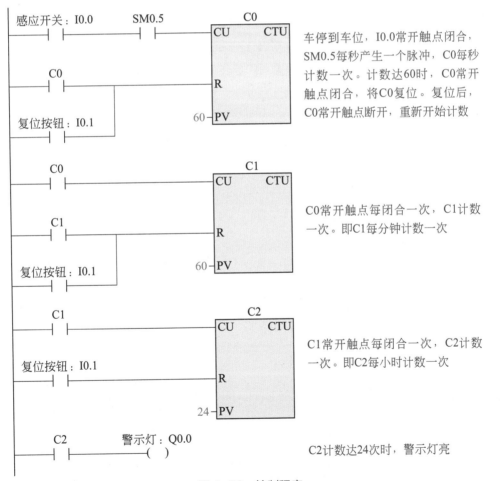

车停到车位，I0.0常开触点闭合，SM0.5每秒产生一个脉冲，C0每秒计数一次。计数达60时，C0常开触点闭合，将C0复位。复位后，C0常开触点断开，重新开始计数

C0常开触点每闭合一次，C1计数一次。即C1每分钟计数一次

C1常开触点每闭合一次，C2计数一次。即C2每小时计数一次

C2计数达24次时，警示灯亮

图 4-50 控制程序

① 当有车进入车位时，感应开关 I0.0 常开触点闭合，SM0.5 每秒产生一个脉冲，即 C0 每秒计数一次。当 C0 计数每满 60 次时，C0 常开触点闭合一次，C1 计数一次，即 C1 每分钟计数一次，同时 C0 被复位，重新开始计数；同理，C1 计数每满 60 次时，C2 计数一次，即 C2 每小时计数一次。

② C2 未计满 24 次时，停车时间未超过一天，C2 常开触点断开，警示灯 Q0.0 不亮。

③ C2 计满 24 次时，停车时间超过一天，C2 常开触点闭合，警示灯 Q0.0 点亮。

④ 按下复位开关，I0.1 常开触点闭合，计数器 C0、C1、C2 被复位。

<h2>案例26　停车场车辆统计系统</h2>

（1）控制要求

某停车场能容纳 500 辆车。通过检测停车厂里有多少辆车，当停车场里满位或非满位时，分别给出不同的信号。范例示意如图 4-51 所示。

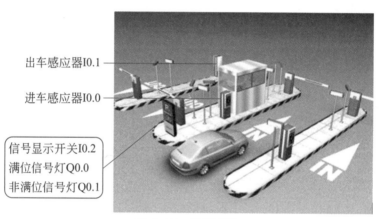

出车感应器I0.1

进车感应器I0.0

信号显示开关I0.2
满位信号灯Q0.0
非满位信号灯Q0.1

图 4-51　范例示意

（2）控制程序及程序说明

控制程序如图 4-52 所示。

① 第一个扫描周期，令 VD0 初值为 0。

② 当有车进入停车场时，I0.0 接通一次，VD0 加 1，当有车离开停车场时，I0.1 接通，VD0 减 1。

③ 需要显示满位或非满位信号时，信号显示开关 I0.2 常开触点闭合，当 VD0<500 时，Q0.0 失电，Q0.1 得电，即车位未满，非满位信号灯亮。当 VD0 ≥ 500 时，Q0.0 得电，Q0.1 失电，即车位已满，满位信号灯亮。

<h2>案例27　车床滑台往复运动、主轴双向控制</h2>

（1）控制要求

按下启动按钮，要求滑台每往复运动一个来回，主轴电机改变一次转动方向，滑台和主轴均由电机控制，用行程开关控制滑台的往返运动距离。范例示意如图 4-53 所示。

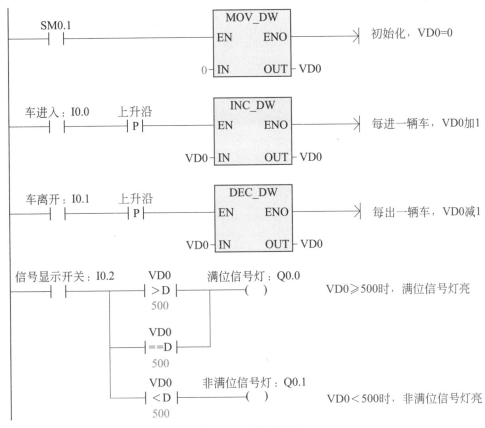

图 4-52 控制程序

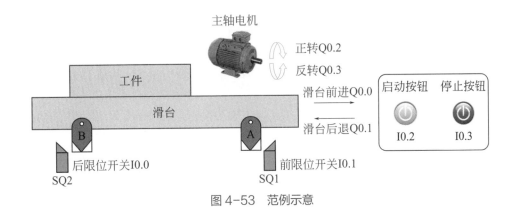

图 4-53 范例示意

(2) 控制程序及程序说明

控制程序如图 4-54 所示。

① 第一个扫描周期，初始化 MB0 为 0，按下启动按钮，I0.2 常开触点闭合，M1.0 得电并自锁。

② MB0 为 0，M0.0=M0.1=0，故 M0.0 和 M0.1 常闭触点闭合，Q0.0 和 Q0.2 得电，滑台前进，主轴电机正转。

③ 当挡铁碰到前限位开关 SQ1 时，I0.1 常开触点闭合，MB0 为 1，M0.0=1，M0.1=0，M0.0 常开触点和 M0.1 常闭触点闭合，Q0.1 和 Q0.2 得电，主轴电机仍正转，滑台后退。

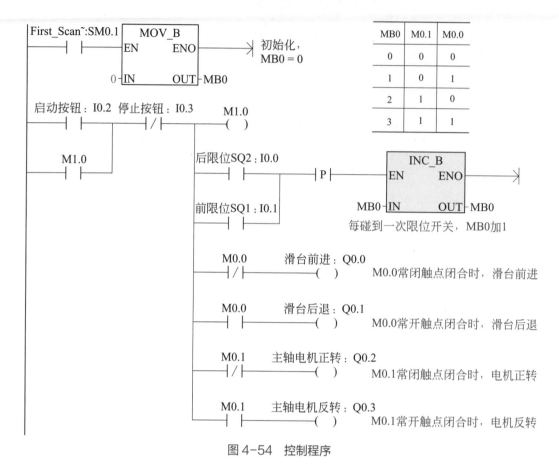

MB0	M0.1	M0.0
0	0	0
1	0	1
2	1	0
3	1	1

图 4-54 控制程序

④ 当挡铁碰到后限位开关 SQ2 时，I0.0 常开触点闭合，MB0 为 2，M0.0=0，M0.1=1，M0.0 常闭触点和 M0.1 常开触点闭合，Q0.0 和 Q0.3 得电，主轴电机反转，滑台前进。

⑤ 再碰到前限位开关 SQ1 时，MB0 为 3，M0.0=1，M0.1=1，M0.0 和 M0.1 常开触点闭合，Q0.1 和 Q0.3 得电，主轴电机反转，滑台后退。当再碰到 SQ2 时完成一个工作循环，并重复上述循环。

⑥ 当按下停止按钮后，I0.3 常闭触点断开，主轴和滑台立即停止。

案例28 次品检测与分离控制

（1）控制要求

产品被传送至传送带上做检测，当光电开关检测到有不良品时（高度偏高），在第 4 个定点将不良品通过电磁阀排出，排出到回收箱后电磁阀自动复位。当在传送带上的不良品记忆错乱时，可按下复位按钮将记忆数据清零，系统重新开始该检测。范例示意如图 4-55 所示。

（2）控制程序及程序说明

控制程序如图 4-56 所示。

① 凸轮每转一圈，产品从一个定点移到另外一个定点，I0.1 的状态由 OFF 变化为 ON 一次，同时移位指令执行一次，M0.0 ～ M0.3 的内容往左移位一位，I0.0 的状态被传到 M0.0。

172

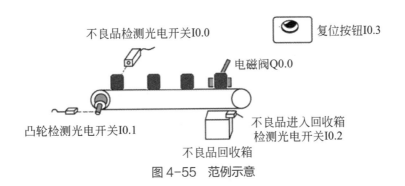

图 4-55 范例示意

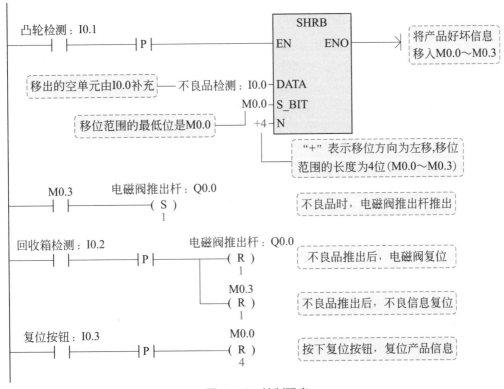

图 4-56 控制程序

② 当有不良品产生时（产品高度偏高），I0.0=1，"1"的数据进入 M0.0，移位 3 次后到达第 4 个定点，使得 M0.3=1，Q0.0 被置位，使得电磁阀动作，将不良品推到回收箱。

③ 当不良品确认已经被排出后，I0.2 由 OFF 变化为 ON 一次，产生一个上升沿，使得 M0.3 和 Q0.0 被复位，电磁阀被复位，直到下一次有不良品产生时才有动作。

④ 当按下复位按钮 I0.3 时，I0.3 由 OFF 变化为 ON 一次，产生一个上升沿，使得 M0.0 ～ M0.3 被全部复位为"0"，保证传送带上产品发生不良品记忆错乱时，重新开始检测。

案例29 简易公交报站器

（1）控制要求

当公交车到站时，由驾驶员按下代表本站的按钮或由 GPS 报站器输出信号，启动相应的指示灯和语音提示，也可用于地铁、火车等相似的环境中。范例示意如图 4-57 所示。

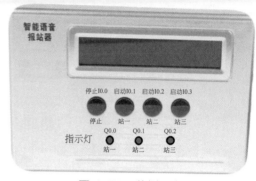

图 4-57　范例示意

（2）控制程序及程序说明

控制程序如图 4-58 所示。

① 当公交车到一站点时，按下启动按钮 I0.1，产生一个上升沿信号，M0.0 得电，此时 MB0 ≠ 0，使得 M1.1 不得电，M1.1 常闭触点闭合，执行 MOV 指令，使得 Q0.0 得电。相应的一站点的指示灯与语音提示启动。此状态将一直保持，直至到达下一站时，得到新的到站信号。

② 二站点和三站点的控制原理与一站点类似。

③ 按下停止按钮 I0.0，将 Q0.0 ~ Q0.2 复位，指示灯熄灭，语音提示停止。

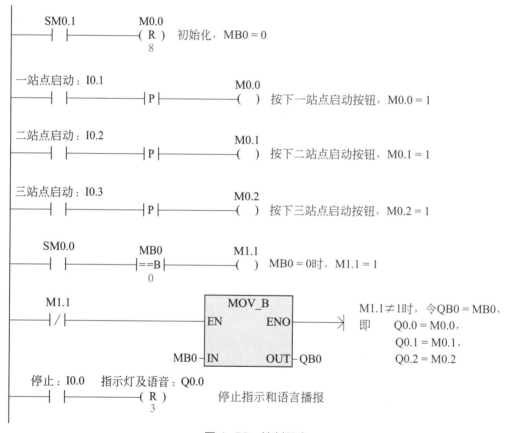

图 4-58　控制程序

（1）控制要求

售水机磁卡中记录着购买的打水次数，每次的打水时间设为 2min。顾客刷卡后，按下启动按钮，售水机出水口出水，松开按钮，停止出水。不论售水机有几次暂停出水，都会保证

顾客得到完整的 2min 的使用时间。范例示意如图 4-59
所示。

启动按钮I0.0
磁卡感应I0.1
出水阀门Q0.0

图 4-59　范例示意

（2）控制程序及程序说明

控制程序如图 4-60 所示。

① 当顾客刷卡后，I0.1 常开触点闭合，将定时器 T5
的当前值和定时器位清零，同时将 M0.0 置 1，M0.0 常开
触点闭合。

② 当顾客按住启动按钮后，I0.0 常开触点闭合，T5
开始计时（计时时间为 2min），此时，Q0.0 得电，出水阀
门打开。

③ 如果松开启动按钮 I0.0，定时器将停止计时，定
时器的当前值处于保持状态，同时暂时中断出水。

④ 当再次按住启动按钮 I0.0 时，定时器 T5 会从上
次保存的时间开始继续计时，同时继续出水。因此，即
使出水过程有多次中断，T5 都将从停止的当前值继续计时，这样就可以保证顾客得到完整的
2min 的出水时间。

⑤ 当 T5 定时达到 2min 后。其常开触点闭合使 M0.0 复位，停止出水。

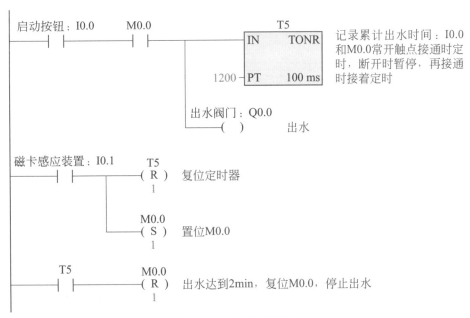

图 4-60　控制程序

案例31　信号的二分频

（1）控制要求

编程实现输出信号频率是输入信号频率的二分之一，即 Q0.0 产生的脉冲信号是 I0.0 脉冲
信号的二分频。范例示意如图 4-61 所示。

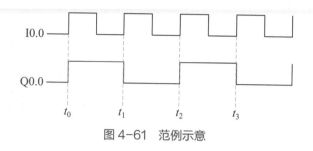

图 4-61 范例示意

(2) 控制程序及程序说明

控制程序如图 4-62 所示。

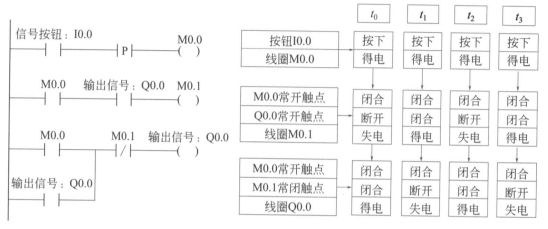

图 4-62 控制程序

① 当输入 I0.0 在 t_0 时刻接通时，M0.0 得电一个扫描周期，由于 Q0.0 常开触点处于断开状态，尽管 M0.0 得电，但 M0.1 仍不得电。M0.1 常闭触点闭合，Q0.0 得电并自锁。

② 由于 Q0.0 已得电，Q0.0 常开触点闭合，为 M0.1 的得电做好了准备。

③ 到 t_1 时刻，输入 I0.0 再次接通，M0.0 再次得电。M0.0 和 Q0.0 常开触点闭合使 M0.1 得电，M0.1 常闭触点断开，Q0.0 失电。

④ Q0.0 失电使 M0.1 失电，M0.1 常闭触点闭合，但由于 M0.0 常开触点断开，Q0.0 保持失电。

⑤ 在 t_2 时刻，I0.0 第三次接通，M0.0 得电，输出 Q0.0 再次得电并自锁。

⑥ t_3 时刻，Q0.0 再次失电，循环往复。这样 Q0.0 正好是 I0.0 脉冲信号的二分频。

第 5 章
西门子 S7-200 SMART PLC 模拟量控制

5.1 模拟量相关知识

5.1
模拟量相关知识

（1）PLC 处理模拟信号的过程

模拟量是指在一定的时间范围内连续变化的物理量，如电压、电流等。在工业控制中，某些输入量，例如温度、湿度、压力、液位等也是连续变化的物理量，而有些被控制对象也需要模拟信号控制，比如变频器，可以用模拟量去控制其转速。因此要求 PLC 有处理模拟信号的能力。PLC 处理的模拟信号分为模拟量输入和模拟量输出两种，其功能框图如图 5-1 所示。

标准模拟量输入模块可以采集标准电流和电压信号，并将其转换成相应的数字量，由 PLC 进行处理。其中，电流标准信号包括 0 ~ 20mA、4 ~ 20mA 两种；电压标准信号包括 ±10V、±5V、±2.5V 三种。

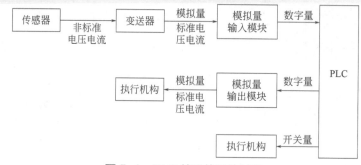

图 5-1　PLC 处理信号的过程

（2）传感器

传感器是能采集规定的被测量，并按照一定的规律转换成可用输出信号的器件或装置。常用的传感器有温度传感器、压力传感器、流量传感器、液位传感器等，如图 5-2 所示。

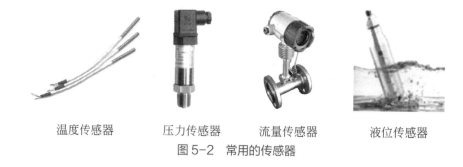

温度传感器　　　压力传感器　　　流量传感器　　　液位传感器

图 5-2　常用的传感器

（3）变送器

变送器是将传感器输出的非标准信号转换成标准电压或标准电流信号，如常见的温度变送器，如图 5-3 所示。

（4）模拟量输入模块

模拟量输入模块有三种：标准模拟量模块、RTD 模块和 TC 模块。其中 RTD 模块是专用的热电阻模块，TC 模块是专用的热电偶模块，可以接收非标准电压或电流信号。而标准的模拟量输入模块接收标准电压或电流信号，并将其转化为 PLC 可以处理的数字量信号。其中，对于双极性信号，其正常转换量程范围为 $-27648 \sim +27648$；对于单极性信号，其正常转换量程范围为 $0 \sim 27648$。

图 5-3　温度变送器

模拟量模块的分辨率决定 A/D 模拟量转换芯片的转换精度。分辨率用多少位的数值来表示。

如果分辨率为 10 位，则

$$\frac{(20-0)\text{mA}}{2^{10}} = \frac{20}{1024}\,\text{mA} = 0.01953125\text{mA}$$

即：只有当外部电流信号的变化大于 0.01953125mA 时，模拟量 A/D 转换芯片才认为外部信号有变化。

如果分辨率为 11 位，则

$$\frac{(20-0)\text{mA}}{2^{11}} = \frac{20}{2048}\,\text{mA} = 0.009765625\text{mA}$$

即：只有当外部电流信号的变化大于 0.009765625mA 时，模拟量 A/D 转换芯片才认为外部信号有变化。

对比分辨率为 10 位和 11 位的模拟量模块，显然，11 位的分辨率高，转换精度将比较高。

模拟量转换的精度除了取决于 A/D 转换的分辨率，还受到转换芯片外围电路的影响。在实际应用中，输入的模拟量信号会有波动、噪声和干扰，内部模拟电路也会产生噪声、漂移，这些都会对转换的最后精度造成影响。这些因素造成的误差要大于 A/D 芯片的转换误差。

（5）模拟量输出模块

PLC 处理数字量信号，并根据现场需求输出开关量给执行机构，如中间继电器线圈、灯等。或者输出数字信号给模拟量输出模块，模拟量输出模块将接收到的数字信号转化为现场仪表或执行机构可以接收的标准电压或电流信号，控制执行机构，如变频器、电动阀等。

（6）模块扩展

对于 S7-200 SMART，模拟量模块属于扩展模块（EM）。扩展模块不能单独使用，需要通过自带的连接器插接在 CPU 模块的右侧，如图 5-4 所示。

图 5-4　模块扩展

5.2　标准模拟量输入模块

5.2.1　标准模拟量输入模块的接线

5.2.1（1）　标准模拟量输入模块　　5.2.1（2）　模拟量输入模块接线

（1）标准模拟量输入模块接线端子

以 EM AE04 为例，标准模拟量输入模块接线端子分布如图 5-5 所示，共有两排接线端子，上方为 X10，下方为 X11。将其端子从左向右分别编号为：1、2、…、7。

X10 的 1 号为 24V 电源正极，2 号为电源负极，3 号为功能接地，4～7 为两个通道模拟量输入端子。每个模拟量通道都有两个接线端，其中 4、5 号为通道 0 的正端和负端，6、7 号分别为通道 1 的正端和负端。

X11 的 1 ~ 3 没有定义，4、5 号分别为通道 2 的正端和负端，6、7 号分别为通道 3 的正端和负端。

（2）标准模拟量输入模块的接线

模拟量电流、电压信号根据模拟量仪表或设备线缆个数分成两线制、三线制、四线制三种类型，不同类型的信号其接线方式不同。

① 两线制接线方法　两线制信号是指模拟量仪表或设备上信号线和电源线加起来只有两个接线端子：一根线接电源正端，另一根线接模拟量模块通道正端。模拟量模块通道负端与供电电源 M 线接到一起。由于 S7-200 SMART CPU 模拟量模块通道没有供电功能，仪表或设备需要外接 24V 直流电源。两线制信号的接线方式如图 5-6 所示。

② 三线制接线方法　三线制信号是指模拟量仪表或设备信号线和电源线加起来有 3 根线：一根线用来接电源正极，一根线用来接模拟量模块通道正端，第三根线与模拟量模块通道负端和供电电源 M 线接到一起。三线制信号的接线方式如图 5-7 所示。

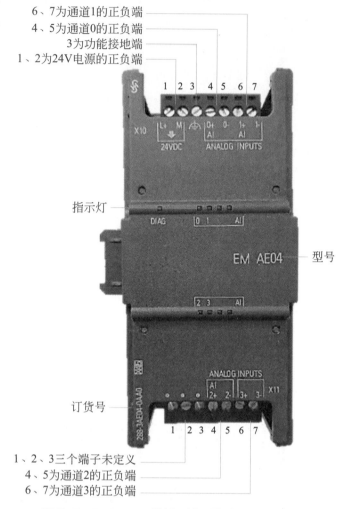

6、7为通道1的正负端
4、5为通道0的正负端
3为功能接地端
1、2为24V电源的正负端

指示灯

型号

订货号

1、2、3三个端子未定义
4、5为通道2的正负端
6、7为通道3的正负端

图 5-5　EM AE04 模拟量输入模块接线端子分布

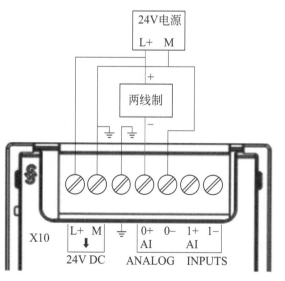

图 5-6　模拟量电压 / 电流两线制接线

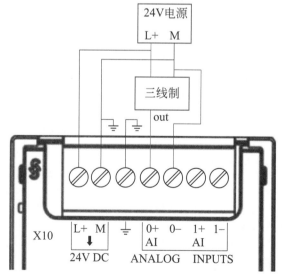

图 5-7　模拟量电压 / 电流三线制接线

③ 四线制接线方法　四线制信号是指模拟量仪表或设备上信号线和电源线加起来有 4 根线：两根电源线和两根信号线。其中两根电源线分别接 24V 供电电源的正负极，两根信号线分别接模拟量模块通道的正负端。四线制信号的接线方式如图 5-8 所示。

④ 不使用的模拟量通道接线方法　对于不使用的模拟量通道，要将通道的两个信号端短接，如图 5-9 所示。

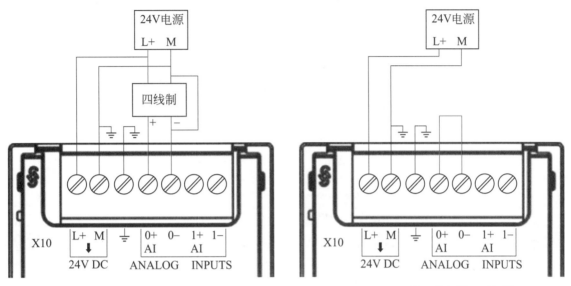

图 5-8　模拟量电压 / 电流四线制接线　　　　　图 5-9　不使用的通道需要短接

5.2.2　组态标准模拟量输入模块

在 CPU 模块的右侧插接上标准模拟量输入模块后，还需要在软件上对其进行组态，如图 5-10 所示。

5.2.2　组态标准模拟量输入模块

（1）添加模块

单击导航栏（或双击项目树）中的"系统块"，出现"系统块"对话框，根据模拟量输入模块所在的槽号，点开右侧对应空白框的下拉列表，选择模拟量模块的型号，如"EM AE04"。此时，系统将自动分配其起始地址，分配的地址为 AIW16。单击"模拟量输入"，选择通道，如"通道 0"。

（2）类型组态

对于模拟量输入通道，可以根据其所连接的模拟量仪表或设备的输出信号类型选择"电压"或"电流"。如连接通道 0 的某设备，输出 4 ～ 20mA 的电流信号，则通道 0 的类型应选择"电流"。通道 1 的类型与通道 0 相同，组态完通道 0 后，通道 1 的类型不能更改。同理，通道 2 和通道 3 的类型相同。

（3）范围组态

根据电压或电流标准信号，电压范围可以选择 ±2.5V、±5V 和 ±10V，电流范围可以选择 0 ～ 20A。

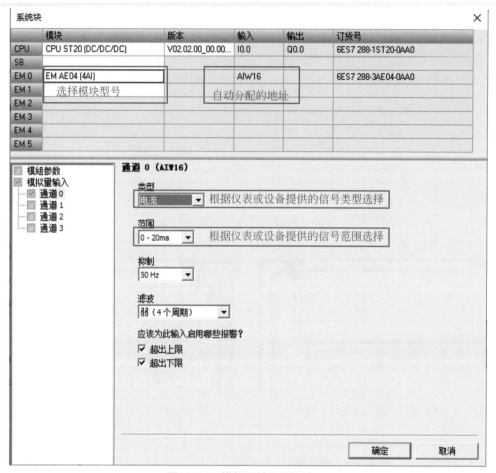

图 5-10　模拟量输入设置窗口

（4）抑制组态

传送模拟量信号至模块的信号线的长度和状况以及传感器的响应时间，会引起模拟量输入值的波动。如果波动值变化太快，将会导致程序无法有效响应。因此可以设定在某些频率点对信号进行抑制，以消除或最小化噪声。可组态的频率点为10Hz、50Hz、60Hz或400Hz。

（5）滤波组态

为了平滑模拟量输入信号，可以通过取平均值的方法来实现。取平均值的采样次数有四种选择，分别为：无（无平滑）、弱、中、强。例如图5-10中选择"弱（4个周期）"，表示每4次采样算一次平均值。

（6）报警组态

报警组态有超出上限、超出下限、用户电源问题三种，可以为所选模块的所选通道选择是启用还是禁用这些报警。其中用户电源报警的启用还是禁用在系统块的"模组参数"下组态，如图5-11所示。如果勾选了上述报警，当模块缺少24V直流供电电源时，所有通道指示灯会以红色闪烁；当模拟量模块输入值超量程时，模块的DIAG指示灯和超量程的通道指示灯会以红色闪烁，以提示用户存在的故障和通道。

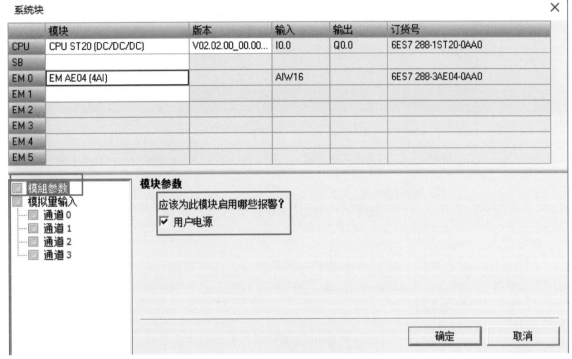

图 5-11　用户电源报警设置窗口

5.2.3　模拟量比例换算

5.2.3　模拟量
比例换算

在实际的工程项目中，现场人员往往要采集温度、压力、流量、频率等物理量信号，而在程序中采集是对应物理量的模拟量信号，S7-200 SMART CPU 内部用数字值表示外部的模拟量信号，即模拟量有对应的数字量，最终需要将该数字量转换成人们所熟悉的工程量（物理量）。

（1）模拟量比例换算举例

【例 5-1】假设两个压力变送器的量程都为 0 ~ 16MPa，压力变送器 A 的输出信号为 0 ~ 20mA，压力变送器 B 的输出信号为 4 ~ 20mA，模拟量模块的量程为 0 ~ 20mA，转换后的数字量数值范围为 0 ~ 27648。如果转换后得到的数字值为 10000，则对于压力变送器 A 和 B，压力值分别为多少？

① 对于压力变送器 A，模拟量与转换值的关系如图 5-12（a）所示。0 ~ 20mA 的信号输入，对应于数字量的数值范围为 0 ~ 27648，则求解压力值 P 的关系式为

$$\frac{P-0}{16-0}=\frac{10000-0}{27648-0}$$

$$P=\frac{10000-0}{27648-0}\times(16-0)+0$$

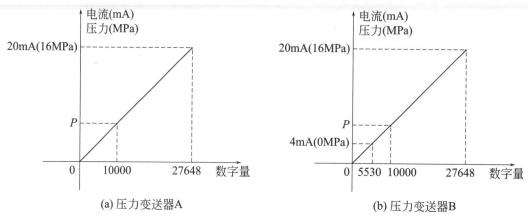

(a) 压力变送器A   (b) 压力变送器B

图 5-12　模拟量与转换值的关系

则求得 $P=5.79\text{MPa}$。

② 对于压力变送器 B，模拟量与转换值的关系如图 5-12（b）所示。4 ~ 20mA 的信号输入，对应于数字量的数值范围为 5530 ~ 27648，则求解压力值 P 的关系式为

$$\frac{P-0}{16-0}=\frac{10000-5530}{27648-5530}$$

$$P=\frac{10000-5530}{27648-5530}\times(16-0)+0$$

则求得 $P=3.23\text{MPa}$。

（2）模拟量比例换算公式

由以上实例可以总结出模拟量比例的通用换算公式为：

$$O_{\text{V}}=\frac{I_{\text{V}}-I_{\text{SL}}}{I_{\text{SH}}-I_{\text{SL}}}\times(O_{\text{SH}}-O_{\text{SL}})+O_{\text{SL}}$$

即

$$O_{\text{V}}=\frac{(I_{\text{V}}-I_{\text{SL}})\times(O_{\text{SH}}-O_{\text{SL}})}{I_{\text{SH}}-I_{\text{SL}}}+O_{\text{SL}}$$

式中　O_{V} ——换算结果；

　　　O_{SH} ——换算结果的高限；

　　　O_{SL} ——换算结果的低限；

　　　I_{V} ——换算对象；

　　　I_{SH} ——换算对象的高限；

　　　I_{SL} ——换算对象的低限。

实例中：对于压力变送器 A：

$$\begin{cases} O_{\text{SH}}=16\text{MPa} \\ O_{\text{SL}}=0\text{MPa} \\ I_{\text{SH}}=27648 \\ I_{\text{SL}}=0 \\ I_{\text{V}}=10000 \end{cases}$$

对于压力变送器 B:

$$\begin{cases} O_{SH} = 16\text{MPa} \\ O_{SL} = 0\text{MPa} \\ I_{SH} = 27648 \\ I_{SL} = 5530 \\ I_V = 10000 \end{cases}$$

5.2.4 模拟量比例换算的程序实现

5.2.4 模拟量比例换算的程序实现

（1）实现方法 1——采用西门子量程转化指令库

S7-200 SMART 可以集成两种类型的指令库，即西门子提供的标准指令库和用户自定义的指令库。西门子提供的标准指令库可以从相关网站下载，量程转化指令库的库文件为 scale.smartlib。

① 添加库文件　将下载的库文件 scale.smartlib 复制到 Siemens\STEP 7-MicroWIN SMART\Lib 目录下，如图 5-13 所示。

图 5-13　添加库文件

② 如图 5-14 所示，在指令树下用鼠标右键单击"库"，然后单击"刷新库"就可以看到新添加的库文件"Scale（v1.2）"。此库含有 3 个指令，其中 S_ITR 可实现模拟量比例换算。

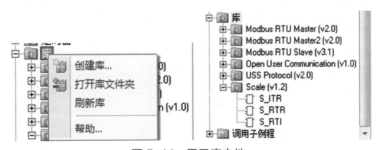

图 5-14　显示库文件

185

③ S_ITR 指令举例　梯形图如图 5-15 所示，以例 5-1 中的压力变送器 B 为例，压力变送器的量程都为 0 ～ 16MPa，故 OSH 为 16.0（数据类型为浮点数），OSL 为 0.0。压力变送器的输出信号为 4 ～ 20mA，转换后的数字量数值范围为 5530 ～ 27648，所以，ISH 为 27648，ISL 为 5530。Input 为换算对象，其数据由标准模拟量输入模块采集并存入 AIW16。其中 AIW16 为组态模拟量输入模块时，系统分配的地址。Output 为换算结果，指采集到的压力值。

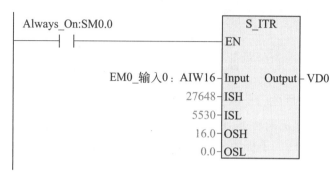

图 5-15　S_ITR 举例

（2）实现方法 2——带参数的模拟量比例换算子程序

5.2.4　模拟量比例换算的程序实现

① 基础知识　如果子程序和主程序之间要传递参数和局部变量，则需要带参数的子程序。子程序中应避免使用任何全局变量 / 符号（I、Q、M、SM、AI、AQ、V、T、C、S 等），这样可以导出子程序并将其导入另一个项目。

子程序中的参数如表 5-1 所示。

表 5-1　子程序中的参数

符号名	最多为 23 个字符		
变量类型	IN （输入）型	将指定位置的参数传入子程序	说明： ① 对于 IN 型参数，如果参数是直接地址（例如 VB10），则指定位置的值传入子程序；如果参数是间接地址（例如 *AC1），则指针指代位置的值传入子程序；如果参数是数据常数（16#1234）或地址（&VB100），则常数或地址值传入子程序。 ② 常数（例如 16#1234）和地址（例如 &VB100）不允许用作输入 / 输出参数
	IN_OUT （输入输出）型	指定位置的参数传入子程序，子程序的结果值返回至同一位置	
	OUT （输出）型	子程序的结果值返回至指定参数位置	
	TEMP （临时）型	没有用于传递参数的任何局部存储器都可在子例程中作为临时存储单元使用	
数据类型	BOOL、字节、字、整数、双字、双整数、实数、字符串		
地址	地址由系统自动分配		

② 子程序的编写

a. 从项目树中点开程序块，单击右键，选择"插入"→"子程序"，并将其命名为"模拟量比例"。

b. 打开子程序的变量表，在变量类型为 IN 的一行，符号一栏中输入"ISH"，数据类型选择"DINT"，则系统自动分配地址为"LD0"，如图 5-16 所示。类似方法定义其他变量。

其中变量 ISH、ISL、IV、OSH、OSL 是在调用子程序时，需要将这些参数传入子程序的，故将变量类型定义为"IN"。而变量 OV 属于运算结果，是子程序输出的结果，故将变量类型定义为"OUT"。还有一些变量，如 T_IS、T_OS、T_IVISL 只在子程序内部使用，属于临时变量，故将变量类型定义为"TEMP"。

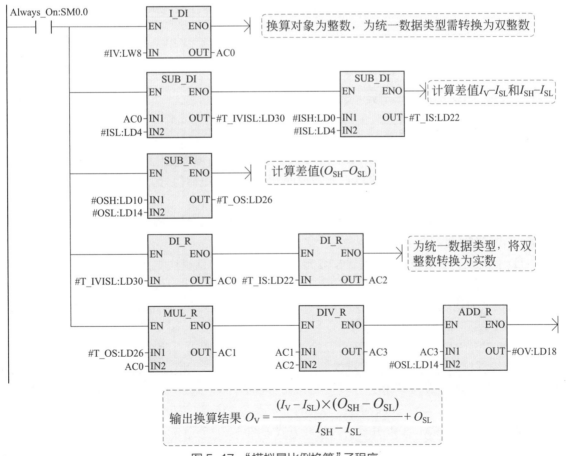

	符号	变量类型	数据类型	注释
1	EN	IN	BOOL	
2	ISH	IN	DINT	换算对象的高限
3	ISL	IN	DINT	换算对象的低限
4	IV	IN	INT	换算对象
5	OSH	IN	REAL	换算结果的高限
6	OSL	IN	REAL	换算结果的低限
7		IN_OUT		
8	OV	OUT	REAL	换算结果
9	T_IS	TEMP	DINT	换算对象的高低限之差
10	T_OS	TEMP	REAL	换算结果的高低限之差
11	T_IVISL	TEMP	DINT	换算对象与换算对象的低限之差
12		TEMP		

图 5-16　变量表

c. 控制程序及程序说明。

如图 5-18（a）所示，在主程序中调用图 5-17 所示的"模拟量比例换算"子程序。

输出换算结果 $O_V = \dfrac{(I_V - I_{SL}) \times (O_{SH} - O_{SL})}{I_{SH} - I_{SL}} + O_{SL}$

图 5-17　"模拟量比例换算"子程序

以例 5-1 中的压力变送器 B 为例，压力变送器的量程都为 0 ～ 16MPa，故 OSH 为 16.0，OSL 为 0.0。压力变送器输出信号为 4 ～ 20mA，转换后的数字量数值范围为 5530 ～ 27648，所以 ISH 为 27648，ISL 为 5530。IV 为换算对象，其数据由标准模拟量输入模块采集并存入 AIW16。其中 AIW16 为组态模拟量输入模块时，系统分配的地址。OV 为换算结果。

从图 5-18（b）所示的仿真结果可以看出，当 IV 为 10000 时，OV 的值为 3.233565，与例 5-1 的计算结果基本一致。

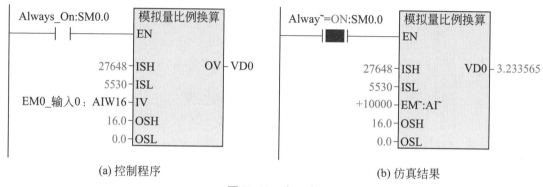

(a) 控制程序　　　　　　　　　　　　　(b) 仿真结果

图 5-18　主程序

5.3　RTD 和 TC 模块

5.3.1　RTD 和 TC 模块接线 1

5.3.1　RTD 和 TC 模块的接线

（1）RTD 模块的接线

热电阻是一种温度传感器，具有温度敏感变化特性。当温度变化时，电阻便产生正的或者是负的阻值变化，但它不能提供 PLC 所需的标准电压或电流信号。接入 PLC 时可采用专用的热电阻模块，该热电阻模块即 RTD 模拟量输入模块。

RTD 模拟量输入模块为电阻测量提供 I+ 和 I- 电流端子。电流流经电阻，故测量电阻电压便能得到电阻的大小。

RTD 有两线、三线和四线之分，S7-200 SMART EM RTD 模块支持两线制、三线制和四线制的 RTD 信号，可以测量 PT100、PT1000、Ni100、Ni1000、Cu100 等常见的 RTD。RTD 模拟量输入模块为四线制或三线制的测量可补偿线路阻抗，与二线制比较，测量结果精度较高。其中四线制传感器的测温值是最准确的。

S7-200 SMART EM RTD 模块还可以检测电阻信号，电阻也有两线、三线和四线之分。

① 两线制接线方法　两线制 RTD 的一根线接 "I+"，另一根线接 "I-"，同时将 "M+" 与 "I+" 相连，将 "M-" 与 "I-" 相连。其接线方式如图 5-19 所示。

② 三线制接线方法　三线制 RTD 一端的一根线接 "M+"，同时将 "M+" 与 "I+" 相连；另一端的两根线分别接 "M-" 和 "I-"。其接线方式如图 5-20 所示。

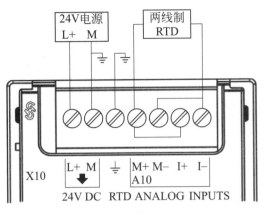

图 5-19　RTD 传感器 / 电阻两线制接线

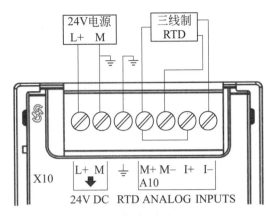

图 5-20　RTD 传感器 / 电阻三线制接线

③ 四线制接线方法　四线制 RTD 一端的两根线分别接 "M+" 和 "I+"，另一端的两根线分别接 "M−" 和 "I−"。其接线方式如图 5-21 所示。

④ 不使用的通道接线方法　对于不使用的通道，要将通道的两个信号端短接。其接线方式如图 5-22 所示。

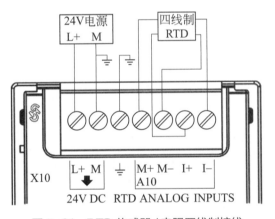

图 5-21　RTD 传感器 / 电阻四线制接线

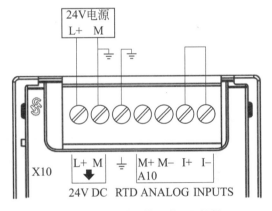

图 5-22　不使用的通道需要短接

（2）TC 模块的接线

与热电阻类似，热电偶也是一种测温度的温度传感器，它采用双金属材料，当温度变化时，在两个不同金属丝的两端产生电势差，并且产生的感应电压随温度的改变而改变。接入 PLC 时可采用专用的热电偶模块，该热电偶模块即 TC 模块。

S7-200 SMART EM TC 模块可以测量 J、K、T、E、R&S 和 N 型等热电偶温度传感器。TC 模块的接线如图 5-23 所示。

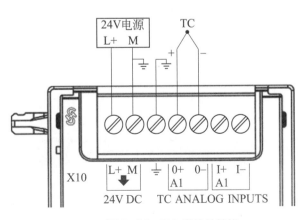

图 5-23　TC 模块的接线

5.3.2　组态 RTD 和 TC 模块

（1）组态 RTD 模块

① 插入 RTD 模块　在"系统块"对话框中，根据 RTD 模块所在的槽号，点开右侧对应空白框的下拉列表，选择 RTD 模块的型号，如"EMAR02"。此时，系统将自动分配其起始地址，如图 5-24 所示，分配的地址为"AIW32"。单击"RTD"，选择通道，如"通道 0"。

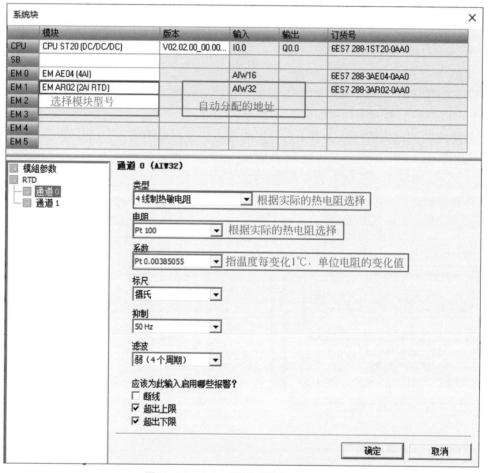

图 5-24　RTD 模拟量输入设置窗口

② RTD 类型组态　RTD 模块可以检测温度信号，也可以检测电阻信号。对于每条 RTD 输入通道，根据实际情况可以选择的类型为：四线制电阻、三线制电阻、二线制电阻、四线制热敏电阻、三线制热敏电阻、二线制热敏电阻。

③ 电阻组态　选择完类型后，可以对不同的 RTD 类型选择不同的 RTD 电阻。

④ 温度系数组态　RTD 热敏电阻在不同温度下的阻值公式为

$$R = R_0(1 + \alpha T)$$

式中，R_0 为 RTD 在 0℃下的阻值，例如，PT100 的 R_0 为 100Ω，PT1000 的 R_0 为 1000Ω；α 为

温度系数，是指温度每变化 1℃，单位电阻的变化值；T 为测量的温度，℃。

针对所选的 RTD 热敏电阻，为通道组态 RTD 温度系数。

⑤ 标尺组态　为通道组态温度的标尺：可以选择摄氏或华氏。对于四线制电阻、三线制电阻、二线制电阻等 RTD 类型和相关电阻，无法组态温度系数和温度标定。

⑥ 抑制和滤波组态　与标准模拟量输入模块的抑制和滤波组态的组态方式类似。

⑦ 报警组态　与标准模拟量输入模块的报警组态相比，报警组态除包含超出上限、超出下限、用户电源问题三种外，还包含断线报警。如果选择了断线报警，则模块会检测每个通道的断线情况。为防止报警，对于未使用的空通道，将一个 100Ω 的电阻按照与已用通道相同的接线方式连接到空的通道；或者将已经接好的那一路电阻的所有引线，一一对应连接到空的通道上。

当发生报警时，如果不是通道断线引起的报警，就是输入值超量程了。用户需要判断引起通道值超量程是信号问题还是模块硬件的问题。

（2）组态 TC 模块

如图 5-25 所示，TC 模块的组态包括类型、标尺、抑制、滤波、源参考温度、报警等。

如果选择了断线报警，则模块会检测每个通道的断线情况。为防止报警，对于未使用的空通道，应短接未使用的通道，或者并联到旁边的实际接线通道上。

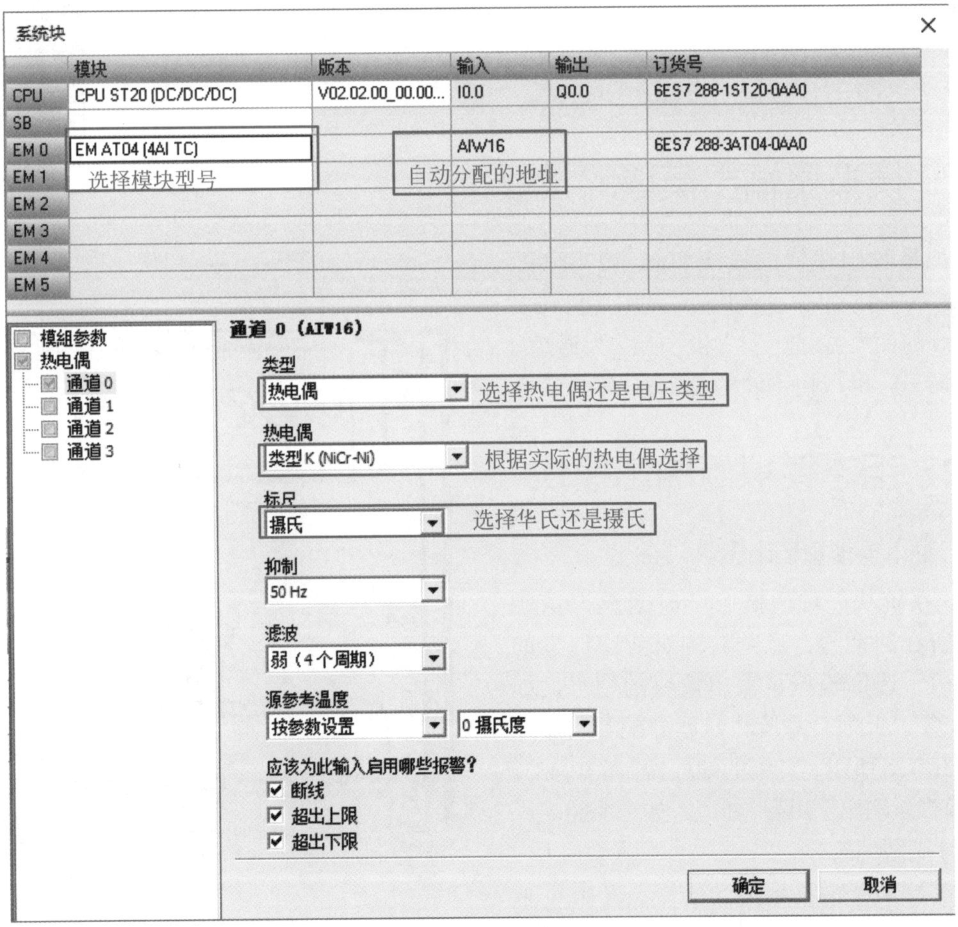

图 5-25　组态 TC 模块

5.3.3 RTD 和 TC 模块检测温度的程序实现

S7-200 SMART EM RTD 和 TC 模块的输出量单位是 0.1℃，要改用℃作单位就要除以 10，便得到实际的温度值。由于 RTD 和 TC 模块的通道值是整数值，需要将整数值转换成浮点数才能在计算后得到带有小数位的温度值。控制程序如图 5-26 所示。

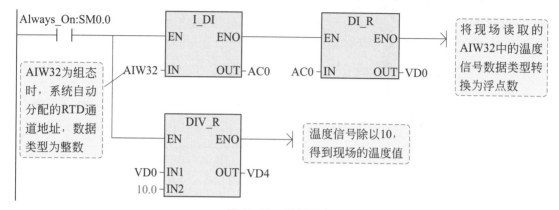

图 5-26 控制程序

5.4 模拟量输出模块

5.4.1 模拟量输出模块的接线

模拟量输出模块的接线如图 5-27 所示，"L+"和"M"接 24V 直流电源，"0"和"0M"为通道 0 的两个端子，"1"和"1M"为通道 1 的两个端子，可以接不同的负载。

5.4.2 组态模拟量输出模块

（1）插入模拟量输出模块

在"系统块"对话框中，根据模拟量输出模块所在的槽号，点开右侧对应空白框的下拉列表，选择模拟量输出模块的型号，如"EMAQ02"。此时，系统将自动分配其起始地址，如图 5-28 所示，分配的地址为"AQW48"。单击"模拟量输出"，选择通道，如"通道 0"。

（2）类型组态

对于每条模拟量输出通道，都可以将类型组态为电压或电流。

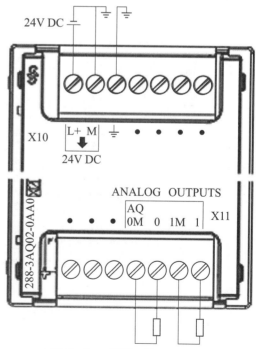

图 5-27 模拟量输出模块的接线

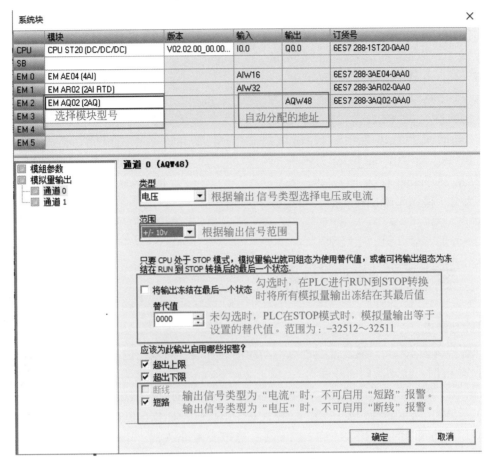

图 5-28　模拟量输出设置窗口

（3）范围组态

对于通道的电压范围或电流范围，可以根据实际情况选择的取值范围：±10V 或 0 ～ 20mA。

（4）STOP 模式下的输出行为组态

当 CPU 处于 STOP 模式时，可以选择复选框"将输出冻结在最后一个状态"，也可以将模拟量输出点设置为一个替代值。

其中，复选"将输出冻结在最后状态"时，就可在 PLC 进行 RUN 到 STOP 转换时将所有模拟量输出冻结在其最后值。如果没有复选"将输出冻结在最后状态"，只要 CPU 处于 STOP 模式就可使输出等于设置的替代值。替代值的设置范围为：−32512 ～ 32511。默认替代值为 0。

（5）报警组态

报警组态有超出上限、超出下限、断线（仅限电流通道）、短路（仅限电压通道）、用户电源问题四种，可以为所选模块的所选通道选择是启用还是禁用这些报警。

5.4.3　模拟量输出模块编程举例

【例 5-2】一电动阀需要 4 ～ 20mA 的信号驱动，电流为 4 ～ 20mA 时，对应的电动阀开度为 0 ～ 1，编程实现使电动阀开度为 0.3。

5.4.3　模拟量输出模块编程举例

梯形图如图 5-29 所示，采用西门子的 S_RTI 功能块，可用来将开度 0.0 ～ 1.0 的数值转换成 4 ～ 20mA 的信号对应的数字量 5530 ～ 27648，并将结果存入 AQW48 中。

电动阀的驱动电流对应的数字量为 5530 ～ 27648，故 OSH 为 27648，OSL 为 5530。电动阀的开度为 0 ～ 1，所以，ISH 为 1.0，ISL 为 0.0。而 Input 为换算对象，换算结果 Output 存入 AQW48。其中 AQW48 为组态模拟量输出模块时，系统分配的地址。

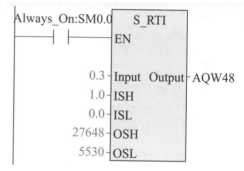

图 5-29　S_RTI 举例

5.5　容器的水位控制

（1）控制要求

某一容器高为 100cm，通过改变进水电动阀门的开度，对水位进行控制。当水位低于 20cm 时，电动阀门的开度为 1；位于 20 ～ 40cm 时，开度为 0.75；位于 40 ～ 60cm 时，开度为 0.5；位于 60 ～ 80cm 时，开度为 0.25；位于 80cm 以上时，开度为 0。其中，所用的液位变送器，量程为 0 ～ 100cm，输出给 PLC 的信号为 4 ～ 20mA。电动阀门的控制信号为 4 ～ 20mA：当电流为 4mA 时，电动阀门关闭（即开度为 0）；当电流为 20mA 时，电动阀门完全打开（即开度为 1）。其范例示意如图 5-30 所示。

5.5　容器的水位控制

（2）组态模拟量模块

在"系统块"对话框中插入输入输出模块"EM AM03"，系统自动分配输入模块通道 0 的地址为"AIW16"，输出模块通道 0 的地址为"AQW16"。类型选择"电流"，范围为"0 ～ 20mA"，如图 5-31 所示。

（3）控制程序及程序说明

控制程序如图 5-32 所示。

① 按下启动按钮后，M0.0 得电并自锁，系统启动。

② 通过库指令 S_ITR，将读取到的输入通道 0 的模拟量转换为工程量（水位）并存入 VD10 中。

③ 利用比较指令，将不同的电动阀开度作为库指令 S_RTI 的输入，并将其转换为对应的模拟量控制电动阀的开度。

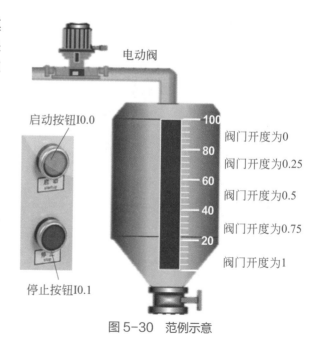

图 5-30　范例示意

(a) 输入通道

(b) 输出通道

图 5-31 输入输出模块组态

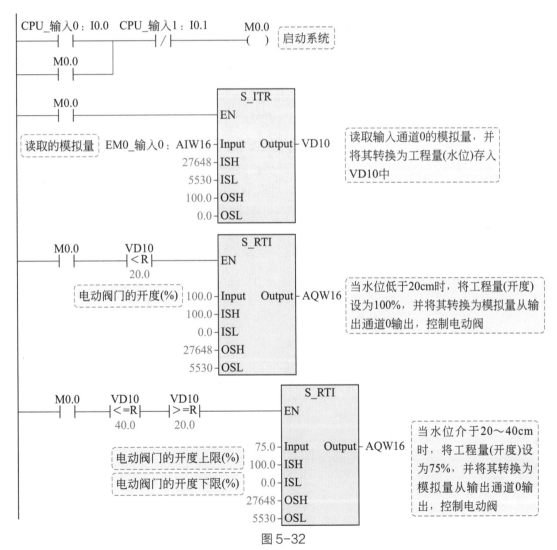
图 5-32

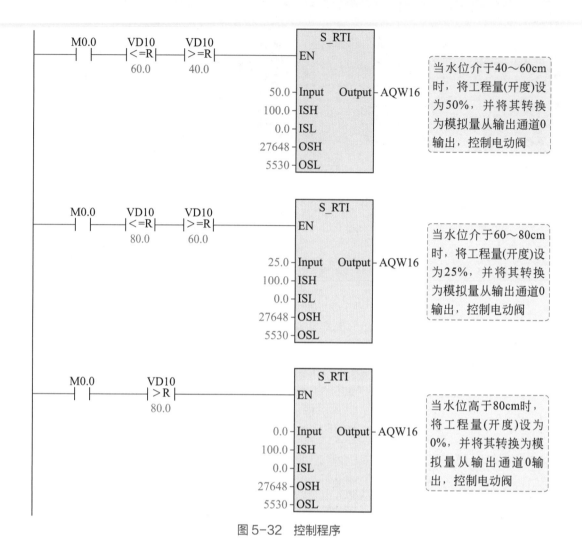

图 5-32　控制程序

当水位介于40~60cm时,将工程量(开度)设为50%,并将其转换为模拟量从输出通道0输出,控制电动阀

当水位介于60~80cm时,将工程量(开度)设为25%,并将其转换为模拟量从输出通道0输出,控制电动阀

当水位高于80cm时,将工程量(开度)设为0%,并将其转换为模拟量从输出通道0输出,控制电动阀

第6章
西门子 PLC 控制系统设计方法

6.1　PLC 应用系统设计的一般步骤

6.1.1　控制系统的设计内容

① 根据设计任务书，进行工艺分析，并确定控制方案。

② 选择输入设备和输出设备，常用的输入设备有按钮、开关、传感器等，常用的输出设备有继电器、接触器、指示灯等执行机构。

③ 选定 PLC 的型号，包括选择 PLC 的机型、容量、I/O 模块和电源等。

④ 根据输入输出分配 PLC 的 I/O 点，绘制 PLC 的 I/O 硬件接线图。

⑤ 编写 PLC 程序并进行调试。

⑥ 设计控制系统的操作台、电气控制柜以及安装接线图等。

⑦ 编写设计说明书和使用说明书。

6.1.2　控制系统的设计步骤

（1）PLC 的硬件设计

PLC 硬件的流程图如图 6-1 所示。

（2）PLC 的软件设计

对于较复杂的控制系统，根据生产工艺要求，画出控制流程图或功能流程图，然后设计出梯形图，再根据梯形图编写语句表程序清单，对程序进行模拟调试和修改，直到满足控制要求为止。

（3）软件、硬件的调试

① 设计控制柜及操作台的电器布置图及安装接线图和控制系统各部分的电气互锁图；根据图纸进行现场接线，并检查线路是否正确。

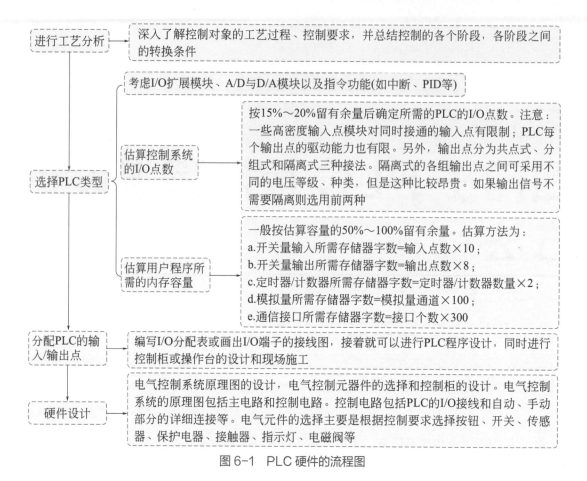

图 6-1　PLC 硬件的流程图

② 如果控制系统由几个部分组成，则应先做局部调试，然后再对应用系统进行整体调试；如果控制程序的段数较多，则可先进行分段调试，然后连接起来总调。

③ 编制技术文件。技术文件应包括：可编程控制器的外部接线图等电气图纸、电器布置图、电气元件明细表、顺序功能图、带注释的梯形图和说明书等。

6.2　PLC 系统控制程序设计的一般方法

6.2.1　经验设计法

（1）经验设计法简介

6.2.1
经验设计法

经验设计法即在一些典型的控制电路程序的基础上，根据被控制对象的具体要求进行选择组合，并多次反复调试和修改梯形图，有时需增加一些辅助触点和中间编程环节，才能达到控制要求。这种方法没有规律可遵循，设计所用的时间和设计质量与设计者的经验有很大的关系，所以称为经验设计法。经验设计法用于较简单的梯形图设计。应用经验设计法必须熟记一些典型的控制电路，如点动、连续、顺序控制、多地控制、正反转、降压启动电路等。

（2）经验设计法实例

以三台电机顺序启动、同时停止为例。

① 控制要求　电机 Q0.0、Q0.1、Q0.2 顺序启动，即 Q0.0 启动运转后 Q0.1 才可以启动，随后 Q0.2 才能启动。并且三个电机可同时关闭。

② 梯形图设计思路　为实现启停控制，需要具有典型的启保停环节；为实现 Q0.0、Q0.1、Q0.2 顺序启动，Q0.0 的常开触点需串联到 Q0.1 的线圈，Q0.1 的常开触点需串联到 Q0.2 的线圈。

③ 根据输入输出信号列出 I/O 分配表，如表 6-1 所示。

表 6-1　I/O 分配表

PLC 软元件	元件说明	PLC 软元件	元件说明
I0.0	电机 0 启动按钮	Q0.0	电机 0（接触器 0 线圈）
I0.1	电机 1 启动按钮	Q0.1	电机 1（接触器 1 线圈）
I0.2	电机 2 启动按钮	Q0.2	电机 2（接触器 2 线圈）
I0.3	停止按钮		

④ 控制程序及程序说明　控制程序如图 6-2 所示。

a. 按下启动按钮 I0.0 时，Q0.0 得电并自锁，电机 0 启动。同时与输出线圈 Q0.1 串联的常开触点 Q0.0 闭合，为输出线圈 Q0.1 得电做好了准备。

b. 在 Q0.0 得电的前提下，按下启动按钮 I0.1，Q0.1 得电并自锁，电机 1 启动。同时与输出线圈 Q0.2 串联的常开触点 Q0.1 闭合，为输出线圈 Q0.2 得电做好了准备。

c. 在 Q0.1 得电的前提下，按下启动按钮 I0.2，Q0.2 得电并自锁，电机 2 启动。

d. 按下停止按钮 I0.3，三个电机均停止运转。

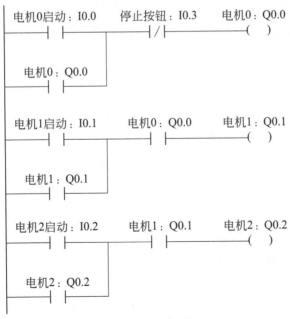

图 6-2　控制程序

6.2.2 移植设计法

（1）移植设计法简介

由于原有的继电器控制系统经过长期的使用和考验，已经被证明能完成系统要求的控制功能，而继电器电路图又与梯形图有很多相似之处，因此可以将继电器电路图经过适当的"翻译"，从而设计出具有相同功能的 PLC 梯形图程序，所以将这种设计方法称为移植设计法。移植设计法的设计步骤如下：

① 了解被控设备的工艺过程和机械的动作情况，分析继电器电路图，进而掌握控制系统的工作原理。

② 确定继电器电路图中的中间继电器、时间继电器等各器件与 PLC 中的辅助继电器和定时器的对应关系。继电器电路中的交流接触器和电磁阀等执行机构如果用 PLC 的输出位来控制，则它们的线圈对应 PLC 的输出端。

③ 选择 PLC 的型号，根据系统所需要的功能和规模选择 CPU 模块、电源模块、数字量输入和输出模块，对硬件进行组态，确定输入、输出模块在机架中的安装位置和它们的起始地址。

④ 确定系统的输入设备和输出设备，进行 PLC 的 I/O 分配，画出 PLC 外部接线图。

⑤ 根据上述的对应关系，将继电器电路图"翻译"成对应的"准梯形图"，再根据梯形图的编程规则将"准梯形图"转换成结构合理的梯形图。对于复杂的控制电路可化整为零，先进行局部的转换，最后再综合起来。

⑥ 对转换后的梯形图一定要仔细校对、认真调试，以保证其控制功能与原图相符。

继电器电路符号与梯形图电路符号的对应情况如表 6-2 所示。

表 6-2 继电器电路符号与梯形图电路符号的对应表

梯形图电路			继电器电路	
元件	符号	常用地址	元件	符号
常开触点	─┤├─	I、Q、M、T、C	按钮、接触器、时间继电器、中间继电器的常开触点	
常闭触点	─┤/├─	I、Q、M、T、C	按钮、接触器、时间继电器、中间继电器的常闭触点	
线圈	──( )	Q、M	接触器、中间继电器线圈	
定时器	─IN TON─ ─IN TOF─ ─PT ms ─PT ms	T	时间继电器	

（2）移植设计法实例

① 控制要求 设计一个三相异步电机星 - 三角降压启动控制程序，要求合上电源刀开关，按下启动按钮 SB2 后，线圈 KM1 和 KM3 得电，电机以星形连接启动，开始转动 5s 后，KM3 断电，星形启动结束。为了有效防止电弧短路，要延时 300ms 后，KM2 接触器线圈得电，电机按照三角形连接转动。不考虑过载保护，其继电器控制线路图如图 6-3（a）所示。

② I/O 分配表 I/O 分配表如表 6-3 所示。

表 6-3 I/O 分配表

PLC 软元件	元件说明	PLC 软元件	元件说明
I0.0	停止按钮 SB1	Q0.0	主交流接触器 KM1
I0.1	启动按钮 SB2	Q0.1	星形连接接触器 KM3
		Q0.2	三角形连接接触器 KM2

③ 绘制外部接线图 PLC 的外部接线图如图 6-3（b）所示。

梯形图如图 6-3（c）所示。

a. 按下启动按钮 I0.1，M0.0 得电自锁，Q0.0、Q0.1 得电，电机在星形连接下启动。同时，定时器 T37 开始定时。

b. 当 T37 计时 5s 后，T37 常闭触点断开，使 M0.1 和 Q0.1 线圈失电，T37 常开触点和 M0.1 常闭触点闭合使线圈 M0.2 得电并自锁，同时复位 T37，T38 开始定时。

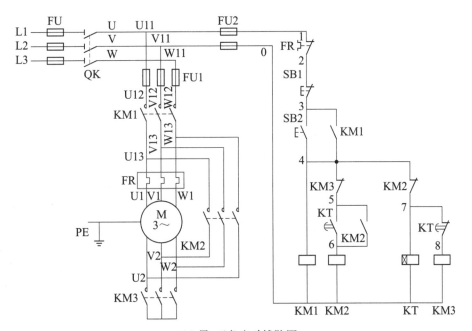

(a) 星-三角启动线路图

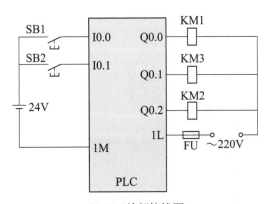

(b) PLC外部接线图

图 6-3

201

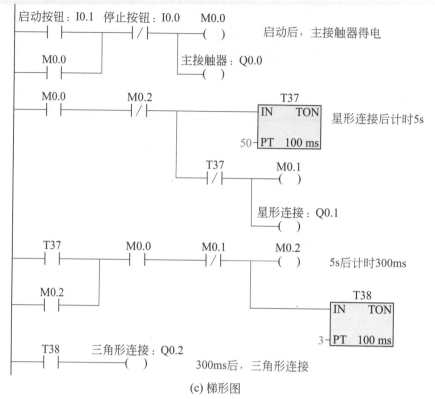

图 6-3 星三角启动继电器和梯形图对照

c. T38 定时 300ms 后，线圈 Q0.2 得电，电机接成三角形运行。星形启动结束后，为防止电弧短路，需要延时接通三角形接触器 KM2，定时器 T38 起延时 300ms 的作用。

d. 按下停止按钮 I0.0，M0.0 失电，从而使 Q0.0 和 Q0.2 失电，电机停转。

6.2.3 逻辑设计法

6.2.3
逻辑设计法

（1）逻辑设计法简介

逻辑设计法就是应用逻辑代数以逻辑组合的方法和形式设计程序。逻辑设计法的理论基础是逻辑函数，逻辑函数就是逻辑运算与、或、非的逻辑组合。因此，从本质上来说，PLC 梯形图程序就是与、或、非的逻辑组合，也可以用逻辑函数表达式来表示。

逻辑设计法的步骤如下：

① 通过分析控制要求，明确控制任务和控制内容；

② 确定 PLC 的软元件（输入信号、输出信号、辅助继电器 M 和定时器 T），画出 PLC 的外部接线图；

③ 将控制任务、要求转换为逻辑函数（线圈）和逻辑变量（触点），分析触点与线圈的逻辑关系，列出真值表；

④ 写出逻辑函数表达式；

⑤ 根据逻辑函数表达式画出梯形图；

⑥ 优化梯形图。

（2）逻辑设计法说明

① 控制要求　在一个小型煤矿的通风口，由 4 台电机驱动 4 台风机运转。为了保证矿井内部的氧气浓度和有毒气体浓度在正常的范围内，设计过程中要求至少 3 台电机同时运行。因此用绿、黄、红三色的指示灯对电机的运行状态进行指示，保证安全状态。当三台及以上电机运行时，表示通风系统通风良好，绿灯亮；当两台电机运行时，表示通风状况不佳，需要处理，黄灯亮；当少于等于一台电机运转时，需要疏散人员和排除故障，红灯亮。其 PLC 接线情况如图 6-4 所示。

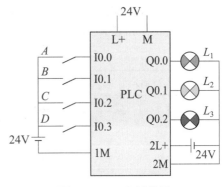

图 6-4　PLC 接线图

② I/O 分配表　I/O 分配表如表 6-4 所示。

表 6-4　I/O 分配表

PLC 软元件	元件说明	PLC 软元件	元件说明
I0.0	A 电机运行状态检测传感器	Q0.0	绿灯 L_1
I0.1	B 电机运行状态检测传感器	Q0.1	黄灯 L_2
I0.2	C 电机运行状态检测传感器	Q0.2	红灯 L_3
I0.3	D 电机运行状态检测传感器		

③ 控制程序及程序说明　控制程序如图 6-5 所示。逻辑设计的过程为：

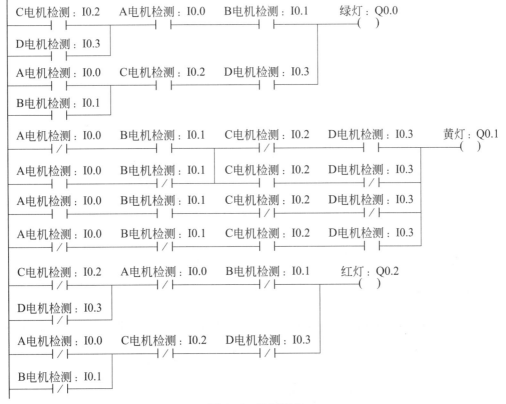

图 6-5　控制程序

203

a. 根据控制要求，用"0"表示风机停止和指示灯灭，用"1"表示风机运行和指示灯亮。列写出真值表，如表 6-5 所示。

表 6-5　真值表

输入				输出			输入				输出		
A	B	C	D	L_1	L_2	L_3	A	B	C	D	L_1	L_2	L_3
0	0	0	0	0	0	1	1	0	0	0	0	0	1
0	0	0	1	0	0	1	1	0	0	1	0	1	0
0	0	1	0	0	0	1	1	0	1	0	0	1	0
0	0	1	1	0	1	0	1	0	1	1	1	0	0
0	1	0	0	0	0	1	1	1	0	0	0	1	0
0	1	0	1	0	1	0	1	1	0	1	1	0	0
0	1	1	0	0	1	0	1	1	1	0	1	0	0
0	1	1	1	1	0	0	1	1	1	1	1	0	0

b. 根据真值表写出逻辑函数式：

$$L_1 = AB\bar{C}D + ABC\bar{D} + A\bar{B}CD + \bar{A}BCD + ABCD$$
$$L_2 = AB\bar{C}\bar{D} + A\bar{B}C\bar{D} + A\bar{B}\bar{C}D + \bar{A}B\bar{C}D + \bar{A}BC\bar{D} + \bar{A}BCD$$
$$L_3 = A\bar{B}\bar{C}\bar{D} + \bar{A}B\bar{C}\bar{D} + \bar{A}\bar{B}C\bar{D} + \bar{A}\bar{B}\bar{C}D + \bar{A}\bar{B}\bar{C}\bar{D}$$

c. 化简逻辑函数式得：

$$L_1 = AB(C+D) + CD(A+B)$$
$$L_2 = (\bar{A}B + A\bar{B})(\bar{C}D + C\bar{D}) + AB\bar{C}\bar{D} + \bar{A}BCD$$
$$L_3 = \bar{A}\bar{B}(\bar{C}+\bar{D}) + \bar{C}\bar{D}(\bar{A}+\bar{B})$$

d. 根据逻辑函数画出梯形图，得到图 6-5 所示的梯形图。其中，原变量为常开触点，反变量为常闭触点。"与"对应支路串联，"或"对应支路并联。

6.3　梯形图顺序控制设计法

6.3.1　顺序控制设计法的设计步骤

（1）顺序功能图的概念

顺序功能图（Sequential Function Chart,SFC）又叫功能图、功能流程图、状态转移图等，是一种通用的技术语言。

顺序控制的全部过程可以分成有序的若干步，或者若干个状态。各步都有自己应该完成的动作。步与步之间的转移，都需要满足条件，条件满足则上一步动作结束，下一步动作开始，同时上一步的动作会被清除，这就是顺序功能图的设计概念。

（2）步（状态）的划分

将系统的一个工作周期划分为若干个顺序相连的阶段，这些阶段称为步。步是根据被控对象工作状态的变化来划分的，同一步内的各输出状态不变，但相邻步之间的输出状态是不同的。

一般使用 M、S 等编程元件来代表步。

（3）转换条件的确定

使系统由当前步转入下一步的信号称为转换条件。

（4）绘制顺序功能图和编制程序

根据被控对象的工作内容、顺序和控制要求画出顺序功能图。如果 PLC 支持顺序功能图语言，则可直接使用该顺序功能图作为最终程序。否则需要根据顺序功能图，按某种编程方式写出梯形图程序。

6.3.2　顺序功能图的绘制

6.3.2　顺序功能图的绘制

以液压滑台的控制为例，如图 6-6（a）所示，通过控制电磁阀 YV1 ～ YV3 将液压滑台的整个运行过程分为原位、快进、工进、快退四个工作状态，各个状态下电磁阀 YV1 ～ YV3 的得电时序图如图 6-6（b）所示。假设启动按钮 SB 接 I0.0，行程开关 SQ1 ～ SQ3 分别接 I0.1 ～ I0.3，液压元件 YV1 ～ YV3 分别由 Q0.0 ～ Q0.2 驱动，则其顺序功能图如图 6-6（c）所示。

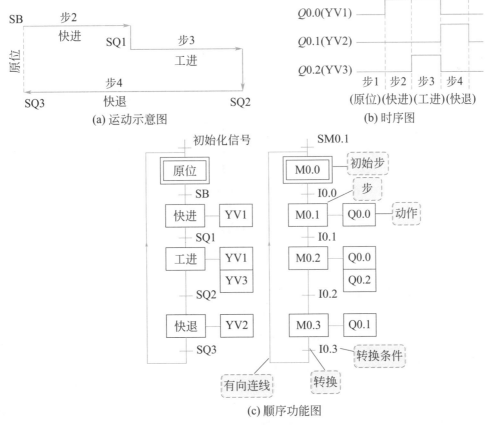

图 6-6　液压滑台的顺序功能图

205

（1）顺序功能图的组成

顺序功能图主要由步（状态）、与步对应的动作、有向连线、转换和转换条件组成。

① 步（状态）：步在控制系统中对应于一个稳定的状态。步用矩形框表示，框中的数字是该步的编号。如图 6-6（c）所示，将液压滑台整个运行过程分为原位、快进、工进、快退四个工步，其中，步 1（原位：Q0.0、Q0.1、Q0.2 全为 0）、步 2（快进：Q0.0 为 1）……，与此对应的编程元件分别为 M0.0、M0.1……

② 初始步：初始步对应于控制系统的初始状态，用双线框。一个控制系统至少有一个初始步。初始步常用来完成寄存器清零等初始化工作。图 6-6（c）中的 M0.0 为初始步。

③ 动作：一个控制系统可以划分为被控系统和施控系统。对于被控系统，在某一步中要完成某些"动作"；对于施控系统，在某一步中则要向被控系统发出某些"命令"。将"动作"或"命令"简称为动作。动作用与相应的步相连的矩形框中的文字或符号表示。

如图 6-6（c）所示，快进的动作是"YV1（Q0.0）"，工进的动作是"YV1（Q0.0）和 YV3（Q0.2）"。

④ 有向连线：在顺序功能图中，随着时间的推移和转换条件的实现，通常会从某一步转入下一步，转换方向习惯上是从上到下或从左至右，在这两个方向有向连线上的箭头可以省略。如果不是上述的方向，应在有向连线上用箭头注明进展方向。图 6-6（c）中从下到上的有向连线需要标上箭头。

⑤ 转换：转换是用有向连线上与有向连线垂直的短画线来表示。转换将相邻两步分隔开。步的活动状态的进展是由转换实现来完成的，如图 6-6（c）所示。

⑥ 转换条件：使系统进入下一步的信号叫作转换条件。转换条件可以是外部的输入信号，如按钮、指令开关、限位开关的接通或断开等；也可以是 PLC 内部产生的信号，如定时器、计数器常开触点的接通等；还可能是若干个信号的与、或、非逻辑组合。转换条件可以用文字语言、布尔代数表达式或图形符号标注在表示转换的短线的旁边，如图 6-6（c）中的 SB（I0.0）、SQ1（I0.1）、SQ2（I0.2）、SQ3（I0.3）就是相邻两个步之间的转换条件。

（2）顺序功能图的其他概念

① 活动步：当系统正处于某一步时，该步处于活动状态，称该步为"活动步"。当步处于活动状态时，相应的动作被执行；处于不活动状态时，相应的动作被停止执行。

② 保持型动作：若为保持型动作，则该步不活动时继续执行该动作。

③ 非保持型动作：若为非保持型动作则指该步不活动时，动作也停止执行。

④ 初始化脉冲 SM0.1：在顺序功能图中，只有当某一步的前级步是活动步时，该步才有可能变成活动步。如果用没有断电保持功能的编程元件代表各步，当进入 RUN 工作方式时，它们均处于 OFF 状态，必须用初始化脉冲 SM0.1 的常开触点作为转换条件，将初始步预置为活动步，否则因为顺序功能图中没有活动步，系统将无法工作。如果系统有自动、手动两种工作方式，顺序功能图是用来描述自动工作过程的，这时还应在系统由手动工作方式进入自动工作方式时，用一个适当的信号将初始步置为活动步。

（3）转换实现的基本规则

① 转换实现的条件 在如图 6-7 所示的顺序功能图中，步的活动状态的进展是由转换实现来完成的。转换实现不仅要求该转换所有的前级步（步 3、步 4）都是活动步，而且还要求相应的转换条件（条件 c）得到满足，只有两个条件都满足才能实现步的转换。

② 转换实现应完成的操作　转换完成后，将会使所有的后续步（步 10、步 11）都变为活动步，而所有的前级步（步 3、步 4）都变为非活动步。

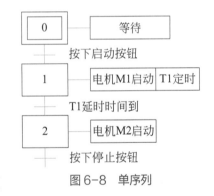
图 6-7　步的转换

（4）绘制顺序功能图应注意的问题

① 两个步绝对不能直接相连，必须用一个转换将它们隔开。

② 两个转换也不能直接相连，必须用一个步将它们隔开。

③ 顺序功能图中初始步是必不可少的，一般对应系统等待启动的初始状态。

④ 自动控制系统应能多次重复执行同一工艺过程。

⑤ 当某一步所有的前级步都是活动步时，该步才有可能变成活动步。PLC 开始进入 RUN 方式时，各步均处于"0（非活动）"状态，因此必须要有初始化信号，将初始步预置为活动步，否则顺序功能图中永远不会出现活动步，系统将无法工作。

6.3.3　顺序功能图的结构

（1）单序列

功能流程图的单序列结构形式简单，每一步后面只有一个转换，每一个转换后面只有一步。各个工步按顺序执行，上一工步执行结束，转换条件成立，立即开通下一工步，同时关断上一工步。在图 6-8 中，当步 0 为活动步时，转换条件"按下启动按钮"成立，则转换实现，步 1 变为活动步，同时步 0 关断。

（2）选择序列

选择分支分为两种，如图 6-9 所示虚线之上为选择分支开始，虚线之下为选择分支结束。选择分支开始是指一个前级步后面紧接着若干个后续步可供选择，各分支都有各自的转换条件，且转换条件的短画线在各自分支中。图 6-9 中，当步 1 为活动步时，若转换条件 B=1，则步 2 被激活，同时关断步 1。类似地，若转换条件 C=1，则步 3 被激活，同时关断步 1。步 4、5 的激活与此类似。

选择分支结束，又称选择分支合并，是指几个选择分支在各自的转换条件成立时转换到一个公共步上。图 6-9 中，当前级步 6 为活动步，且转换条件 J 成立时，激活步 10，同时关断步 6。类似地，当前级步 7 为活动步，且转换条件 K 成立时，激活步 10，同时关断步 7。步 8、9 的关断与此类似。

（3）并行序列

并行分支也分两种，图 6-10 中虚线之上为并行分支的开始，虚线之下为并行分支的结束，也称为合并。

207

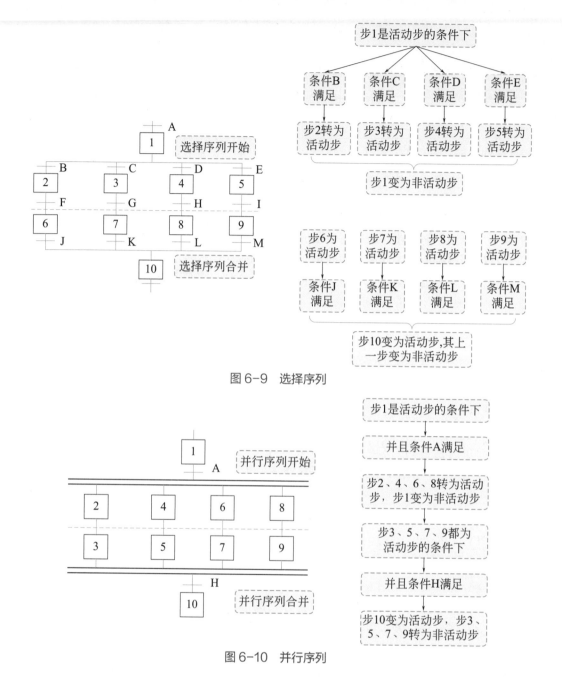

图 6-9 选择序列

图 6-10 并行序列

并行分支的开始是指当转换条件实现后，同时使多个后续步激活。为了强调转换的同步实现，水平连线用双线表示。图 6-10 中，当步 1 为活动步时，若转换条件 A=1，则步 2、4、6、8 同时启动，步 1 必须在步 2、4、6、8 都开启后，才能关断。

并行分支的合并是指当多个前级步都为活动步且转换条件成立时，激活后续步，同时关断多个前级步，水平连线也用双线表示：图 6-10 中，当前级步 3、5、7、9 都为活动步，且转换条件 H 成立时，开通步 10，同时关断步 3、5、7、9。

（4）顺序功能图的特殊结构

① 跳步：在生产过程中，有时要求在一定条件下停止执行某些原定动作，如图 6-11（a）

所示。这是一种特殊的选择序列，当步 1 为活动步时，若转换条件 f 成立，b 不成立时，则步 2、3 不被激活而直接转入步 4。

② 重复：在一定条件下，生产过程需重复执行某几个工步的动作，可按图 6-11（b）绘制顺序功能图。它也是一种特殊的选择序列，当步 4 为活动步时，若转换条件 e 不成立而 h 成立时，序列返回到步 3，重复执行步 3、4，直到转换条件 e 成立才转入步 7。

③ 循环：在序列结束后，用重复的办法直接返回到初始步，就形成了系统的循环，如图 6-11（c）所示。一般顺序功能图都是循环的，表示顺控系统是多次重复同一工作过程。

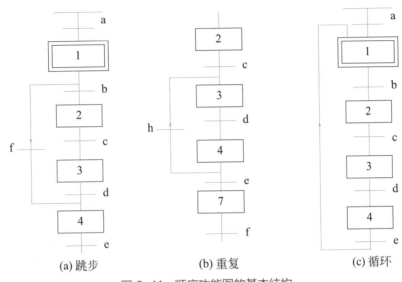

(a) 跳步 (b) 重复 (c) 循环

图 6-11 顺序功能图的基本结构

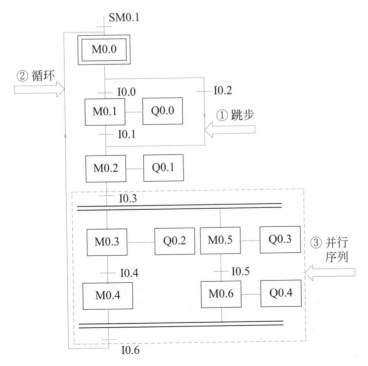

图 6-12 顺序功能图的特殊结构举例

④ 顺序功能图的特殊结构举例：如图 6-12 所示的顺序功能图，①处为跳步，当 I0.2 为 1 时，程序跳过 M0.1 直接执行 M0.2，并置位 Q0.1；②处为循环，当程序执行到最后且 I0.6 位为 1 时，程序返回初始步，重新开始执行；③处为并行序列，当程序执行到 M0.2 且 I0.3 为 1 时，程序并行将 M0.3、M0.5 置位。

209

6.4 顺序功能图转梯形图的方法

6.4.1 使用启保停电路的编程方法 1

6.4.1 使用启保停电路的编程方法 2

顺序功能图完整地表现了控制系统的控制过程、各个步的功能、步与步转换的顺序和条件。它可以表示任意顺序过程，是 PLC 程序设计中很方便的工具。但中小型 PLC 一般不具有直接输入功能流程图的能力，因而必须人工转化为梯形图或语句表，然后下载到 PLC 执行。

6.4.1 使用启保停电路的编程方法

使用启保停电路编程时，用辅助继电器 M 来代表步。转换条件大都是短信号，因此应使用有记忆（保持、自锁）功能的电路。此种编程的关键是找出启动条件和停止条件，使用与触点和线圈有关的指令来实现编程，可适用于任意型号的 PLC。

如图 6-13 所示，当 M0.0 为活动步且 I0.0 按下时，M0.1 得电并自锁，即 M0.1 变为活动步。而当 M0.2 变为活动步时，要将 M0.1 关闭，所以 M0.2 的常闭触点串联在 M0.1 的电路中。

（1）单序列的编程方法

顺序功能图及对应的梯形图如图 6-14 所示。SM0.1 在 PLC 进入 RUN 工作方式时，接通一个扫描周期，使 M0.0 为活动步。当 M0.0 为活动步且 I0.0 按下时，M0.1 变为活动步，同时关断 M0.0，其余以此类推。

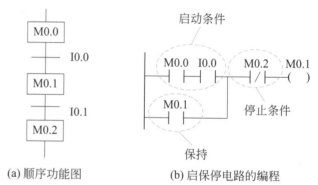

(a) 顺序功能图　　　　(b) 启保停电路的编程

图 6-13　启保停电路的编程方式

当 M0.3 为活动步且 I0.3 按下时，M0.0 变为活动步，同时关断 M0.3，所以 M0.0 的常闭触点串联在 M0.3 的电路中。

（2）选择序列的编程方法

① 选择序列分支编程　如果某一步的后面有一个由 N 条分支组成的选择序列，该步可能转换到不同的 N 步去；将 N 个后续步的存储位的常闭触点与该步的线圈串联，作为该步的停止条件。在图 6-15 中，步 M0.0 的后面有一个由 2 条分支组成的选择序列，则 M0.0 和 I0.0 的串联作为 M0.1 的启动条件，M0.0 和 I0.3 的串联作为 M0.3 的启动条件，而后续步 M0.1 和 M0.3 的常闭触点与 M0.0 的线圈串联，作为 M0.0 的停止条件。

② 选择序列合并编程　如果某一步之前有 N 个转换，代表该步的启动条件由 N 条支路并联而成，各支路由某一前级步对应的存储器位的常开触点与相应的转换条件对应的触点或电路并联而成。在图 6-15 中，步 M0.5 之前有 2 个转换，则 M0.2 串联 I0.2 和 M0.4 串联 I0.5 相并联作为 M0.5 的启动条件，M0.5 的常闭触点分别与 M0.2 和 M0.4 的线圈串联，作为 M0.2 和 M0.4 的停止条件。

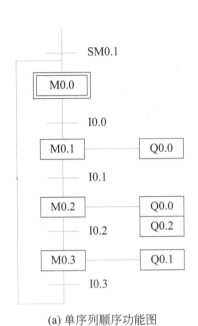

(a) 单序列顺序功能图

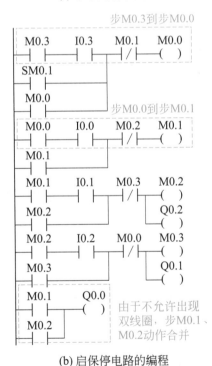

(b) 启保停电路的编程

图 6-14　单序列启保停电路的编程方式

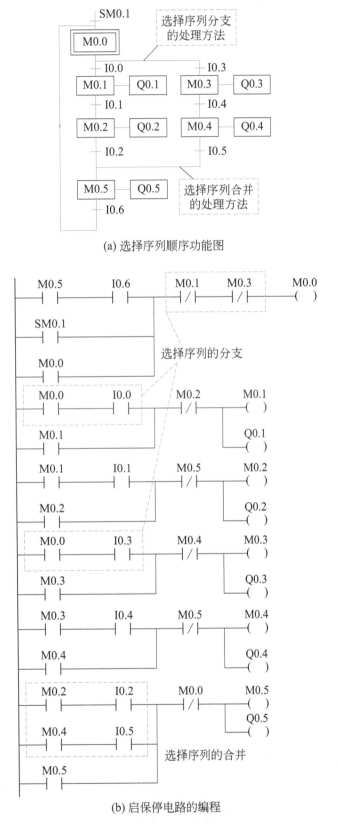

(a) 选择序列顺序功能图

(b) 启保停电路的编程

图 6-15　选择序列启保停电路的编程方式

（3）并行序列的编程方法

① 并行序列分支编程　并行序列是同时变为活动步的，因此，只需将并行序列中某条或全部分支的常闭触点与该前级步线圈串联，作为该步的停止条件。在图6-16中，步 M0.0 的后面有一个由 2 条分支组成的并行序列，则 M0.0 和 I0.0 的串联作为 M0.1 和 M0.3 的启动条件，而后续步 M0.1 和 M0.3 常闭触点与 M0.0 的线圈串联，作为 M0.0 的停止条件。

② 并行序列合并编程　所有的前级步都是活动步且转换条件得到满足时，并行序列合并。将并行序列中所有前级步的常开触点与转换条件串联，作为激活下一步的条件。在图6-16中，步 M0.5 之前有 2 个转换，则 M0.2、M0.4、I0.3 的串联作为 M0.5 的启动条件，M0.5 的常闭触点分别与 M0.2 和 M0.4 的线圈串联，作为 M0.2 和 M0.4 的停止条件。

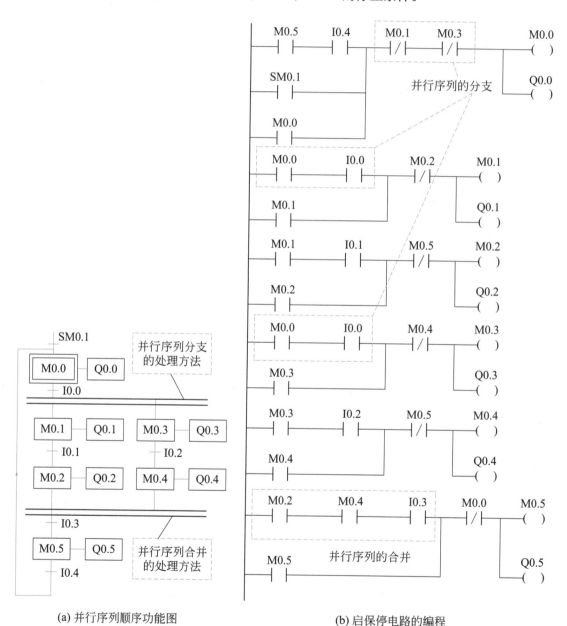

(a) 并行序列顺序功能图　　　　(b) 启保停电路的编程

图 6-16　并行序列启保停电路的编程方式

（4）仅有两小步的小闭环的处理

图 6-17（a）中，当 M0.5 为活动步且转换条件 I1.0 接通时，线圈 M0.4 本来应该接通，但此时与线圈 M0.4 串联的 M0.5 常闭触点为断开状态，故线圈 M0.4 无法接通。出现这样问题的原因在于 M0.5 既是 M0.4 的前级步，又是 M0.4 后续步。

如图 6-17（b）所示，在小闭环中增设步 M1.0，便可以解决此类问题。步 M1.0 在这里只起到过渡作用，延时时间很短，对系统的运行无任何影响。

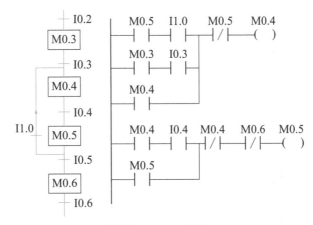

(a) 仅有两小步的小闭环

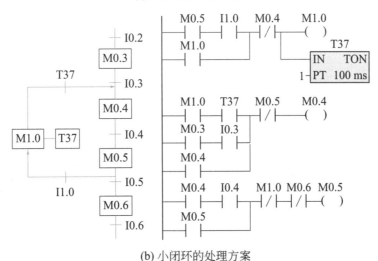

(b) 小闭环的处理方案

图 6-17　仅有两小步的小闭环的处理

6.4.2　使用置位复位指令的编程方法

置位复位指令的顺序控制梯形图编程方法与转换实现的基本规则之间有着严格的对应关系。在任何情况下，代表步的存储器位的控制电路都可以使用这统一的规则来设计，每一个转换对应一个控制置位和复位电路块，有多少个转换就有多少个这样的电路块。这种编程方法特别有规律，特别是在设计复杂的顺序功能图的梯形图时，更能显示出它的优越性。如图 6-18 所示，当 M0.0 为

6.4.2　顺序功能图变梯形图－使用置位复位指令

213

活动步且 I0.0 按下时，M0.1 被置位，即 M0.1 变为活动步，同时复位 M0.0。同理，当 M0.1 为活动步且 I0.1 按下时，M0.2 被置位，同时复位 M0.1。

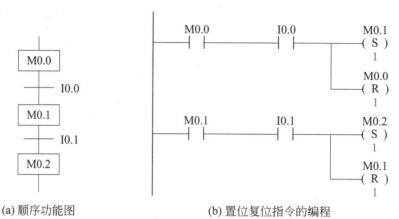

(a) 顺序功能图　　　　　　(b) 置位复位指令的编程

图 6-18　置位复位指令的编程方式

（1）单序列的编程方法

顺序功能图及对应的梯形图如图 6-19 所示。SM0.1 在 PLC 进入 RUN 工作方式时，接通一个扫描周期，使 M0.0 为活动步。当 M0.0 为活动步且 I0.0 按下时，置位 M0.1，同时复位 M0.0，其余以此类推。当 M0.3 为活动步且 I0.3 按下时，置位 M0.0，复位 M0.3。

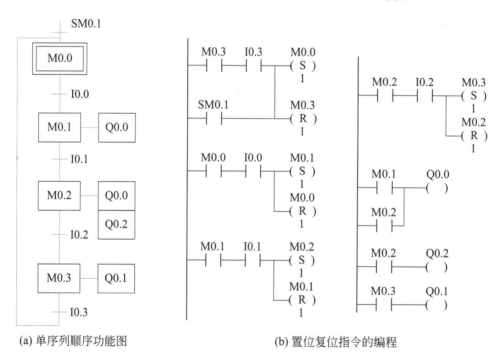

(a) 单序列顺序功能图　　　　　　(b) 置位复位指令的编程

图 6-19　单序列置位复位指令的编程方式

（2）选择序列的编程方法

① 选择序列分支编程　在图 6-20 中，步 M0.0 的后面有一个由 2 条分支组成的选择序列，则：M0.0 和 I0.0 串联电路逻辑为 1 时置位 M0.1，复位 M0.0；M0.0 和 I0.3 串联电路逻辑为 1

时置位 M0.3，复位 M0.0。

② 选择序列合并编程　在图 6-20 中，步 M0.5 之前有 2 个转换，则：M0.2 和 I0.2 串联电路逻辑为 1 时置位 M0.5，复位 M0.2；M0.4 和 I0.5 串联电路逻辑为 1 时置位 M0.5，复位 M0.4。

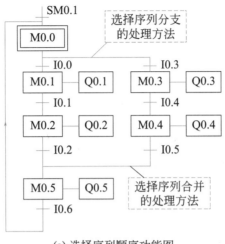

(a) 选择序列顺序功能图

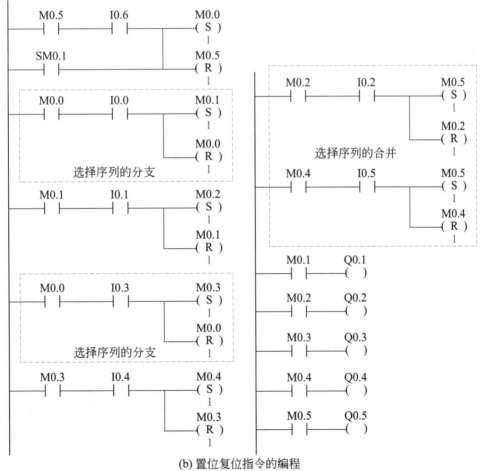

(b) 置位复位指令的编程

图 6-20　选择序列置位复位指令的编程方式

（3）并行序列的编程方法

① 并行序列分支编程　在图 6-21 中，步 M0.0 的后面有一个由 2 条分支组成的并行序列，则 M0.0 和 I0.0 串联电路逻辑为 1 时置位 M0.1 和 M0.3，复位 M0.0。

② 并行序列合并编程　在图 6-21 中，步 M0.5 之前有 2 个转换，则 M0.2、M0.4、I0.3 的串联电路逻辑为 1 时置位 M0.5，复位 M0.2 和 M0.4。

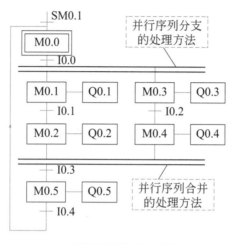

(a) 并行序列顺序功能图

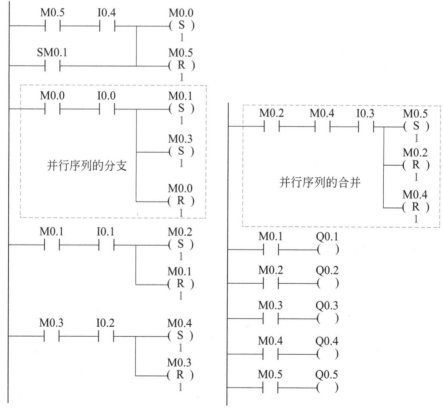

(b) 置位复位指令的编程

图 6-21　并行序列置位复位指令的编程方式

6.4.3　使用步进（顺控）指令的编程方法

　　顺序控制继电器指令是专门用于顺序控制系统设计的指令，有顺控开始指令（SCR）、顺控转换指令（SCRT）、顺控结束指令（SCRE）三种类型。顺控程序段从 SCR 开始到 SCRE 结束。如图 6-22 所示，当 S0.0 为活动步时，执行 S0.0 顺控程序段（从 SCR 到 SCRE）；当 I0.0 按下时，通过 SCRT 指令，将 S0.1 置 1，同时复位 S0.0，则进入 S0.1 顺控程序段的执行。

（1）单序列的编程方法

　　顺序功能图及对应的梯形图如图 6-23 所示。SM0.1 在 PLC 进入 RUN 工作方式时，接通一个扫描周期，使 S0.0 为活动步。当 S0.0 为活动步且 I0.0 按下时，置位 S0.1，同时复位 S0.0，其余以此类推。当 S0.3 为活动步且 I0.3 按下时，置位 S0.0，复位 S0.3。

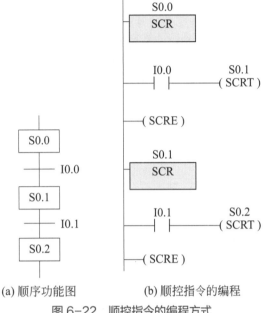

(a) 顺序功能图　　　　(b) 顺控指令的编程

图 6-22　顺控指令的编程方式

6.4.3　顺序功能图变梯形图

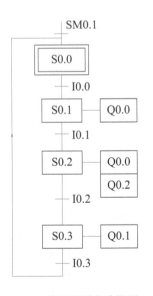

(a) 单序列顺序功能图

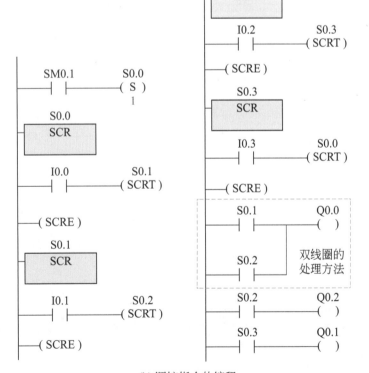

(b) 顺控指令的编程

图 6-23　单序列顺控指令的编程方式

（2）选择序列的编程方法

① 选择序列分支编程　在图 6-24 中，步 S0.0 的后面有一个由 2 条分支组成的选择序列，则：当按下 I0.0 时，置位 S0.1，复位 S0.0；当按下 I0.3 时置位 S0.3，复位 S0.0。

② 选择序列合并编程　在图 6-24 中，步 S0.5 之前有 2 个转换，则：S0.2 为活动步且 I0.2 闭合时置位 S0.5，复位 S0.2；S0.4 为活动步且 I0.5 闭合时置位 S0.5，复位 S0.4。

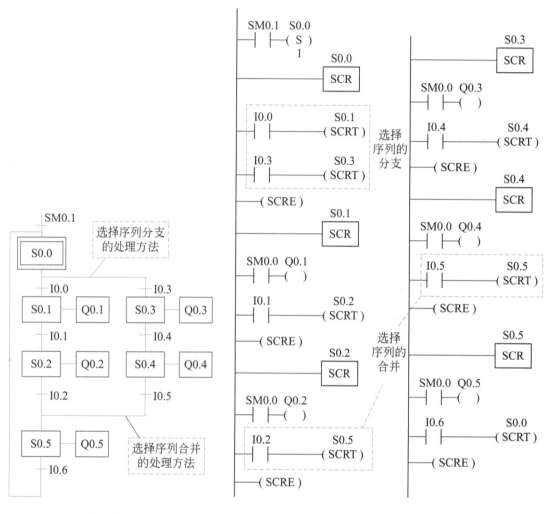

(a) 选择序列顺序功能图　　　　(b) 顺控指令的编程

图 6-24　选择序列顺控指令的编程方式

（3）并行序列的编程方法

① 并行序列分支编程　在图 6-25 中，步 S0.0 的后面有一个由 2 条分支组成的并行序列，则当按下 I0.0 时，置位 S0.1 和 S0.3，复位 S0.0。

② 并行序列合并编程　在图 6-25 中，步 S0.5 之前有 2 个步，必须 S0.2 和 S0.4 同为活动步且 I0.3 闭合时，才置位 S0.5，复位 S0.2 和 S0.4，所以在顺控程序段 S0.2 和 S0.4 中不含顺控转换指令（SCRT），而是单独采用 S0.2、S0.4、I0.3 触点串联置位复位指令，实现由 S0.2 和 S0.4 向 S0.5 的转换。

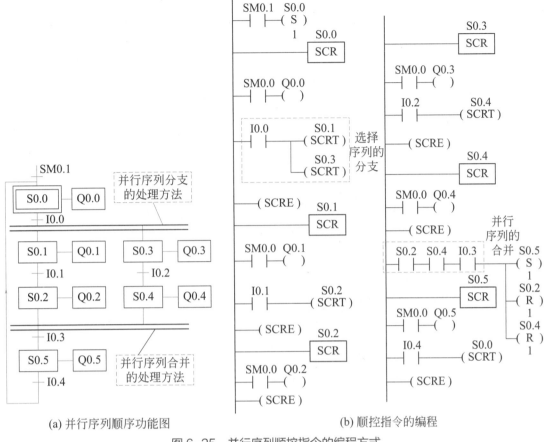

(a) 并行序列顺序功能图　　　　　　(b) 顺控指令的编程

图 6-25　并行序列顺控指令的编程方式

6.5　顺序功能图综合应用案例

6.5.1　液体混合机自动控制

6.5.1　液体混合机自动控制

（1）控制要求

当按下启动按钮时，混合机开始进液体，到达指定水位后，启动运转；正转 10s 停 2s，反转 10s 停 2s，当达到 480s 时，自动停止。按下停止按钮时，混合机停止运转。范例示意如图 6-26 所示。

（2）绘制顺序功能图

根据动作要求，整个控制过程分成 M0.0～M0.5 共 6 步，其中 M0.0 为初始步，步 M0.1～M0.5 对应于不同的动作，其顺序功能图如图 6-27 所示。

图 6-26　范例示意

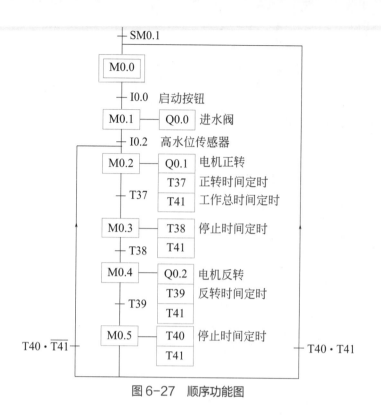

图6-27 顺序功能图

（3）控制程序及程序说明

控制程序如图 6-28 所示。

① 初始上电，M0.0 得电。

② 按下启动按钮 I0.0 时，进而使 M0.1 得电。进水阀门 Q0.0 得电，混合机开始进液体。

③ 当混合机内液位达到指定水位后 I0.2 得电，M0.2 和 Q0.1 得电，混合机电机正转运行。M0.2 常闭触点断开，使 M0.1 和 Q0.0 失电，进水阀门关闭，同时定时器 T37、T41 开始定时。

④ 经 10s 后，T37 常开触点闭合，M0.3 得电，M0.2 和 Q0.1 失电，电机停止正转运行。同时，定时器 T38 开始定时，T41 继续定时。

启动以后进液体

电机正转10s

电机停2s

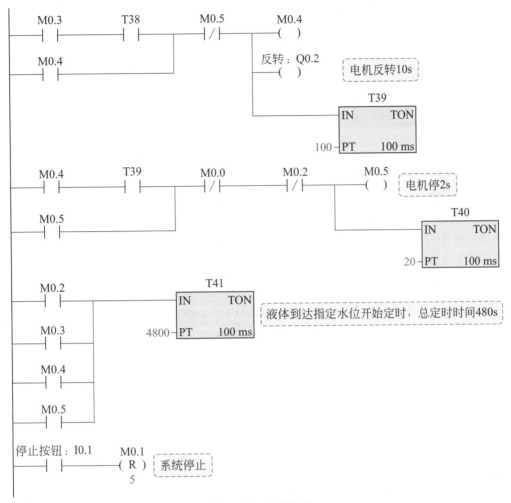

图 6-28　控制程序

⑤ 2s 后，T38 常开触点闭合，M0.4 和 Q0.2 得电，M0.3 失电，电机反转运行，同时定时器 T39 开始定时，T41 继续定时。

⑥ 10s 后，T39 常开触点闭合，M0.5 得电，M0.4 和 Q0.2 失电，电机停止反转运行。同时，定时器 T40 开始定时，T41 继续定时。

⑦ 2s 后，T40 常开触点闭合，当 T41 定时时间未到时，M0.2 和 Q0.1 得电，M0.5 失电，混合机电机正转，又开始新一轮的工作周期。当 T41 定时时间到时，M0.0 得电，M0.5 失电，必须重新按下启动按钮，混合机电机才会开始新一轮的工作周期。

⑧ 按下停止按钮，混合机停止，所用定时器复位。

6.5.2　剪板机的控制

（1）控制要求

剪板机是用一个刀片做往复直线运动剪切板材的机器。板材平移运动到位后，压钳压紧板材，压紧后剪刀向下运动切断板材，随后剪刀和压钳同时回到初始状态，进行下一个工作周

6.5.2
剪板机的控制

期。当进行了 10 次切割后，剪板机停止，等待下一个启动信号。范例示意如图 6-29 所示。

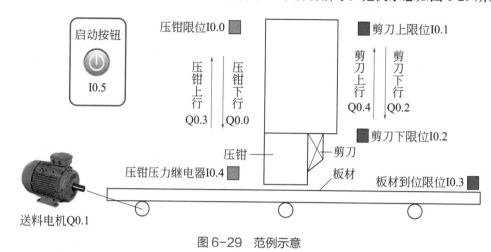

图 6-29　范例示意

（2）顺序功能图的绘制

根据动作要求，整个控制过程分成 M0.0～M0.7 共 8 步，其中 M0.0 为初始步，步 M0.1～M0.7 对应于不同的动作，其顺序功能图如图 6-30 所示。

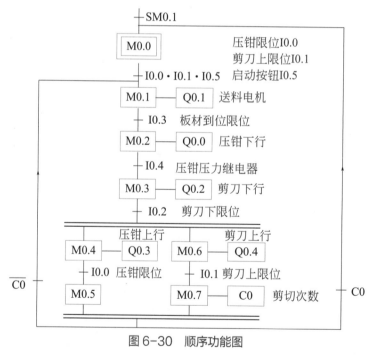

图 6-30　顺序功能图

（3）控制程序及程序说明

控制程序如图 6-31 所示。

① PLC 通电后，SM0.1 首次扫描时为 1，M0.0 置位，同时计数器 C0 被清零。

② 按下启动按钮 I0.5，I0.5 常开触点闭合。同时，因为压钳和剪刀都在初始位置，即 I0.0、I0.1 常开触点闭合，所以 M0.1 置位，Q0.1 线圈得电，送料电机接通。另外，M0.0 复位，C0 做好计数准备。

③ 板材到位以后，I0.3 常开触点闭合，M0.1 复位，Q0.1 失电，板材停止移动。同时，M0.2 置位，Q0.0 线圈得电，压钳下行。

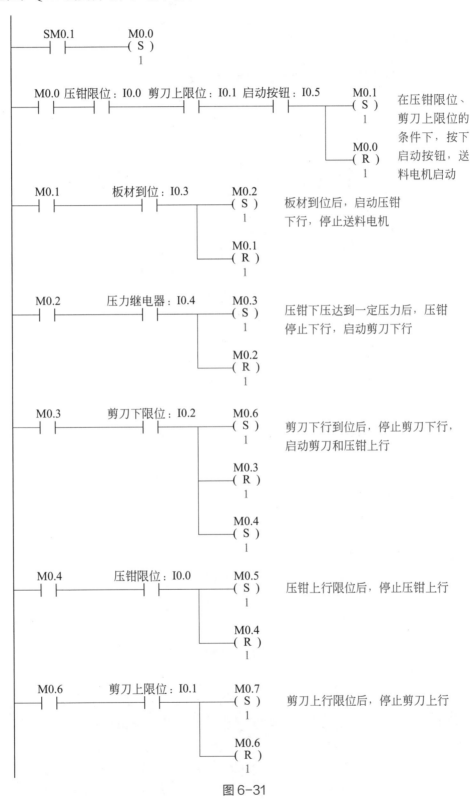

图 6-31

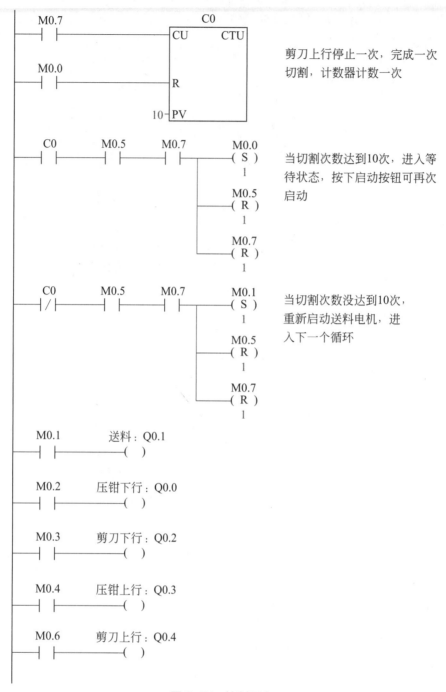

图 6-31 控制程序

④ 压钳到位以后，I0.4 得电，此时，M0.2 复位，Q0.0 线圈失电，压钳停止下行；M0.3 置位，Q0.2 线圈得电，剪刀开始下行。

⑤ 剪刀下行到位后，I0.2 得电，程序进入并行序列。此时，M0.3 复位，Q0.2 失电，剪刀停止下行。同时，M0.4、M0.6 置位，Q0.3、Q0.4 得电，压钳和剪刀开始上行。

⑥ 剪刀上行至初始位置后，I0.1 得电，M0.6 复位，Q0.4 失电，剪刀停止上行，M0.7 置位，计数器加 1。同时，压钳上行到位后，I0.0 得电，M0.4 复位，Q0.3 失电，压钳停止上行，

并且 M0.5 置位。此时，并行序列合并，合并后又进入分支序列。

⑦ 当工作次数未到达设定值，即 C0 为 OFF 时，其常闭触点闭合，在 M0.5、M0.7 置位的情况下，使 M0.5、M0.7 自身复位，M0.1 置位，送料电机工作，进入下一个工作周期。当工作到达设定值时，即 C0 常开触点闭合，M0.5、M0.7 被自身复位，M0.0 置位，程序回到初始步，等待下一个启动信号。

6.5.3 全自动洗衣机的控制

6.5.3 顺序功能图应用举例 – 全自动洗衣机

（1）控制要求

某种洗衣机的进水和排水分别由进水电磁阀和排水电磁阀来执行。洗涤由电机驱动波盘正、反转来实现。脱水时，将脱水电磁阀离合器合上，由电机带动内桶正转进行甩干。高、低水位开关分别用来检测高、低水位；排水按钮用来实现手动排水。

PLC 投入运行，启动时开始进水，水位达到高水位时，停止进水并开始洗涤。正转 20s 后暂停 3s，然后开始反转，反转 20s 后暂停 3s，然后再开始正转。如此反复 3 次，即完成 3 次小循环。反复 3 次后开始排水，水位下降到低水位时开始脱水。脱水后即完成一次从进水到脱水的大循环过程。完成 3 次大循环后，洗衣机停止，完成指示灯亮。范例示意如图 6-32 所示。

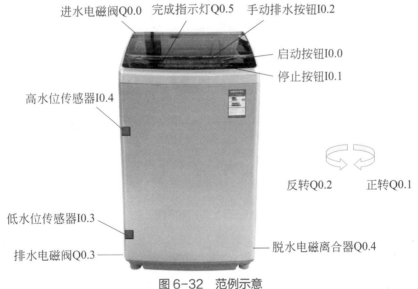

图 6-32 范例示意

（2）顺序功能图的绘制

根据动作要求，其顺序功能图如图 6-33 所示。

（3）控制程序及程序说明

控制程序如图 6-34 所示。

① 系统工作的第一个扫描周期，M0.0 得电并自锁，按下启动按钮 I0.0，若水位低于低水位，I0.3 常闭触点闭合，M0.1、Q0.0 得电，M0.0 失电，洗衣机开始进水。

② 当水位达到高水位时，I0.4 常开触点闭合，M0.2、Q0.1 得电，M0.1、Q0.0 失电，洗衣机停止进水，开始正转，T37 计时开始。

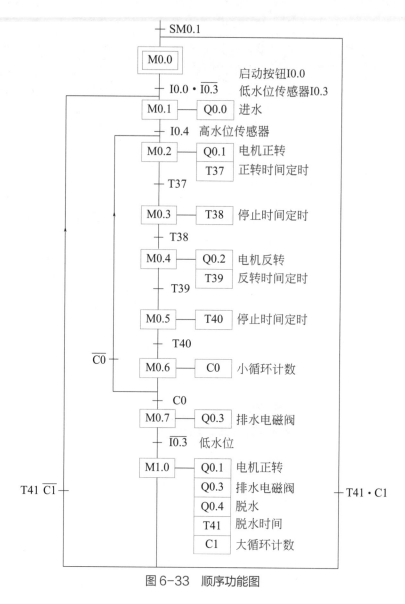

图 6-33　顺序功能图

③ 正转 20s 后，T37 常开触点闭合，M0.3 得电，M0.2、Q0.1 失电，洗衣机停转。同时 T38 计时开始。

④ 停止 3s 后，T38 常开触点闭合，M0.4、Q0.2 得电，M0.3 失电，电机开始反转运行，T39 计时开始。

⑤ 反转 20s 后，T39 常开触点闭合，M0.5 得电，M0.4、Q0.2 失电，洗衣机停转。同时 T40 计时开始。

⑥ 停止 3s 后，T40 常开触点闭合，M0.6 得电，M0.5 失电，计数器 C0 加 1，完成一次小循环。

⑦ 当 C0 未计满 3 次时，C0 常闭触点闭合使 M0.2、Q0.1 得电，M0.6 失电，洗衣机又开始正转。如此重复正转、停止、反转、停止动作，每进行一次小循环，计数器 C0 加 1。

⑧ 当 C0 计满 3 次时，C0 常开触点闭合使 M0.7、Q0.3 得电，M0.6 失电，排水电磁阀打开，开始排水。

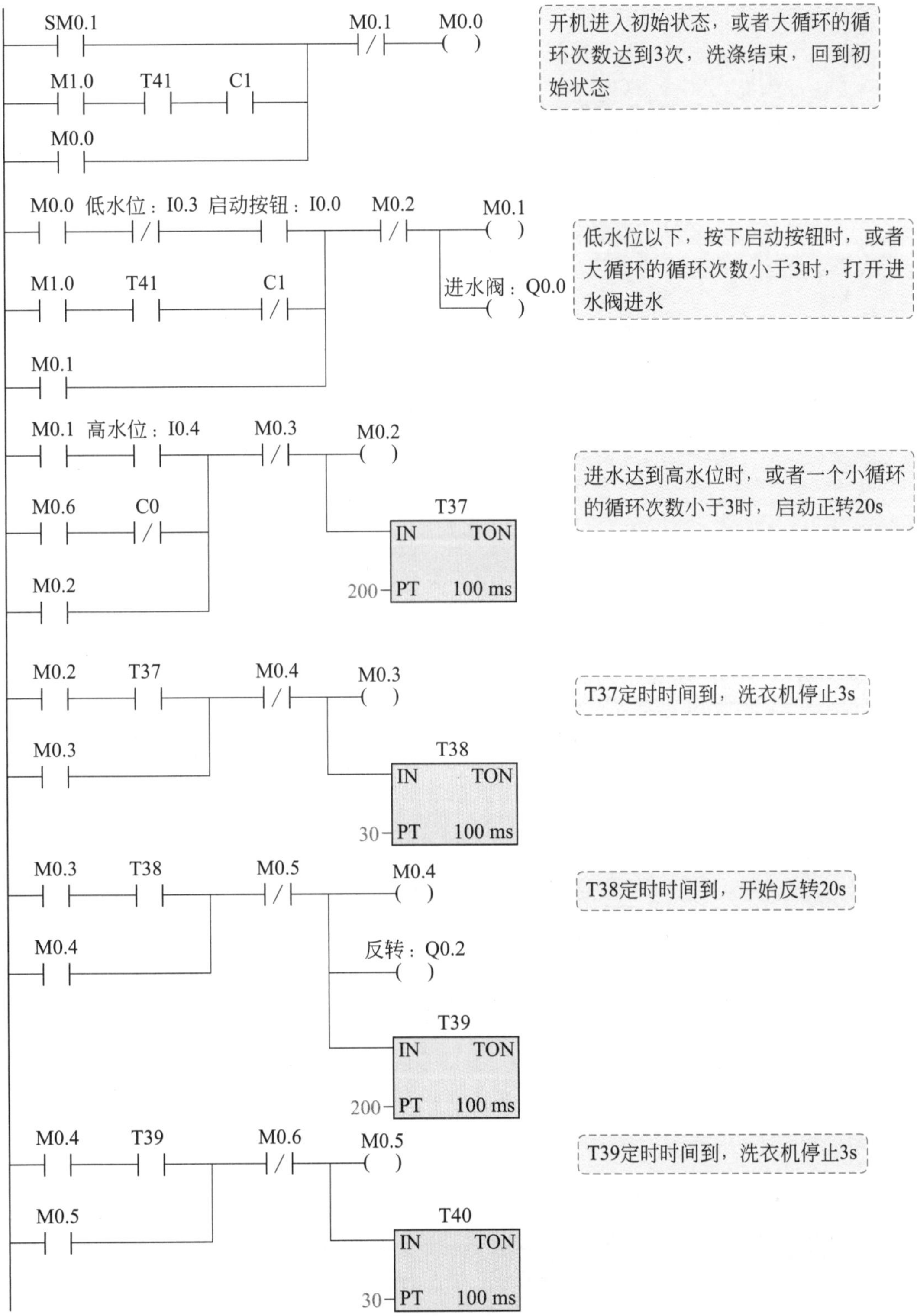

SM0.1 ── M0.1 ── M0.0
M1.0 ── T41 ── C1
M0.0

开机进入初始状态，或者大循环的循环次数达到3次，洗涤结束，回到初始状态

M0.0 低水位：I0.3 启动按钮：I0.0 M0.2 ── M0.1
M1.0 T41 C1 ── 进水阀：Q0.0
M0.1

低水位以下，按下启动按钮时，或者大循环的循环次数小于3时，打开进水阀进水

M0.1 高水位：I0.4 M0.3 ── M0.2
M0.6 C0 ── T37 IN TON 200─PT 100 ms
M0.2

进水达到高水位时，或者一个小循环的循环次数小于3时，启动正转20s

M0.2 T37 M0.4 ── M0.3
M0.3 ── T38 IN TON 30─PT 100 ms

T37定时时间到，洗衣机停止3s

M0.3 T38 M0.5 ── M0.4
M0.4 ── 反转：Q0.2
── T39 IN TON 200─PT 100 ms

T38定时时间到，开始反转20s

M0.4 T39 M0.6 ── M0.5
M0.5 ── T40 IN TON 30─PT 100 ms

T39定时时间到，洗衣机停止3s

图6-34

227

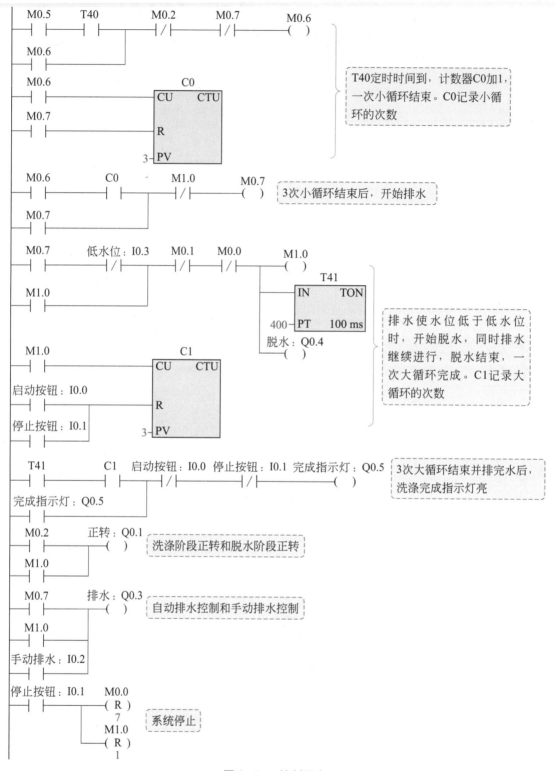

图 6-34 控制程序

⑨ 当低于低水位时，I0.3 常闭触点闭合，M1.0、Q0.3、Q0.4 得电，M0.7 失电，计数 C1 加 1，开始进行脱水，同时 T41 开始计时。脱水的同时，排水电磁阀 Q0.3 保持打开。

⑩ 脱水 40s 后，T41 常开触点闭合，若 C1 计数未满 3 次，C1 常闭触点闭合，M0.1、Q0.0 得电，M1.0、Q0.3、Q0.4 失电，停止脱水，再次进水。到此完成一次从进水到脱水的大循环过程。若 C1 计数已满 3 次，C1 常开触点闭合，M0.0 得电，M1.0、Q0.3、Q0.4 失电，停止脱水。Q0.5 得电，完成指示灯亮。

⑪ 按下停止按钮 I0.1，洗衣机停止。若洗衣中途出现故障，按下按钮 I0.2 可实现手动排水。

6.5.4 加热反应炉的控制

6.5.4
加热反应炉

（1）控制要求

按下启动按钮后，系统运行；排气阀、进料阀开启，当液位上升到高液位时，排气阀、进料阀被关闭。延时 10s，氮气阀开启，炉内压力上升。当压力上升到给定值时，氮气阀关闭，送料过程结束，接通加热炉电阻丝。当温度上升到给定值时，停止加热。延时 10s 后，排气阀打开。炉内压力下降到给定值时，泄放阀打开，当炉内液体降到低液位以下时，排气阀关闭，泄放阀关闭，系统恢复到原始状态，准备进入下一循环。按下停止按钮后，系统停止。范例示意如图 6-35 所示。

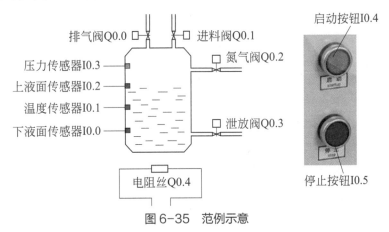

图 6-35 范例示意

（2）顺序功能图的绘制

根据动作要求，其顺序功能图如图 6-36 所示。

（3）控制程序及程序说明

控制程序如图 6-37 所示。

① 第一个扫描周期，SM0.1 得电，置位 S0.0，进入初始状态。

② 第一阶段：送料控制

a. 检测炉内温度传感器 I0.1、上液面传感器 I0.2、炉内压力传感器 I0.3 均小于给定值时，其常闭触点闭合。

b. 按下启动按钮，置位 S0.1，复位 S0.0；Q0.0、Q0.1 得电，排气阀、进料阀开启，炉内液位上升。

c. 当液位上升到高液位时，I0.2 常开触点闭合，置位 S0.2，复位 S0.1；定时器 T37 开始定时，Q0.0、Q0.1 失电，排气阀、进料阀被关闭。

d. 延时 10s，T37 常开触点闭合，置位 S0.3，复位 S0.2；Q0.2 得电，氮气阀开启，炉内

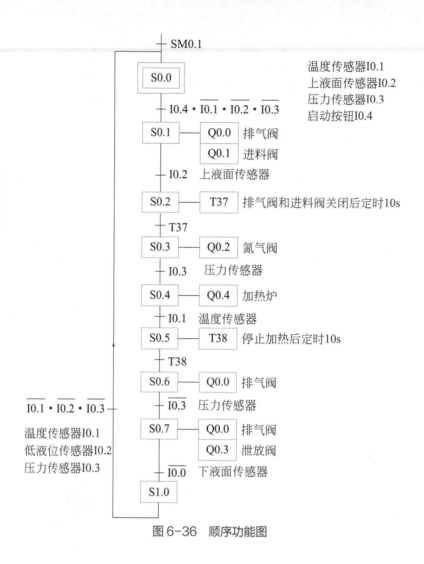

图 6-36 顺序功能图

压力上升。

　　e. 当压力上升到给定值时，压力传感器 I0.3 常开触点闭合，置位 S0.4，复位 S0.3；氮气阀 Q0.2 关闭，送料过程结束。

　　③ 第二阶段：加热反应控制

　　a. 送料过程结束后，Q0.4 得电，接通加热炉电阻丝，炉内温度上升。

　　b. 当温度升达到给定值时，I0.1 常开触点闭合，置位 S0.5，复位 S0.4；Q0.4 失电，停止加热，定时器 T38 开始定时。

　　④ 第三阶段：泄放过程

　　a. 延时 10s 后，T38 常开触点闭合，置位 S0.6，复位 S0.5；Q0.0 得电，排气阀打开，炉内压力下降。

　　b. 炉内压力下降到给定值时，I0.3 常闭触点闭合，置位 S0.7，复位 S0.6；Q0.0、Q0.3 得电，排气阀和泄放阀打开，炉内液位下降。

　　c. 当炉内液体降到低液位以下时，I0.0 常闭触点闭合，置位 S1.0，复位 S0.7；Q0.0、Q0.3 失电，排气阀和泄放阀关闭。当炉内温度传感器 I0.1、上液面传感器 I0.2、炉内压力传感器 I0.3 均小于给定值时，系统恢复到原始状态，准备进入下一循环。

　　⑤ 如发生紧急情况，则按下停止按钮，I0.5 常开触点闭合，系统即刻停止。

```
     SM0.1        S0.0
    ─┤├──────────( S )  进入初始状态
                    1
     S0.0
    ┌──────┐
    │ SCR  │
    └──────┘

      启动按钮：I0.4  炉内温度：I0.1  上液位：I0.2  炉内压力：I0.3   S0.1
    ─────────┤├──────────┤/├──────────┤/├──────────┤/├────────( SCRT )

    ─( SCRE )
     S0.1
    ┌──────┐
    │ SCR  │
    └──────┘

     SM0.0      进料阀：Q0.1
    ─┤├──────────( )
                              打开排气阀Q0.0和进料阀Q0.1，开始进料，
              上液位：I0.2     S0.2   液位达到上液位I0.2，进入状态S0.2
             ─────┤├────────( SCRT )

    ─( SCRE )
     S0.2
    ┌──────┐
    │ SCR  │
    └──────┘
                            T37
     SM0.0              ┌──────────┐
    ─┤├────────────────┤IN    TON │
                       │          │
                100────┤PT  100 ms│    T37开始定时，10s后进入状态S0.3
                       └──────────┘
               T37          S0.3
             ─────┤├────────( SCRT )

    ─( SCRE )
     S0.3
    ┌──────┐
    │ SCR  │
    └──────┘

     SM0.0      氮气阀：Q0.2
    ─┤├──────────( )
                              打开氮气阀Q0.2，开始充氮气，压力达到
              炉内压力：I0.3   S0.4   给定值时，I0.3得电，进入状态S0.4
             ─────┤├────────( SCRT )

    ─( SCRE )
     S0.4
    ┌──────┐
    │ SCR  │
    └──────┘

     SM0.0      加热炉：Q0.4
    ─┤├──────────( )
                              加热炉Q0.2开始加热，当炉内温度达到
              炉内温度：I0.1   S0.5   给定值时，I0.1得电，进入状态S0.5
             ─────┤├────────( SCRT )

    ─( SCRE )
```

图 6-37

231

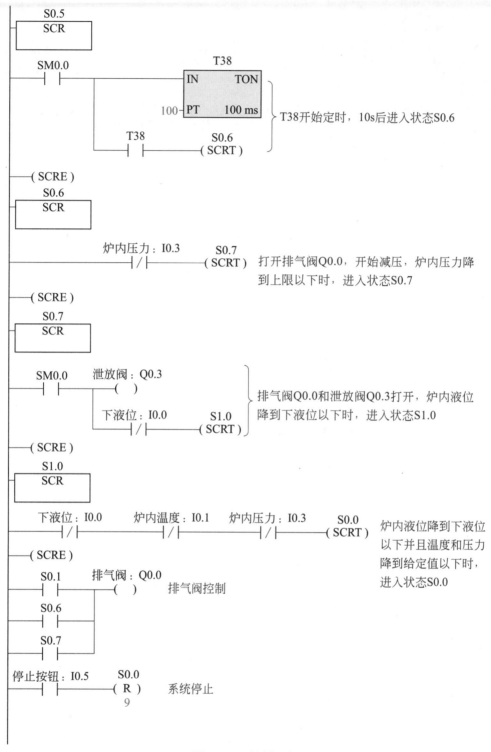

图 6-37 控制程序

232

第 7 章
西门子 PLC 系统控制应用案例

案例1 采用定时器实现的跑马灯控制

（1）控制要求

按下 I0.0，三个灯从左到右依次点亮，当下一个灯点亮时，上一个灯同时熄灭，并循环。按下 I0.1，灯熄灭，不再循环。范例示意如图 7-1 所示。

图 7-1 范例示意

（2）控制程序及程序说明

控制程序如图 7-2 所示。

① 按下启动按钮 I0.0 时，Q0.0 得电并自锁，灯 L1 点亮。同时 T37 开始计时。

② 1s 后 T37 常闭触点断开，Q0.0 失电；T37 常开触点闭合，Q0.1 得电并自锁。即灯 L1 熄灭，灯 L2 点亮。同时 T38 开始计时。

③ 1s 后 T38 常闭触点断开，Q0.1 失电；T38 常开触点闭合，Q0.2 得电并自锁。即灯 L2 熄灭，灯 L3 点亮。同时 T39 开始计时。

④ 1s 后 T39 常闭触点断开，Q0.2 失电；T39 常开触点闭合，Q0.0 得电并自锁。即灯 L3 熄灭，灯 L1 点亮。此过程不断循环。

⑤ 按下停止按钮 I0.1 时，I0.1 常闭触点断开，灯熄灭，并不再循环。

启动按钮：I0.0　　灯L1点亮时间：T37　　停止按钮：I0.1　　灯L1：Q0.0
```
 ┤├──────────────┤/├──────────────┤/├──────────────( )

灯L3点亮时间：T39                                                灯L1点亮时间：T37
 ┤├                                                         ┌─────────────┐
                                                            │ IN      TON │
灯L1：Q0.0                                                    │             │
 ┤├                                                      10─┤ PT   100 ms │
                                                            └─────────────┘
```

灯L1点亮时间：T37　灯L2点亮时间：T38　停止按钮：I0.1　　灯L2：Q0.1
```
 ┤├──────────────┤/├──────────────┤/├──────────────( )

灯L2：Q0.1                                                   灯L2点亮时间：T38
 ┤├                                                         ┌─────────────┐
                                                            │ IN      TON │
                                                            │             │
                                                        10─┤ PT   100 ms │
                                                            └─────────────┘
```

灯L2点亮时间：T38　灯L3点亮时间：T39　停止按钮：I0.1　　灯L3：Q0.2
```
 ┤├──────────────┤/├──────────────┤/├──────────────( )

灯L3：Q0.2                                                   灯L3点亮时间：T39
 ┤├                                                         ┌─────────────┐
                                                            │ IN      TON │
                                                            │             │
                                                        10─┤ PT   100 ms │
                                                            └─────────────┘
```

图7-2　控制程序

案例2　火灾报警控制

（1）控制要求

要求在火灾发生时，报警器能够发出间断的报警灯示警和长鸣的蜂鸣警告，并且能够使监控人员做出报警响应，且可以测试报警灯是否正常。范例示意如图7-3所示。

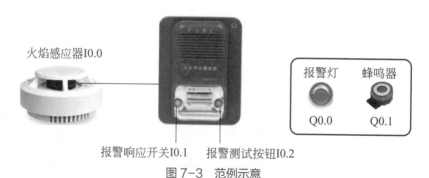

火焰感应器I0.0

报警灯　蜂鸣器

Q0.0　　Q0.1

报警响应开关I0.1　　报警测试按钮I0.2

图7-3　范例示意

（2）控制程序及程序说明

控制程序如图7-4所示。

① 火灾发生时，I0.0常开触点闭合，Q0.1得电，蜂鸣器蜂鸣发出报警；同时，定时器

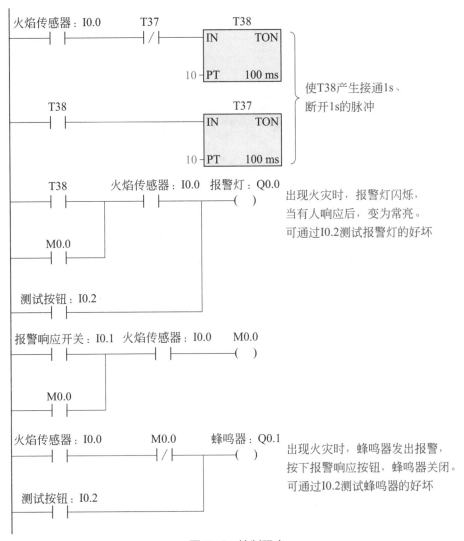

图7-4 控制程序

T38 开始计时。

② 1s 后计时时间到，T38 常开触点闭合，定时器 T37 开始计时。1s 后计时时间到，T37 常闭触点断开，定时器 T38 复位，进而定时器 T37 复位。随后，定时器 T38 又开始计时，如此反复，定时器 T38 的常开触点在接通 1s 和断开 1s 之间往复循环，使得报警灯 Q0.0 闪烁。

③ 报警器发出报警后，监控人员按下 I0.1，I0.1 常开触点闭合，M0.0 得电并自锁，M0.0 的常闭触点断开，使得 Q0.1 失电，蜂鸣器被关闭。同时，由于 M0.0 的常开触点闭合，报警灯 Q0.0 不再闪烁。

④ 当没有火灾情况发生时，监控人员可通过按下 I0.2 来测试报警灯和蜂鸣器是否正常。

案例3 消防排风系统控制

（1）控制要求

高层建筑消防排风系统要求当烟雾信号超过警戒值后，自动启动排风系统和送风系统，并且叮在其他情况下进行手动启动和关闭。范例示意如图 7-5 所示。

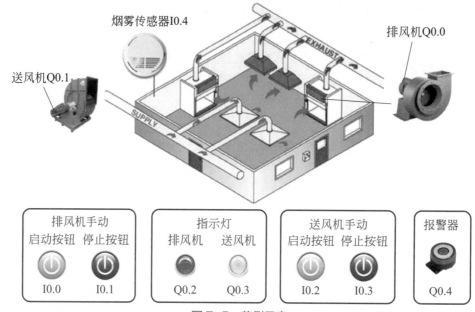

图 7-5　范例示意

（2）控制程序及程序说明

控制程序如图 7-6 所示。

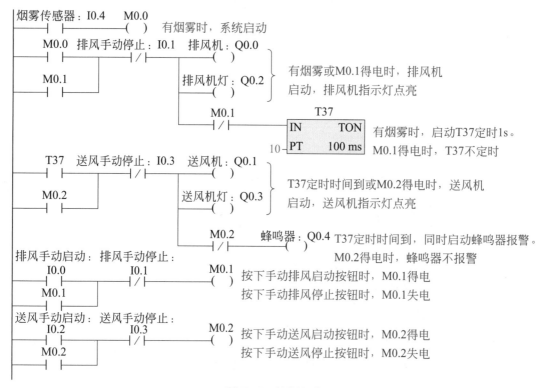

图 7-6　控制程序

① 当烟雾信号超出警戒值后，I0.4 常开触点闭合，M0.0 得电，系统进入自动运行状态。

② 当 M0.0 得电时，Q0.0、Q0.2 得电，排风机启动，排风启动指示灯点亮。同时，T37 开始计时。1s 后，T37 常开触点闭合，Q0.1、Q0.3、Q0.4 得电，送风机启动，送风启动指示灯点亮、报警蜂鸣器启动。

③ 手动模式下，按下排风机启动按钮 I0.0，I0.0 常开触点闭合，M0.1 得电并自锁。此时，Q0.0、Q0.2 得电，排风机启动，指示灯点亮。按下排风机停止按钮 I0.1 时，I0.1 常闭触点断开，排风机停止，指示灯灭。

按下送风机启动按钮 I0.2 时，I0.2 常开触点闭合，M0.2 得电并自锁。此时，Q0.1、Q0.3 得电，送风机及其指示灯启动。按下送风机停止按钮 I0.3 时，送风机及指示灯停止。

④ 值得注意的是，在有烟雾信号的情况下，系统会自动运行，此时，如果进行手动操作，只能启动设备，无法停止设备。当烟雾信号消失后，系统自动停止。

案例4　电动机正反转自动循环控制

（1）控制要求

按下启动按钮，电动机正转，3min 后自动切换为反转，再经过 3min 自动切换回正转，如此不断循环；按下停止按钮，电动机停止。范例示意如图 7-7 所示。

正转Q0.0
反转Q0.1

停止按钮I0.1
启动按钮I0.0

图 7-7　范例示意

（2）控制程序及程序说明

控制程序如图 7-8 所示。

① 按下启动按钮 I0.0，M0.0 得电并自锁，M0.0 常开触点闭合，Q0.0 得电，电动机正转，T37 开始计时。

② 3min 后，T37 计时时间到，T37 常闭触点断开，Q0.0 失电；T37 常开触点闭合，Q0.1 得电，电动机反转，T38 开始计时。

③ 再经过 3min 后，T38 计时时间到，T38 常闭触点断开，Q0.1 失电；T38 常开触点闭合，T37、T38 被复位，同时 Q0.0 得电，电动机正转。

④ 按下停止按钮，I0.1 常闭触点断开，M0.0 失电，电动机立即停止。

⑤ 当再次按下启动按钮时，T37、T38 被复位，无论上次电动机在何状态时停止，电动机均从正转开始运转。

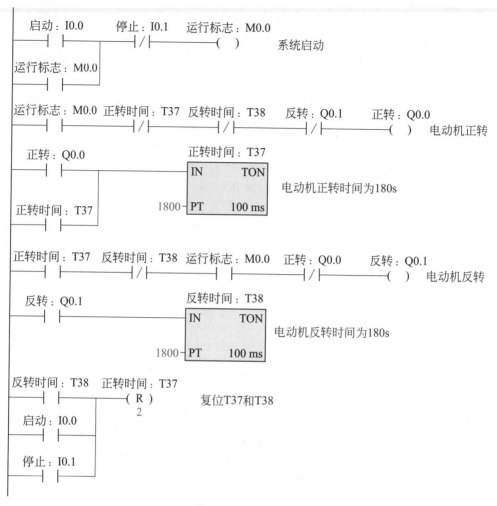

图 7-8 控制程序

案例5 产品打包与产量统计系统

（1）控制要求

在产品包装线上，光电传感器每检测到 6 个产品，机械手动作 1 次，将 6 个产品转移到包装箱中，机械手复位，当 24 个产品装满后，进行打包，打印生产日期，日产量统计，最后下线。如图 7-9 所示为产品的批量包装与产量统计示意图。产品有无检测采用光电传感器，用于检测产品，6 个产品通过后，向机械手发出动作信号，机械手将这 6 个产品转移至包装箱内，转移 4 次后，开始打包，打包完成后，打印生产日期；产量光电传感器用于检测包装箱，统计产量，下线。范例示意如图 7-9 所示。

（2）控制程序及程序说明

控制程序如图 7-10 所示。

① 光电传感器每检测到 1 个产品时，I0.0 就触发 1 次（OFF → ON），C0 计数 1 次。

② 当 C0 计数达到 6 次时，C0 的常开触点闭合，Q0.0 得电，机械手执行移动动作，同时

机械手Q0.0
机械手动作完成传感器I0.1
产品有无检测I0.0
产品
打包完成传感器I0.2
打包机Q0.1
产量复位按钮
I0.4
打号机Q0.2
生产日期
产量光电传感器I0.3

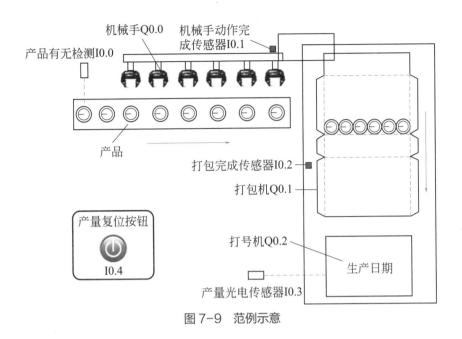

图 7-9　范例示意

产品光电信号：I0.0
C0
CU CTU
抓放动作完成：I0.1
P
R
6
PV
产品个数计数
C0
机械手：Q0.0
每检测到6个产品，机械手装箱一次
C0
C1
CU CTU
打包完成：I0.2
P
R
4
PV
机械手装箱次数计数
抓放动作完成：I0.1
P
机械手：Q0.0
R
1
机械手完成一次抓放动作，将机械手复位
C1
包装箱打包：Q0.1
机械手装箱次数达到4次时，开始打包
打包完成：I0.2
P
包装箱打包：Q0.1
R
1
打包完成后，复位打包机
打包完成：I0.2
打号机：Q0.2
打包完成后，启动打号机
产量统计：I0.3
C12
CU CTU
产量复位：I0.4
P
R
3000
PV
用C12的当前值统计包装箱的数量

图 7-10　控制程序

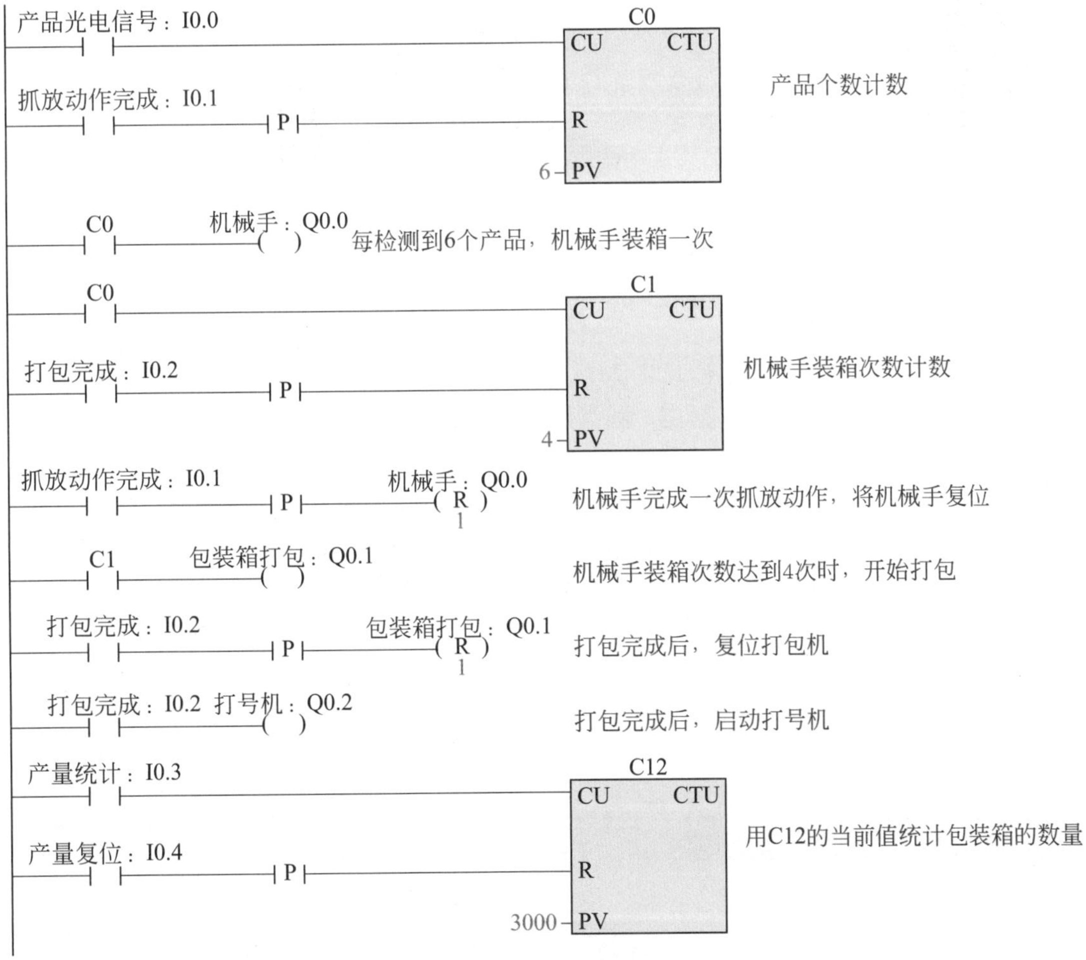

C1 计数 1 次。

③ 当机械手移动动作完成后，I0.1 的状态由 OFF→ON，产生上升沿信号，Q0.0 和 C0 均被复位，等待下次移动。

④ 当 C1 计数达 4 次时，C1 的常开触点闭合，Q0.1 得电，打包机将纸箱折叠并封口。完成打包后，I0.2 的状态由 OFF→ON，产生上升沿信号，Q0.1 和 C1 均被复位，同时 Q0.2 得电，打号器将生产日期打印在包装箱表面。

⑤ 光电传感器检测到包装箱时，I0.3 就触发 1 次（OFF→ON），C12 计数 1 次。按下清零按钮 I0.4 可将产品产量记录清零，又可对产品数从 0 开始进行计数。

案例6　圆盘间歇旋转控制

（1）控制要求

圆盘旋转由电机控制，按下启动按钮，圆盘开始旋转，每转一圈后停 3s，转 4 圈后停止。范例示意如图 7-11 所示。

停止按钮I0.2

启动按钮I0.1

限位开关I0.0

电机0.0

图 7-11　范例示意

（2）控制程序及程序说明

控制程序如图 7-12 所示。

① 圆盘在原初始位置时，限位开关受压。

② 按下启动按钮 I0.1，Q0.0 得电，圆盘开始旋转，限位开关不再受压。同时，计数器 C0 复位，M0.0 得电并自锁。

③ 当圆盘旋转一圈，又重新回到初始位置时，压下限位开关 I0.0，I0.0 常开触点闭合，产生一个上升沿信号，Q0.0 复位，圆盘停止转动，同时 C0 计数 1 次。同时，定时器 T37 开始计时，3s 后，T37 常开触点闭合，使得 Q0.0 再次置位，圆盘旋转。

④ 圆盘每转一圈，计数器 C0 计数 1 次，当计数值达到 4 时，C0 常开触点闭合，使 Q0.0 复位，C0 常闭触点断开，使 Q0.0 不再得电。

⑤ 在圆盘转动的过程中，若按下停止按钮 I0.2，I0.2 常开触点闭合，使 Q0.0 复位；I0.2 常闭触点断开，M0.0 失电，定时器 T37 复位。

案例7　储液罐的水位自动控制

（1）控制要求

储液罐是一些工业、农业场所经常会用到的设备，对其内部水位的控制也是产品制造流程

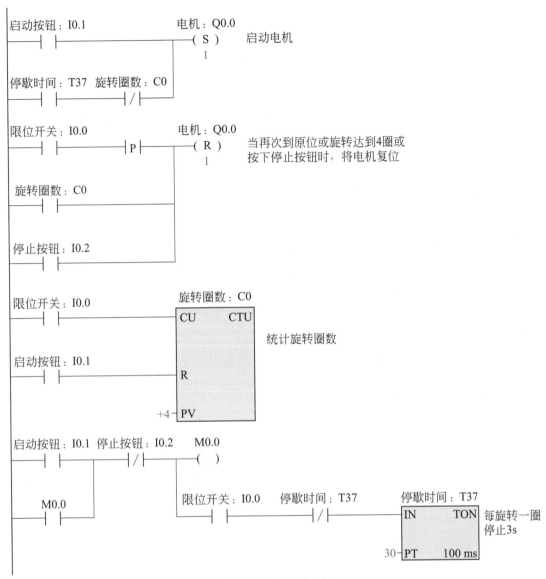

图 7-12　控制程序

中不可或缺的一部分。目前，储液罐的水位控制多包含在大型的控制工程中，这里仅仅是取其中一个比较简单的双储液罐连动的单水位控制进行说明。控制要求如下。

① 储液罐分为上下两罐，两罐都有各自的进水管和排水管，上水罐的排水管和进水管连接下水罐。

② 上罐进水的顺序为先打开进水阀门 Q0.2，然后延时 2s 启动压水泵 Q0.4。停止时，先关闭压水泵 Q0.4，再关闭阀门 Q0.2。

③ 下罐水位超高时，下罐排水（Q0.3），下罐同时向上罐进水（Q0.2，Q0.4）；下罐水位较高时，下罐向上罐进水（Q0.2，Q0.4）；下罐水位正常时，阀门都不启动；下罐水位较低时，上罐排水（Q0.0）。下罐水位低时，下罐进水（Q0.1）；下罐水位超低时，下罐进水（Q0.1），上罐同时向下罐排水（Q0.0）。

范例示意如图 7-13 所示。

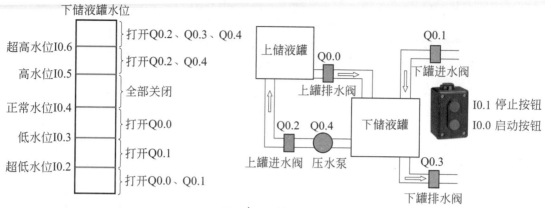

图 7-13 范例示意

（2）控制程序及程序说明

控制程序如图 7-14 所示。

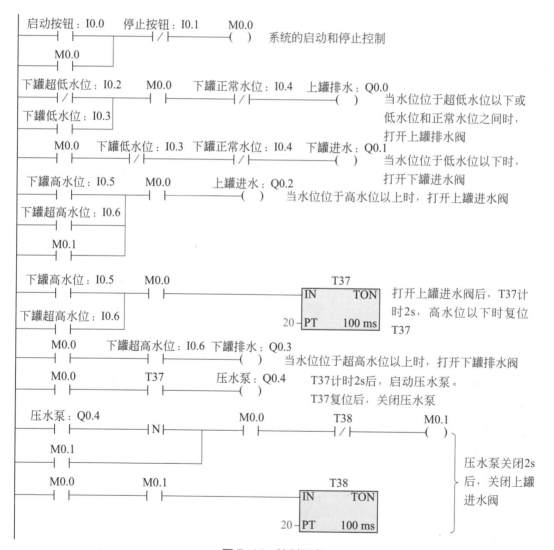

图 7-14 控制程序

242

① 水位位于传感器以下时，信号为 OFF；位于传感器以上时，信号为 ON。

② 启动时，按下启动按钮 I0.0，M0.0 得电并自锁，控制系统启动。

③ 当下罐水位超低时，水位位于超低水位传感器 I0.2 以下，I0.2 常闭触点闭合，上罐排水阀 Q0.0 和下罐进水阀 Q0.1 打开，下罐水位上升。

④ 当水位位于低水位和超低水位之间时，I0.2 常闭触点断开，Q0.0 失电；I0.3 常闭触点闭合，Q0.1 保持得电。上罐排水阀 Q0.0 关闭，下罐进水阀 Q0.1 打开，水位继续上升。

⑤ 当水位到达低水位时，I0.3 常开触点闭合，Q0.0 得电；I0.3 常闭触点断开，Q0.1 失电。下罐进水阀 Q0.1 关闭，上罐排水阀 Q0.0 打开，水位继续上升。

⑥ 当水位上升到正常水位时，I0.4 常闭触点断开，上罐排水阀 Q0.0 关闭。至此，所有阀门均关闭。

⑦ 当下罐水位超高时，I0.6 常开触点闭合，下罐排水阀 Q0.3 和上罐进水阀 Q0.2 均打开，定时器开始计时。2s 后，T37 常开触点闭合，压水泵 Q0.4 启动，水位开始下降。

⑧ 当水位降到高水位时，I0.6 常开触点断开，下罐排水阀 Q0.3 关闭。I0.5 常开触点闭合，上罐进水阀 Q0.2 继续打开，水位继续下降。

⑨ 当水位到达正常水位时，I0.5 常开触点断开，定时器 T37 复位，则压水泵 Q0.4 停止。Q0.4 输出一个下降沿，M0.1 得电并自锁。M0.1 常开触点闭合，维持上罐进水阀 Q0.2 继续打开。同时，定时器 T38 开始计时。2s 后，T38 常闭触点断开，M0.1 失电，Q0.2 失电，上罐进水阀 Q0.2 关闭。

⑩ 按下停止按钮 I0.1，M0.0 失电，系统停止。

案例8　空气压缩机自动控制系统

（1）控制要求

某工作场所拥有 5 台空气压缩机，正常情况下需要 3 台空气压缩机才能满足需要，另外 2 台备用。当 3 台空气压缩机中的任何 1 台出现故障时，2 台备用的空气压缩机将自行启动 1 台进行补充，并且进行灯光和声音报警。这时需要工作人员切断故障空气压缩机和 PLC 的连接。范例示意如图 7-15 所示。

图 7-15　范例示意

（2）控制程序及程序说明

控制程序如图 7-16 所示。

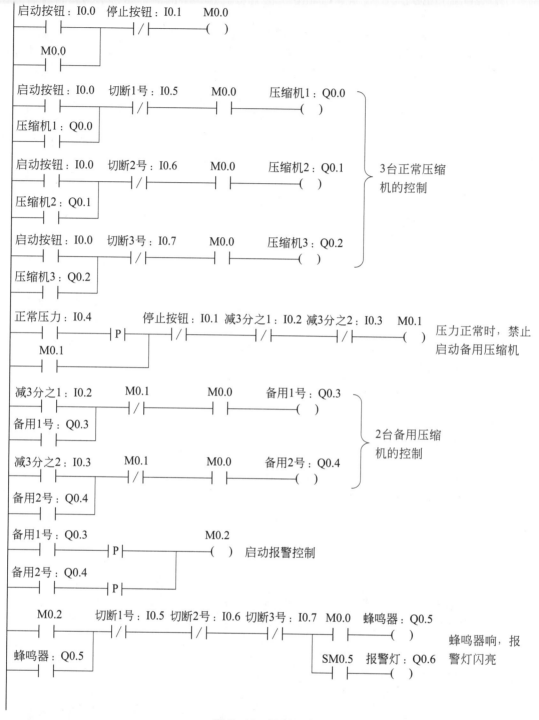

图 7-16　控制程序

①启动时，按下启动按钮 I0.0，M0.0 得电并自锁，系统启动。此时，Q0.0 ～ Q0.2 得电并自锁，3 台正常空气压缩机启动。

②若工作压力正常，则正常压力传感器 I0.4 常开触点闭合，M0.1 得电自锁。M0.1 常闭触点断开，禁止启动备用压缩机。

244

③ 若出现故障，减压 1/3 时，I0.2 常闭触点断开，M0.1 失电，I0.2 常开触点闭合，备用空气压缩机 1 启动；并且 M0.2 得电，其常开触点闭合，报警蜂鸣器 Q0.5 和闪烁灯 Q0.6 发出报警信号。

④ 若出现故障，减压 2/3 时，I0.2、I0.3 常闭触点断开，M0.1 失电，I0.2、I0.3 常开触点闭合，Q0.3、Q0.4 得电，2 台备用空气压缩机启动；同时，报警蜂鸣器 Q0.5 和闪烁灯 Q0.6 发出报警信号。

⑤ 出现故障时，工作人员需手动切断故障空气压缩机与电源的连接。以 1 号空气压缩机出现故障为例，按下切断按钮 I0.5，I0.5 常闭触点断开，1 号空气压缩机 Q0.0 断电，并且 Q0.5、Q0.6 失电，报警停止。

⑥ 需要彻底停止系统时，按下停止按钮 I0.1，M0.0 失电，空气压缩机控制系统停止。

案例9 液体混合自动控制

（1）控制要求

按下启动按钮后，自动按顺序向容器注入 A、B 两种液体，到达规定的注入量后，由搅拌机对混合液体进行搅拌，搅拌均匀后打开阀门，使混合液体从流出口流出。每混合一次，计数一次，混合 100 次时目标完成，指示灯点亮并停止工作。范例示意如图 7-17 所示。

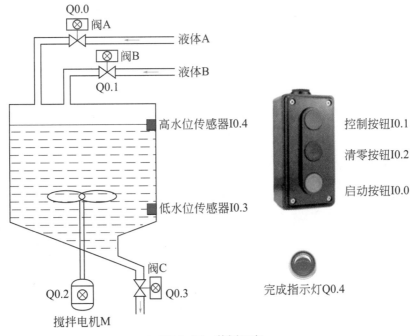

图 7-17 范例示意

（2）控制程序及程序说明

控制程序如图 7-18 所示。

① 按下启动按钮 I0.0，液体 A 阀门 Q0.0 打开，注入液体 A。

② 当液位达到低水位浮标传感器 I0.3 后，I0.3 常闭触点断开，停止液体 A 的注入；I0.3 常开触点闭合，液体 B 阀门 Q0.1 打开，注入液体 B。

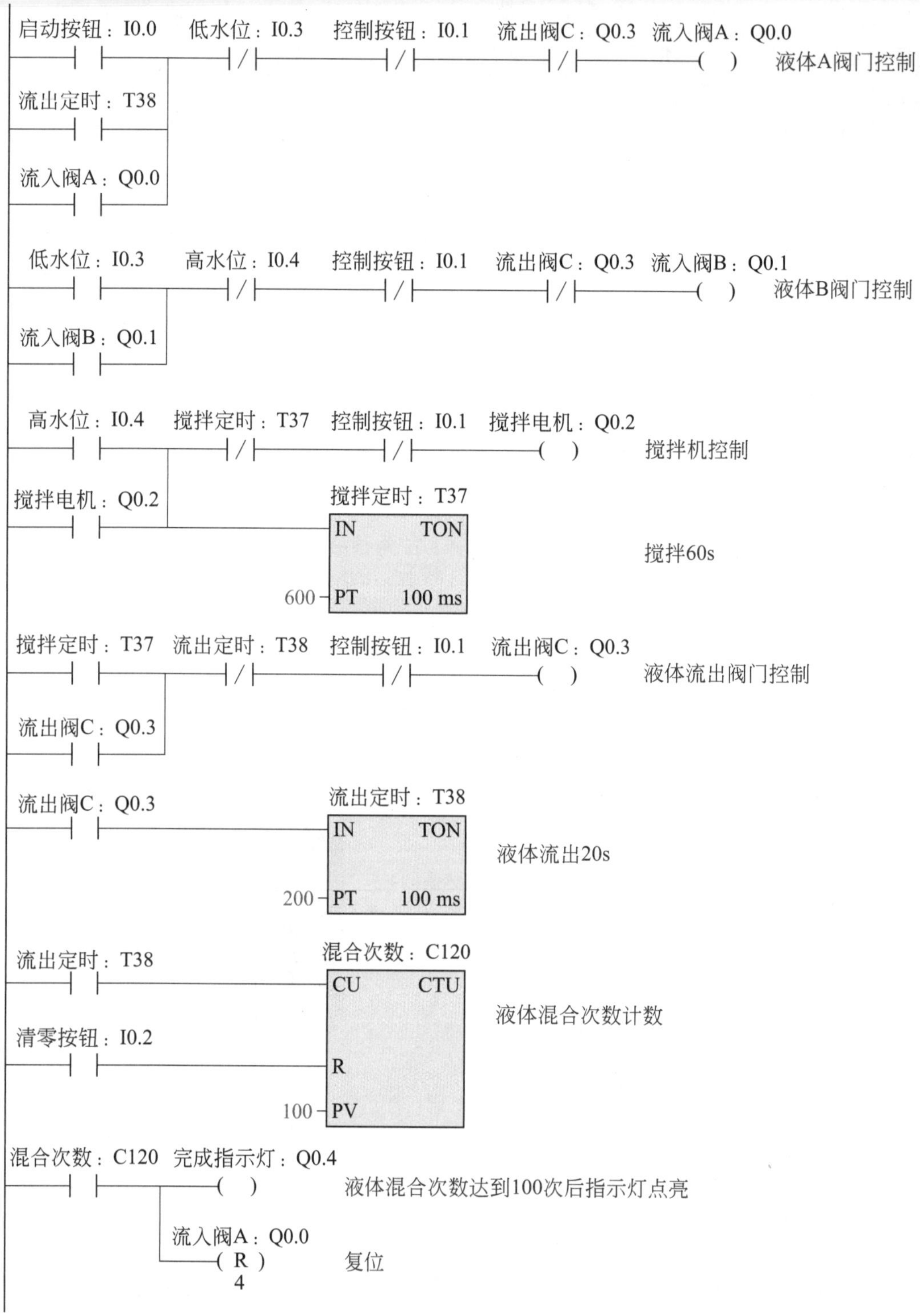

启动按钮：I0.0　　低水位：I0.3　　控制按钮：I0.1　　流出阀C：Q0.3　　流入阀A：Q0.0
　├─┤├──┬──┤/├──────┤/├──────┤/├────────( )　　　液体A阀门控制
流出定时：T38　│
　├─┤├──────┤
流入阀A：Q0.0　│
　├─┤├──────┘

低水位：I0.3　　高水位：I0.4　　控制按钮：I0.1　　流出阀C：Q0.3　　流入阀B：Q0.1
　├─┤├──┬──┤/├──────┤/├──────┤/├────────( )　　　液体B阀门控制
流入阀B：Q0.1　│
　├─┤├──────┘

高水位：I0.4　　搅拌定时：T37　　控制按钮：I0.1　　搅拌电机：Q0.2
　├─┤├──┬──┤/├──────┤/├──────────( )　　　搅拌机控制
搅拌电机：Q0.2　│
　├─┤├──────┘

搅拌电机：Q0.2　　　　　　　搅拌定时：T37
　├─┤├───────────┤IN　　　　TON├　　　　搅拌60s
　　　　　　　　　600─┤PT　　100 ms│

搅拌定时：T37　　流出定时：T38　　控制按钮：I0.1　　流出阀C：Q0.3
　├─┤├──┬──┤/├──────┤/├──────────( )　　　液体流出阀门控制
流出阀C：Q0.3　│
　├─┤├──────┘

流出阀C：Q0.3　　　　　　　流出定时：T38
　├─┤├───────────┤IN　　　　TON├　　　　液体流出20s
　　　　　　　　　200─┤PT　　100 ms│

流出定时：T38　　　　　　　混合次数：C120
　├─┤├───────────┤CU　　　　CTU│　　　液体混合次数计数
清零按钮：I0.2　　　　　　　│
　├─┤├───────────┤R
　　　　　　　　　100─┤PV　　　　　│

混合次数：C120　完成指示灯：Q0.4
　├─┤├──────┬──( )　　　液体混合次数达到100次后指示灯点亮
　　　　　　　　│流入阀A：Q0.0
　　　　　　　　└──(R)　　　复位
　　　　　　　　　　　4

图7-18　控制程序

③ 当液位达到高水位浮标传感器 I0.4 后，I0.4 常闭触点断开，停止液体 B 的注入；搅拌电机 Q0.2 开始工作，同时定时器 T37 开始计时。

④ 经 60s 后，T37 常闭触点断开，搅拌电机 Q0.2 停止工作；T37 常开触点闭合，阀门

246

Q0.3 打开，混合液体开始流出。同时定时器 T38 计时。

⑤ 经 20s 后，T38 常闭触点断开，阀门 Q0.3 被关闭，混合液体停止流出；T38 常开触点闭合，Q0.0 得电，又开始注入液体 A，进入下一轮循环。

⑥ 每混合一次，C120 计数一次，计数到 100 次，C120 常开触点闭合，目标完成指示灯 Q0.4 点亮，同时将 Q0.0 ~ Q0.3 复位，系统停止工作。下次启动前需按下按钮 I0.2 使计数器清零，C120 复位。

⑦ 当系统出现故障时，按下控制按钮，I0.1 常闭触点断开，所有输出均被关断，系统停止工作。

案例10　送料小车的PLC控制

（1）控制要求

要求送料小车在可运动的最左端装料，经过一段时间后，装料结束，小车向右运行，在最右端停下卸料，一段时间后反向向左运行。到达最左端后，重复以上动作，以此循环自动运行。范例示意如图 7-19 所示。

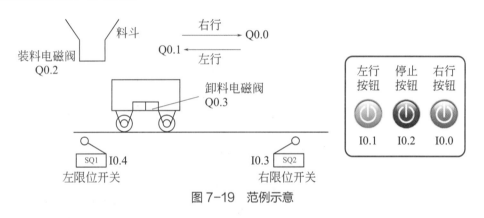

图 7-19　范例示意

（2）控制程序及程序说明

控制程序如图 7-20 所示。

① 如果按下左行按钮 I0.1，M0.0、Q0.1 得电并自锁，小车向左运行。同时，Q0.1 常闭触点断开，防止左行接触器线圈 Q0.0 得电。

② 当小车到达左端并且碰到左限位开关 I0.4 时，I0.4 常闭触点断开，Q0.1 失电，小车停止；I0.4 常开触点闭合，使 Q0.2 得电，开始装料。同时，定时器 T37 开始计时。20s 后，计时时间到，T37 常闭触点断开，Q0.2 失电，停止装料；T37 常开触点闭合，Q0.0 得电，开始向右行驶。

③ 当小车到达右端并且碰到右限位开关 I0.3 时，I0.3 常闭触点断开，Q0.0 失电，小车停止；I0.3 常开触点闭合，使 Q0.3 得电，开始卸料。同时，定时器 T38 开始计时。30s 后，计时时间到，T38 常闭触点断开，Q0.3 失电，小车停止卸料；T38 常开触点闭合，Q0.1 得电，开始向左行驶。之后以此过程循环运行。

④ 若按下停止按钮 I0.2，小车在装料或卸料完成后，不再向右或向左运行。

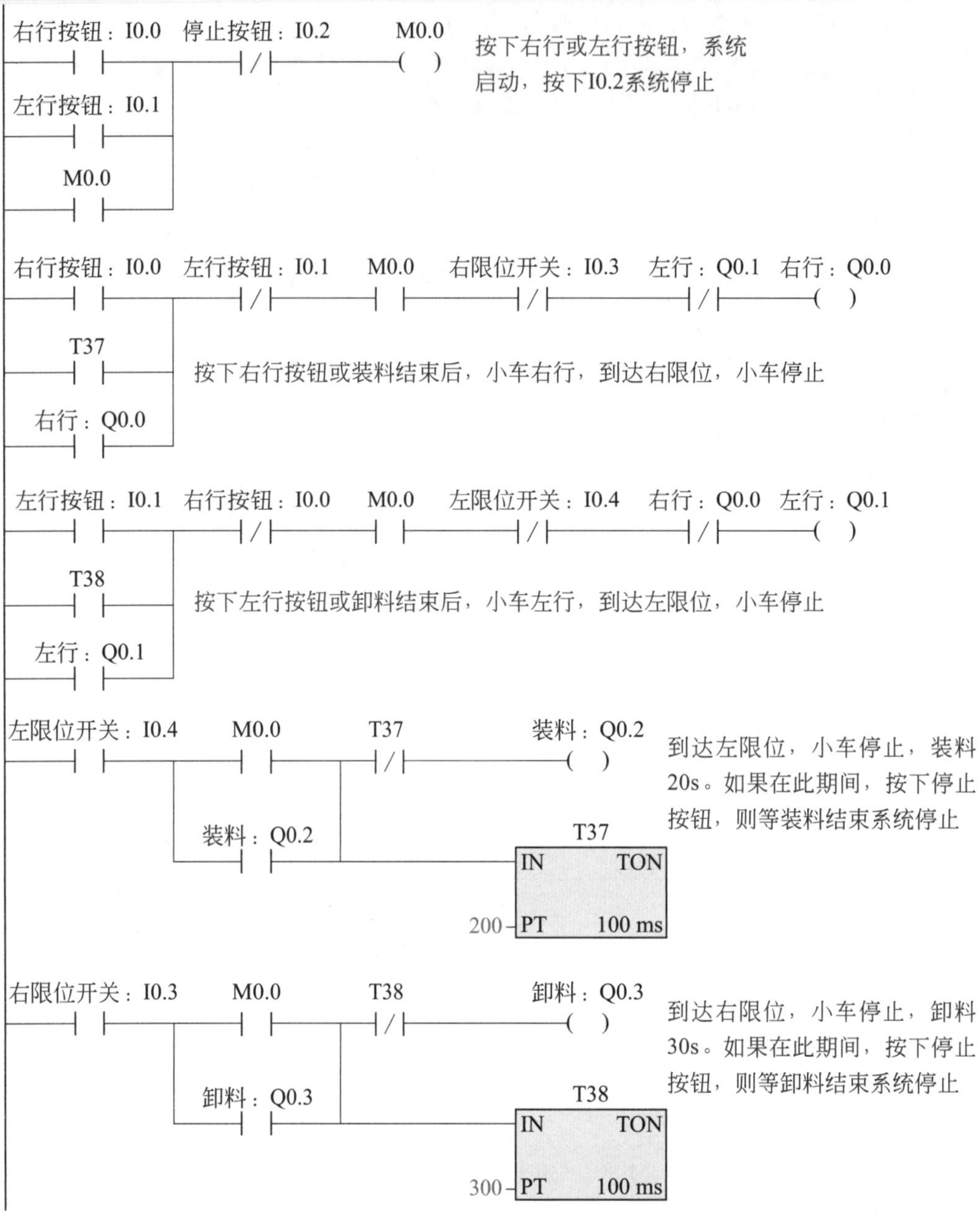

```
右行按钮：I0.0   停止按钮：I0.2        M0.0
    ┤├            ┤/├              ( )
左行按钮：I0.1
    ┤├
    M0.0
    ┤├
```
按下右行或左行按钮，系统
启动，按下I0.2系统停止

```
右行按钮：I0.0  左行按钮：I0.1  M0.0  右限位开关：I0.3  左行：Q0.1  右行：Q0.0
    ┤├            ┤/├        ┤├        ┤/├          ┤/├       ( )
    T37
    ┤├
右行：Q0.0
    ┤├
```
按下右行按钮或装料结束后，小车右行，到达右限位，小车停止

```
左行按钮：I0.1  右行按钮：I0.0  M0.0  左限位开关：I0.4  右行：Q0.0  左行：Q0.1
    ┤├            ┤/├        ┤├        ┤/├          ┤/├       ( )
    T38
    ┤├
左行：Q0.1
    ┤├
```
按下左行按钮或卸料结束后，小车左行，到达左限位，小车停止

```
左限位开关：I0.4   M0.0      T37        装料：Q0.2
    ┤├           ┤├        ┤/├          ( )
             装料：Q0.2              T37
                ┤├               IN     TON
                            200 - PT    100 ms
```
到达左限位，小车停止，装料
20s。如果在此期间，按下停止
按钮，则等装料结束系统停止

```
右限位开关：I0.3   M0.0      T38        卸料：Q0.3
    ┤├           ┤├        ┤/├          ( )
             卸料：Q0.3              T38
                ┤├               IN     TON
                            300 - PT    100 ms
```
到达右限位，小车停止，卸料
30s。如果在此期间，按下停止
按钮，则等卸料结束系统停止

图 7-20 控制程序

案例11 小车五站点呼叫控制

（1）控制要求

一辆小车在一条直线上，线路中有 5 个站点，每个站点各有一个行程开关和呼叫按钮。按下任意一个呼叫按钮，小车将行进至对应的站点并停下。范例示意如图 7-21 所示。

（2）控制程序及程序说明

控制程序如图 7-22 所示。

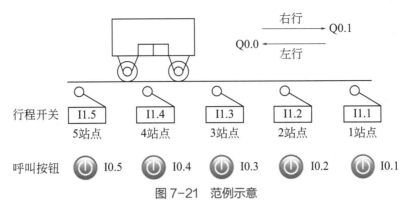

右行
Q0.1
Q0.0
左行
行程开关
I1.5
I1.4
I1.3
I1.2
I1.1
5站点
4站点
3站点
2站点
1站点
呼叫按钮
I0.5
I0.4
I0.3
I0.2
I0.1

图 7-21　范例示意

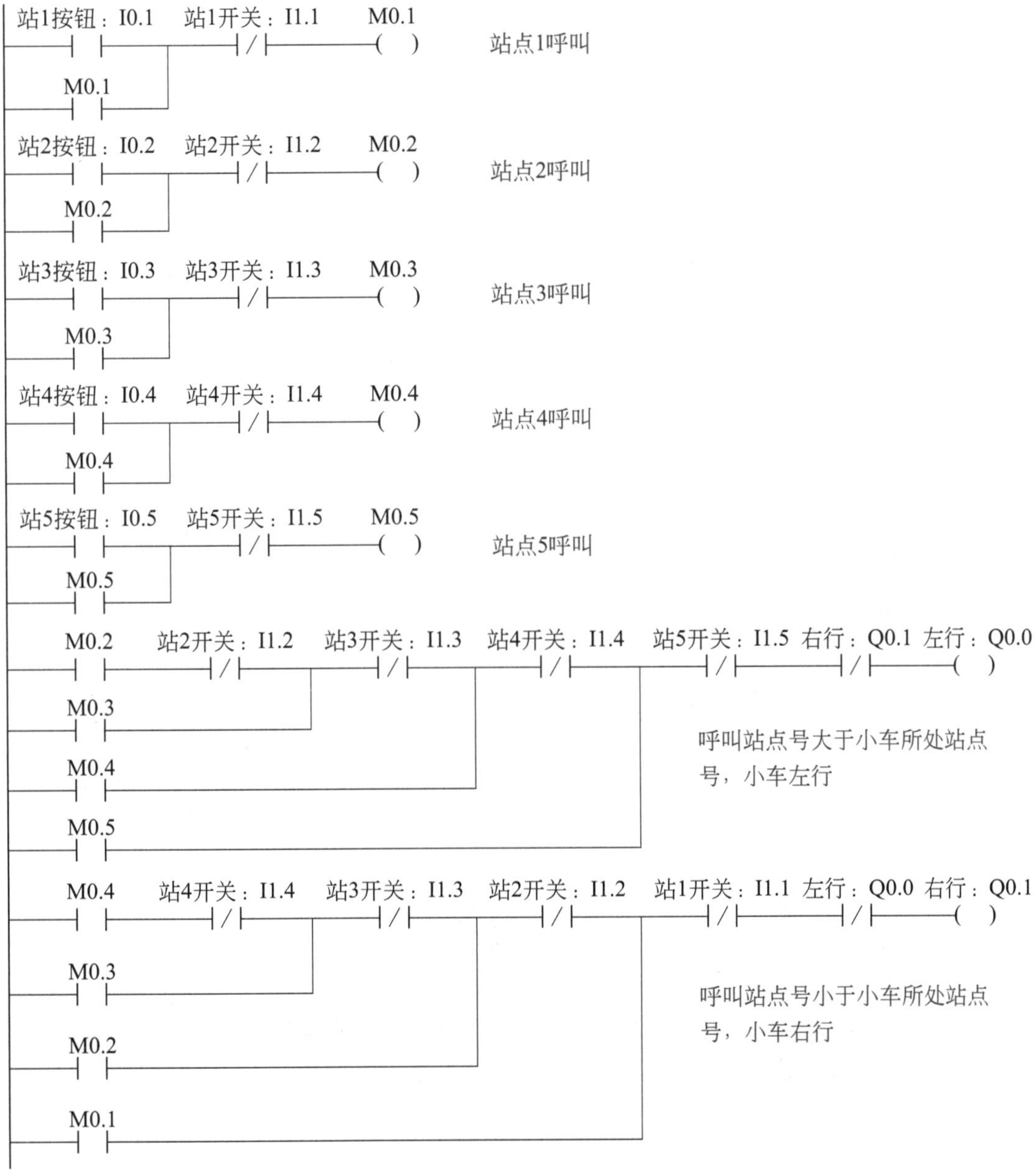

站1按钮：I0.1
站1开关：I1.1
M0.1
站点1呼叫
M0.1
站2按钮：I0.2
站2开关：I1.2
M0.2
站点2呼叫
M0.2
站3按钮：I0.3
站3开关：I1.3
M0.3
站点3呼叫
M0.3
站4按钮：I0.4
站4开关：I1.4
M0.4
站点4呼叫
M0.4
站5按钮：I0.5
站5开关：I1.5
M0.5
站点5呼叫
M0.5
M0.2
站2开关：I1.2
站3开关：I1.3
站4开关：I1.4
站5开关：I1.5
右行：Q0.1
左行：Q0.0
M0.3
M0.4
M0.5
呼叫站点号大于小车所处站点号，小车左行
M0.4
站4开关：I1.4
站3开关：I1.3
站2开关：I1.2
站1开关：I1.1
左行：Q0.0
右行：Q0.1
M0.3
M0.2
M0.1
呼叫站点号小于小车所处站点号，小车右行

图 7-22　控制程序

① 5 个站点的按钮 I0.1 ～ I0.5 分别由 5 个位寄存器 M0.1 ～ M0.5 记忆。当按下某个按钮时,对应的位寄存器将会得电并自锁,对该站点的按钮信号记忆,直到小车到达该站点自锁解除,记忆消除。

② 当小车停在某个站点时,该站点限位开关动作,如果按下比该站点编号大的按钮,Q0.0 得电,小车将左行;如果按下比该站点编号小的按钮,Q0.1 得电,小车将右行。

③ 假设小车此时在 1 站点,1 站点的限位开关 I1.1 动作,I1.1 的常闭触点断开,如果按下按钮 I0.1,M0.1 不能得电,小车不动。如果按下按钮 I0.2,M0.2 常开触点闭合,使 Q0.0 得电,小车左行;当小车到达 2 站点时,限位开关 I1.2 常闭触点断开,使 M0.2 和 Q0.0 失电,小车停在 2 站点。

④ 在 Q0.0 线圈回路中,M0.1 信号不能使 Q0.0 得电,M0.2 ～ M0.5 信号可以使 Q0.0 得电,即按下 I0.1 时,不能左行。而在 Q0.1 回路中,M0.5 信号不能使 Q0.1 得电,但 M0.1 ～ M0.4 信号可以使 Q0.1 得电,即按下 I0.5 时,不能右行。

案例12 三条传送带控制

(1)控制要求

按下启动按钮,系统进入准备状态。当有零件经过接近开关 1 时,启动传送带 M0.1;零件经过接近开关 2 时,启动传送带 M0.2;零件经过接近开关 3 时,启动传送带 M0.3。如果三个接近开关在皮带上 30s 之内未检测到零件,则需闪烁报警。如果接近开关 1 在 1min 之内未监测到零件,则停止全部传送带。范例示意如图 7-23 所示。

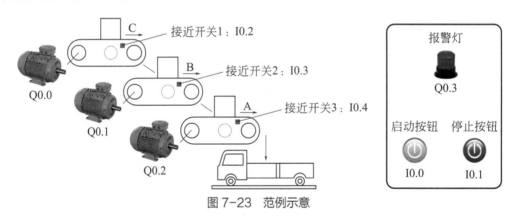

图 7-23　范例示意

(2)控制程序及程序说明

控制程序如图 7-24 所示。

① 按下启动按钮 I0.0,M0.0 得电自锁。当有零件通过接近开关 1 时,I0.2 常开触点闭合,Q0.0 置 1,第一条传送带启动;当有零件通过接近开关 2 时,I0.3 常开触点闭合,Q0.1 置 1,第二条传送带启动;当有零件通过接近开关 3 时,I0.4 常开触点闭合,Q0.2 置 1,第三条传送带启动。

② 若 30s 内接近开关 1、2 或 3 没有零件通过,则 I0.2、I0.3、I0.4 的常闭触点保持闭合,使定时器 T38、T39 或 T40 定时 30s,则 T38、T39 或 T40 的常开触点闭合,报警灯 Q0.3 闪烁报警。

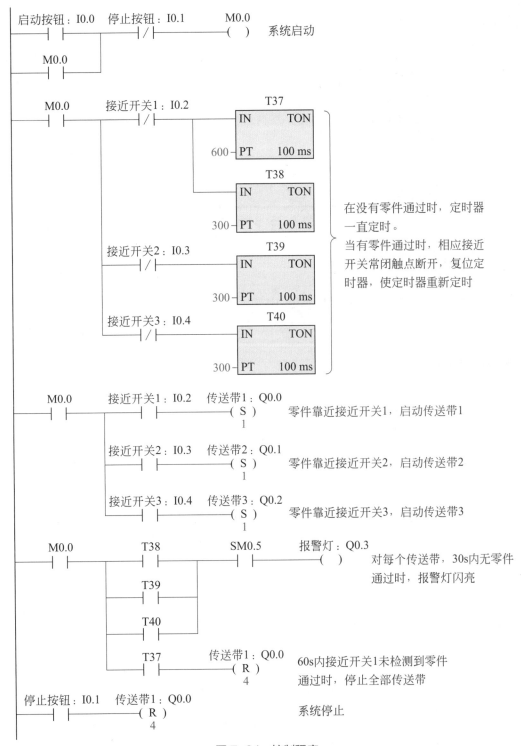

图 7-24　控制程序

③ 若接近开关 1 在 60s 内没有零件通过，则 I0.2 常闭触点闭合 60s，使 T37 常开触点闭合，将 Q0.0 ~ Q0.3 复位，传送带全部停止。

④ 按下停止按钮 I0.1，Q0.0 ~ Q0.3 复位，系统停止。

（1）控制要求

一组广告灯包括 8 个彩灯（从左到右依次排开），启动时，要求 8 个彩灯从右到左逐个点亮，全部点亮时，再从左到右逐个熄灭。全部熄灭后，再从左到右逐个点亮，全部点亮时，再从右到左逐个熄灭，并不断重复上述过程。范例示意如图 7-25 所示。

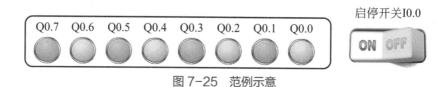

图 7-25　范例示意

（2）控制程序及程序说明

控制程序如图 7-26 所示。

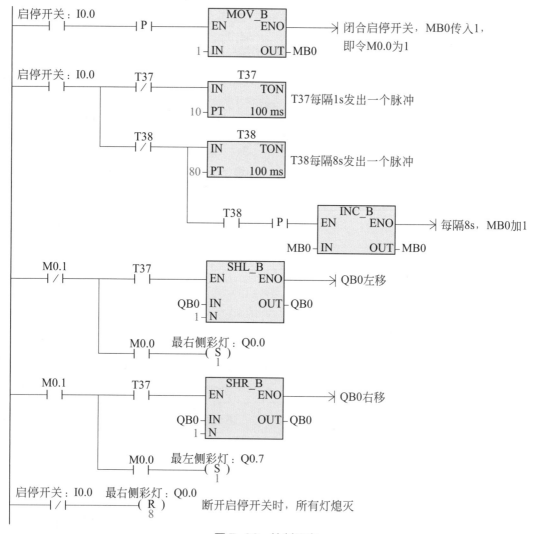

图 7-26　控制程序

① 启停开关拨到 ON，I0.0 常开触点闭合，MB0=1，即 M0.1=0，M0.0=1。M0.1 常闭触点和 M0.0 常开触点闭合，Q0.0=1，同时 T37、T38 开始计时。

② T37 每隔 1s 发出一个脉冲，执行左移指令，将 Q0.0 的 1 依次左移至 Q0.1～Q0.7，8个灯依次点亮，最后全亮。

③ T38 隔 8s 再发出一个脉冲，执行一次 INC 指令，M0.1=1，M0.0=0。M0.1 常开触点闭合，M0.0 常开触点断开，执行右移指令。T37 每隔 1s 发出一个脉冲，右移一次，每右移一次，最左位补 0，0 依次右移到 Q0.7～Q0.0，8 个灯依次熄灭。

④ T38 隔 8s 再发一个脉冲，执行一次 INC 指令，M0.1=1，M0.0=1，M0.1、M0.0 常开触点都闭合，执行右移指令，并且 Q0.7=1。T37 每隔 1s 发一个脉冲，将 Q0.7 的 1 依次右移至Q0.6～Q0.0，8 个灯依次点亮，最后全亮。

⑤ T38 隔 8s 再发一个脉冲，执行一次 INC 指令，M0.1=0，M0.0=0，M0.1 常闭触点闭合，M0.0 常开触点断开，并执行左移指令。T37 每隔 1s 发出一个脉冲，左移一次，每左移一次，最右位补 0，0 依次左移到 Q0.0～Q0.7，8 个灯依次熄灭，最后全灭。

⑥ T38 每隔 8s 发出一个脉冲，不断重复上述过程。

案例14　自动加料控制

（1）控制要求

自动加料是一些工业设备和工业生产线所拥有的一项功能，进料电机将料送至料斗，料满后，启动出料电机并打开出料闸门，进行出料。料斗空后，关闭出料闸门，重新启动进料电机，开始下一个工作周期。运行过程中，如果按下停止按钮，系统要等料完全出仓后才能停止。范例示意如图 7-27 所示。

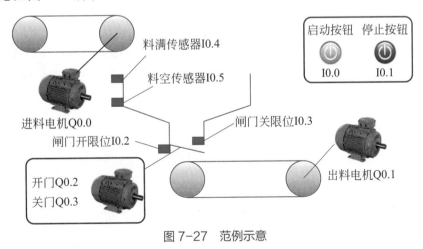

图 7-27　范例示意

（2）控制程序及程序说明

控制程序如图 7-28 所示。

① 启动时，按下启动按钮 I0.0，将 M0.0～M0.3 复位，同时 Q0.0 得电并自锁，进料电机启动。

② 当进料使料斗满时，料斗满传感器 I0.4 常闭触点断开，Q0.0 失电，进料电机停止；I0.4 常开触点闭合，Q0.1、Q0.2 得电并自锁，闸门打开并开始出料至传送带。

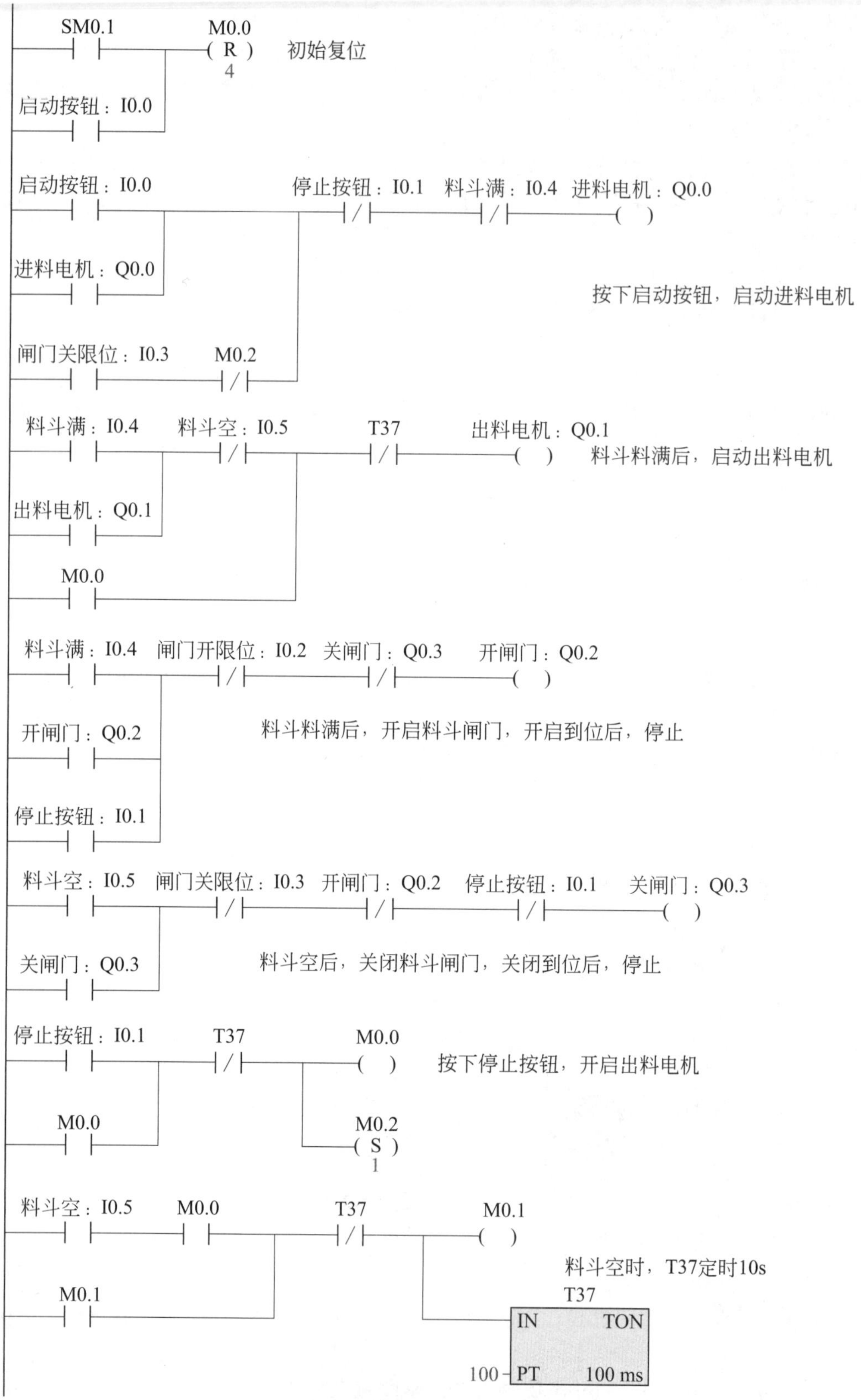

```
    SM0.1              M0.0
   ──┤├──             ─(R)──   初始复位
                        4
  启动按钮：I0.0
   ──┤├──


  启动按钮：I0.0                  停止按钮：I0.1  料斗满：I0.4   进料电机：Q0.0
   ──┤├───┬──────────────────────┤/├─────────┤/├──────────( )

  进料电机：Q0.0
   ──┤├───┤                                        按下启动按钮，启动进料电机

  闸门关限位：I0.3  M0.2
   ──┤├──────────┤/├─┘


  料斗满：I0.4   料斗空：I0.5      T37          出料电机：Q0.1
   ──┤├───┬──────┤/├──────────────┤/├──────────( )   料斗料满后，启动出料电机

  出料电机：Q0.1
   ──┤├───┤

     M0.0
   ──┤├───┘


  料斗满：I0.4   闸门开限位：I0.2  关闸门：Q0.3   开闸门：Q0.2
   ──┤├───┬──────┤/├──────────────┤/├──────────( )

  开闸门：Q0.2
   ──┤├───┤              料斗料满后，开启料斗闸门，开启到位后，停止

  停止按钮：I0.1
   ──┤├───┘


  料斗空：I0.5   闸门关限位：I0.3  开闸门：Q0.2   停止按钮：I0.1  关闸门：Q0.3
   ──┤├───┬──────┤/├──────────────┤/├──────────┤/├──────────( )

  关闸门：Q0.3
   ──┤├───┘              料斗空后，关闭料斗闸门，关闭到位后，停止


  停止按钮：I0.1        T37          M0.0
   ──┤├───┬────────────┤/├────┬─────( )     按下停止按钮，开启出料电机

     M0.0                      │  M0.2
   ──┤├───┘                    └──(S)──
                                    1

  料斗空：I0.5   M0.0           T37           M0.1
   ──┤├──────┤├────┬──────────┤/├──────────( )

     M0.1         │                     料斗空时，T37定时10s
   ──┤├───────────┘                         T37
                                        ┌──────────────┐
                                        │IN        TON │
                                    100─┤PT    100 ms  │
                                        └──────────────┘
```

图 7-28　控制程序

254

③ 闸门完全打开时碰到开闸门限位开关 I0.2，其常闭触点断开，Q0.2 失电，开闸门动作停止。

④ 当货物从料斗中清空后，料斗空传感器 I0.5 常闭触点断开，Q0.1 失电，出料电机停止；I0.5 常开触点闭合，Q0.3 得电，开始关闸门。

⑤ 闸门完全关闭时碰到关闸门限位开关 I0.3，其常闭触点断开，Q0.3 失电，关闸门动作停止；I0.3 常开触点闭合，Q0.0 得电，进料电机启动，开始进料。如此反复。

⑥ 在货物运输过程中，如果按下停止按钮 I0.1，其常闭触点断开，Q0.0 失电，停止进料。I0.1 常开触点闭合，M0.0、M0.2 和 Q0.2 得电，使 Q0.1 得电，闸门打开并开始出料。当闸门碰到开闸门限位开关 I0.2 时，Q0.2 失电，开闸门动作停止。当货物从料斗中清空后，料斗空信号 I0.5 常开触点闭合，M0.1 和 Q0.3 得电，T37 开始定时，开始关闸门。而由于 M0.0 为 ON，出料电机 Q0.1 保持得电。闸门完全关闭时碰到关闸门限位开关 I0.3，其常闭触点断开，Q0.3 失电，闸门停止关闭。由于 M0.2 常闭触点断开，Q0.0 无法得电，不再启动进料电机。

⑦ 10s 计时到达后，T37 常闭触点断开，M0.0、Q0.1 全部失电，出料电机停止。使出料电机延时 10s 停止是为了保证出料传送带上的货物全部运完。

案例15 开锁和报警控制

（1）控制要求

① I0.2、I0.3 为可按压键。开锁条件为按压 I0.2 三次，按压 I0.3 两次；同时，按压 I0.2、I0.3 是有顺序的，应先按压 I0.2，再按压 I0.3。如果按上述规定按压，再按下开锁按钮 I0.1，密码锁自动打开。

② 报警器发出警报的情况为：I0.4 为不可按压键，按压 I0.4 便会报警；I0.2、I0.3 的按压顺序不正确，便会报警；如果 I0.2、I0.3 的按压次数不正确，按下开锁键 I0.1，报警器同样发出警报。

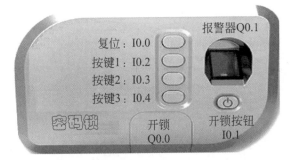

图7-29 范例示意

③ I0.0 为复位键，按下 I0.0 后，可重新开锁。如果按错键，则必须进行复位操作，所有计数器都被复位。

范例示意如图 7-29 所示。

（2）控制程序及程序说明

控制程序如图 7-30 所示。

① 正常开锁时，每按一下可按压键 I0.2，C1 当前值加 1，按 I0.2 共三次，C1 当前值等于 3；每按一下可按压键 I0.3，C2 当前值加 1，按 I0.3 共两次，C2 当前值等于 2；按下开锁按钮 I0.1，Q0.0 得电，密码锁打开。

② 非正常开锁时，按下可按压键 I0.2 不是三次（即 C1 当前值不等于 3），或者按下可按压键 I0.3 不是两次（C2 当前值不等于 2），按下开锁按钮 I0.1，Q0.1 置位，触发报警；按下不可按压键 I0.4，或先按下 I0.3 时，使 C2＞C1 成立，Q0.1 置位，触发报警。

③ 按下复位按钮 I0.0，计数器 C1、C2 被复位，Q0.1 复位，解除报警。

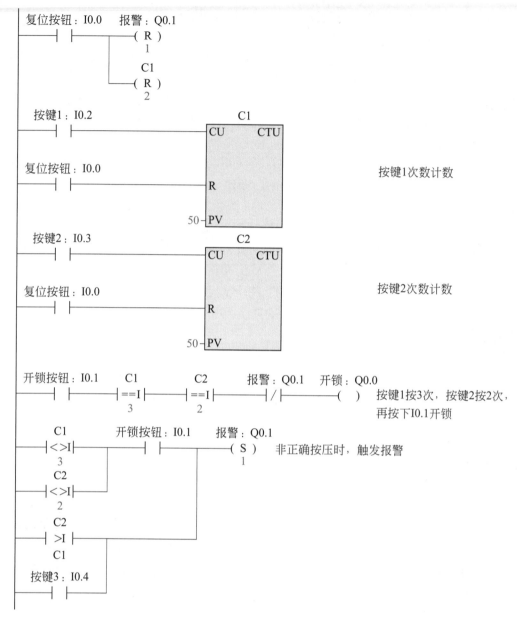

图 7-30 控制程序

案例16   啤酒灌装生产线的 PLC 控制

（1）控制要求

一条啤酒灌装生产线上，传送带每隔 10s 启动一次并传送一个玻璃瓶，同时记录玻璃瓶好坏。当玻璃瓶传送到第三个瓶位处，有瓶到位传感器得电，传送带停止。如果玻璃瓶完好，则罐装啤酒；如果玻璃瓶有损坏，使用推杆将其推离生产线至坏瓶筐中。范例示意如图 7-31 所示。

（2）控制程序及程序说明

控制程序如图 7-32 所示。

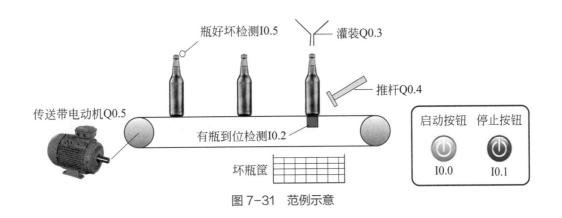

图 7-31　范例示意

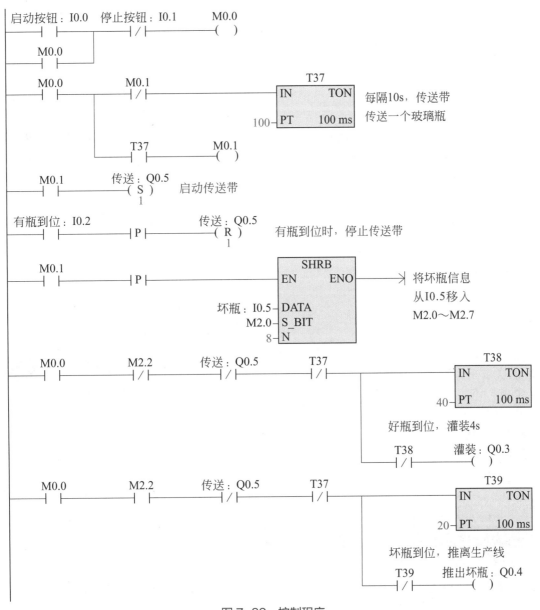

图 7-32　控制程序

257

① 按下启动按钮 I0.0，I0.0 常开触点闭合，M0.0 得电并自锁。

② M0.0 常开触点闭合，T37 开始计时 10s，10s 后 T37 常开触点闭合，M0.1 得电导通，Q0.5 置 1，传送带开始前进传送第一个玻璃瓶。同时 T38、T39 复位并执行一次寄存器移位指令，从而将玻璃瓶的信息通过 I0.5 移入 M2.0。

③ 每隔 10s，传送带启动一次并传送一个玻璃瓶，寄存器移位一次。当第一个玻璃瓶移动到第三个瓶位时，此玻璃瓶的好坏信息移入 M2.2。此时有瓶到位检测开关 I0.2 得电，Q0.5 被复位，传送带停止。

④ 若第一个玻璃瓶为完好的玻璃瓶，M2.2 常闭触点闭合，则进行灌装，Q0.3 得电，同时 T38 计时，4s 后灌装停止；若为损坏的玻璃瓶，M2.2 常开触点闭合，Q0.4 得电，将玻璃瓶推出至坏瓶筐。2s 后，T39 常闭触点断开，Q0.4 失电，推杆退回原处。

⑤ 当下一个瓶到位时，反复上面的动作，一直到停止。

案例17　饮料自动售货机的PLC控制

（1）控制要求

设置投币面值为 1 元、5 元与 10 元，投入的面值超过 10 元时，只出售一种饮料；当面值超过 15 元时，可以出售两种饮料中的任意一种；也可以实现找钱功能。范例示意如图 7-33 所示。

（2）控制程序及程序说明

控制程序如图 7-34 所示。

① SM0.1 得电 1 个扫描周期，经过 MOV 传送指令，将 1 放入 VW10 中，将 5 放入 VW12 中，将 10 放入 VW14 中，将 VW20 清零。

② 投币时相应的光电开关闭合，执行整数加法指令，例如，若投入 1 元币，则 I0.1 得电，VW20 中的数值加 1。

③ 若投入的钱币大于等于 10 元且小于 15 元时，执行比较指令，Q0.3 得电，

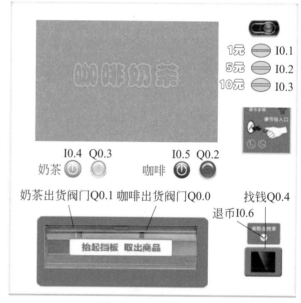

图 7-33　范例示意

奶茶指示灯亮。当按下奶茶按钮 I0.4 时，Q0.1 得电，开始出奶茶，VW20 中数值减 10。同时 T37 开始计时，8s 后计时时间到，Q0.1 失电，停止出奶茶。如果 VW20 数值减值后小于 10，则奶茶指示灯熄灭。否则，出货时，此灯闪烁，出货完毕变为常亮。

④ 若投入的钱币大于等于 15 元时，执行比较指令，Q0.2、Q0.3 得电，奶茶和咖啡指示灯亮。此时可以通过按下 I0.4 或 I0.5 选择奶茶或咖啡。程序执行过程与上述类似。

⑤ 出完饮料后，如果 VW20 数值不为 0，按下 I0.6，Q0.4 得电，触发退币执行机构，T40 开始计时，10s 后，Q0.4 失电，VW20 数值清零。

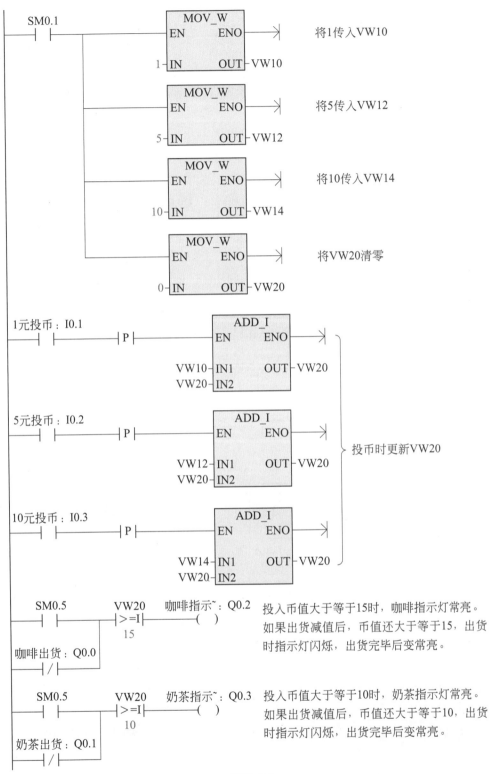

SM0.1

MOV_W
EN   ENO
1─IN   OUT─VW10

将1传入VW10

MOV_W
EN   ENO
5─IN   OUT─VW12

将5传入VW12

MOV_W
EN   ENO
10─IN   OUT─VW14

将10传入VW14

MOV_W
EN   ENO
0─IN   OUT─VW20

将VW20清零

1元投币：I0.1   ─┤P├─

ADD_I
EN   ENO
VW10─IN1   OUT─VW20
VW20─IN2

5元投币：I0.2   ─┤P├─

ADD_I
EN   ENO
VW12─IN1   OUT─VW20
VW20─IN2

投币时更新VW20

10元投币：I0.3   ─┤P├─

ADD_I
EN   ENO
VW14─IN1   OUT─VW20
VW20─IN2

SM0.5   VW20
         ┤>=I├
         15   咖啡指示~：Q0.2
咖啡出货：Q0.0
┤/├

投入币值大于等于15时，咖啡指示灯常亮。
如果出货减值后，币值还大于等于15，出货
时指示灯闪烁，出货完毕后变常亮。

SM0.5   VW20
         ┤>=I├
         10   奶茶指示~：Q0.3
奶茶出货：Q0.1
┤/├

投入币值大于等于10时，奶茶指示灯常亮。
如果出货减值后，币值还大于等于10，出货
时指示灯闪烁，出货完毕后变常亮。

图 7-34

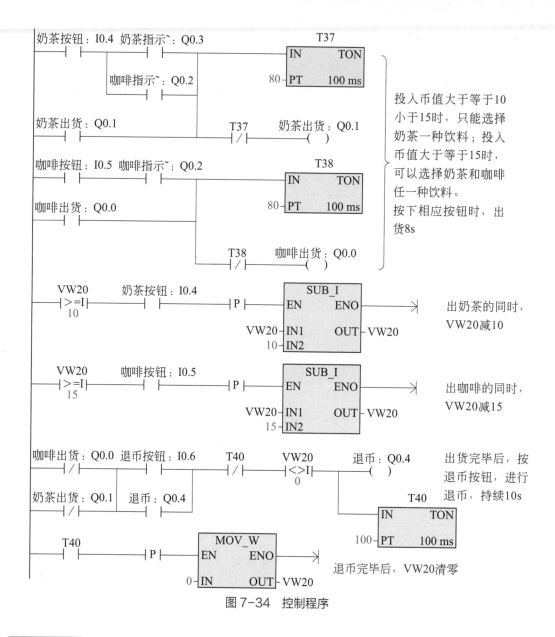

图 7-34 控制程序

案例18 三工作台的自动控制

（1）控制要求

一个三工位转台，三个工位分别完成上料、钻孔和卸料的任务。工位1上料器的动作是推进，料到位后退回等待。工位2的动作较多，首先将工料夹紧，然后钻头向下进给钻孔，达到钻孔深度后，钻头退回原位，最后将工件松开，等待。工位3上的卸料器将加工完成的工件推出，推出后退回等待。控制系统要求可以关实现自动和手动两种操作。范例示意如图7-35所示。

（2）控制程序及程序说明

控制程序如图7-36所示。

260

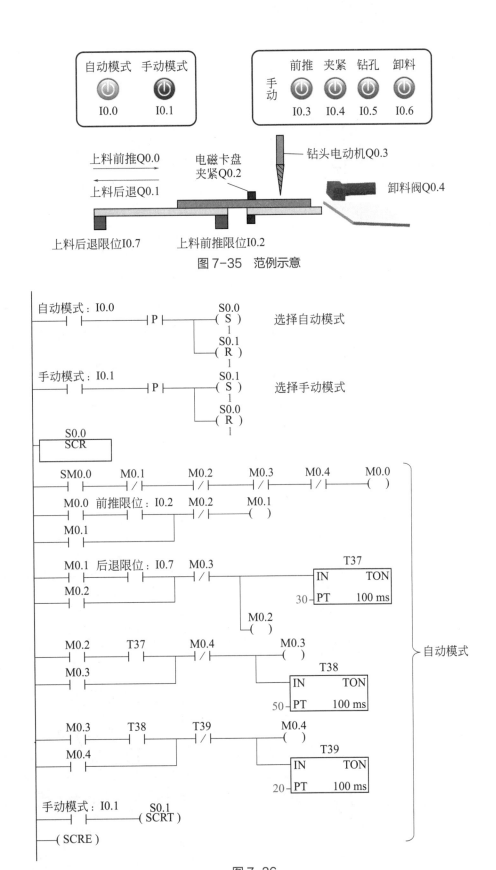

图 7-35 范例示意

图 7-36

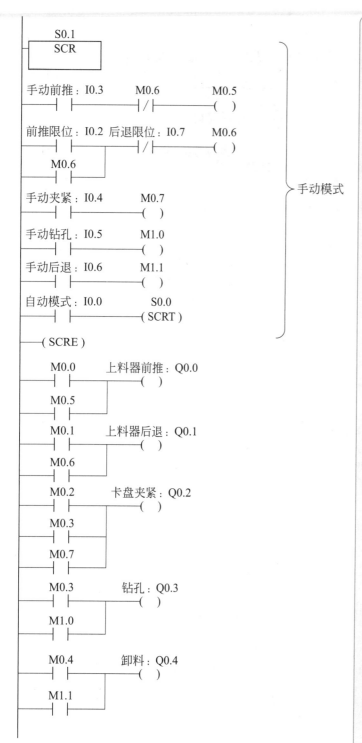

图 7-36 控制程序

① 按下 I0.0 按钮，选择自动模式。

a. 开始时，M0.0 得电，从而 Q0.0 得电，上料器将工料推上工作台。到达前推限位后，I0.2 常开触点闭合，使 M0.1 得电，从而 Q0.1 得电，M0.0、Q0.0 失电，上料器回退。到达后退限位时，I0.7 常开触点闭合，使 M0.2 得电，从而 Q0.2 得电，M0.1、Q0.1 失电，电磁卡盘夹紧。T37 计时器开始计时。

b. 3s 后，M0.3 得电，从而 Q0.3 得电，钻头开始钻孔，T38 计时器开始计时。

c. 5s 后，T38 常开触点闭合使 M0.4 得电，从而使 M0.3、Q0.2、Q0.3 失电，停止钻孔，并松开电磁卡盘；使 Q0.4 得电，工件被推下工作台，T39 计时器开始计时。

d. 2s 后，T39 常闭触点断开使 M0.4 失电，从而使 Q0.4 失电，完成一次自动流程。M0.0、Q0.0 重新得电，进入下一个自动流程。

② 按下 I0.1 按钮，选择手动模式。手动操作没有自保持，如进行钻孔操作，长按为钻孔，松开为停止。

a. 按住手动前推按钮 I0.3，M0.5 得电，从而 Q0.0 得电，上料器执行上料操作。当到达前推限位后，I0.2 得电，M0.6 得电，使 Q0.0 失电，Q0.1 得电，上料器回退。上料器到达后退限位后，Q0.1 失电。

b. 按住手动夹紧按钮，I0.4 得电，M0.7 得电使 Q0.2 得电，电磁卡盘夹紧。

c. 按住手动钻孔按钮，I0.5 得电，M1.0 得电使 Q0.3 得电，钻头执行钻孔操作。

d. 按住手动卸料按钮，I0.6 得电，M1.1 得电使 Q0.4 得电，卸料器将工件推下工作台。

第8章

S7-200 SMART PLC 控制变频器、步进电机、伺服电机

8.1 S7-200 SMART PLC 控制变频器

8.1.1 变频器简介

（1）变频器概念

异步电机调速系统的种类很多，但是效率很高、性能最好、应用最广的是变频调速。变频调速是以变频器向交流电机供电，并构成开环或闭环系统，从而实现对交流电机的宽范围内无

级调速。变频调速的主要元器件是变频器，异步电机调速传动时，变频器根据电机的特性对供电电压、电流、频率进行适当的控制。不同的控制方式所得到的调速性能特性以及用途是不同的。按系统调速规律来分，变频调速主要有恒压频比（U/f）控制、转差频率控制、矢量控制和直接转矩控制四种结构形式。

（2）变频器调速原理

$$n = \frac{60f}{P}(1-s) \tag{8-1}$$

式中　n——异步电机转速；

　　　f——电机电源频率；

　　　s——电机转差率；

　　　P——电机磁极对数。

转速 n 与频率 f 成正比，改变频率 f 即可改变电机的转速。当频率 f 在 $0 \sim 50$Hz 的范围内变化时，电机转速的调节范围非常宽。变频器就是通过改变电机的电源频率实现速度调节的，这是一种理想高效的调速手段。

（3）西门子 G120 变频器

① 基本操作面板（BOP）　基本操作面板如图 8-1（a）所示，8-1（b）所示是 G120 变频器的外形图。

(a) 基本操作面板　　　　　　　(b) 外形图

图 8-1　G120 变频器

② 操作面板功能　操作面板各功能键的作用如表 8-1 所示。

表 8-1　操作面板各功能键的作用

功能键	功能	说明
	启动键	可以启动电机
	停止键	可以停止电机

264

功能键	功能	说明
JOG	点动键	可以使电机点动运行
⌒	反转键	可以使电机反转运行
P	参数键	用于进入要访问的参数和参数确认
▲	增大键	在参数表中向后翻
▼	减小键	在参数表中向前翻
FN	功能键	显示器显示参数号时：短按，回参数表初始位置 显示器显示参数时：短按，跳到下一个参数 显示器显示故障或报警时：短按，对信息进行确认

③ 变频器参数　变频器常用参数如表 8-2 所示。

表 8-2　变频器常用参数

参数代号	参数意义	默认值	参数值说明
P0970	工厂复位	0	0：禁止工厂复位 1：参数复位 10：安全保护参数复位
P0010	调试参数过滤器	0	0：准备 1：快速调试 2：变频器 29：下载 30：工厂设置值 95：安全保护调试，仅适用于安全保护的控制单元
P0003	用户访问级	1	0：用户定义的参数表 1：标准级，可以访问常用的参数 2：扩展级，允许访问扩展功能参数，如变频器的 I/O 功能参数 3：专家级，只限于高级用户使用 4：维修级，只供授权的维修人员使用，具有密码保护
P0004	参数过滤器	0	0：全部参数 2：变频器参数 3：电机参数 4：速度传感器参数
P0005	显示选择	21	实际频率
P0100	使用地区	0	0：欧洲【kW】50Hz 1：北美【hp】60Hz 2：北美【kW】60Hz

参数代号	参数意义	默认值	参数值说明
P0300	电动机型	2	1：异步电机 2：同步电机
P0304	额定电机电压	400V	这四个参数要根据具体的电机铭牌参数进行设置
P0305	额定电机电流	1.86A	
P0307	额定电机功率	0.75W	
P0310	额定电机频率	50Hz	
P0700	命令源的选择	2	0：工厂的缺省设置 1：BOP 操作面板 2：由端子控制 4：来自 RS232 的 USS 5：来自 RS485 的 USS 6：现场总线
P0701	数字输入 0 的功能	1	0：数字量输入禁用 1：ON（启动）/OFF1（常规停车） 2：ON（反转）/OFF1（常规停车） 3：OFF2（自由停车） 4：OFF3（快速斜坡停车） 9：故障确认 10：正向点动 11：反向点动 12：反向 13：增加速度 14：降低速度 15：固定频率选择位 0 16：固定频率选择位 1 17：固定频率选择位 2 18：固定频率选择位 3 25：使能直流制动 27：使能 PID 29：外部跳闸信号 33：禁用附加频率设定 99：使能 BICO 参数化
P0702	数字输入 1 的功能	12	
P0703	数字输入 2 的功能	9	
P0704	数字输入 3 的功能	15	
P0705	数字输入 4 的功能	16	
P0706	数字输入 5 的功能	17	
P1000	选择频率设定值的信号源	2	0：无主设定值 1：MOP 设定值 2：模拟量设定值 3：固定频率
P1001	固定频率 1	0.00Hz	固定频率选择方式有两种： 1. 令参数 P1016=1，为直接选择方式 2. 令参数 P1016=2，为二进制编码选择方式
P1002	固定频率 2	5.00Hz	
P1003	固定频率 3	10.00Hz	
P1004	固定频率 4	15.00Hz	

参数代号	参数意义	默认值	参数值说明
P1005	固定频率 5	20.00Hz	固定频率选择方式有两种： 1. 令参数 P1016=1，为直接选择方式 2. 令参数 P1016=2，为二进制编码选择方式
P1006	固定频率 6	25.00Hz	
P1007	固定频率 7	30.00Hz	
P1008	固定频率 8	40.00Hz	
P1016	频率选择方式	1	1：直接选择 2：二进制编码选择
P1120	斜坡上升时间	10.00s	
P1121	斜坡下降时间	10.00s	

8.1.2　变频器的 PLC 控制

8.1.2　变频器的 PLC 控制

（1）控制要求

用 PLC 和变频器控制电机的正转和反转。范例示意如图 8-2 所示。

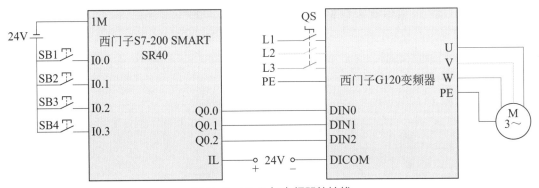

图 8-2　PLC 与变频器的接线

（2）I/O 分配表

其 I/O 分配表如表 8-3 所示。

表 8-3　I/O 分配表

PLC 软元件	元件说明	PLC 软元件	元件说明
I0.0	启动按钮	Q0.0	变频器数字输入 DIN0
I0.1	正转按钮	Q0.1	变频器数字输入 DIN1
I0.2	反转按钮	Q0.2	变频器数字输入 DIN2
I0.3	停止按钮		

（3）变频器的参数设置

变频器的参数设置结果如表 8-4 所示。

267

表 8-4 变频器的参数设置

参数代号	参数意义	设置值	设置值说明
P0010	调试参数过滤器	30	工厂设置值
P0970	工厂复位	1	恢复出厂值
P0003	参数访问权限	2	允许访问扩展功能参数，如变频器的 I/O 功能参数
P0700	选择命令源	2	命令信号源由端子排输入，而不是 MOP 面板
P0701	数字输入 DIN0 的功能	1	ON/OFF
P0702	数字输入 DIN1 的功能	12	反向
P0703	数字输入 DIN2 的功能	15	固定频率选择位 0
P1000	选择频率设定值的信号源	3	选择固定频率模式
P1001	固定频率 1	50Hz	固定频率为 50Hz
P1120	斜坡上升时间	0.5s	缺省值：10s
P1121	斜坡下降时间	0.5s	缺省值：10s

参数说明

根据图 8-2 所示接线图可知，DIN0、DIN1、DIN2 分别接 Q0.0、Q0.1、Q0.2，根据参数设置，要求电机正转时，需要 Q0.0=Q0.2=1，要求电机反转时，需要 Q0.0=Q0.1=Q0.2=1。需要说明的是，如果 PLC 的数字量输出点是继电器型，可以直接接变频器的启动信号端子，否则，可以通过中间继电器转换后再接启动信号端子。

（4）控制程序及程序说明

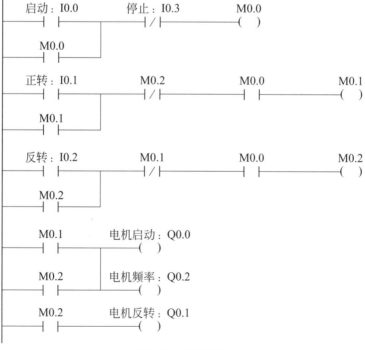

图 8-3 控制程序

控制程序如图 8-3 所示。

① 按下启动按钮 I0.0，启动标志 M0.0 得电并自锁。

② 按下正转按钮 I0.1，正转标志 M0.1 得电并自锁，Q0.0 和 Q0.2 得电，电机以 50Hz 的频率正转。同时常闭触点 M0.1 断开，使反转标志 M0.2 无法得电。按下停止按钮 I0.3，M0.0 失电，使 M0.1 失电，电机停止正转。

③ 在 M0.0 得电的条件下，按下反转按钮 I0.2，反转标志 M0.2 得电并自锁，Q0.0、Q0.1 和 Q0.2 得电，电机以 50Hz 的频率反转。同时常闭触点 M0.2 断开，使正转标志 M0.1 无法得电。按下停止按钮 I0.3，M0.0 失电，使 M0.2 失电，电机停止反转。

④ 本程序必须先按 I0.0，在启动准备条件下，按下 I0.1 开始正转。想要切换到反转，必须先按下停止按钮 I0.3，使系统彻底停止后，再重新按下 I0.0 和 I0.2 启动反转。

8.1.3　五段速控制

（1）控制要求

8.1.3
五段速控制

采用变频器控制电机实现五段速调速。按下启动按钮，电机依次以 20Hz、50Hz、10Hz 对应的速度正转运行，再以 25Hz、50Hz、15Hz 对应的速度反转运行，如此循环，每 10s 切换一次速度。按下停止按钮后，电机停止运行。范例示意如图 8-4 所示。

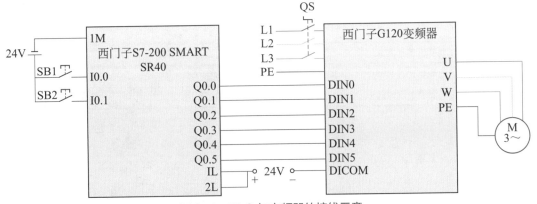

图 8-4　PLC 与变频器的接线示意

（2）I/O 分配表

其 I/O 分配表如表 8-5 所示。

表 8-5　I/O 分配表

PLC 软元件	元件说明	PLC 软元件	元件说明
I0.0	启动按钮	Q0.2	变频器数字输入 DIN2
I0.1	停止按钮	Q0.3	变频器数字输入 DIN3
Q0.0	变频器数字输入 DIN0	Q0.4	变频器数字输入 DIN4
Q0.1	变频器数字输入 DIN1	Q0.5	变频器数字输入 DIN5

（3）变频器的参数设置

变频器的参数设置结果如表 8-6 所示。

表 8-6　变频器的参数设置

序号	参数代号	参数意义	设置值	设置值说明
1	P0010	调试参数过滤器	30	工厂设置值
2	P0970	工厂复位	1	恢复出厂值
3	P0003	参数访问权限	2	允许访问扩展功能参数，如变频器 I/O 功能参数
4	P0700	选择命令源	2	命令信号源由端子排输入，而不是 MOP 面板
5	P0701	数字输入 DIN0 的功能	1	1=ON/OFF
6	P0702	数字输入 DIN1 的功能	12	反向
7	P0703	数字输入 DIN2 的功能	15	固定频率选择位 0
8	P0704	数字输入 DIN3 的功能	16	固定频率选择位 1
9	P0705	数字输入 DIN4 的功能	17	固定频率选择位 2
10	P0706	数字输入 DIN5 的功能	18	固定频率选择位 3
11	P1000	选择频率设定值的信号源	3	固定频率
12	P1001	固定频率 1	20.0Hz	第一段速：频率为 20Hz
13	P1002	固定频率 2	50.0Hz	第二段速：频率为 50Hz
14	P1003	固定频率 3	10.0Hz	第三段速：频率为 10Hz
15	P1004	固定频率 4	25.0Hz	第四段速：频率为 25Hz
16	P1005	固定频率 5	15.0Hz	第五段速：频率为 15Hz
17	P1016	频率选择方式	2	二进制编码选择
18	P1120	斜坡上升时间	0.5s	缺省值：10s
19	P1121	斜坡下降时间	0.5s	缺省值：10s

参数说明

① 当数字输入端子 DIN5、DIN4、DIN3、DIN2 为 0001 时，电机将以固定频率 1 的速度（第一段速）运行；为 0010 时电动机将以固定频率 2 的速度（第二段速）运行；以此类推。

② 根据图 8-4 可知，DIN0、DIN1、DIN2、DIN3、DIN4、DIN5 分别接 Q0.0、Q0.1、Q0.2、Q0.3、Q0.4、Q0.5，可以得出五段速控制状态如表 8-7 所示。

表 8-7　五段速控制状态表

Q0.5	Q0.4	Q0.3	Q0.2	Q0.1	Q0.0	运行频率	正 / 反转
0	0	0	1	0	1	20.0Hz	正转
0	0	1	0	0	1	50.0Hz	
0	0	1	1	0	1	10.0Hz	
0	1	0	0	1	1	25.0Hz	反转
0	0	1	0	1	1	50.0Hz	
0	1	0	1	1	1	15.0Hz	

（4）控制程序及程序说明

控制程序如图 8-5 所示。

① 按下启动按钮 I0.0，M0.0 得电并自锁，Q0.0 得电，启动变频器。MB1=2#1，即 Q0.5、Q0.4、Q0.3、Q0.2 为 2#0001，从而使电机以 20Hz 对应的速度正转。

② 10s 后，MB1=10，即 Q0.5、Q0.4、Q0.3、Q0.2 为 2#0010，从而使电机以 50Hz 对应的速度正转，其余类似。

③ 30s 后，T37 常开触点闭合，Q0.1 得电，Q0.0 保持得电。Q0.5、Q0.4、Q0.3、Q0.2 为 2#0100，从而使电机以 25Hz 对应的速度反转，其余类似。

④ 60s 后，T38 定时时间到，将定时器 T37 和 T38 复位。复位后 T37 又重新开始定时，重复下一个周期。

⑤ 按下停止按钮，系统停止。

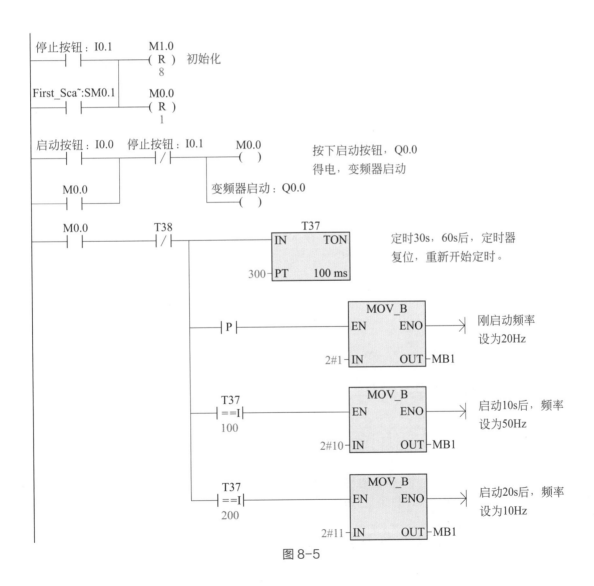

图 8-5

271

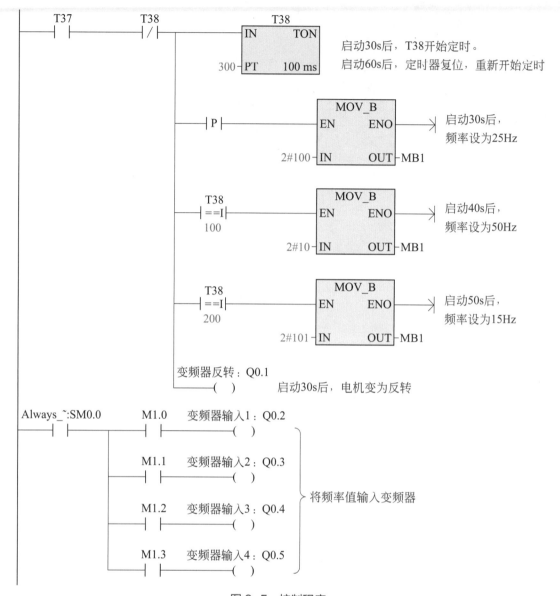

图 8-5　控制程序

8.2　运动指令向导

8.2.1　运动指令向导配置

① 单击"工具"→"运动"进入运动指令组态页面。

② 勾选要组态的轴，如"轴0"，单击"下一个"按钮，在出现的窗口可以为轴命名或选择默认，单击"下一个"按钮。

③ 出现测量系统组态窗口，如图8-6所示。组态完成后，单击"下一个"按钮。

a. 测量系统选择"工程单位"。

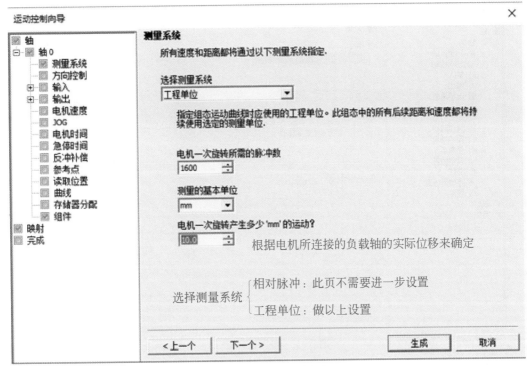

图 8-6　测量系统组态

b. 电机一次旋转所需脉冲数。

·对于步进电机，根据其步距角和驱动器的细分值来确定。

例如，步距角为 1.8°，驱动器细分值设置为 8，则电机旋转一周需要的脉冲数为：

$$\frac{360°}{1.8°}×8 = 1600$$

·对于伺服电机，例如，电机每转一圈，编码器发送 131072 个脉冲给伺服驱动器，参数中电子齿轮比设为 $\frac{131072}{10000}$，则电机一次旋转所需脉冲数为：

$$131072÷\frac{131072}{10000} = 10000$$

c. 测量的基本单位，例如选择"mm"。

d. 旋转一次产生的运动。

根据电机所连接的负载轴的实际位移来确定。

例如，连接的丝杠旋转一圈，水平距离移动 10mm，则此处填写"10.0"。

④ 出现方向控制窗口，如图 8-7 所示。组态完成后，单击"下一个"按钮。

a. 相位。

·单相（2 个输出）：两个输出点，一个点用于脉冲输出，一个点用于控制方向。

·双相（2 个输出）：两个输出点，一个点用于发送正向脉冲，一个点用于发送负向脉冲。

·AB 正交相位（2 个输出）：两个输出点均以指定速度产生脉冲，一个点发送 A 相脉冲，一个点发送 B 相。AB 相脉冲之间相位相差为 90°，P0（A 相）领先 P1（B 相）表示正向，P1 领先 P0 表示负向。

273

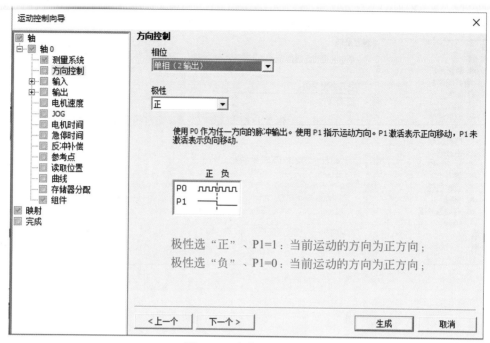

图 8-7　方向控制组态

·单相（1个输出）：只用于脉冲输出，不再控制方向，方向可由用户自己编程控制。

b．"极性"的选择，确定了正方向的指向。例如，当前轴正在向右运动，如果"极性"为正且"P1"为 1，则向右运动的方向为正方向，相应地，右限位则为正向运动的限位开关；而如果"极性"为负且"P1"为 1，则向右运动的方向为负方向，相应地，右限位则为负向运动的限位开关。

⑤ 出现 LMT+ 限位窗口，如图 8-8 所示。组态完成后，单击"下一个"按钮。

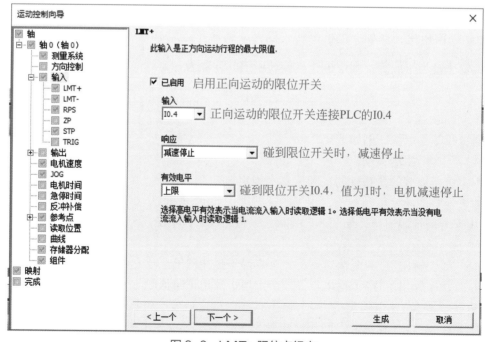

图 8-8　LMT+ 限位点组态

⑥ 出现 LMT- 限位窗口，如图 8-9 所示。组态完成后，单击"下一个"按钮。

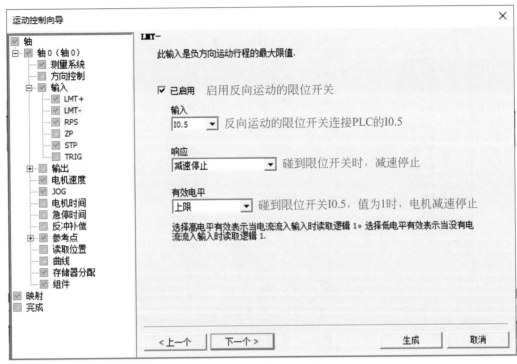

图 8-9　LMT- 限位点组态

⑦ 出现 RPS 参考点窗口，如图 8-10 所示。组态完成后，单击"下一个"按钮。

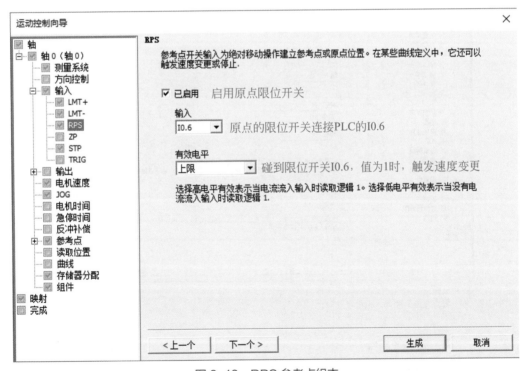

图 8-10　RPS 参考点组态

⑧ 出现 ZP 零脉冲窗口（仅用于伺服电机），如图 8-11 所示。组态完成后，单击"下一个"按钮。

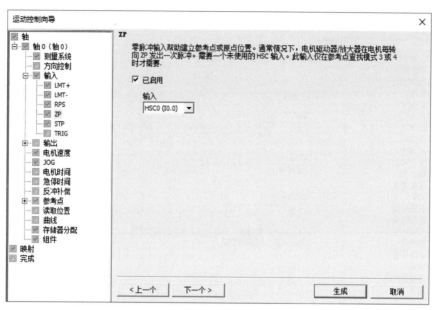

图 8-11　ZP 零脉冲组态

在此设置窗口，可以选择是否启用零脉冲和零脉冲的输入点，帮助 RPS 建立更高精度的参考点。

⑨ 出现 STP 停止点窗口，如图 8-12 所示。组态完成后，单击"下一个"按钮。

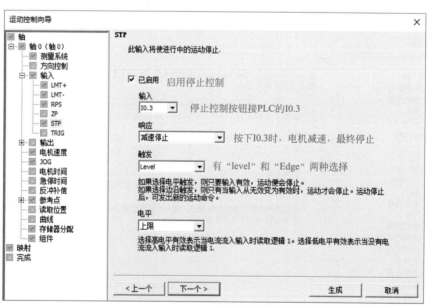

a. 如果触发方式为"Level"，电平作如下选择：
• 上限：当 I0.3 = 1 时，电机减速停止。
• 下限：当 I0.3 = 0 时，电机减速停止。
b. 如果触发方式为"Edge"，电平作如下选择：
• Rising：在 I0.3 的上升沿，电机减速停止。
• Falling：在 I0.3 的下降沿，电机减速停止。

图 8-12　STP 停止点组态

⑩ 出现 TRIG 曲线停止窗口，如图 8-13 所示。组态完成后，单击"下一个"按钮。

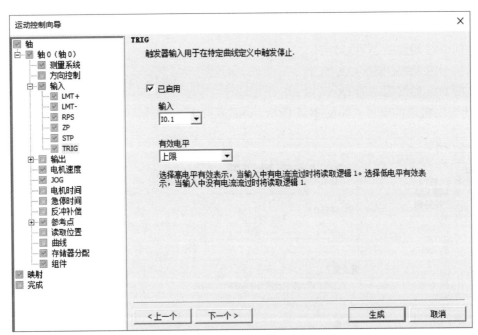

图 8-13　TRIG 曲线停止功能组态

在此设置窗口，选择是否启用 TRIG 及使用哪个点作为 TRIG 输入点和选择激活 TRIG 的有效电平，通常上限为高电平有效，下限为低电平有效。此功能用于运行包络的项目中，可用于停止包络。

⑪ 出现 DIS 驱动器禁用 / 启用窗口，如图 8-14 所示。组态完成后，单击"下一个"按钮。

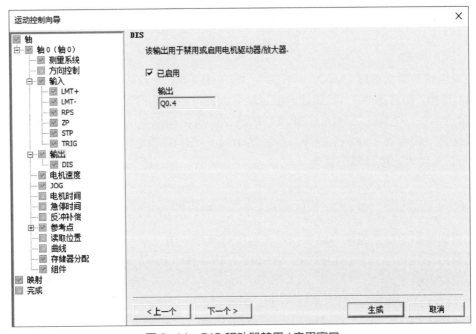

图 8-14　DIS 驱动器禁用 / 启用窗口

在此设置窗口，选择是否激活 DIS。DIS 是伺服驱动器的使能信号，组态中只能使用系统分配的点。每个轴的输出点都是固定的，不能对其进行修改，但是可以选择使能 / 不使能 DIS。

轴 0 的 DIS 始终组态为 Q0.4。

轴 1 的 DIS 始终组态为 Q0.5。

轴 2 的 DIS 始终组态为 Q0.6。

⑫ 出现电机速度窗口，如图 8-15 所示。组态完成后，单击"下一个"按钮。

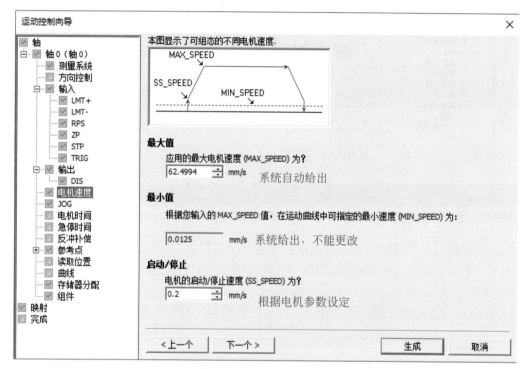

图 8-15　电机速度组态

a. 电机运动的最大速度 "MAX_SPEED"，参见图 8-6（测量系统组态）。

·如果选择"相对脉冲"，则此处电机运动最大速度对应的脉冲频率为 100kHz。

·如果选择"工程单位"，MAX_SPEED 的值由系统根据图 8-6 的设置自动填入。其依据为：电机旋转一周需要 16000 个脉冲，行程是 10mm，而 S7-200 SMART CPU 的输出脉冲频率是 100kHz，则最大速度计算公式为：

$$\frac{100000}{16000} \times 10 = 62.5 (\mathrm{mm/s})$$

b. 电机的最小速度是系统自动根据最大速度计算给定的。

c. 电机运动的启动 / 停止速度 "SS_SPEED" 是指能够驱动负载的最小转矩对应速度，此数值参照电机参数确定。

⑬ 出现点动功能窗口，如图 8-16 所示。组态完成后，单击"下一个"按钮。

a. 点动速度 "JOG_SPEED"：是点动命令有效时能够达到的最大速度。

b. 点动增量 "JOG_INCREMENT"：是点动时间小于 0.5s 时能够将刀具移动的距离。

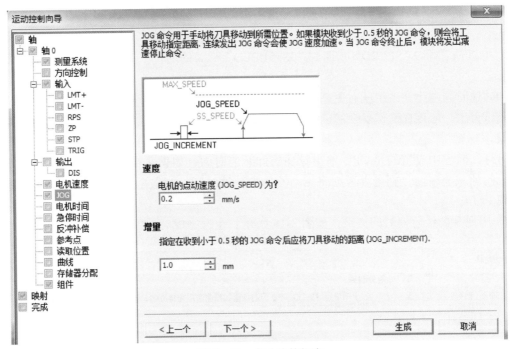

图 8-16　点动功能组态

当 CPU 收到一个点动命令后，如果点动命令在 0.5s 到时之前结束，CPU 则以定义的 SS_ SPEED 速度将工件运动 JOG_INCREMENT 数值指定的距离。当 0.5s 到时，点动命令仍然是激活的，CPU 加速至 JOG_SPEED 速度，继续运动直至点动命令结束，随后减速停止。

⑭ 出现电机加减速时间窗口，如图 8-17 所示。组态完成后，单击"下一个"按钮。

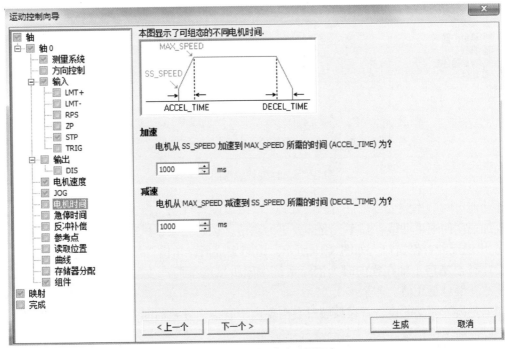

图 8-17　电机加减速时间组态

a. 电机从"SS_SPEED"加速到"MAX_SPEED"所需的时间"ACCEL_TIME"，默认值为1000ms。

b. 电机从"MAX_SPEED"减速到"SS_SPEED"所需的时间"DECEL_TIME"，默认值为1000ms。

加减速时间越小，系统就有更高的响应特性。这两个参数需要根据工艺要求及实际的生产机械测试得出。应该在确保安全的前提下逐渐减小此值，直到电机出现轻微抖动，便是加减速的极限。

另外，向导中设置的是CPU输出脉冲的加减速时间，如果希望使用此加减速时间作为整个系统的加减速时间，则可以考虑将驱动器的加减速时间设为最小，以尽快响应CPU输出脉冲的频率变化。

⑮ 出现S曲线急停时间窗口，如图8-18所示。组态完成后，单击"下一个"按钮。

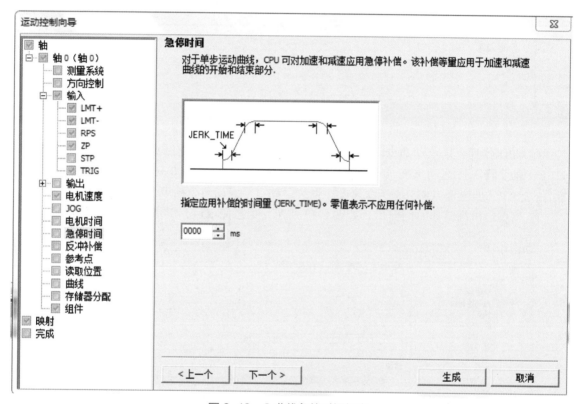

图8-18　S曲线急停时间组态

此功能可对频率突变部分进行圆滑处理，以减小设备抖动。在加速的初始与结束阶段，通过修改加速度使速度曲线在频率突变部分更为圆滑，以起到减小抖动的作用。

⑯ 出现反冲补偿窗口，如图8-19所示。组态完成后，单击"下一个"按钮。

反冲补偿是用于轴在换向时为消除系统中因机械磨损而产生的误差，电机必须运动的距离。反冲补偿总是正值（缺省=0）。

如果是齿轮驱动的设备，在反转时会出现由于磨损而导致的间隙，则可以在此处设置补偿脉冲，以提高定位精度。

⑰ 出现寻找参考点位置窗口，如图8-20所示。组态完成后，单击"下一个"按钮。

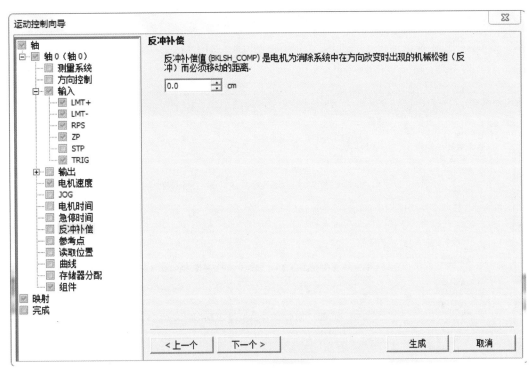

图 8-19　反冲补偿组态

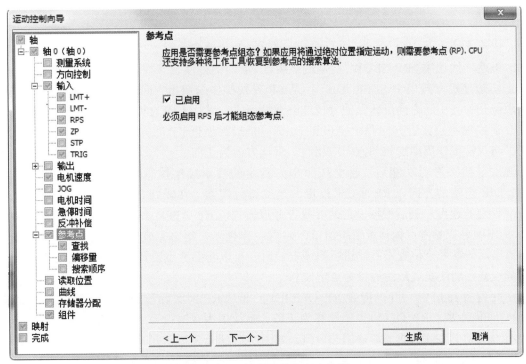

图 8-20　使能寻找参考点位置

如果从一个绝对位置处开始运动或以绝对位置作为参考，则必须建立一个参考点（RP）或零点位置。该点将位置测量固定到物理系统的一个已知点上，必须前面设置了 RPS 才可以启用。

⑱ 出现寻找参考点速度、方向组态窗口，如图 8-21 所示。组态完成后，单击"下一个"按钮。

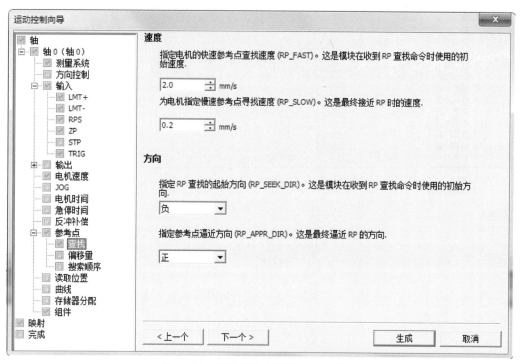

图 8-21　寻找参考点速度、方向组态

a. 快速寻找速度"RP_FAST"：是模块在收到 RP 查找命令时寻找参考点速度的高速。

b. 慢速寻找速度"RP_SLOW"：是最终接近 RP 时的速度，寻找参考点速度的低速。

c. 初始寻找方向"RP_SEEK_DIR"：是 RP 寻找操作的初始方向。当执行 RP 寻找操作时，遇到限位开关会引起方向反转，使寻找能够继续下去。默认方向为负向。

d. 最终参考点接近方向"RP_APPR_DIR"：是最终逼近 RP 的方向。为了减小反冲和提高精度，与正常工作周期的移动方向应相同。默认方向为正向。

触发寻找参考点功能后，轴会按照预先确定的搜索顺序执行搜索。首先轴将按照 RP_SEEK_DIR 设定的方向以 RP_FAST 设定的速度进行搜索，在碰到 RP 参考点后会减速至 RP_SLOW 设定的速度，最后根据设定的寻找参考点模式以 RP_APPR_DIR 设定的方向逼近 RPS。

⑲ 出现寻找参考点偏移量组态窗口，如图 8-22 所示。组态完成后，单击"下一个"按钮。

当实际的参考点位置不方便进行机械安装时，可以将参考点装置安装在其他位置，然后使用参考点偏移功能实现最终的参考点定位。

在此设置窗口中，可以指定 RP_OFFSET，即从 RP 到实际测量系统零点位置（ZERO_POS）之间的距离。RP_OFFSET 值始终为正数，默认值为 0.0。

⑳ 出现寻找参考点搜索顺序组态窗口，如图 8-23 所示。组态完成后，单击"下一个"按钮。

在"参考点搜索顺序"对话框中，可以定义用于查找 RP 的算法。

㉑ 出现读取驱动器位置组态窗口，如图 8-24 所示。组态完成后，单击"下一个"按钮。

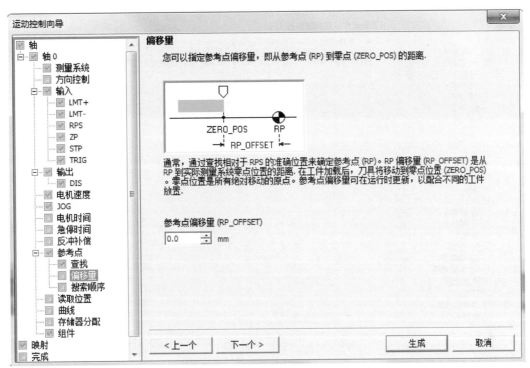

图 8-22　寻找参考点偏移量组态

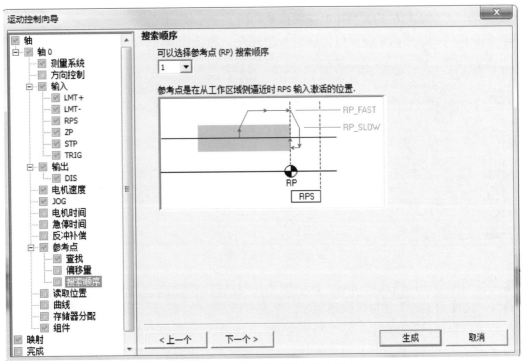

图 8-23　寻找参考点搜索顺序组态

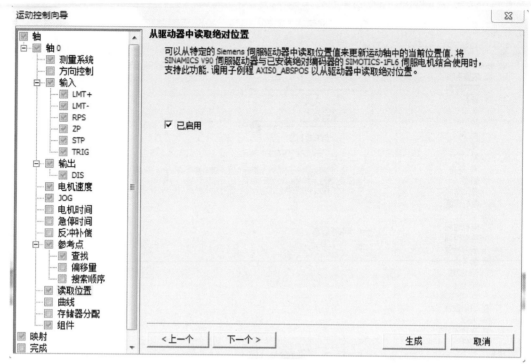

图 8-24　读取驱动器位置组态

选择调用子例程 AXIS0_ABSPOS 指令，从驱动器中读取绝对位置。AXIS0_ABSPOS 子例程通过特定的 Siemens 伺服驱动器（例如 V90）读取绝对位置。读取绝对位置值的目的是更新运动轴中的当前位置值。在将 SINAMICS V90 伺服驱动器与安装了绝对值编码器的 SIMOTICS-1FL6 伺服电机结合使用时，支持此功能。

㉒ 出现曲线功能激活组态窗口，如图 8-25 所示。组态完成后，单击"下一个"按钮。

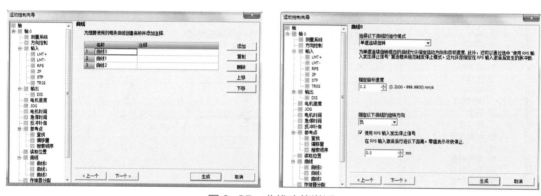

图 8-25　曲线功能激活

运动控制向导还提供曲线功能，此功能允许用户提前设置好运动距离及运动速度，对于运动路线、速度固定的工艺可以快速组态。单击窗口左侧的"曲线"，在窗口"曲线"中，单击"添加"，可以添加曲线并命名。S7-200 SMART 支持最多 32 组移动曲线。

对于每一条曲线，操作模式有绝对位置、相对位置、单速连续旋转、双速连续旋转四种，在绝对位置或相对位置模式，向导的曲线功能只支持单向运动，不能出现使轴反向的组态。

a. 绝对位置和相对位置。曲线最多由十六步组成，每一步包含一个"目标速度"和"结束位置"，"目标速度"的值应介于最低和最高速度之间，"结束位置"是指完成该步将要到达的位置。

b. 单速连续旋转和双速连续旋转。

·指定目标速度：受限于最低和最高速度。默认值为 SS_SPEED。

·指定此曲线的旋转方向：默认状态为"正"。

·使用 RPS 输入发出停止信号：如果不勾选，则只有在收到中止命令时才停止。复选此框时则在 RPS 信号激活时停止。复选此框，将显示新参数，标题为"在 RPS 输入激活后行进以下距离。零值表示尽快停止"。在此，输入一个大于减速所需距离的距离，零值表示尽快停止。

㉓ 出现存储器分配窗口，如图 8-26 所示。分配完成后，单击"下一个"按钮。

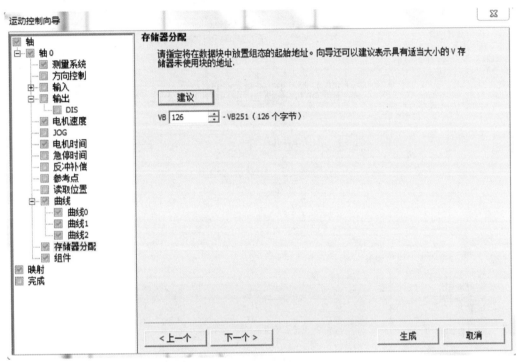

图 8-26　存储器分配

通过单击"建议"（Suggest）按钮分配存储区。

向导组态后会占用 V 存储区空间，因此用户需要特别注意，此连续数据区不能被其他程序使用。默认地址从 VB0 开始。

㉔ 出现组件选择组态窗口，如图 8-27 所示。组态完成后，单击"下一个"按钮。

为减少不必要程序存储空间的占用，用户可以仅选择需要用到的功能子程序，如果需要使用其他子程序，只需要再次运行指令向导即可。

㉕ 出现向导 I/O 映射窗口，如图 8-28 所示。

向导结束后，用户可以在此查看组态的功能分别对应哪些输入/输出点，并据此安排程序与实际接线。由于向导组态完成后会占用 V 存储区空间，用户需要特别注意此连续数据区不能被其他程序使用。

单击"生成"按钮，将生成相应的子程序。可以根据需要编程，并调用这几个子程序。

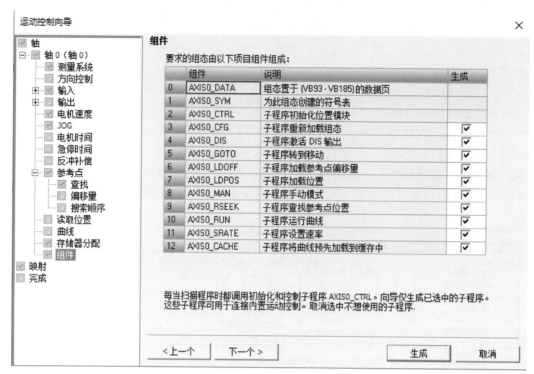

图 8-27　组件选择组态

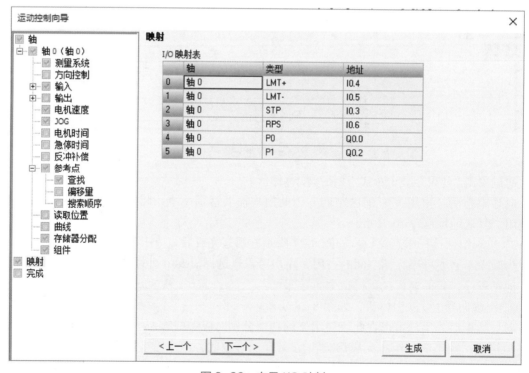

图 8-28　向导 I/O 映射

8.2.2 指令向导生成的子例程

运动向导根据所选组态选项创建唯一的指令子程序，从而使运动轴的控制更容易。各运动指令均具有"AXISx_"前缀，其中 x 代表轴通道编号。每条运动指令都是一个子程序，所以 11 条运动指令使用 11 个子程序。

（1）运动控制指令

运动控制指令如表 8-8 所示，更加详细的指令，可以参考手册。

表 8-8　运动控制指令

指令名称	指令功能	指令名称	指令功能
AXISx_CTRL	启用和初始化运动轴	AXISx_LDPOS	加载位置
AXISx_MAN	手动模式	AXISx_SRATE	设置速率
AXISx_GOTO	命令运动轴转到所需位置	AXISx_DIS	使能 / 禁止 DIS 输出
AXISx_RUN	运行包络	AXISx_CFG	重新加载组态
AXISx_RSEEK	搜索参考点位置	AXISx_CACHE	缓冲包络
AXISx_LDOFF	加载参考点偏移量	AXISx_LDPOS	加载位置

（2）特定位置控制任务需要的运动指令

① 要在每次扫描时执行指令，要在程序中插入 AXISx_CTRL 指令并使用 SM0.0 触点使其使能。

② 要指定运动到绝对位置，必须首先使用 AXISx_RSEEK 或 AXISx_LDPOS 指令建立零位置。

③ 要根据程序输入移动到特定位置，使用 AXISx_GOTO 指令。

④ 要运行通过位置控制向导组态的运动包络，使用 AXISx_RUN 指令。

⑤ 其他位置指令为可选项。

（3）常用指令介绍

① AXISx_CTRL 指令　AXISx_CTRL 指令详解如图 8-29 所示。

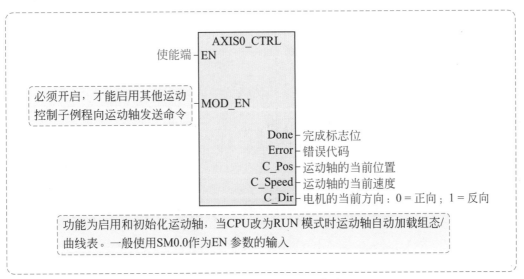

图 8-29　AXISx_CTRL 指令

287

② AXISx_RSEEK 指令　AXISx_RSEEK 指令详解如图 8-30 所示。

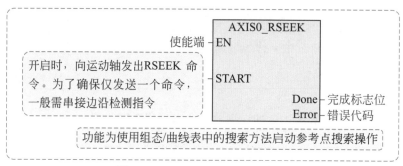

图 8-30　AXISx_RSEEK 指令

③ AXISx_GOTO 指令　AXISx_GOTO 指令详解如图 8-31 所示。

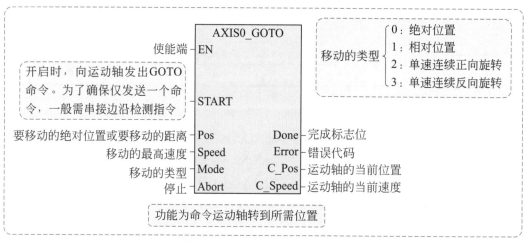

图 8-31　AXISx_GOTO 指令

④ AXISx_RUN 指令　AXISx_RUN 指令详解如图 8-32 所示。

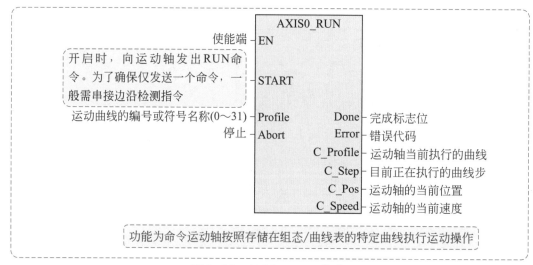

图 8-32　AXISx_RUN 指令

8.3 S7-200 SMART PLC 控制步进电机

8.3.1 步进电机简介

（1）步进电机概念

步进电机又称脉冲电机，是一种将电脉冲转化为角位移的执行机构。步进电机输出的角位移或线位移与输入脉冲数成正比。即每输入一个脉冲，经分配装置使电机转子相应转动一步，且在时间上与输入脉冲同步。通俗一点讲：当步进驱动器接收到一个脉冲信号时，它就驱动步进电机按设定的方向转动一个固定的角度（即步距角）。可以通过控制脉冲个数来控制角位移量，从而达到准确定位的目的；其转速与脉冲频率成正比，可以通过控制脉冲频率来控制电机转动的速度和加速度，从而达到调速的目的。另外，步进电机还具有能快速地启动、制动和反转、定位精度高等特点。

8.3.1
步进电机简介

图8-33 步进电机的外形图

步进电机的外形如图8-33所示。

（2）步进电机的工作原理与基本参数

① 工作原理　步进电机是按电磁吸引的原理工作的。错齿是其工作的关键，是推动其工作的根本原因。以反应式三相步进电机为例，其定子上有六个磁极，每个磁极上绕有励磁绕组，相对的两个磁极组成一相，分成A、B、C三相。转子无绕组，它是由带齿的铁芯做成的。当定子绕组按顺序轮流通电时，A、B、C三对磁极就依次产生磁场，并每次对转子的某一对齿产生电磁引力，将其吸引过来，而使转子一步步转动。

② 步进电机的基本参数　步进电机有步距角 a、齿数 z、转速 n 和频率 f 四个基本参数。

步进驱动器接收到一个脉冲信号，它就驱动步进电机按设定的方向转动一个固定的角度。该角度被称为步距角。通电方式不仅影响步进电机的矩频特性，对步距角也有影响。一个 m 相步进电机，如其转子上有 z 个小齿，则其步距角的计算公式为：

$$\alpha = \frac{360°}{kmz} \qquad (8\text{-}2)$$

式中，k 为通电方式系数。当采用单相或双相通电方式，即相邻两次通电相数相同时，$k=1$；当采用单双相轮流通电方式，即相邻两次通电相数不同时，$k=2$。

由式（8-2）可知，采用单双相轮流通电方式时，k 为2，与单相或双相通电方式相比，步距角减小一半。步距角越小，步进电机最小位移越小，位移的控制精度越高。

另外，步距角 a、频率 f 和转速 n 的关系为：

$$n = \frac{\alpha}{360} \times 60f = \frac{\alpha f}{6} \qquad (8\text{-}3)$$

8.3.2　步进电机的驱动器

步进电机的驱动器是一种将电脉冲转化为角位移的执行机构。步进驱动器接收到一个脉冲信号，它就驱动步进电机按设定的方向转动一个固定的角度，它的旋转是以固定的角度一步一步运行的。可以通过控制脉冲个数来控制角位移量，从而达到准确定位的目的；同时可以通过控制脉冲频率来控制电机转动的速度和加速度，从而达到调速和定位的目的。TB6600 升级版两相步进驱动器的外形图如图 8-34 所示。

（1）驱动器的接口和接线

① 驱动器的接口如表 8-9 所示。

图 8-34　TB6600 升级版两相步进驱动器的外形图

表 8-9　驱动器的接口

接口		功能
信号输入	PUL+ PUL−	脉冲输入信号。默认脉冲上升沿有效。为了可靠响应脉冲信号，脉冲宽度应大于 1.2μs
	DIR+ DIR−	方向输入信号，高 / 低电平信号。为保证电机可靠换向，方向信号应先于脉冲信号至少 5μs 建立。电机的初始运行方向与电机绕组接线有关，互换任一相绕组（如 A+、A− 交换）可以改变电机初始运行方向
	ENA+ ENA−	使能输入信号（脱机信号），用于使能或禁止驱动器输出。使能时，驱动器将切断电机各相的电流使电机处于自由状态，不响应步进脉冲。当不需用此功能时，使能信号端悬空即可
电机绕组连接	A+，A−	电机 A 相绕组
	B+，B−	电机 B 相绕组
电源电压连接	VCC	直流电源正。范围为 9 ~ 42V DC
	GND	直流电源负
状态指示	绿色 LED 上	电源指示灯，故障指示灯。当驱动器接通电源时，该 LED 常亮；当驱动器切断电源时，该 LED 熄灭。若该灯不亮，代表出现故障。当故障被用户清除时，该灯常亮
	绿色 LED 下	运行指示灯。驱动器接收脉冲，此灯闪烁。一旦停止发脉冲，常亮

② 驱动器的接线　驱动器的输入信号接口有共阳极接法（低电平有效）或共阴极接法（高电平有效）两种，接线如图 8-35 所示。

ENA 端为使能端。ENA 有效时电机转子处于自由状态（脱机状态），此时可以手动转动电机转轴，做适当的调节。手动调节完成后，再将 ENA 设为无效状态，此时，电机转轴手动无法转动，但可以进行自动控制。

（2）驱动器的电流、细分拨码开关设定

驱动器采用六位拨码开关设定细分、运行电流。其中 SW1、SW2、SW3 用于细分精度的设定，SW4、SW5、SW6 用于驱动电流的设定。

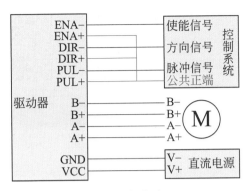
(a) 共阳极接法

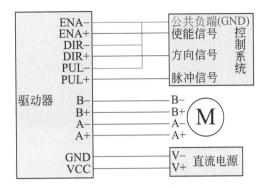
(b) 共阴极接法

图 8-35　驱动器的接线

① 细分精度的设定　细分可以控制步进电机的精度。如步进电机的步距角为 1.8°，则电机旋转一周需要 360°/1.8°=200 个脉冲。如果驱动器提供 8 细分模式，则需要 200×8=1600 个脉冲，电机旋转一周。细分精度设定如表 8-10 所示。

表 8-10　细分精度设定

细分	脉冲/圈	SW1	SW2	SW3
NC	NC	ON	ON	ON
1	200	ON	ON	OFF
2/A	400	ON	OFF	ON
2/B	400	OFF	ON	ON
4	800	ON	OFF	OFF
8	1600	OFF	ON	OFF
16	3200	OFF	OFF	ON
32	6400	OFF	OFF	OFF

注：1. NC 代表电机失能脱机。

2. 2/A 与 2/B 都是 2 细分。

② 工作电流的设定　工作电流的设定如表 8-11 所示。

表 8-11　工作电流的设定

电流/A	峰值/A	SW4	SW5	SW6
0.5	0.7	ON	ON	ON
1.0	1.2	ON	OFF	ON
1.5	1.7	ON	ON	OFF
2.0	2.2	ON	OFF	OFF
2.5	2.7	OFF	ON	ON
2.8	2.9	OFF	OFF	ON
3.0	3.2	OFF	ON	OFF
3.5	4.0	OFF	OFF	OFF

8.3.3 步进电机的 PLC 控制

8.3.3 步进电机
的 PLC 控制 1

8.3.3 步进电机
的 PLC 控制 2

（1）控制要求

某步进电机，步距角为 1.8°，即转动一圈需要 200 个脉冲，细分设为 8，连接的滑台丝杠螺距为 4mm/ 圈。要求，启动系统后，自动寻找原点，搜索完毕后，以 20mm/s 的速度运动到 +80mm 处，然后以 10mm/s 的速度运动到 −50mm 处。范例示意如图 8-36 所示。

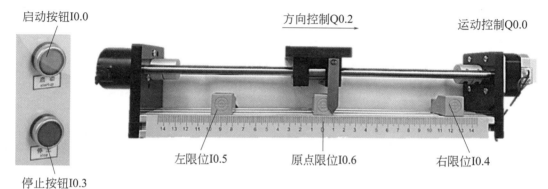

(a) 实物图

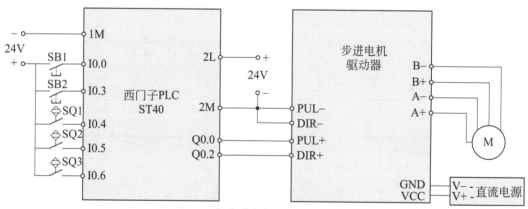

(b) PLC 与步进电机驱动器的接线

图 8-36 范例示意

（2）PLC 的 I/O 分配表

其 I/O 分配表如表 8-12 所示。

表 8-12　I/O 分配表

PLC 软元件	元件说明	PLC 软元件	元件说明
I0.0	系统启动按钮	I0.6	原点限位
I0.3	运动停止按钮	Q0.0	高速脉冲输出端
I0.4	右限位	Q0.2	方向控制端
I0.5	左限位		

（3）运动指令向导配置

使用运动向导，按照表 8-13 进行配置，其他选择默认。参数配置完毕后，得到 I/O 映射表，如图 8-37 所示。

表 8-13　运动向导参数

窗口名称	选项	参见图
轴	勾选“轴 0”	无
测量系统	选择“工程单位”，“1600”脉冲 / 圈，单位“mm”，运动“4” mm/r	图 8-6
方向控制	相位为“单相（2 输出）”，极性为“正”	图 8-7
LMT+	勾选“已启用”，输入为“I0.4”，响应为“减速停止”，有效电平为“上限”	图 8-8
LMT−	勾选“已启用”，输入为“I0.5”，响应为“减速停止”，有效电平为“上限”	图 8-9
RPS	勾选“已启用”，输入为“I0.6”，有效电平为“上限”	图 8-10
STP	勾选“已启用”，输入为“I0.3”，响应为“减速停止”，触发为“Level”，电平为“上限”	图 8-12
参考点	勾选“已启用”	图 8-20
速度	PR_FAST 选“25” mm/s，PR_SLOW 选“0.2” mm/s，初始方向选“负”，逼近方向选“正”	图 8-21
存储器分配	点“建议”自动分配	图 8-26
组件	勾选“AXIS0_GOTO”“AXIS0_RSEEK”	图 8-27

I/O 映射表

	轴	类型	地址
0	轴 0	LMT+	I0.4
1	轴 0	LMT-	I0.5
2	轴 0	STP	I0.3
3	轴 0	RPS	I0.6
4	轴 0	P0	Q0.0
5	轴 0	P1	Q0.2

图 8-37　I/O 映射表

（4）控制程序及程序说明

控制程序如图 8-38 所示。

① 按下启动按钮 I0.0，启动 AXIS0_RSEEK 指令，开始搜索原点。

② 当原点搜索完毕后，M1.2=1，启动第 1 个 AXIS0_GOTO 指令，命令运动轴以 20mm/s 的速度，向正方向运动到距离原点 80mm 处。

③ 移动完成后，M1.3=1，启动第 2 个 AXIS0_GOTO 指令，命令运动轴以 10mm/s 的速度，向负方向运动到距离原点 50mm 处。

④ 按下停止按钮 I0.3，停止运动。

Always_On:SM0.0
AXIS0_CTRL
EN
功能为启用和初始化运动轴

Always_On:SM0.0
MOD_EN
Done — M1.0   完成时，M1.0 = 1
Error — VB0   错误代码：具体含义可按F1查找帮助
C_Pos — VD10   VD10存放运动轴的当前位置
C_Speed — VD14 VD14存放运动轴的当前速度
C_Dir — M1.1   M1.1 = 0，当前运动方向为正向；
               M1.1 = 1，当前运动方向为反向

Always_On:SM0.0
AXIS0_RSEEK
EN
功能为搜索参考点

启动：I0.0 —| |—| P |—
START
Done — M1.2   完成时，M1.2 = 1
Error — VB1   错误代码：具体含义可按F1查找帮助

Always_On:SM0.0
AXIS0_GOTO
EN
功能为命令运动轴以20mm/s的速度，
向正方向运动到距离原点80mm处

M1.2 —| |—| P |—
START
参考点搜索完毕后，M1.2 = 1，启动 AXIS0_GOTO指令
运动到80mm处 80.0 — Pos   Done — M1.3   完成时，M1.3 = 1
速度为20mm/s 20.0 — Speed   Error — VB2   错误代码：具体含义可按F1查找帮助
绝对位置方式 0 — Mode   C_Pos — VD18   VD18存放运动轴的当前位置
停止：I0.3 — Abort   C_Speed — VD22 VD22存放运动轴的当前速度

Always_On:SM0.0
AXIS0_GOTO
EN
功能为命令运动轴以10mm/s的速度，
向负方向运动到距离原点50mm处

M1.3 —| |—| P |—
START
运动到80mm处，M1.3=1，启动 AXIS0_GOTO指令
运动到−50mm处 −50.0 — Pos   Done — M1.4
速度为10mm/s 10.0 — Speed   Error — VB3
0 — Mode   C_Pos — VD26
停止：I0.3 — Abort   C_Speed — VD30

图8-38 控制程序

294

8.4 S7-200 SMART PLC 控制伺服电机

8.4.1 伺服电机简介

8.4.1
伺服电机简介

（1）伺服电机概念

伺服电机是指在伺服系统中控制机械元件运转的发动机，在闭环中使用，可以随时将信号传给系统，同时利用系统给出的信号来修正自己的运转。

系统工作原理如图 8-39 所示。PLC 通过输出点发送脉冲给伺服驱动器，驱动器发送脉冲使电机转动，并带动其他机械转动或水平移动。电机与编码器同轴，电机转动，编码器便将产生的脉冲反馈给驱动器，形成闭环。因此，系统知道发出了多少脉冲给伺服电机，又收回了多少个脉冲，能够很精确地控制电机的转动，从而实现精确的定位。

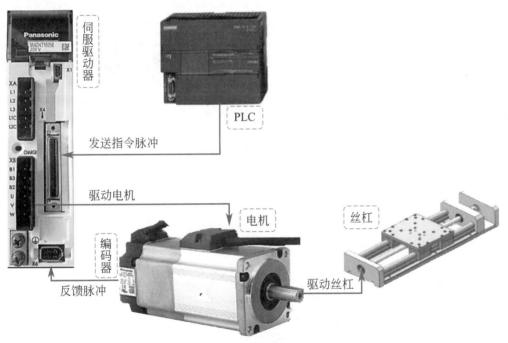

图 8-39　系统工作原理图

（2）基本概念

① 脉冲当量　脉冲当量是指当控制器输出一个定位控制脉冲时，所产生的定位控制移动的位移。对直线运动来说，是指移动的距离；对圆周运动来说，是指其转动的角度。

② 电子齿轮比　电子齿轮比是对伺服电机接收到上位机的脉冲频率进行放大或缩小。用于位置模式，即：

$$电子齿轮比 = \frac{编码器的分辨率}{电机每转一圈所需的指令脉冲数}$$

295

例如，对于带 17 位编码器的电机而言，分辨率为 $2^{17}=131072$，所以伺服电机转一周，编码器输出 131072 个检测脉冲。

如果丝杠的螺距为 10mm，要求输入一个指令脉冲时，工件位移 0.01mm，那么转一周需要输入的指令脉冲数为：

$$\frac{10\text{mm}}{0.01\text{mm}}=1000$$

则电子齿轮比为：

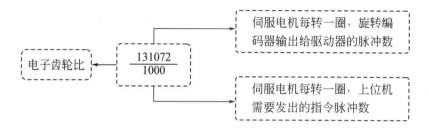

8.4.2　伺服电机的 PLC 控制

（1）控制要求

一伺服电机带 20 位编码器，如果丝杠的螺距为 10mm，每输入一个指令脉冲时，工件位移 0.01mm。按下启动按钮以后，要求以 60mm/s 的速度往负方向运动；

8.4.2　伺服电机的 PLC 控制 1　　8.4.2　伺服电机的 PLC 控制 2

碰到负向限位开关后反向，改为往正方向运动；碰到正向限位开关后，再反向；当运动到原点时，在原点停止 5s 后再以 60mm/s 的速度向负方向移动 60mm 停止。按下停止按钮，随时停止。将其接成位置模式，如图 8-40 所示。

（2）I/O 分配表

其 I/O 分配表如表 8-14 所示。

表 8-14　I/O 分配表

PLC 软元件	元件说明	PLC 软元件	元件说明
I0.0	启动按钮	I0.6	原点限位
I0.1	停止按钮	Q0.0	高速脉冲输出端
I0.4	左限位	Q0.2	方向控制端
I0.5	右限位		

（3）参数设置

① 常用参数说明　常用参数在不同设定值时的含义如表 8-15 所示。

表 8-15　常用参数说明

参数	参数名称	设定值	参数含义
Pr0.01	控制模式设定	0	位置模式
		1	速度模式
		2	转矩模式

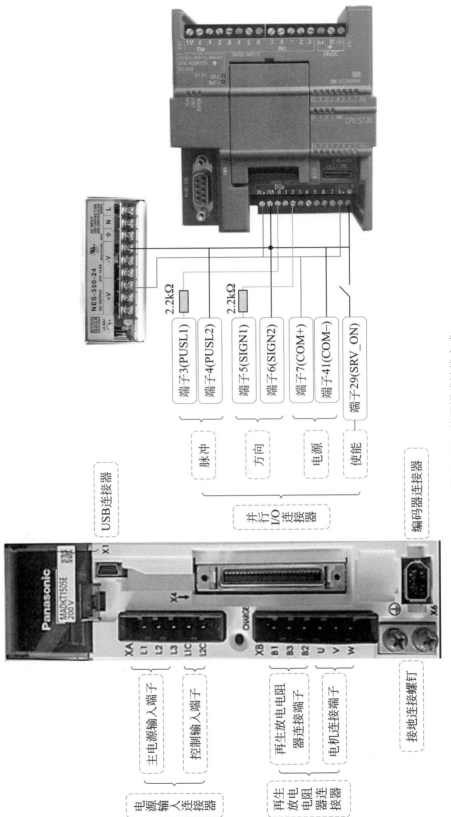

图 8-40 位置模式式接线方式

参数	参数名称	设定值	参数含义
Pr0.05	指令脉冲选择	0	光电耦合器输入
		1	长线驱动器专用输入
Pr0.06	指令脉冲极性设置	0	正极性
		1	负极性
Pr0.07	指令脉冲输入模式设置	0 或 2	AB 正交相位（2 个输出）
		1	双相（2 个输出）
		3	单相（2 个输出）
Pr0.08	电机每旋转 1 圈的指令脉冲数	0	参数 Pr0.09 和 Pr0.10 有效
		1～1048576	设定值便为电机每转 1 圈的指令脉冲数
Pr0.09	电子齿轮比分子	0	编码器的分辨率被设为分子
		1～2^{30}	设定值为分子
Pr0.10	电子齿轮比分母	1～2^{30}	设定值为分母

② 参数设置　参数设置如表 8-16 所示。

表 8-16　参数设置

参数	参数名称	设定值	参数含义	出厂默认值
Pr0.01	控制模式设定	0	位置模式	0
Pr0.05	指令脉冲选择	0	光电耦合器输入	0
Pr0.06	指令脉冲极性设置	0	正极性	0
Pr0.07	指令脉冲输入模式设置	3	单相（2 个输出）	1
Pr0.08	电机每旋转 1 圈的指令脉冲数	0	参数 Pr0.09 和 Pr0.10 有效	10000
Pr0.09	电子齿轮比分子	1048576	可以取编码器的分辨率作为分子	0
Pr0.10	电子齿轮比分母	1000	可以取电机旋转 1 圈需要的指令脉冲数作为分母	10000

20 位编码器，编码器的分辨率为 2^{20}=1048576（Pr0.09）。丝杠的螺距为 10mm，即每圈工件位移为 10mm；每输入一个指令脉冲时，工件位移 0.01mm，则电机每旋转 1 次需要 1000（Pr0.10）个脉冲。

（4）控制程序及程序说明

控制程序如图 8-41 所示。

① 按下启动按钮 I0.0，初始化 PTO 参数并启动 PLS 指令，工件以 60mm/s 的速度向往负方向运动。

② 当碰到左限位开关 I0.4 时，MB10=1，即 M10.0=1，使 Q0.2 得电，电机反向。

③ 工件以 60mm/s 的速度往正方向运动。当碰到右限位开关 I0.5 时，MB10=2，即 M10.0=0，使 Q0.2 失电，电机反向。

④ 工件以 60mm/s 的速度往负方向运动。当碰到原点限位开关 I0.6 时，复位 PTO 控制寄

存储器 SMB67，再触发 PLS 指令，运动停止，T37 开始定时。

⑤ 5s 后，重新设置 PTO 参数并启动 PLS 指令，共输出 6000 个脉冲，工件以 60mm/s 的速度向负方向移动 60mm 停止。

⑥ 按下停止按钮 I0.1，系统停止。

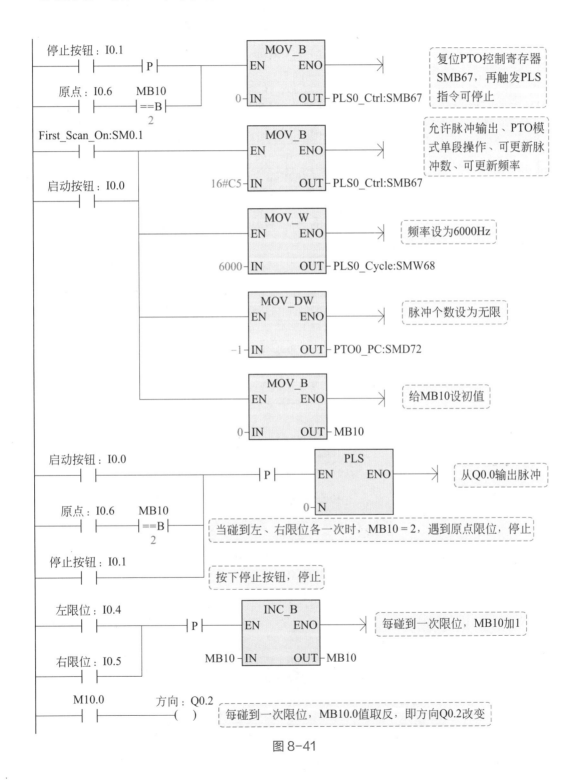

图 8-41

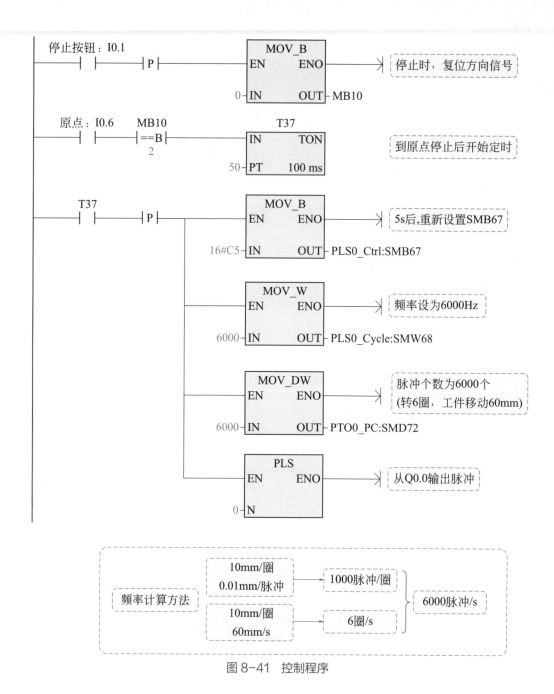

图 8-41　控制程序

第9章
西门子 S7-200 SMART PLC 通信

9.1 通信端口以及连接方式

每个 S7-200 SMART CPU 都提供一个以太网端口和一个 RS485 端口（端口 0），标准型 CPU 额外支持 SB CM01 信号板（端口 1），信号板可通过 STEP 7-Micro/WIN SMART 软件组态为 RS232 通信端口或 RS485 通信端口。

9.1.1 CPU 通信端口引脚分配

（1）RS485 通信端口

S7-200 SMART CPU 集成的 RS485 通信端口是与 RS485 兼容的 9 针 D 形连接器。其通信端口的引脚分配如表 9-1 所示。

表 9-1　S7-200 SMART CPU 集成 RS485 端口的引脚分配

连接器	引脚标号	信号	引脚定义
	1	屏蔽	机壳接地
	2	24V 返回	逻辑公共端
	3	RS485 信号 B	RS485 信号 B
	4	发送请求	RTS（TTL）
	5	5V 返回	逻辑公共端
	6	+5V	+5V，100Ω 串联电阻
	7	+24V	+24V
	8	RS485 信号 A	RS485 信号 A
	9	不适用	10 位协议选择（输入）
	外壳	屏蔽	机壳接地

（2）SB CM01 信号板

① 引脚分配　标准型 CPU 额外支持 SB CM01 信号板，其引脚分配如表 9-2 所示。

表 9-2　S7-200 SMART SB CM01 信号板端口的引脚分配表

连接器	引脚标号	信号	引脚定义
	1	接地	机壳接地
	2	Tx/B	RS232-Tx/RS485-B
	3	发送请求	RTS（TTL）
	4	M 接地	逻辑公共端
	5	Rx/A	RS232-Rx/RS485-A
	6	+5V	+5V，100Ω 串联电阻

② 组态为 RS232 通信端口或 RS485 通信端口的方法　使用 STEP 7-Micro/WIN SMART 软件可以将 SB CM01 信号板组态为 RS485 通信端口或 RS232 通信端口。首先，双击项目树（或单击导航栏）的系统块，出现系统块窗口。在系统块窗口上端 SB 栏选择添加 SB CM01 信号板，并且选择"RS485"或"RS232"类型，设定地址和波特率，便实现了将 SB CM01 信号板组态为 RS485 通信端口或 RS232 通信端口，如图 9-1 所示。

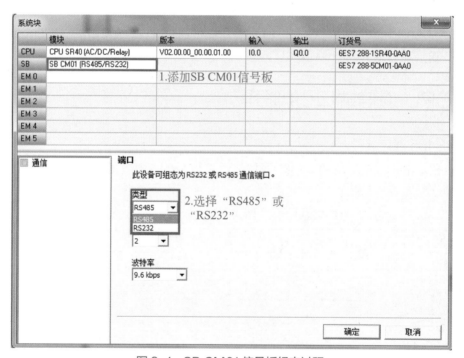

图 9-1　SB CM01 信号板组态过程

9.1.2　EM DP01 通信端口引脚分配

EM DP01 上的 RS485 串行通信接口是一个 RS485 兼容的九针迷你 D 形貌插口，与欧洲标准 EN 50170 规定的 PROFIBUS 标准一致。该通信端口的引脚分配如表 9-3 所示。

表 9-3　S7-200 SMART EM DP01 通信端口的引脚分配

连接器	引脚编号	PROFIBUS
	1	屏蔽
	2	返回 24V
	3	RS485 信号 B
	4	请求发送
	5	返回 5V
	6	+5V（隔离）
	7	+24V
	8	RS485 信号 A
	9	NC

引脚 9　引脚 5
引脚 6　引脚 1

9.1.3　以太网端口连接

S7-200 SMART CPU 的以太网端口有两种网络连接方法：直接连接和网络连接。

（1）直接连接

当一个 S7-200 SMART CPU 与一个编程设备、HMI 或者另外一个 S7-200 SMART CPU 通信时，实现的是直接连接。直接连接不需要使用交换机，使用网线直接连接两个设备即可。如图 9-2 所示是通信设备的直接连接。

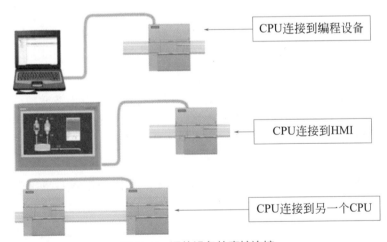

CPU连接到编程设备

CPU连接到HMI

CPU连接到另一个CPU

图 9-2　通信设备的直接连接

（2）网络连接

当两个以上的通信设备进行通信时，需要使用交换机来实现网络连接。可以使用导轨安装的西门子 CSM1277 四端口交换机来连接多个 CPU 和 HMI 设备。多个通信设备的网络连接如图 9-3 所示。

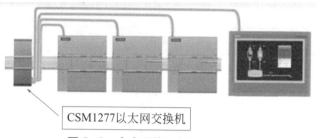

CSM1277以太网交换机

图 9-3　多个通信设备的网络连接

9.1.4　RS485 网络连接

（1）RS485 网络的传输距离和波特率

RS485 网络为采用屏蔽双绞线电缆的线性总线网络，总线两端需要终端电阻。RS485 网络允许每一个网段的最大通信节点数为 32 个，允许的最大电缆长度则由通信端口是否隔离以及通信波特率大小两个因素所决定。RS485 网段电缆的最大长度如表 9-4 所示。

表 9-4　RS485 网段电缆的最大长度

波特率 /（bit/s）	S7-200 SMART CPU 端口	隔离型 CPU 端口
9.6K ~ 187.5K	50m	1000m
500K	不支持	400m
1M ~ 1.5M	不支持	200m
3M ~ 12M	不支持	100m

S7-200 SMART CPU 集成的 RS485 端口以及 SB CM01 信号板都是非隔离型通信端口，与网段中其他节点通信时需要做好参考点电位的等电位连接，允许的最大通信距离为 50m。如果需要为网络提供隔离或网络中的通信节点数大于 32 个或者通信距离大于 50m，则需要添加 RS485 中继器拓展网络连接。

（2）RS485 中继器的作用

RS485 中继器可用于延长网络距离，对不同网段进行电气隔离以及增加通信节点数量。

① 延长网络距离　网络中添加中继器允许将网络再延长 50m，如果两台中继器连接在一起，中间无其他节点，则可将网络延长 1000m。一个网络中最多可以使用 9 个西门子中继器。使用 RS485 中继器拓展网络如图 9-4 所示。

② 电气隔离不同网段　RS485 中继器可以使参考点电位不相同的网段相互隔离，从而确保通信传输质量。

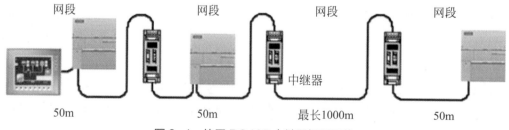

图 9-4　使用 RS485 中继器拓展网络

③ 增加网络设备　在一个 RS485 网段中，最多可以连接 32 个通信节点。使用中继器可以拓展一个网段，即可再连接 32 个通信节点，但是中继器本身也占用一个通信节点位置，所以拓展的网段只能再连接 31 个通信节点。

（3）RS485 网络连接器

① RS485 网络连接器种类　西门子提供了两种类型的 RS485 网络连接器，一种是标准型网络连接器，另一种则增加了可编程接口。带有可编程接口的网络连接器可以将 S7-200 SMART CPU 集成的 RS485 端口所有通信引脚扩展到编程接口，其中 2 号、7 号引脚对外提供24V DC 电源，可以用于连接 TD400C。

② 网络连接器终端和偏置电阻　如图 9-5 所示，网络连接器上两组连接端子，用于连接输入电缆和输出电缆。网络连接器上具有终端和偏置电阻的选择开关，网络两端的通信节点必须将网络连接器的选择开关设置为 ON，网络中间的通信节点需要将选择开关设置为 OFF。当信号传输到网络末端时，如果电缆阻抗很小或者没有阻抗，则会引起信号反射。在网络的两端接一个与电缆的特性阻抗相同的终端电阻，使电缆阻抗连续，则会消除这种反射。另外，当网络上没有通信节点发送数据时，网络总线处于空闲状态，增加偏置电阻可使总线上有一个确定的空闲电位，保证了逻辑信号"0""1"的稳定性。

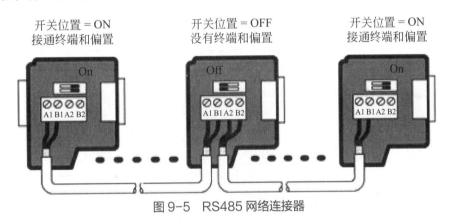

图 9-5　RS485 网络连接器

典型的网络连接器终端和偏置电阻的接线如图 9-6 所示。

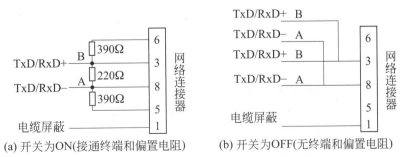

(a) 开关为ON(接通终端和偏置电阻)　　(b) 开关为OFF(无终端和偏置电阻)

图 9-6　网络连接器终端和偏置电阻的接线

使用 SB CM01 信号板可用于连接 RS485 网络，当信号板为终端通信节点时需要连接终端和偏置电阻。典型的电路图如图 9-7 所示。

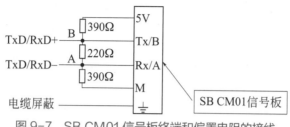

图 9-7　SB CM01 信号板终端和偏置电阻的接线

9.1.5　RS232 网络连接

RS232 网络为两台设备之间的点对点连接，最大通信距离为 15m，通信速率最大为 115.2Kbit/s。RS232 连接可用于连接扫描器、打印机、调制解调器等设备。SB CM01 信号板通过组态可以设置为 RS232 通信端口。典型的 RS232 接线方式如图 9-8 所示。

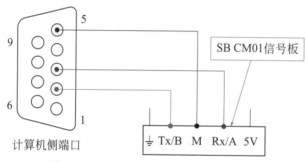

图 9-8　SB CM01 信号板 RS232 连接

9.2　S7-200 SMART 之间的 Get/Put 通信

S7-200 SMART 的 Get/Put 通信支持固件版本 V2.0 及以上，通常用于西门子控制器之间的通信。使用 Get/Put 指令编程通信时，Get 指令最大传输 222 个字节，Put 指令最大传输 212 个字节；而使用向导进行通信时 Get/Put 最大传输都为 200 个字节。

9.2.1　S7-200 SMART CPU Get/Put 向导编程

（1）控制要求

CPU1 为主机，其 IP 地址为 192.168.2.100。CPU2 为从机，其 IP 地址为 192.168.2.101。通信任务是将 CPU1 的实时时钟信息写入 CPU2 中，将 CPU2 中的实时时钟信息读写到 CPU1 中。

9.2.1　S7-200 SMART CPU GetPut 向导编程

（2）建立项目

利用 STEP 7-Micro/WIN SMART 软件，新建两个项目，分别命名为"CPU1.smart""CPU2.smart"。打开"CPU1.smart"，打开"系统块"勾选"IP 地址数据固定为下面的值，不能通过其他方式更改"，并将 IP 地址修改为"192.168.2.100"，如图 9-9 所示。类似地，打开"CPU2.smart"，将 IP 地址修改为"192.168.2.101"。

图 9-9 修改 PLC IP 地址

（3）S7-200 SMART CPU Get/Put 向导

S7-200 SMART CPU Put/Get 向导最多允许组态 16 项独立 Get/Put 操作，并生成代码块来协调这些操作。打开项目"CPU1.smart"，向导编程步骤为：

① 在"工具"菜单中的"向导"区域单击"Get/Put"按钮，启动 Get/Put 向导，如图 9-10 所示。

图 9-10 启动 Get/Put 向导

② 如图 9-11 所示，在弹出的 "Get/Put" 向导界面中，单击 "添加" 按钮，进行添加 Put/Get 操作。单击每个操作的 Name 和 Comment，为其创建名称并添加注释。

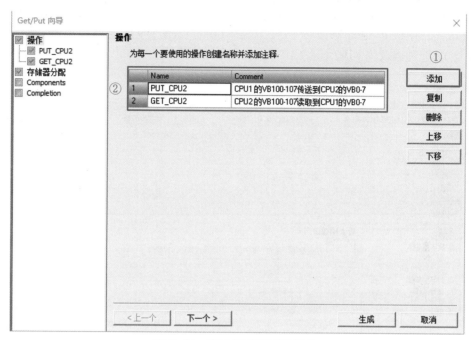

图 9-11　添加 PUT/GET 操作

③ 定义 Put/Get 操作

a. 单击左侧操作名称 PUT_CPU2，出现定义界面，如图 9-12 所示，定义 Put/Get 操作，读取本地 CPU 的 VB100 ～ VB107 中的数值传入远程 CPU 的 VB0 ～ VB7 中。

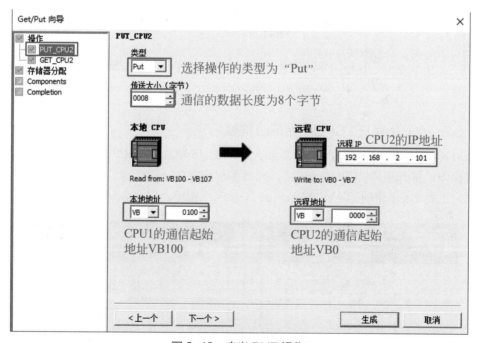

图 9-12　定义 PUT 操作

b. 单击左侧操作名称 GET_CPU2，出现定义界面，如图 9-13 所示，定义 Put/Get 操作，读取远程 CPU 的 VB100 ~ VB107 中的数值传入本地 CPU 的 VB0 ~ VB7 中。

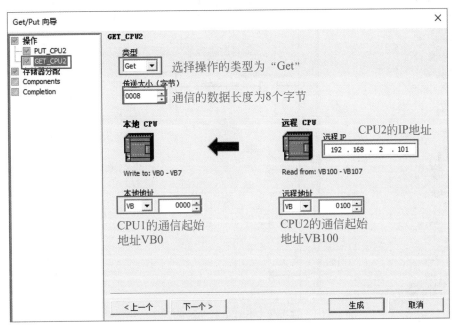

图 9-13　定义 Get 操作

④ 定义 Put/Get 向导存储器地址分配。

单击左侧"存储器分配"，出现"存储器分配"界面，如图 9-14 所示。单击"建议"按钮向导会自动分配存储器地址。需要确保程序中已经占用的地址、Put/Get 向导中使用的通信区域不能与存储器分配的地址重复，否则将导致程序不能正常工作。

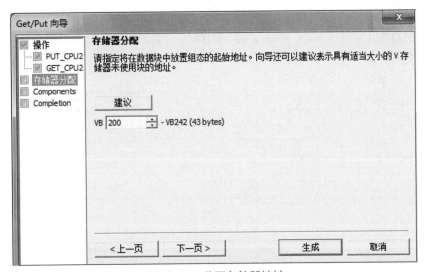

图 9-14　分配存储器地址

⑤ 在图 9-14 中单击"生成"按钮将自动生成网络读写子程序 NET_EXE。使用时，只需用在主程序中调用子程序即可。NET_EXE 有超时、周期、错误 3 个参数，如图 9-15 所示。

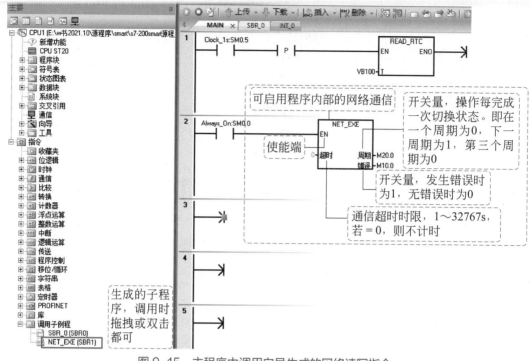

图 9-15　主程序中调用向导生成的网络读写指令

NET_EXE 子程序用于启用程序内部的网络通信。调用时，NET_EXE 子程序将依次执行已组态的 Get 和 Put 操作。执行全部已组态的操作后，子程序将触发循环输出，表示完成一个循环。如果其中一台远程设备不可用（未连接或断电），NET_EXE 将等待设备响应。如果远程设备无响应，CPU 将在操作状态字节中设置激活位并继续下一操作。

（4）控制程序

① 如图 9-16（a）所示，每隔 1s，读取一次主机 PLC1 的时钟信号，并存入 VB100 ～ VB107 中。通过调用子程序 NET_EXE，将 VB100 ～ VB107 存储的主机时钟信号传入从机的 VB0 ～ VB7 中。

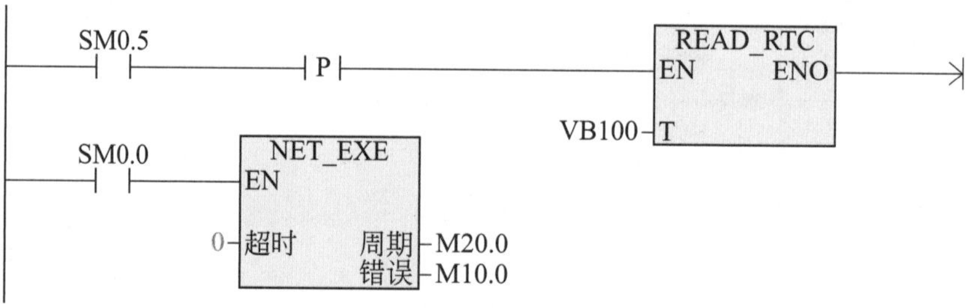

(a) 主机PLC1程序

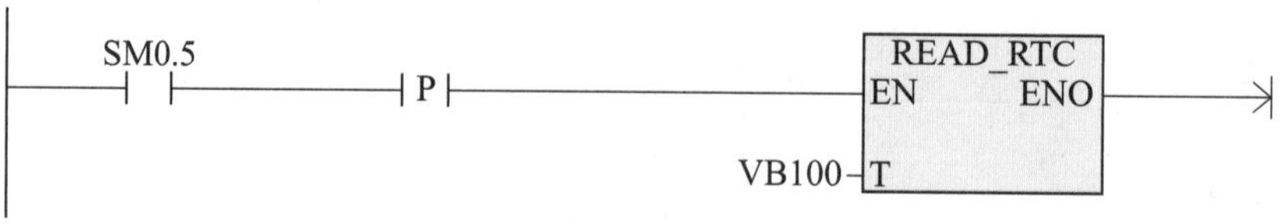

(b) 从机PLC2程序

图 9-16　控制程序

② 如图 9-16（b）所示，每隔 1s，读取一次从机 PLC2 的时钟信号，并存入 VB100 ～ VB107 中，然后将 VB100 ～ VB107 存储的从机时钟信号传入主机的 VB0 ～ VB7 中。

9.2.2　通过 Get/Put 指令编程实现通信

（1）Put/Get 指令格式与功能

S7-200 SMART CPU 提供了 Put/Get 指令，用于 S7-200 SMART CPU 之间的以太网通信。Put/Get 指令只需要在主动建立连接的 CPU 中调用执行，被动建立连接的 CPU 不需要进行通信编程。S7-200 SMART CPU 以太网端口含有 8 个 Put/Get 主动连接资源和 8 个 Put/Get 被动连接资源。

Put/Get 指令格式和功能如表 9-5 所示。

9.2.2　通过 GetPut 指令 编程实现通信

表 9-5　Put/Get 指令格式和功能

指令名称	梯形图	语句表	功能
Put 指令	PUT EN　ENO TABLE	PUT TABLE	启动以太网端口上的通信操作，将数据写入远程设备。Put 指令可向远程设备写入最多 212 个字节的数据
Get 指令	GET EN　ENO TABLE	GET TABLE	启动以太网端口上的通信操作，从远程设备获取数据。Get 指令可从远程设备读取最多 222 个字节的数据

表 9-5 中，操作数 TABLE 用于定义远程 CPU 的 IP 地址、本地 CPU 和远程 CPU 的数据区域以及通信长度，其参数定义如图 9-17 所示。

（2）指令编程举例

① 控制要求　CPU1 为主动端，其 IP 地址为 192.168.2.100，调用 Put/Get 指令。CPU2 为被动端，其 IP 地址为 192.168.2.101，不需调用 Put/Get 指令。网络配置如图 9-18 所示。通信任务是将 CPU1 的实时时钟信息写入 CPU2 中，将 CPU2 中的实时时钟信息读写到 CPU1 中。

② 控制程序及程序说明　CPU1 主动端程序如图 9-19（a）所示，该程序实现以下功能：

a. 读取 CPU1 实时时钟，存储到 VB100 ～ VB107。

b. 定义 Put 指令 TABLE 参数表，用于将 CPU1 的 VB100 ～ VB107 中的数据传输到远程 CPU2 的 VB0 ～ VB7 中。

c. 定义 Get 指令 TABLE 参数表，用于将远程 CPU2 的 VB100 ～ VB107 中的数据读取到 CPU1 的 VB0 ～ VB7 中。

d. 调用 Put 指令和 Get 指令，启动以太网端口上的通信操作。

CPU2 被动端程序如图 9-19（b）所示。CPU2 的主程序只需包含一条语句用于读取 CPU2 的实时时钟，并存储到 VB100 ～ VB107。

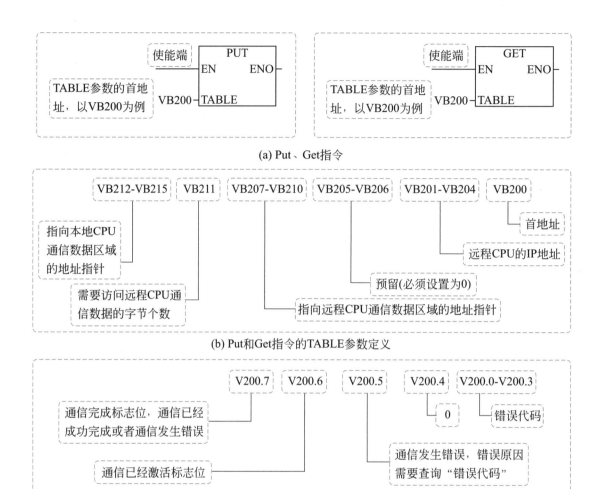

(a) Put、Get指令

(b) Put和Get指令的TABLE参数定义

(c) TABLE参数首地址每一位的含义

图 9-17　操作数 TABLE 的参数定义

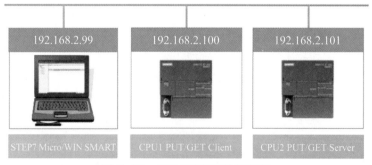

图 9-18　CPU 通信网络配置图

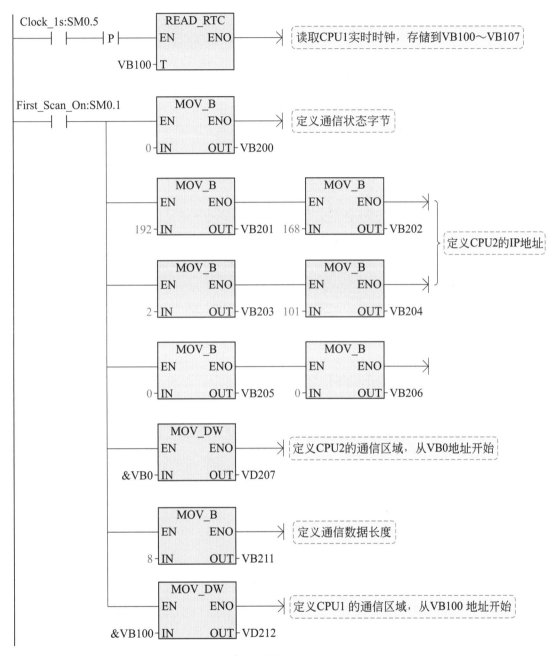

图 9-19

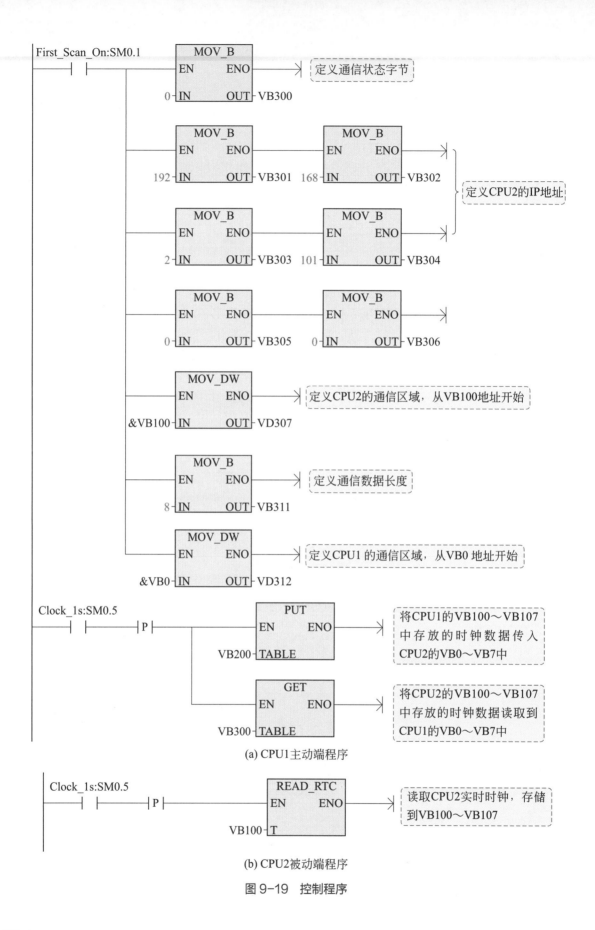

(a) CPU1主动端程序

(b) CPU2被动端程序

图 9-19　控制程序

9.3 S7-200 SMART 之间 PROFINET 通信

9.3.1 PROFINET 通信

PROFINET IO 是 PROFIBUS International 基于以太网的自动化标准。它定义了跨供应商通信、自动化和工程组态模型。借助 PROFINET IO，可采用一种交换技术使所有站随时访问网络。因此，多个节点可同时传输数据，进而可更高效地使用网络。数据的同时发送和接收功能可通过交换式以太网的全双工操作来实现。

（1）PROFINET IO 系统的设备组成

① PROFINET 控制器　控制自动化任务，一般是可编程控制器，它能够执行自动化程序。

② PROFINET 设备　是指连接到 PROFINET 网络中的现场设备，由 PROFINET 控制器进行监视和控制。PROFINET 设备可包含多个模块和子模块。

③ 软件　通常基于 PC，用于设置参数和诊断各个 PROFINET 设备。

（2）PROFINET 的目标

① 实现工业联网，基于工业以太网（开放式以太网标准）。

② 实现工业以太网与标准以太网组件的兼容性。

③ 凭借工业以太网设备实现高稳健性。工业以太网设备适用于工业环境。

④ 实现控制器与分布式 I/O 之间的实时通信。

⑤ 通过 PROFINET IO，分布式 I/O 和现场设备能够集成到以太网通信中。

（3）软硬件支持

从 STEP 7-Micro/WIN SMART V2.4 和 S7-200 SMART V2.4 CPU 固件开始，标准型 CPU（ST/SR 型 CPU）支持作 PROFINET IO 控制器使用，控制伺服、变频器、分布式 I/O 设备等不能作为智能设备。从 V2.5 版本开始，开始支持作 PROFINET IO 通信的智能设备。

9.3.2 PROFINET 通信举例

（1）控制要求

两个 S7-200 SMART 之间进行 PROFINET 通信，一个 CPU 作 PROFINET IO 控制器，一个 CPU 作 PROFINET IO 通信的设备。控制器将 10 个字节的数据发送给智能设备，同时从智能设备中读取 10 个字节的数据，如图 9-20 所示。

图 9-20　范例示意

315

（2）软硬件支持

① 软件：STEP 7-Micro/WIN SMART V2.5。

② 硬件

a. IO 控制器，CPU 采用 ST20，CPU 固件为 V2.5，其 IP 地址是 192.168.0.20。

b. IO 设备，CPU 采用 ST40，CPU 固件为 V2.5，其 IP 地址是 192.168.0.40，设备名称为 st40。

（3）智能设备侧组态

① 新建空白项目，打开系统块，选择 CPU ST40，CPU 的固件选择 V2.5，设置选择 CPU 启动后的模式为运行，如图 9-21 所示。

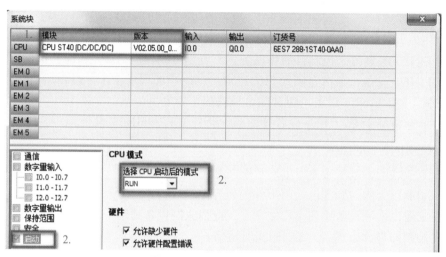

图 9-21　系统块添加 CPU

② 单击菜单栏中的工具后单击 "PROFINET"，打开向导，如图 9-22 所示。

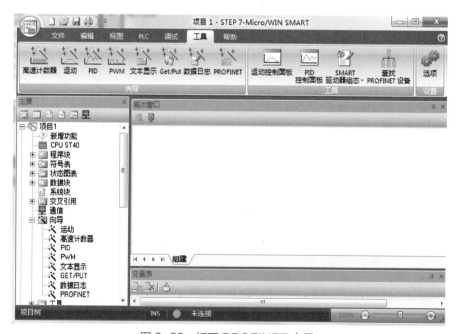

图 9-22　打开 PROFINET 向导

③ 勾选 PLC 角色为"智能设备"。以太网端口选择固定 IP 地址及站名，IP 地址是 192.168.0.40，子网掩码是 255.255.255.0，站名是 st40，如图 9-23 所示。

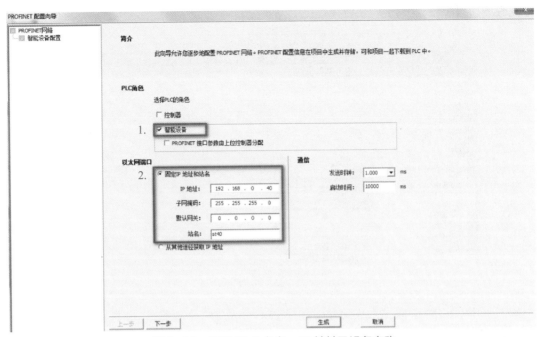

图 9-23　设置 PLC 角色、IP 地址及设备名称

④ 添加传输区。传输区是智能设备与控制器循环交换数据的存储区，单击"添加"按钮，添加两个传送区。传送区 1 是从 IB1152 开始的 10 个字节区域，类型为"输入"；传送区 2 是从 QB1152 开始的 10 个字节区域，类型为"输出"。添加完毕后，单击"生成"按钮，如图 9-24 所示。

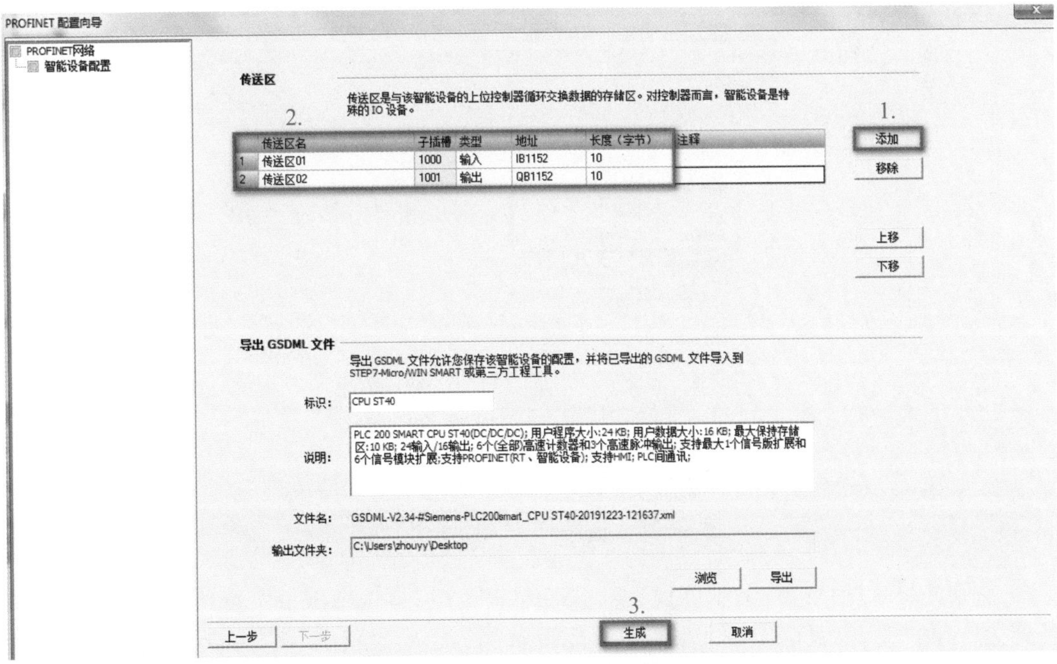

图 9-24　添加传输区并生成向导

（4）控制器侧组态

① 新建空白项目，打开系统块，选择 CPU ST20，CPU 的固件选择 V2.5，设置选择 CPU 启动后的模式为运行，如图 9-25 所示。

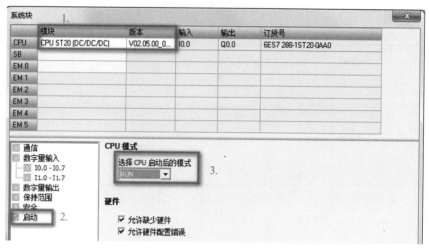

图 9-25　系统块添加 CPU

② 打开 PROFINET 向导，在向导中选择 PLC 角色为"控制器"，并且设置控制器的 IP 地址，如图 9-26 所示。

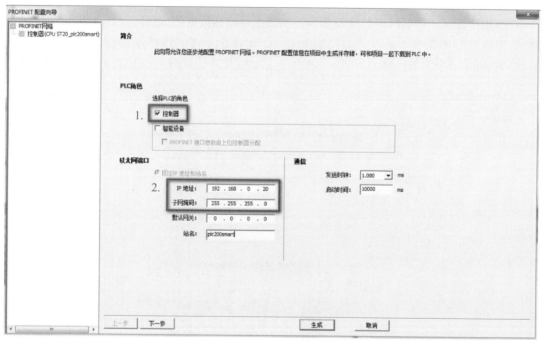

图 9-26　设置 PLC 角色和 IP 地址

③ 从硬件目录中选择作为智能设备的 ST40 CPU，可直接拖拽至设备列表中，手动修改设备名称为"st40"，此名称要与图 9-23 中智能设备侧组态的设备名称保持一致，IP 地址选择固定，如图 9-27 所示。

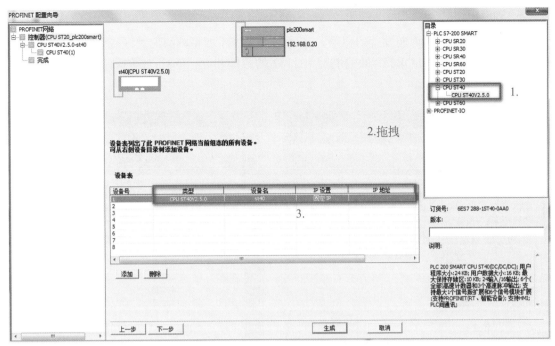

图 9-27　硬件目录中添加智能设备

　　④ 从控制器侧组态添加输入和输出模块。注意在智能设备侧组态图 9-24 中，插槽"1000"类型为"输入"，在控制器侧对应插槽处应添加"输出子模块"，即智能设备侧输入区（I 区）对应控制器侧输出区（Q 区），反之亦然。设置合适的更新时间及数据保持，如图 9-28 所示。

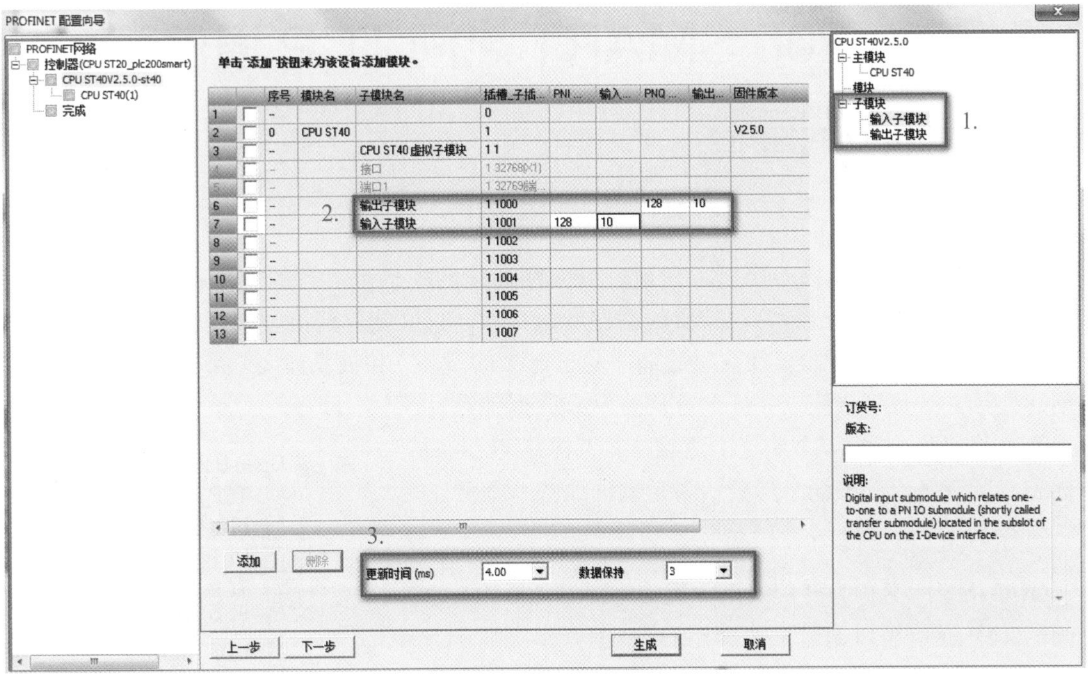

图 9-28　添加传输区

　　⑤ 无特殊需求，可以一直单击"下一步"，然后单击"生成"按钮。

（5）通信测试

分别下载控制器和智能设备的程序，在状态图表中添加相应的地址区域观察数据交换的情况，如图 9-29 所示，即 QB128 的数值与 IB1152 的数值相同，QB1152 的数值与 IB128 的数值相同。

(a) 控制器测试结果

(b) 智能设备测试结果

图 9-29　测试结果

9.4　S7-200 SMART 之间 TCP 通信

9.4.1　TCP 协议通信

（1）TCP 协议

TCP 是一个因特网核心协议。在通过以太网通信的主机上运行的应用程序之间，TCP 提供了可靠、有序并能够进行错误校验的消息发送功能。TCP 能保证接收和发送的所有字节内容和顺序完全相同。TCP 协议在主动设备（发起连接的设备）和被动设备（接受连接的设备）之间创建连接。一旦连接建立，任一方均可发起数据传送。

TCP 协议是一种"流"协议。这意味着消息中不存在结束标志。所有接收到的消息均被认为是数据流的一部分。

（2）OUC 指令库

OUC 指令库又称为开放式用户通信库，S7-200 SMART 之间的 TCP 通信可以通过两边调用 OUC 指令库中的 TCP_CONNECT、TCP_SEND、TCP_RECV、DISCONNECT 指令来实现。OUC 指令库如图 9-30 所示。

开放式用户通信库需要使用 50 个字节的 V 存储器，

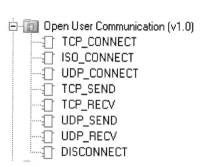

图 9-30　开放式用户通信库

其连接资源包括 8 个主动连接和 8 个被动连接。只可以从主程序或中断例程中调用库函数,但不可同时从这两个程序中调用。

① 创建连接指令 TCP_CONNECT TCP_CONNECT 指令用于创建从 CPU 到通信伙伴的TCP 通信连接。其梯形图如图 9-31 所示,

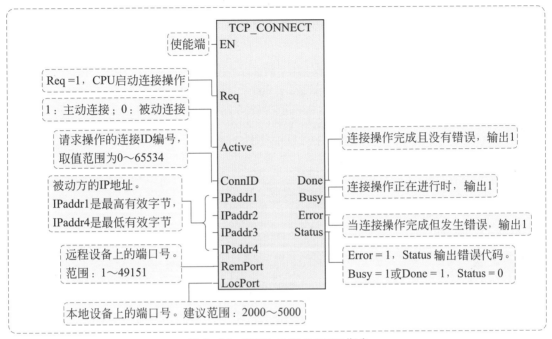

图 9-31 TCP_CONNECT 指令

② 发送数据指令 TCP_SEND TCP_SEND 发送现有连接的指定数据存储区的指定字节数。其梯形图如图 9-32 所示。

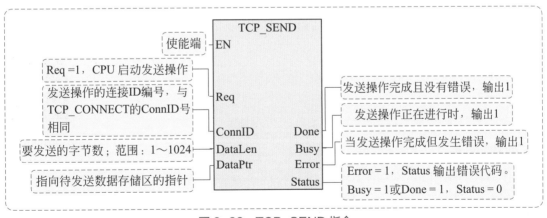

图 9-32 TCP_SEND 指令

③ 接收数据指令 TCP_RECV TCP_RECV 通过现有连接接收指定字节数到指定数据存储区,其梯形图如图 9-33 所示。

④ 终止通信连接指令 DISCONNECT DISCONNECT 用于终止所有协议对应的现有通信连接,其梯形图如图 9-34 所示。

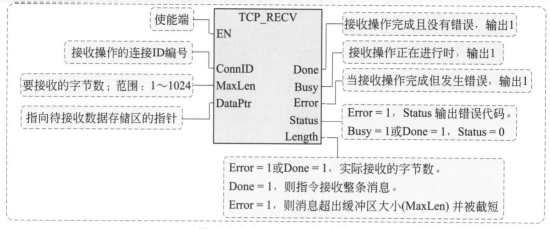

图 9-33　TCP_RECV 指令

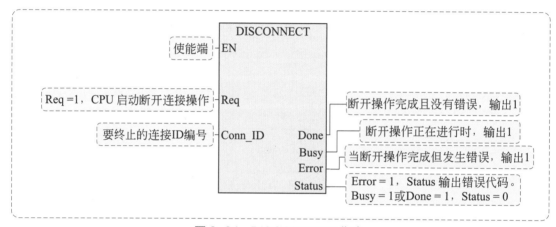

图 9-34　DISCONNECT 指令

（3）所需条件

① 软件版本：STEP 7-Micro/WIN SMART V2.2。

② SMARTCPU 固件版本：V2.2。

③ 通信硬件：以太网电缆。

9.4.2　TCP 协议通信举例

9.4.2
TCP 协议通讯举例

（1）控制要求

将作为客户端的 PLC1（IP 地址为 192.168.0.101）中 VB0 ～ VB7 的数据传送到作为服务器端的 PLC2（IP 地址为 192.168.0.102）的 VB200 ～ VB207 中。PLC1 为数据传送方，即主动方；PLC2 为数据接收方，即被动方。

（2）客户端控制程序

① 利用 STEP 7-Micro/WIN SMART 软件，新建一个项目，命名为 "CPU1.smart"。打开 "系统块"，勾选 "IP 地址数据固定为下面的值，不能通过其他方式更改"，并将 IP 地址修改为 "192.168.2.101"，如图 9-35 所示。

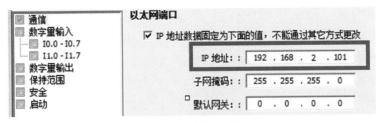

图 9-35 设置 IP 地址

② 编写控制程序，如图 9-36 所示。

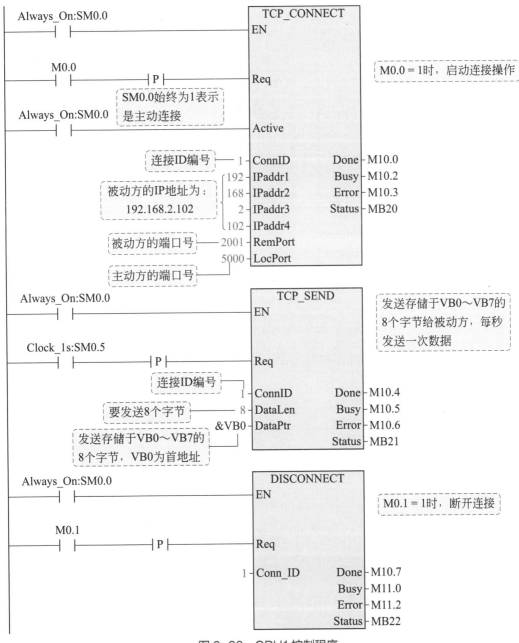

图 9-36 CPU1 控制程序

a. 当 M0.0 接通时，调用 TCP_CONNECT 指令建立 TCP 连接。利用 SM0.0 使 Active 为 ON，即设置为主动连接。设置服务器端 IP 地址为 192.168.2.102，远程端口为 2001，本地端口为 5000，连接标识 ID 为 1。

b. 利用 1s 的时钟触发 TCP_SEND 指令，将以 VB0 为起始缓冲区，数据长度为 8 的数据发送到指定的远程设备。

c. 当 M0.1 接通时，可通过 DISCONNECT 指令终止与远程设备的连接。

③ 分配库存储区　开放式用户通信库需要使用 50 个字节的 V 存储器，用户需手动分配。在项目树中，用鼠标右键单击"程序块"，在弹出的快捷菜单中选择"库存储器 ..."，如图 9-37 (a) 所示。在弹出的选项卡中通过单击"建议地址"或直接输入的方法设置库指令数据区，如图 9-37 (b) 所示。

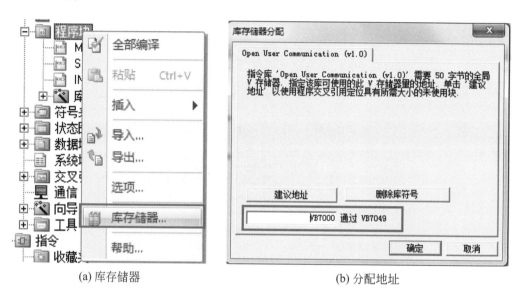

(a) 库存储器　　　　　　　　　(b) 分配地址

图 9-37　分配库存储区

④ 编译程序，并下载程序到 IP 地址为 192.168.2.101 的 PLC1 中，如图 9-38 所示。

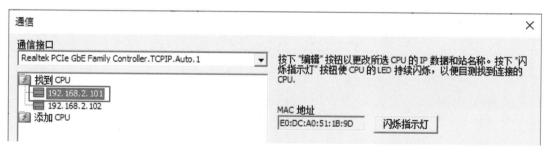

图 9-38　选择 PLC1 窗口

（3）服务器端控制程序

① 利用 STEP 7-Micro/WIN SMART 软件，新建一个项目，命名为"CPU2.smart"。打开"系统块"，勾选"IP 地址数据固定为下面的值，不能通过其他方式更改"，并将 IP 地址修改为"192.168.2.102"，如图 9-39 所示。

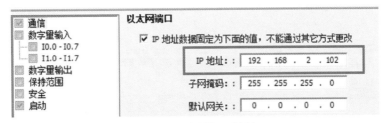

图 9-39 设置 IP 地址

② 编写控制程序，如图 9-40 所示。

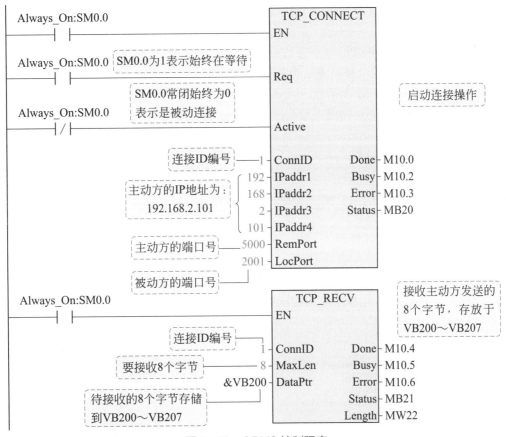

图 9-40 CPU2 控制程序

a. 调用 TCP_CONNECT 指令建立 TCP 连接，此时服务器被动等待客户端连接请求。设置连接伙伴地址为 192.168.2.101，远端端口为 5000，本地端口为 2001。利用 SM0.0 常闭触点使 Active 为 OFF，设置为被动连接。

b. 调用 TCP_RECV 指令，接收客户端的数据。接收的缓冲区长度为 8，数据接收缓冲区以 VB200 为起始地址。

③ 在项目树中，用鼠标右键单击"程序块"，在弹出的选项卡中通过单击"建议地址"或直接输入的方法设置库指令数据区，分配方法类似图 9-37。

④ 编译程序，并下载程序到 IP 地址为 192.168.2.102 的 PLC2 中，如图 9-41 所示。这样便可以测试通信了。

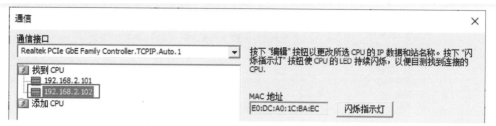

图 9-41　选择 PLC2 窗口

9.5 Modbus RTu 通信

9.5.1 Modbus RTu 通信指令库 1

9.5.1 Modbus RTu 通信指令库 2

Modbus 是一种串行通信协议，允许多个设备连接在同一个网络上进行通信。Modbus 是一种单主站的主 / 从通信模式，无中继的单网络中最多可以有 32 个站点。Modbus 网络上只能有一个主站存在，主站在 Modbus 网络上没有地址。Modbus 协议的工作机制是，通信由主站发起，主站不断轮询各个从站，从站根据收到的指令，决定是否响应主站。从站不会主动发送数据给主站。

9.5.1　Modbus RTu 通信指令库

Modbus RTu 通信指令库包含主站指令库和从站指令库，其中主站指令库又分为 Modbus RTU Master（v2.0）和 Modbus RTU Master2（v2.0）两种。当 Modbus RTU 主站指令库同时应用于 CPU 集成的 RS485 通信口和 CM01 信号板时，集成的 RS485 使用 Modbus RTU Master（v2.0）中的指令，CM01 信号板使用 Modbus RTU Master2（v2.0）中的指令，如图 9-42 所示。

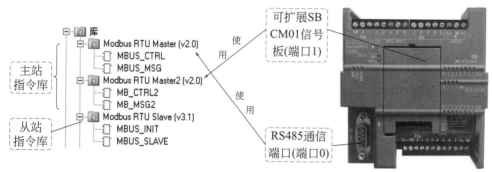

图 9-42　通信指令库与 PLC 端口的对应关系

（1）主站指令库

S7-200 SMART CPU 可以作为 Modbus RTU 主站。使用 Modbus RTU 主站指令库，可以读写 Modbus RTU 从站的数字量、模拟量 I/O 以及保持寄存器。

① MBUS_CTRL 指令　MBUS_CTRL 指令用于初始化、监视或禁用 Modbus 通信。其梯形图如图 9-43 所示。

② MBUS_MSG 指令　调用 MBUS_MSG 指令，将向 Modbus 从站发起主站请求并处理响

应。其梯形图如图 9-44 所示。

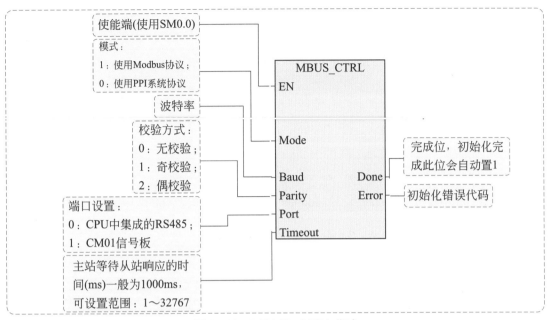

图 9-43　MBUS_CTRL 指令

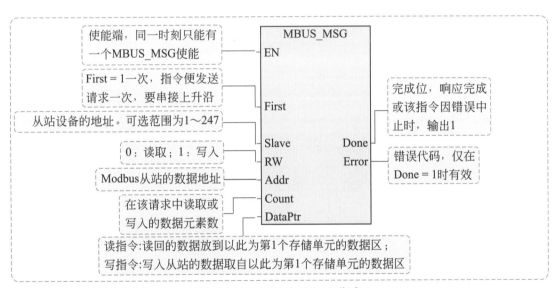

图 9-44　MBUS_MSG 指令

③ Modbus 通信的常用功能码和地址　Modbus 通信的常用功能码和 Modbus 寄存器信息地址如表 9-6 所示。

表 9-6　Modbus 通信的常用功能码和 Modbus 寄存器信息地址

Modbus 地址	功能	功能码	中文名称	元素数（Count）
00001 ～ 09999	数字量输出（线圈）	01	读线圈状态	要读取或写入的位数
		05	写单个线圈	
		15	写多个线圈	

Modbus 地址	功能	功能码	中文名称	元素数（Count）
10001 ~ 19999	数字量输入（触点）	02	读（开关）输入状态	是要读取的位数
30001 ~ 39999	输入寄存器（模拟量输入）	04	读输入寄存器	要读取的输入寄存器字数
40001 ~ 49999	数据保持寄存器	03	读保持寄存器	要读取或写入的保持寄存器字数
		06	写单个保持寄存器	
		16	写多个保持寄存器	

④ 主站指令库指令应用举例　梯形图如图 9-45 所示，当 M10.0 闭合时，每隔 1s，将 VW100、VW102 中存放的 2 个字写入 Modbus 从站地址 40001、40002 中。

图 9-45　梯形图

（2）从站指令库指令

S7-200 SMART CPU 本体集成通信口（Port 0）、可选信号板（Port 1）可以支持 Modbus RTU 协议，因此 S7-200 SMART CPU 可以作为 Modbus RTU 从站。Modbus RTU 功能是通过指令库中预先编好的程序功能块实现的。

① MBUS_INIT 指令　调用 MBUS_INIT 指令，用于启用，初始化或禁用 Modbus 通信。

其梯形图如图 9-46 所示。

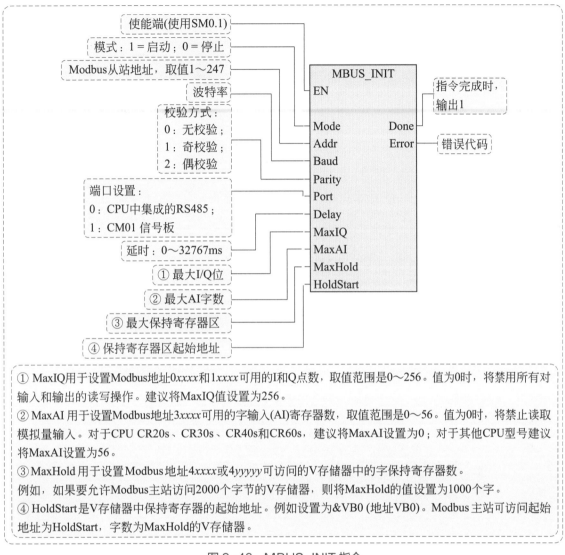

① MaxIQ用于设置Modbus地址0xxxx和1xxxx可用的I和Q点数，取值范围是0～256。值为0时，将禁用所有对输入和输出的读写操作。建议将MaxIQ值设置为256。

② MaxAI用于设置Modbus地址3xxxx可用的字输入(AI)寄存器数，取值范围是0～56。值为0时，将禁止读取模拟量输入。对于CPU CR20s、CR30s、CR40s和CR60s，建议将MaxAI设置为0；对于其他CPU型号建议将MaxAI设置为56。

③ MaxHold用于设置Modbus地址4xxxx或4yyyyy可访问的V存储器中的字保持寄存器数。
例如，如果要允许Modbus主站访问2000个字节的V存储器，则将MaxHold的值设置为1000个字。

④ HoldStart是V存储器中保持寄存器的起始地址。例如设置为&VB0 (地址VB0)。Modbus主站可访问起始地址为HoldStart，字数为MaxHold的V存储器。

图 9-46 MBUS_INIT 指令

② MBUS_SLAVE 指令 调用 MBUS_SLAVE 指令，用于处理来自 Modbus 主站的请求，EN 输入接通时，会在每次扫描时执行该指令。其梯形图如图 9-47 所示。

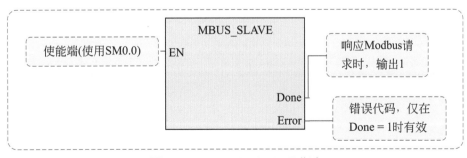

图 9-47 MBUS_SLAVE 指令

③ Modbus RTU 从站地址与 S7-200 SMART 的地址对应　Modbus 地址总是以 00001、30004 之类的形式出现。S7-200 SMART CPU 内部的数据存储区与 Modbus 的 0、1、3、4 共 4 类地址的对应关系表 9-7 所示。Modbus 地址与 Smart 地址换算见图 9-48。

表 9-7　Modbus 地址对应表及从站功能码

Modbus 地址	S7-200 SMART 数据区	从站功能码	中文名称
00001 ~ 00256	Q0.0 ~ Q31.7	01	读单个 / 多个线圈状态
		05	写单个线圈
		15	写多个线圈
10001 ~ 10256	I0.0 ~ I31.7	02	读单个 / 多个输入状态
30001 ~ 30056	AIW0 ~ AIW110	04	读单个 / 多个输入寄存器
40001 ~ 4xxxx	"4" 类 Modbus 地址与 SMART 地址换算方式如图 9-48 所示	03	读单个 / 多个保持寄存器
		06	写单个保持寄存器
		16	写多个保持寄存器

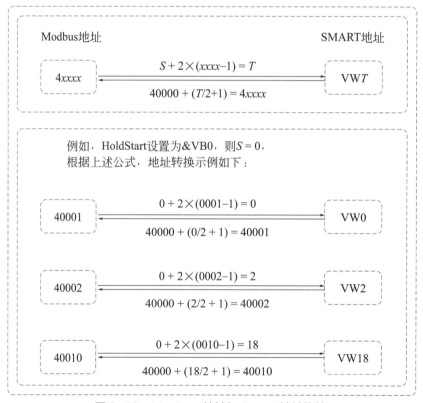

图 9-48　Modbus 地址与 Smart 地址换算

④ 从站指令库指令应用举例　梯形图如图 9-49 所示，启用并初始化 Modbus 通信，作为从站，时刻等待并响应主站的请求。

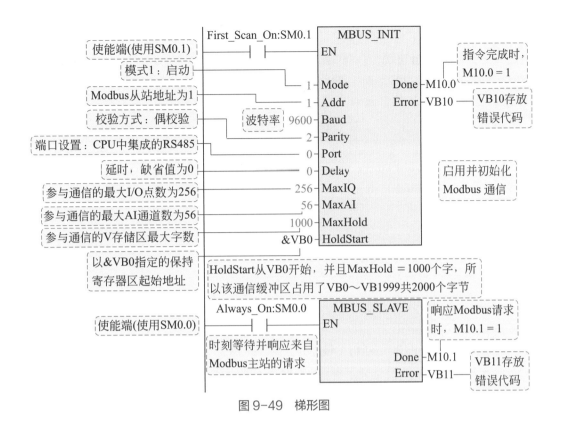

图 9-49 梯形图

9.5.2 S7-200 SMART 与变频器 G120 的 Modbus RTU 通信

9.5.2 S7-200
SMART 与变频器 G120
的 Modbus RTU 通信

(1)变频器参数

变频器的部分参数如表 9-8 所示。

表 9-8 变频器的部分参数

参数代号	参数意义	设置值	设置值说明
P0010	调试参数过滤器	30	工厂设置值
P0970	工厂复位	1	恢复出厂值
P0003	参数访问权限	3	专家访问级别
P2030	现场总线协议选择	2	Modbus 协议
P2020	现场总线波特率	6	9600bit/s
P2031	校验方式选择	2	偶校验
P2021	MODBUS 地址	1	变频器地址拨码开关都为 OFF,地址设为 1
P1120	斜坡上升时间	0.5s	缺省值:10s
P1121	斜坡下降时间	0.5s	缺省值:10s

（2）控制要求

用变频器控制电动机实现，按下启动按钮，电动机依次以40Hz、20Hz的速度正转运行，再以20Hz、40Hz的速度反转运行，如此循环，每10s切换一次速度。按下停止按钮后，电动机停止运行。用到的G120变频器寄存器如表9-9所示。

表9-9　G120变频器寄存器

寄存器地址	参数意义	常用的控制字	常用的控制字说明
40100	控制字	047E	运行准备
		047F	正转启动
		0C7F	反转启动
		04FE	故障确认
40101	速度设定值	说明：0～50Hz，对应数字量0～16384	

（3）控制程序及程序说明

控制程序如图9-50所示。

① PLC从STOP到RUN，SM0.1接通一个扫描周期，复位M0.0，将16#047E传送到VW100。通过MBUS_MSG指令将VW100的值写入40100，进入运行准备状态。

② 按下启动按钮，置位M0.0，定时器T37开始定时，40s到时，T37复位并重修开始定时。其中。

a. 0～10s内，VW100存放16#047F，VW102存放20Hz的转换值，电动机以20Hz的速度正转。

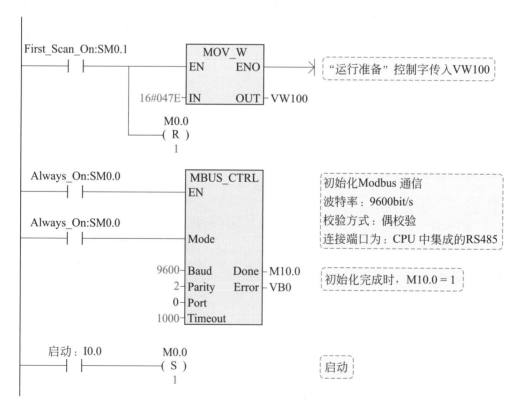

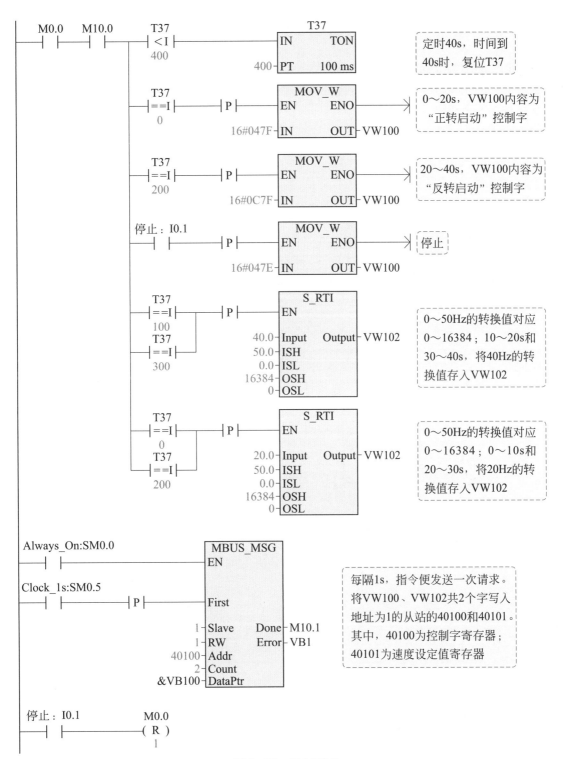

図 9-50 控制程序

b. 10 ~ 20s 内，VW100 存放 16#047F，VW102 存放 40Hz 的转换值，电动机以 40Hz 的速度正转。

c. 20 ~ 30s 内，VW100 存放 16#0C7F，VW102 存放 20Hz 的转换值，电动机以 20Hz 的速度反转。

d. 30 ~ 40s 内，VW100 存放 16#0C7F，VW102 存放 40Hz 的转换值，电动机以 40Hz 的速度反转。

③ 按下停止按钮，电动机停止。

（4）分配库存储区

使用库指令，要为其分配库存储区，否则会出现编译错误，分配方法如图 9-51 所示。分配完库存储区后，便可以下载程序进行通信测试了。

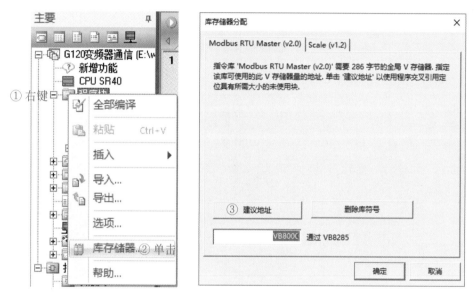

图 9-51　分配库存储区

第 10 章
组态软件和触摸屏综合应用

10.1 组态王软件

10.1.1
组态王软件

组态王软件是一个开放型的通用工业监控软件，可以与国内外常见的 PLC、智能模块、智能仪表、变频器、数据采集板卡等通过常规通信接口（如串口方式、USB 接口方式、以太网、总线、GPRS 等）进行数据通信。

组态王软件由工程管理器、工程浏览器、画面运行系统和信息窗口四部分构成。其中工程浏览器内嵌画面开发系统，即组态王开发系统。

10.1.1 工程管理器

工程管理器的主要功能包括：新建、删除工程，对工程重命名，搜索组态王工程，修改工程属性，工程备份、恢复，数据词典的导入导出，切换到组态王开发或运行环境等。

双击桌面上组态王的快捷方式图标⚙，启动后的工程管理窗口如图 10-1 所示。

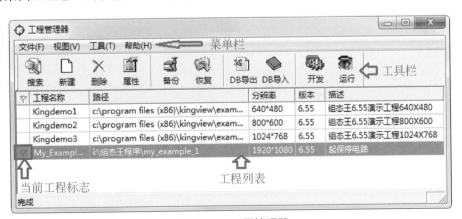

图 10-1　工程管理器

10.1.2 工程浏览器

工程浏览器是组态王的集成开发环境，由菜单栏、工具栏、工程目录显示区、目录内容显

335

示区、状态栏等组成。其中"工程目录显示区"以树形结构图显示大纲项节点，用户可以扩展或收缩工程浏览器中所列的大纲项。工程的各个组成部分如文件、数据库、设备、系统配置、SQL 访问管理器、Web 等，它们都显示在"工程目录显示区"。工程浏览器类似于 Windows 的资源管理器，如图 10-2 所示。

图 10-2　工程浏览器

10.1.3　画面开发系统

组态王开发系统内嵌于工程浏览器，是应用程序的集成开发环境，在此环境可以进行系统开发。开发系统中除了菜单栏以外，还附带一个工具箱，可以通过"工具"→"显示工具箱"来隐藏和显示工具箱，如图 10-3 所示。

图 10-3 中，"文件"、"编辑"等菜单栏均可点开完成相应功能。下面介绍"图库"菜单栏。

图库中的元素称为图库精灵。虽然在外观上，它们类似于组合图素，但内部嵌入了丰富的动画连接和逻辑，控制工程人员只需把它放在画面上，做少量的文字修改就能动态控制图形的外观，同时能完成复杂的功能。

图 10-3　开发系统

"图库"菜单栏包含"创建图库精灵""转换成普通图素""打开图库""生成精灵描述文件"4个子菜单，工具箱中的图标与"图库"菜单命令的相互对应关系用"矩形框"圈出，如图 10-4所示。利用菜单栏或工具箱中的"打开图库"命令可以打开图库管理器，如图 10-5 所示。

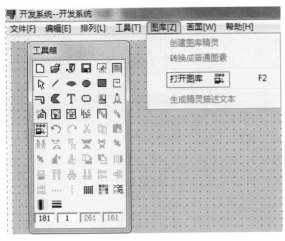

图 10-4 "图库"菜单栏

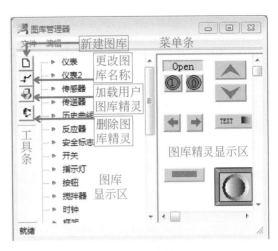

图 10-5 图库管理器

图库管理器分为菜单条、工具条、图库显示区和图库精灵显示区。其中，工具条集成了图库管理的操作，可以实现的操作为"新建图库""更改图库名称""加载用户图库精灵""删除图库精灵"。用户可以根据自己工程的需要将一些重复使用的复杂图形做成图库精灵，加入图库管理器中。

10.1.4 运行系统和信息窗口

（1）运行系统

运行系统为工程运行界面，从采集设备中获得通信数据，并依据工程浏览器的动画设计显示动态画面，实现人与控制设备的交互操作，如图 10-6 所示。

（2）信息窗口

信息窗口可以用来显示和记录组态王开发和运行系统在使用期间的主要日志信息，如图 10-7 所示。

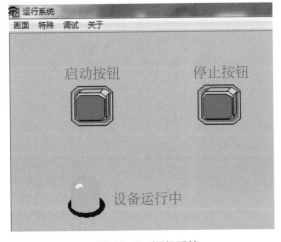

图 10-6 运行系统

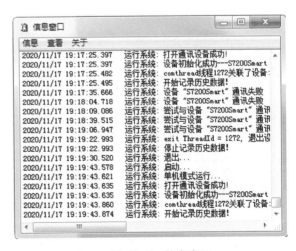

图 10-7 信息窗口

10.2 组态王综合应用实例

10.2
组态王应用实例

组态王应用
- 补充

10.2.1 新建工程

① 双击桌面上的组态王图标，或者在 Windows 操作系统的"开始"菜单中，单击"程序"→文件夹"组态王 6.5"→命令"组态王 6.5"，打开组态王"工程管理器"窗口，如图 10-8 所示。

② 选择菜单栏中的"文件"→"新建工程"或单击工具栏中的"新建"按钮，弹出"新建工程向导之一"对话框，如图 10-9 所示。

③ 单击"下一步"按钮，弹出"新建工程向导之二"对话框。在"工程路径"文本框中输入

图 10-8　组态王"工程管理器"窗口

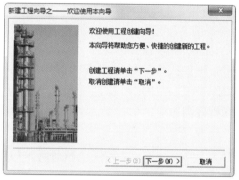

图 10-9　新建工程向导之一

一个有效的工程路径，或单击"浏览"按钮，在弹出的路径选择对话框中选择一个有效的路径，如图 10-10 所示。

④ 单击"下一步"按钮，弹出"新建工程向导之三"对话框。在"工程名称"文本框中输入工程的名称，该工程名称同时将被作为当前工程的名称。在"工程描述"文本框中输入对该工程的描述文字，也可以不写。工程名称长度应小于 32 个字节，工程描述长度应小于 40 个字节，如图 10-11 所示。

⑤ 单击"完成"按钮，系统弹出对话框，询问"是否将新建的工程设为组态王当前工程"。

图 10-10　新建工程向导之二

图 10-11　新建工程向导之三

如果单击"否"按钮，则新建工程不是工程管理器的当前工程。如果要将该工程设为当前工程，还要执行"文件"→"设为当前工程"命令。

如果单击"是"按钮，则将新建的工程设为工程管理器的当前工程。定义的工程信息会出现在工程管理器的信息表格中，并且左边出现"小红旗"标志，表示已经将其设为当前工程，如图10-12所示。

⑥ 双击当前工程信息条或单击"开发"按钮或选择菜单"工具"→"切换到开发系统"，打开"工程浏览器"，进入组态王的开发系统，如图10-13所示。

图 10-12　完成新建工程后的组态王工程管理器

图 10-13　工程浏览器

10.2.2　PLC 与组态王的通信

（1）编写 PLC 程序

① 查看 PLC 的 IP 地址　打开 S7-200 SMART 编程软件，如图10-14所示，首先双击 PLC

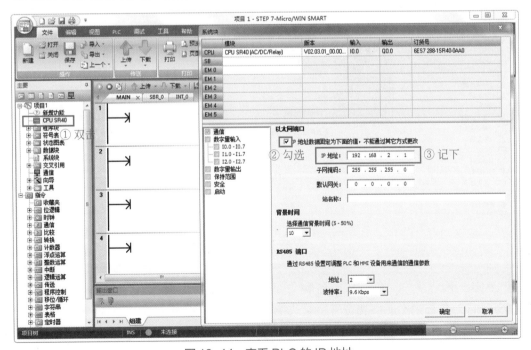

图 10-14　查看 PLC 的 IP 地址

的 CPU 型号 "CPU SR40"，出现 "系统块" 窗口。在以太网端口选项中勾选 "IP 地址数据固定为下面的值，不能通过其他方式更改"，记下 PLC 的 IP 地址 "192.168.2.1"，查看后可取消勾选。

② 编辑 PLC 程序　在程序编辑区输入如图 10-15 所示的启保停程序，将其保存下载到 PLC，并运行 PLC。

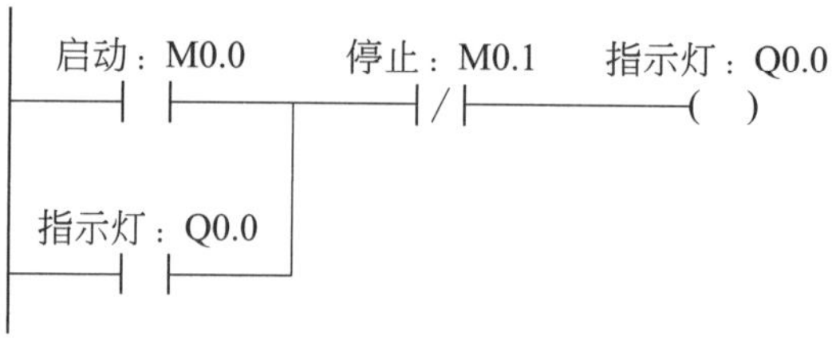

```
启动：M0.0        停止：M0.1       指示灯：Q0.0
  ─┤ ├──────────────┤/├──────────────( )

指示灯：Q0.0
  ─┤ ├──
```

图 10-15　梯形图

（2）建立 S7-200 SMART 与组态王的通信

① 选中工程浏览器左侧 "设备" → "COM1"，在工程浏览器右侧双击 "新建" 图标，出现 "设备配置向导" 窗口，分别展开并选择 "PLC" → "西门子" → "S7-200（TCP）" → "TCP"，如图 10-16 所示。

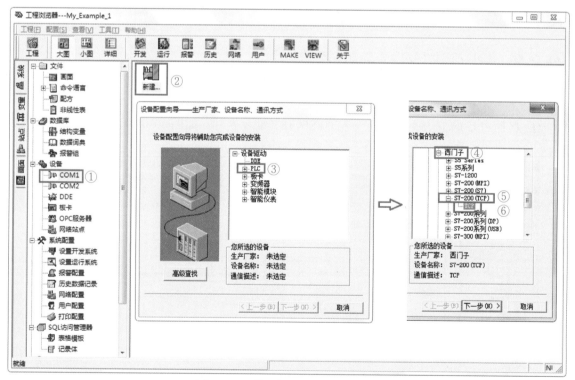

图 10-16　"设备配置向导" 对话框

② 单击 "下一步"，在 "逻辑名称" 窗口中为要安装的设备取一个逻辑名称，如 "S7200Smart"，名称中不能出现特殊字符或空格，如图 10-17 所示。

③ 单击 "下一步"，在 "选择串口号" 窗口中为设备选择所连接串口为 "COM1"，如图 10-18 所示。

图 10-17 "逻辑名称"窗口

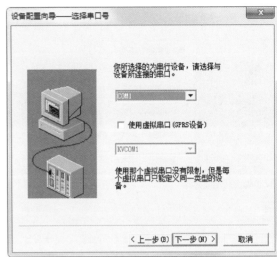

图 10-18 "选择串口号"窗口

④ 单击"下一步",在"设备地址设置指南"窗口中填写设备地址。设备地址格式为"PLC 的 IP 地址:CPU 槽号"。

由于 S7-200 SMART 的 IP 地址为"192.168.2.1",而西门子 S7-200 TCP 默认 CPU 槽号为 0,故设置地址为"192.168.2.1:0",如图 10-19 所示。

⑤ 单击"下一步",在"通信参数"窗口中设置通信故障恢复参数(一般情况下使用系统默认设置即可),如图 10-20 所示。

图 10-19 "设备地址设置指南"窗口

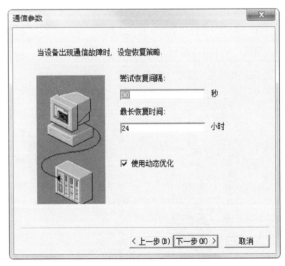

图 10-20 "通信参数"窗口

⑥ 单击"下一步",在"信息总结"窗口中检查各项设置是否正确,如果有误,可单击"上一步"进行修改,如图 10-21 所示。

⑦ 如果确认无误,单击"完成"按钮,则出现新建的 COM1 的设备"S7200Smart",如图 10-22 所示。

图 10-21 "信息总结"窗口　　　　　图 10-22 "工程浏览器"窗口

10.2.3　构造数据库

① 选择工程浏览器左侧"数据库"→"数据词典",在工程浏览器右侧用鼠标左键双击"新建"图标,弹出"定义变量"对话框。按照表 10-1 建立三个变量,如图 10-23 所示。

表 10-1　建立变量表

变量名	变量类型	描述	初始值	连接设备	寄存器	数据类型	读写属性	采集频率
启动	I/O 离散	启动系统	关	S7200Smart	M0.0	Bit	读写	1000ms
停止	I/O 离散	停止系统	关	S7200Smart	M0.1	Bit	读写	1000ms
指示灯	I/O 离散	指示灯	关	S7200Smart	Q0.0	Bit	读写	1000ms

注:描述这一项可以不填。

图 10-23 "定义变量"对话框

② 三个变量定义完成后，新建的变量出现在右侧的变量区。在此还可以单击变量进行修改，如图 10-24 所示。

图 10-24 "变量"对话框

③ 定义变量的相关知识

a. 变量名：同一应用程序中的数据变量不能重名，区分大小写，最长不能超过 32 个字符。变量名可以是汉字或英文名字，第一个字符不能是数字。

b. 变量类型：在组态王中，数据词典中存放的是应用工程中定义的变量以及系统变量。变量可以分为基本类型和特殊类型两大类，其中特殊类型变量包括报警窗口变量、报警组变量、历史趋势曲线变量、时间变量四种。基本类型变量的分类如表 10-2 所示。

表 10-2 基本类型变量

内存离散变量 I/O 离散变量	类似一般程序设计语言中的布尔（BOOL）变量，只有 0、1 两种取值，用于表示一些开关量
内存实型变量 I/O 实型变量	类似一般程序设计语言中的浮点型变量，用于表示浮点数据，取值范围为 $10 \times 10^{-38} \sim 10 \times 10^{+38}$，有效值为 7 位
内存整数变量 I/O 整数变量	类似一般程序设计语言中的有符号长整数型变量，用于表示带符号的整型数据，取值范围为 $-2147483648 \sim 2147483647$
内存字符串型变量 I/O 字符串型变量	类似一般程序设计语言中的字符串变量，可用于记录一些有特定含义的字符串，如名称、密码等

注：1. 内存变量——那些不需要和外部设备或其他应用程序交换，只在组态王内使用的变量，如计算过程的中间变量。

2. I/O变量——组态王与外部设备或其他应用程序交换的变量。从下位机采集来的或发送给下位机的数据，都需要设置成"I/O变量"。

c. 变化灵敏度：数据类型为模拟量或长整型时此项有效。只有当该数据变量值的变化幅度超过"变化灵敏度"时，"组态王"才更新与之相连接的图素（默认为 0）。

d. 最小原始值和最大原始值：针对 I/O 整型、实型变量，为组态王直接从外部设备中读取到的最小值和最大值。

e. 最小值和最大值：在组态王的画面中显示，并由读取到的最小原始值和最大原始值转化成的具有实际工程意义的工程值。

f. 保存参数：在系统运行时，如果修改了变量的域值，系统将自动保存这些域值。当系统退出再启动时，变量的域值为上次系统运行时最后一次的域值。

g. 保存数值：在系统运行时，当变量的值发生变化后，系统将自动保存该值。当系统退出后再次运行时，变量的值为上次系统运行过程中最后一次变化的值。

h. 初始值：当定义模拟量时出现编辑框，可在其中输入一个数值；定义离散量时出现开或关两种选择；定义字符串变量时出现编辑框，可在其中输入字符串。它们作为软件开始运行时变量的初始值。

10.2.4 设计画面

① 进入新建的组态王工程，如图 10-25 所示，选择工程浏览器左侧大纲项"文件"→"画面"，在工程浏览器右侧用鼠标左键双击"新建"图标，弹出如图 10-26 所示的"新画面"对话框。

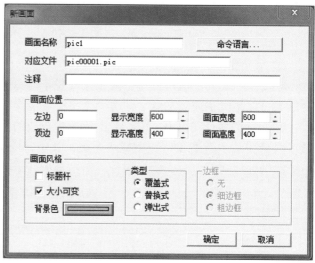

图 10-25　建立新画面　　　　　图 10-26　"新画面"对话框

② 在"画面名称"处输入新的画面名称，如"pic1"，其他属性目前不用更改。

③ 单击"确定"按钮进入内嵌的组态王画面开发系统，在组态王开发系统中单击菜单栏的"图库"→"打开图库"，将出现"图库管理器"窗口。在"图库管理器"窗口中单击左侧"按钮"并在右侧图库精灵区中选择一个按钮图形，如图 10-27 所示。

④ 双击选择的按钮，并单击画面的合适位置，选中的按钮便被安放到画面上，如图 10-28 所示。

双击画面的按钮（①处），将出现"按钮向导"窗口，单击② 处的 ?，将出现"选择变量名"窗口，双击③处变量"启动"，则④处编辑框中自动填入"\\ 本站点 \ 启动"，从而实现将此按钮与变量"启动"（即 PLC 的 M0.0）相关联。在⑤处选择按钮关闭和开启时的填充颜色。在⑥处设置动作，即鼠标按下时，M0.0 接通，释放时，M0.0 断开。单击"确定"按钮，完成按钮设置。

⑤ 用同样的方式放置第二个按钮，将此按钮与变量"停止"（即 PLC 的 M0.1）相关联。

⑥ 如图 10-29 所示，双击画面的指示灯（①处），将出现"指示灯向导"窗口，单击②处的

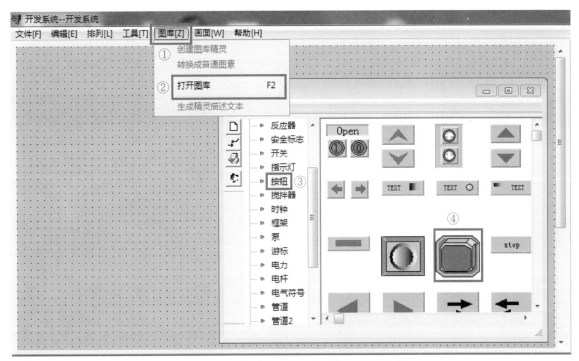

图 10-27　组态王画面开发系统 – 选择按钮

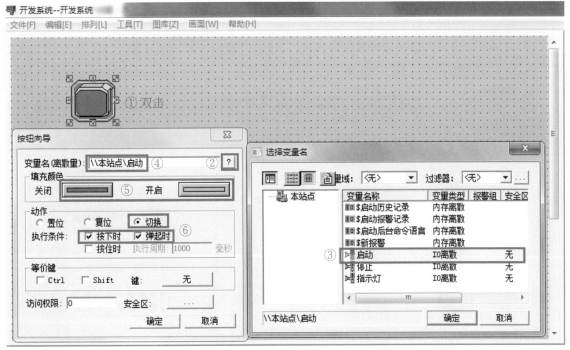

图 10-28　组态王画面开发系统 – 设置按钮

[?]，将出现"选择变量名"窗口，双击③处的变量"指示灯"，则④处编辑框中自动填入"\\本站点\指示灯"，从而实现将此灯与变量"指示灯"（即 PLC 的 Q0.0）相关联。在⑤处对指示灯的颜色进行设置，并单击"确定"按钮，完成指示灯设置。

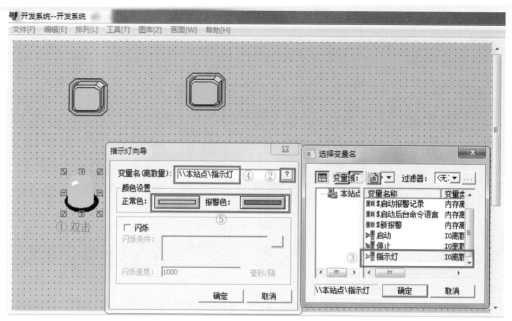

图 10-29　组态王画面开发系统 – 设置指示灯

⑦ 如图 10-30 所示，在组态王开发系统中单击菜单栏中的"工具"→"显示工具箱"，将出现"工具箱"窗口。

在"工具箱"窗口，先单击图标 T，再单击画面相应位置，并在此处输入文本，如"启动按钮""停止按钮"和"Q0.0"。

在"工具箱"窗口中单击图标 ▦，将出现"调色板"窗口。选中刚才输入的文本，可以通过在"调色板"中选择文本的颜色。

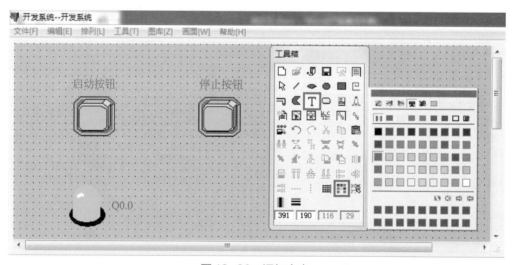

图 10-30　添加文本

⑧ 设置好的按钮和指示灯可以通过颜色显示不同的状态，也可以通过文本直接标识状态。

如图 10-31 所示，双击画面的文本"Q0.0"（①处），将出现"动画连接"窗口，单击②处的"离散值输出"，将出现"离散值输出连接"窗口，单击③处的 ?，将出现"选择变量名"窗

口，双击④处变量"指示灯"，则⑤处编辑框中自动填入"\\ 本站点 \ 指示灯"。在⑥ 处填入表
达式为真或假时的输出信息。

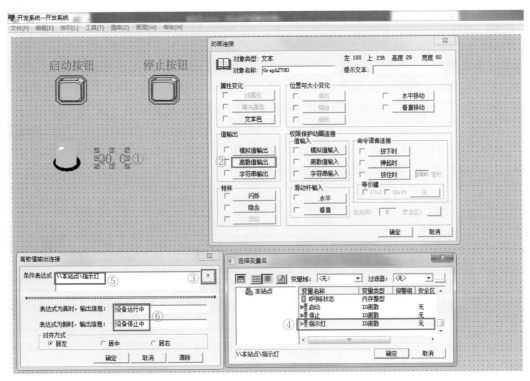

图 10-31　文本直接标识状态。

⑨ 选择"文件"→"全部存"命令保存现有画面。

10.2.5　运行和调试

① 在组态王开发系统中选择"文件"→"切换到 View"菜单命令，进入组态王运行系统。

② 在运行系统环境中，选择菜单"画面"→"打开"，在出现的"打开画面"窗口，选择
"pic1"，单击"确定"按钮。

③ 在"pic1"的运行画面中，单击启动按钮，指示灯变绿色，文字显示"设备运行中"；单
击停止按钮，指示灯变红色，文字显示"设备停止中"。其运行画面如图 10-32 所示。

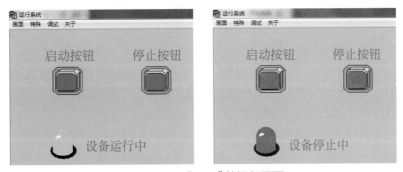

图 10-32　"pic1"的运行画面

10.3 WinCC flexible SMART 软件

Smart 700 IE V3 是一种适用于小型自动化系统的可靠的新一代 Smart Panel，它具有的基本功能可以满足小型机器和简单应用的可视化需求。借助 SMART 系列触摸屏的编辑软件 WinCC flexible SMART 可简化编程，使得新面板的组态和操作更加简便。

WinCC flexible SMART 为每一项组态任务提供专门的编辑器，所有与项目相关的组态数据都存储在项目数据库中。在 WinCC flexible SMART 中创建新项目或打开现有项目时，将打开 WinCC flexible SMART 工程系统，如图 10-33 所示。

图 10-33　工程系统

（1）菜单栏

当激活相应的编辑器时，将显示此编辑器专用的菜单命令。

① 项目：包含用于项目管理的命令，如新建、打开、关闭、保存、压缩、更改设备类型、导入 / 导出、打印、编译器、传送、最近项目、退出等。

② 编辑：包含用于剪贴板和搜索功能的命令。

③ 视图：包含用于打开 / 关闭输出视图、对象视图、属性视图、项目视图和工具窗口等的命令，还包括用于缩放、层设置、重新设置布局和设置工具栏等的命令。

④ 插入：包含用于插入新画面或图形等新对象的命令。

⑤ 格式：包含对画面对象进行对齐、调整大小、旋转、排列、组合等的命令。

⑥ 选项：包含交叉引用、重新布线、重新连接、启动 S7-200 SMART 编程软件、文本、用户字典和版本管理等命令。

⑦ 窗口：包含管理工作区域上多个窗口的命令，例如用于切换至其他窗口的命令。

⑧ 帮助：包含用于调用帮助功能的命令。

（2）工具栏

通过工具栏可以快捷地访问组态 HMI 设备所需的常用功能。某种编辑器处于激活状态时，会显示此编辑器专用的工具栏。当鼠标指针移到某个命令上时，将显示对应的工具提示。其中，常用的项目操作和编辑的工具条如图 10-34 所示，而对于画面上的对象，如果需要对齐或调整格式时，常使用的工具条如图 10-35 所示。

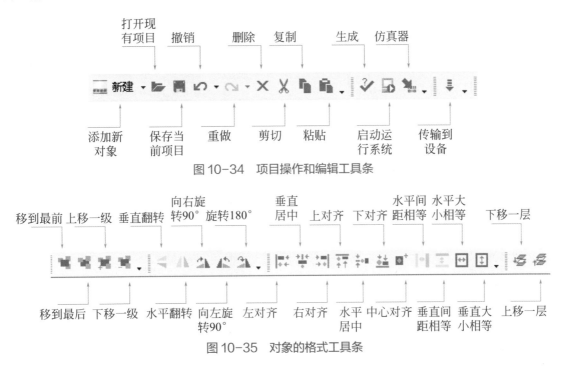

图 10-34 项目操作和编辑工具条

图 10-35 对象的格式工具条

（3）工作区

如图 10-36 所示，工作区用来编辑项目的对象，每个编辑器在工作区域中以单独的选项卡控件形式打开。当同时打开多个编辑器时，只有一个选项卡处于激活状态。要选择一个不同的编辑器，在工作区单击相应的选项卡即可。如果工作区太小无法显示全部选项卡，将激活浏览箭头◀▶，单击相应的浏览箭头，则可以访问未在工作区中显示的选项卡。如果要关闭当前的编辑器，则只需要单击工作区中的符号⊠。

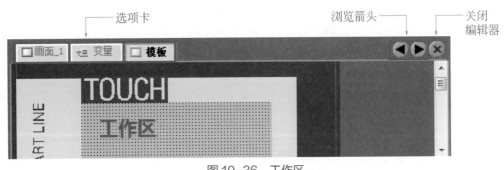

图 10-36 工作区

（4）项目视图

项目视图用于创建和打开要编辑的对象，包含一些重要命令的快捷菜单。项目视图显示了项目的所有组件和编辑器，并且可用于打开这些组件和编辑器。每个编辑器均分配有一个符号，该符号可用来标识相应的对象，如图10-37（a）所示。

图10-37（a）中的项目视图处于"锁定"状态，此时，视图始终处于显示状态。

如图10-37（b）所示，按下①处的"锁定"按钮，当光标移至"项目"（②处）时，项目视图显示，当光标离开项目视图区域时，项目视图将被隐藏。

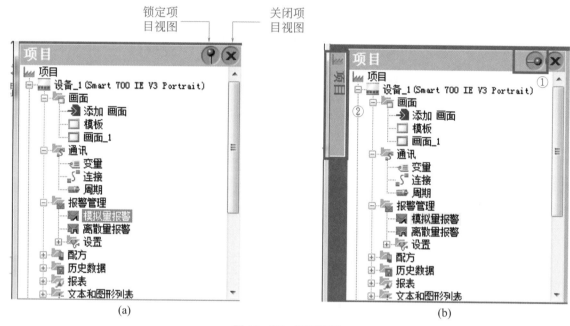

图10-37 项目视图

（5）属性视图

属性视图用于编辑从工作区中选择的对象的属性，所选择的对象不同，属性视图的内容也不同。在属性视图中，更改后的值会在退出输入字段后直接生效，当输入字段无效时，将会以彩色背景突出显示，系统也将为修正输入做出提示。其中，"画面"的属性视图如图10-38所示。

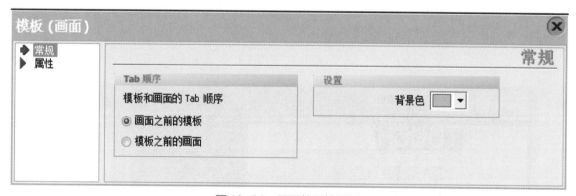

图10-38 画面的属性视图

10.4 触摸屏综合应用实例

10.4 触摸屏
实例 1

10.4 触摸屏
实例 2

10.4.1 新建工程

① 双击桌面 WinCC flexible SMART 的快捷方式图标，打开触摸屏软件，如图 10-39 所示。

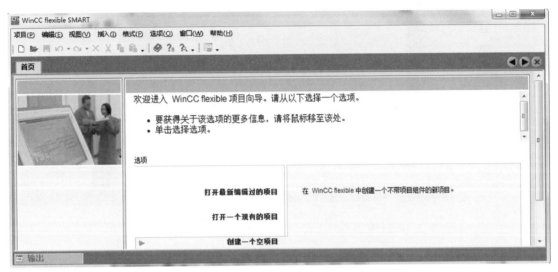

图 10-39 WinCC flexible 项目向导

② 单击"创建一个空项目"，将打开"设备选择"界面，在此界面中选择 Smart Line → 7"→ Smart 700 IE V3，并选择与触摸屏相同的版本号，如图 10-40 所示。

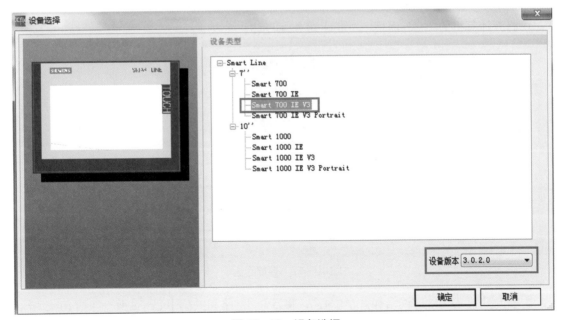

图 10-40 设备选择

③ 单击"确定"按钮，并保存项目，项目名称默认为"项目 .hmismart"，启动后的工程系统如图 10-41 所示。

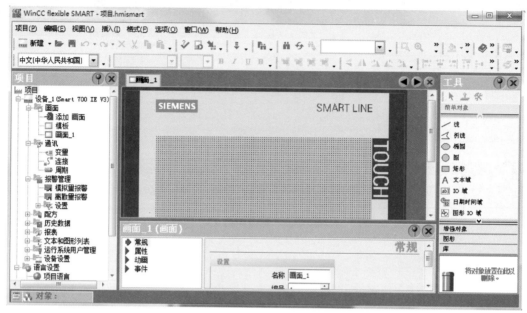

图 10-41　工程系统

10.4.2　设置 IP 地址

（1）查看 PLC 的 IP 地址

打开 S7-200 SMART 编程软件，记下 PLC 的 IP 地址"192.168.2.1"。

（2）设置本地编程电脑的 IP 地址

① 打开计算机的"控制面板"，如图 10-42 所示。

图 10-42　控制面板

② 单击图 10-42 中的"网络和共享中心"，将打开"网络和共享中心"页面，如图 10-43 所示。

③ 单击图 10-43 中的"更改适配器设置"，将打开"网络连接"页面，如图 10-44 所示。

图 10-43　网络和共享中心

图 10-44　网络连接

④ 双击图 10-44 中的"本地连接"，将打开"本地连接属性"页面。在此页面中，选择"Internet 协议版本 4（TCP/IPv4）"，如图 10-45 所示。

⑤ 单击"属性（R）"，将打开"Internet 协议版本 4（TCP/IPv4）属性"页面，单选"使用下面的 IP 地址（S）"，在"IP 地址（I）"处输入"192.168.2.2"，在"子网掩码（U）"处输入"255.255.255.0"，单击"确定"按钮，则完成编程电脑的 IP 地址设置，如图 10-46 所示。

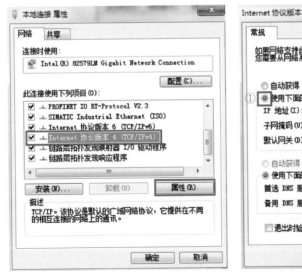

图 10-45　本地连接属性

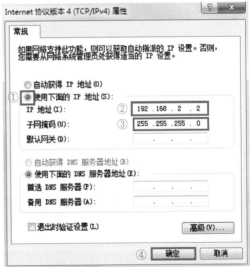

图 10-46　Internet 协议版本 4（TCP/IPv4）属性

（3）设置触摸屏的 IP 地址

① 接通 HMI 设备电源后，将会打开 Loader 程序，出现如图 10-47 所示的界面。

② 单击"Control Panel"按钮，打开控制面板对设备进行参数配置。控制面板如图 10-48 所示。

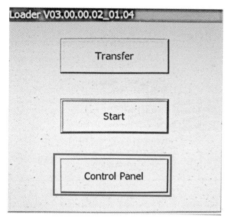

图 10-47 "Loader"程序界面

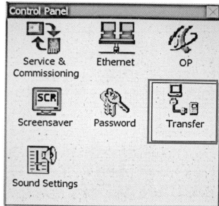

图 10-48 控制面板

③ 双击"Transfer"按钮，打开"Transfer Settings"对话框。分别确认选择"Enable Channel"和"Remote Control"选项，如图 10-49 所示。

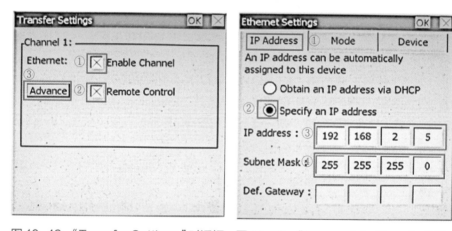

图 10-49 "Transfer Settings"对话框　图 10-50 "Ethernet Settings"对话框

④ 单击"Advance"按钮，打开"Ethernet Settings"对话框。选择"IP Address"选项卡，单选"Specify an IP address"，使用屏幕键盘在"IP address""Subnet Mask"文本框中输入合适数值，如图 10-50 所示，单击右上角的"OK"按钮，完成触摸屏 IP 地址的设置。

10.4.3　编写 PLC 程序

（1）控制要求

① 按下启动按钮，东西方向绿灯先亮 20s，然后闪烁 6s，闪烁周期为 2s，接着东西方向黄灯亮 4s。与此同时，南北方向的红灯亮 30s 且具有红灯熄灭的倒计时功能。

② 东西方向黄灯熄灭后，东西方向的红灯亮 30s 且具有红灯熄灭的倒计时功能。
与此同时，南北方向绿灯先亮 20s，然后闪烁 6s，闪烁周期为 2s，接着南北方向黄灯亮 4s。
③ 按下停止按钮，交通灯控制系统停止。

（2）控制程序及程序说明
控制程序如图 10-51 所示。

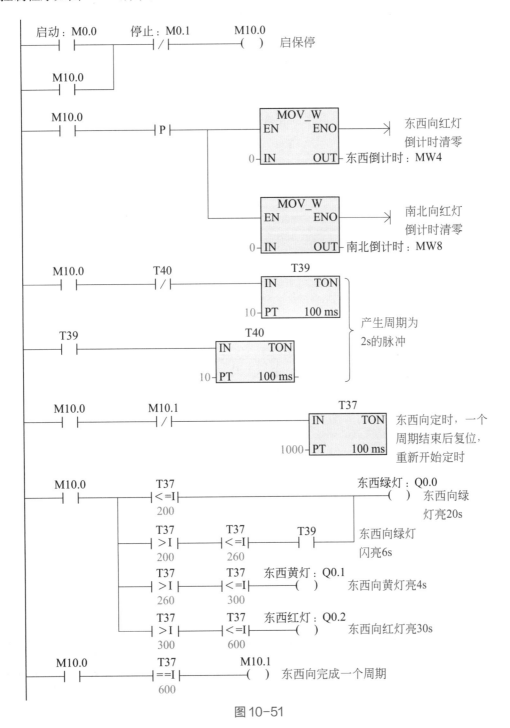

图 10-51

355

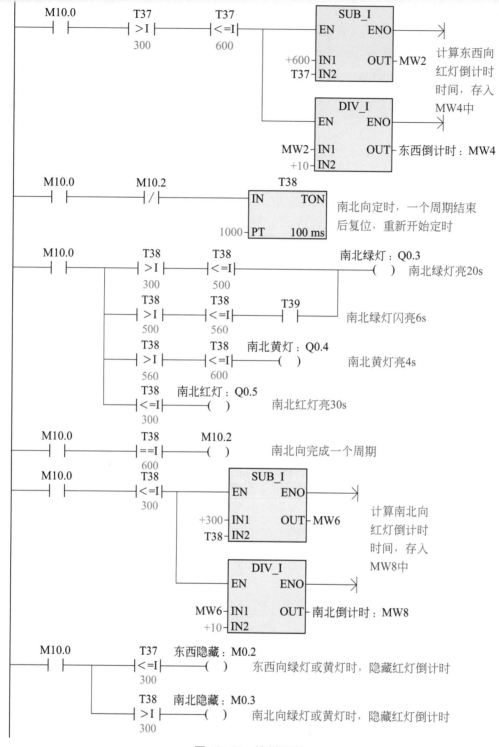

图 10-51 控制程序

① 按下启动按钮 M0.0，M10.0 得电并自锁，将东西和南北向的红灯倒计时寄存器 MW4 和 MW8 清零。

② M10.0 常开触点闭合，T39 和 T40 配合产生周期为 2s 的脉冲。

③ M10.0 常开触点闭合，东西向定时器 T37 和南北向定时器 T38 开始定时。

④ 东西向控制：当 T37 定时时间小于等于 20s 时，绿灯亮；20～26s 之间时，绿灯闪亮；26～30s 之间时，黄灯亮；30～60s 之间时，红灯亮。时间到 60s 时，东西周期标志 M10.1 得电，将 T37 复位后，重新开始下一个周期。

⑤ 南北向控制：当 T38 定时时间小于等于 30s 时，红灯亮；30～50s 之间时，绿灯亮；50～56s 之间时，绿灯闪亮；56～60s 之间时，黄灯亮。时间到 60s 时，南北周期标志 M10.2 得电，将 T38 复位后，重新开始下一个周期。

⑥ 东西向红灯点亮时，计算倒计时时间，存入 MW4；南北向红灯点亮时，计算倒计时时间，存入 MW8。

⑦ 东西向红灯熄灭时，为了隐藏倒计时窗口，设置隐藏标志 M0.2。南向红灯熄灭时，为了隐藏倒计时窗口，设置隐藏标志 M0.3。

⑧ 按下停止按钮 M0.1，M10.0 失电，系统停止。

10.4.4　交通灯控制系统的触摸屏设计

（1）建立 PLC 与触摸屏的连接

PLC 与触摸屏的连接设置如图 10-52 所示。

① 打开项目树的"通讯"文件夹，双击"连接"，双击右侧空白表格的第一行，将会自动出现第一个连接，名称为"连接_1"。选择"通讯驱动程序"为"SIMATIC S7 200 Smart"，"在线"选择"开"。

② 在参数设置中，触摸屏接口选择"以太网"。在地址处，分别输入触摸屏和 PLC 的 IP 地址。至此，完成 PLC 与触摸屏的连接。

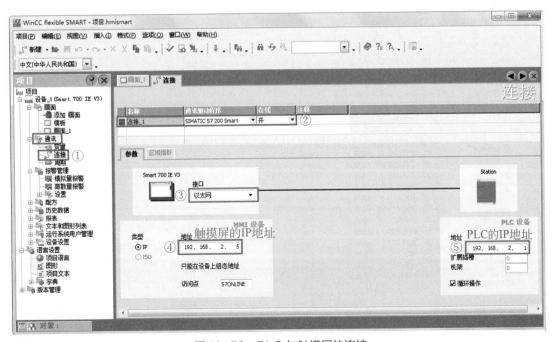

图 10-52　PLC 与触摸屏的连接

（2）建立变量

建立变量的方法如图 10-53 所示。

① 打开项目树的"通讯"文件夹，双击"变量"，双击右侧空白表格的第一行，将会自动出现第一个变量，名称为"变量_1"。

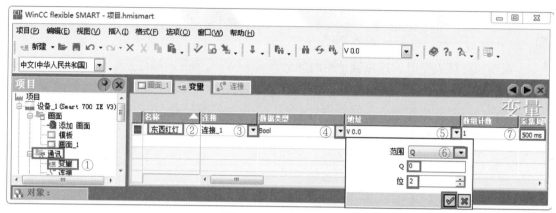

图 10-53　建立变量

② 将名称改为"东西红灯"；打开"连接"下拉列表，选择"连接_1"；打开"数据类型"下拉列表，选择"Bool"型。

③ 打开"地址"下拉列表，范围选择"Q"，"Q"文本框输入"0"，"位"文本框输入"2"，单击"√"按钮。

④ 打开"采集周期"下拉列表，选择"500ms"。至此，第一个变量建立完成。另外，建立变量时，也可以双击表格内容，然后直接修改内容。

⑤ 双击表格的第二行，可以建立第二个变量，以此类推。建立后的所有变量如图 10-54 所示。

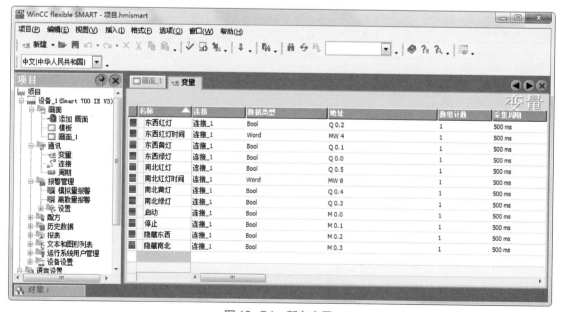

图 10-54　所有变量

358

（3）设计触摸屏画面

设计完的整体画面如图 10-55 所示。

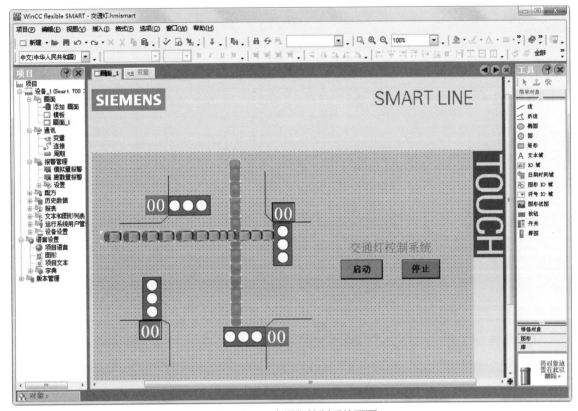

图 10-55　交通灯控制系统画面

① 画出十字路口　选中简单对象中的"折线"，将光标移动到画面中合适的位置，单击鼠标左键，移动鼠标，拉出一根线。如果想拐弯，就在拐弯处再单击一下鼠标，结束时双击鼠标左键即可。

② 交通灯的设计　交通灯的设计如图 10-56 所示。

a. 选中简单对象中的"矩形"，将光标移动到画面中合适的位置，单击鼠标左键，将会在画面上画出一个矩形，拉动四周的"小矩形"调节至合适大小。在属性视图中，单击"属性"→"外观"，将填充色改为蓝色。用同样的方法共画出 4 个矩形。

b. 选中简单对象中的"圆"，将光标移动到画面中合适的位置，单击鼠标左键，将会在画面上画出一个圆，拉动周围的"小矩形"调节至合适大小。用同样的方法共画出 12 个圆。

c. 在某个圆的属性视图中，单击"动画"→"外观"，勾选"启用"。在"变量"的下拉列表中，选择"南北红灯"，类型选择"位"。

d. 双击右侧空白表格的第一行和第二行。按照图 10-56 设置其内容，则南北红灯设置完成。

e. 按照表 10-3 完成 12 个灯的属性设置，其中南北红、绿、黄灯各两个，东西红、绿、黄灯各两个。

表 10-3　灯的属性设置

灯的名称	变量	类别	值为0			值为1		
			前景色	背景色	闪烁	前景色	背景色	闪烁
南北红灯	南北红灯	位	黑色	白色	否	黑色	红色	否
南北绿灯	南北绿灯	位	黑色	白色	否	黑色	绿色	否
南北黄灯	南北黄灯	位	黑色	白色	否	黑色	黄色	否
东西红灯	东西红灯	位	黑色	白色	否	黑色	红色	否
东西绿灯	东西绿灯	位	黑色	白色	否	黑色	绿色	否
东西黄灯	东西黄灯	位	黑色	白色	否	黑色	黄色	否

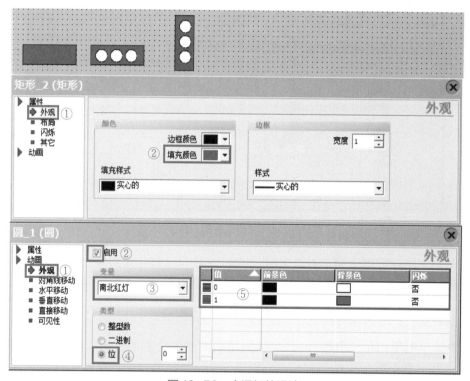

图 10-56　交通灯的设计

③ 红灯倒计时显示的设计　红灯倒计时显示的设计如图 10-57 所示。

a. 选中简单对象中的"IO 域",将光标移动到画面中合适的位置,单击鼠标左键,将会在画面上画出一个"IO 域",拉动四周的"小矩形"调节至合适大小,用同样的方法再画一个"IO 域"。这两个"IO 域"作为东西向红灯倒计时的输出窗口。

b. 在属性视图中,单击"常规",将"模式"设为"输出",将"过程变量"设置为"东西红灯时间","格式类型"设为"十进制","格式样式"设为"99"。

c. 在属性视图中,单击"属性"→"外观",将"文本颜色"设为白色,将"背景色"设置为桃红色。

d. 在属性视图中，单击"属性"→"文本"，将"字体"设为"宋体，28pt，style=Bold"

e. 类似地画出另外两个"IO 域"，作为南北向红灯倒计时的输出窗口。在常规属性中，将"过程变量"设置为"南北红灯时间"；其余属性同东西的设置方式相同。

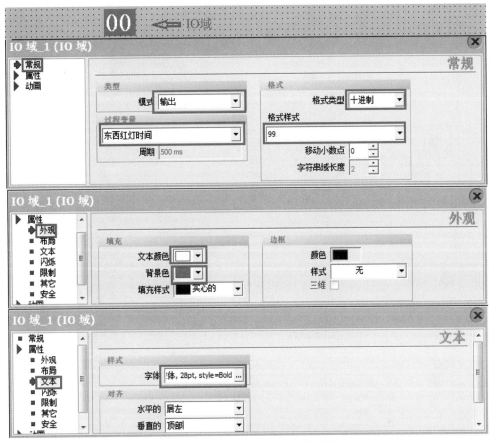

图 10-57　红灯倒计时窗口的设计

④ 过路车辆的设计　过路车辆的设计如图 10-58 所示。

a. 选中简单对象中的"图形视图"，将光标移动到画面中合适的位置，单击鼠标左键，将会在画面上画出一个"图形视图"，拉动四周的"小矩形"调节至合适大小，作为东西向过路车辆。

b. 在属性视图中，单击"常规"，单击② 处的添加按钮，选择电脑中合适的车辆图片填充"图形视图"。或者在已经添加的图片中选择一张车辆图片（③处），然后单击"设置"（④处）。这样，"图形视图"中将被此车图片填充。

c. 复制多个"图形视图"，并将其排成一条直线。图 10-58 中只复制了三个，序号分别设为①、②、③。

d. 在属性视图中，单击"动画"→"可见性"，勾选"启用"。在"变量"的下拉列表中，选择"南北红灯时间"；"类型"选择"整数"；"对象状态"选择"可见"；车①可见时的变量范围设为 29 ~ 30，车②可见时的变量范围设为 27 ~ 28，车③可见时的变量范围设为 25 ~ 26。车的数量越多，排列越紧密，动画效果越连贯。

e. 用同样的方法设计南北向过路车辆，变量选为"东西红灯时间"。

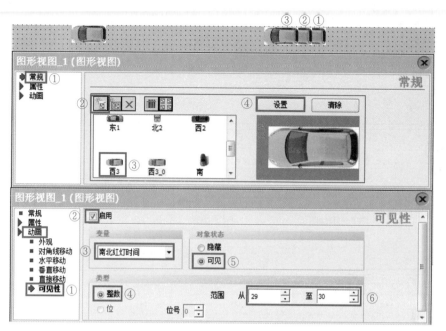

图 10-58 过路车辆的设计

⑤ 启动按钮和停止按钮的设计　启动按钮的外观设计如图 10-59 所示。

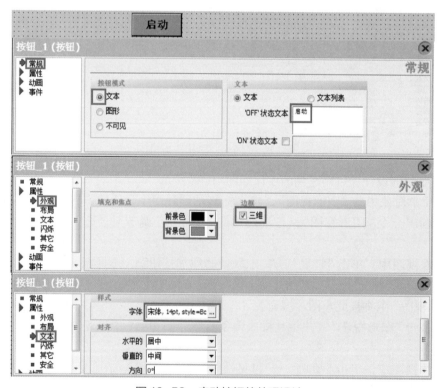

图 10-59　启动按钮的外观设计

a. 选中简单对象中的"按钮"，将光标移动到画面中合适的位置，单击鼠标左键，将会在画面上画出一个"按钮"，拉动四周的"小矩形"调节至合适大小，作为启动按钮。

b. 在属性视图中，单击"常规"，"按钮模式"选择"文本"，在"'OFF'状态文本"的文本框中输入"启动"。

c. 在属性视图中，单击"属性"→"外观"，"背景色"选择绿色，勾选"三维"。

d. 在属性视图中，单击"属性"→"文本"，将"字体"设为"宋体，14pt，style=Bold"。

e. 用同样的方法设计停止按钮，将颜色设为红色，"'OFF'状态文本"设为"停止"，其他设置方法与启动按钮相同。

启动按钮触发事件的设计如图10-60所示。

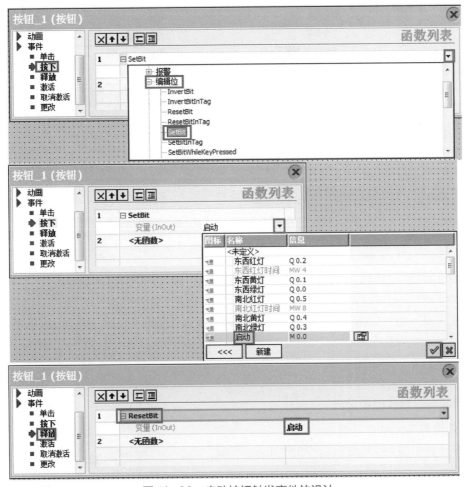

图10-60　启动按钮触发事件的设计

a. 在属性视图中，单击"事件"→"按下"。在右侧表格第一行下拉列表中，打开"编辑位"文件夹，单击"SetBit"。在出现的第二行下拉列表中，选择变量"启动"。

b. 在属性视图中，单击"事件"→"释放"。在右侧表格第一行下拉列表中，打开"编辑位"文件夹，单击"ResetBit"。变量也选择"启动"。

c. 用同样的方法设计停止按钮，将变量设为"停止"，其他设置方法与启动按钮相同。

⑥ 画面标题的设计　画面标题的设计如图10-61所示。

a. 选中简单对象中的"文本域"，将光标移动到画面中合适的位置，单击鼠标左键，将会在画面上画出一个"文本域"，拉动四周的"小矩形"调节至合适大小。

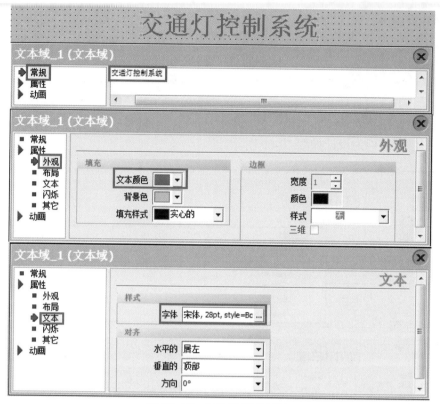

图 10-61 画面标题的设计

b. 在属性视图中，单击"常规"，在右侧的文本框中输入"交通灯控制系统"。

c. 在属性视图中，单击"属性"→"外观"，"文本颜色"选择红色。

d. 在属性视图中，单击"属性"→"文本"，将"字体"设为"宋体，28pt，style=Bold"。

10.4.5 运行程序

（1）用触摸屏软件模拟运行

① 通信设置

a. 打开计算机的"控制面板"，如图 10-62 所示。

图 10-62 控制面板

b. 单击图 10-62 中的"Communication Settings"，将打开"Siemens 通信设置"页面，如图 10-63 所示。

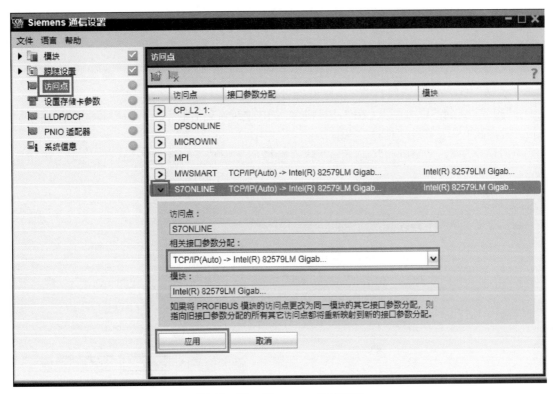

图 10-63 Siemens 通信设置

c. 选择图 10-63 中的"访问点"，单击右侧"S7ONLINE"旁边的"▶"，将打开下拉页面，选择"相关接口参数分配"为"TCP/IP（Auto）→ intel（R）……"（省略的为电脑网卡的名称），单击"应用"按钮，则通信设置完毕。

② 运行结果

a. 打开 PLC 编程软件"STEP 7-Micro/WIN SMART"，在软件中打开"交通灯控制系统"PLC 程序，单击"运行"使 PLC 状态处于"RUN"状态。

b. 单击触摸屏软件工具栏中的启动运行系统按钮 ▣，则打开"RT Simulator"系统，如图 10-64 所示。

c. 单击画面中的启动按钮，东西向依次绿灯亮、绿

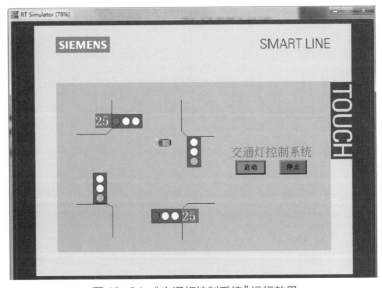

图 10-64 "交通灯控制系统"运行效果

灯闪晃、黄灯亮，东西向小车移动，同时南北向红灯亮，并显示倒计时时间。30s 后，南北向依次绿灯亮、绿灯闪亮、黄灯亮，南北向小车移动，同时东西向红灯亮，并显示倒计时时间。

d. 单击画面中的停止按钮，系统停止。

（2）PLC 与触摸屏的通信

① 打开触摸屏电源，选择"Transfer"启动下载。

② 在软件"WinCC flexible SMART"界面中，单击下载按钮 ⬇，或选择菜单栏"项目"→"传送"→"传输"，将打开"选择设备进行传送"窗口，如图 10-65 所示。

③ "模式"选择"以太网"，在"计算机名或 IP 地址"文本框中输入已经设置好的触摸屏 IP 地址"192.168.2.5"，单击"传送"按钮。

④ 传送完毕后，"交通灯控制系统"将在触摸屏上运行，操作过程和运行结果与模拟情况类似。

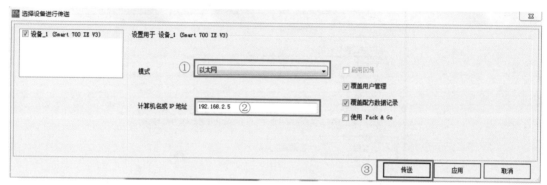

图 10-65 "选择设备进行传送"窗口

第 11 章
西门子 PLC 编程典型控制案例

11.1 广场花样喷泉的自动控制

（1）控制要求

花样喷泉平面图如图 11-1 所示。喷泉由 A、B、C、D、E 共 5 种不同的水柱组成。其中，A 为大水柱，其水量较大，喷射高度较高；B 为中水柱，其水量中等，喷射高度比大水柱低；C 为小水柱，其水量较小，喷射高度比中水柱略低；C 和 D 表示花朵式和旋转式喷泉，其水量和压力较小水柱更弱。另外还有对应的 5 个水柱映灯起衬托作用。

整个过程分为 8 段，每段 1min，且自动转换，全过程为 8min。按下启动按钮，其喷泉水柱的动作顺序为：A → B → ACD → BE → AB → BCD → BD → ABCDE → A，如此反复。在各水柱喷泉喷射的同时，其相应的编号映灯也照亮。直到按下停止按钮，水柱喷泉、映灯才停止工作。范例示意如图 11-1 所示。

 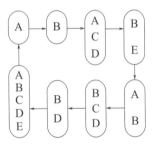 

图 11-1　范例示意

（2）控制程序及程序说明

控制程序如图 11-2 所示。

① 接通电源后，按下启动按钮，M2.0 得电并自锁，M1.0=1，Q0.0、Q0.5 得电，大水柱在大水柱映灯的照射下喷出，定时器 T38 开始计时。

② 经过 30s 后，T38 常开触点闭合，定时器 T37 开始计时。30s 后，T37 常闭触点断开，

复位 T38、T37。T37 常开触点接通一个扫描周期，将字元件 MW0 的内容向左移 1 位，将 M1.0 中的 1 送入 M1.1 中，M1.0=0，Q0.0、Q0.5 失电，大水柱停止喷水，大水柱映灯熄灭；同时，Q0.1、Q0.6 得电，中水柱在中水柱映灯的照射下喷出。

③ 又经过 60s 后，T37 又得电 1 个扫描周期，将字元件 MW0 的内容向左移 1 位，将 M1.1 中的 1 送入 M1.2 中，即每隔 1min，MW0 的内容向左移 1 位，M1.2～M1.7 依次为 1……

④ 经过 8 个 60s 后，通过字循环左移指令将 1 送入 M0.0 中，M0.0=1，M1.0～M1.7 和 M0.0 被复位，M1.0=1，Q0.0、Q0.5 得电，大水柱在大水柱映灯的照射下喷出，如此不断循环。

⑤ 按下停止按钮，M2.0 失电，喷泉停止循环。

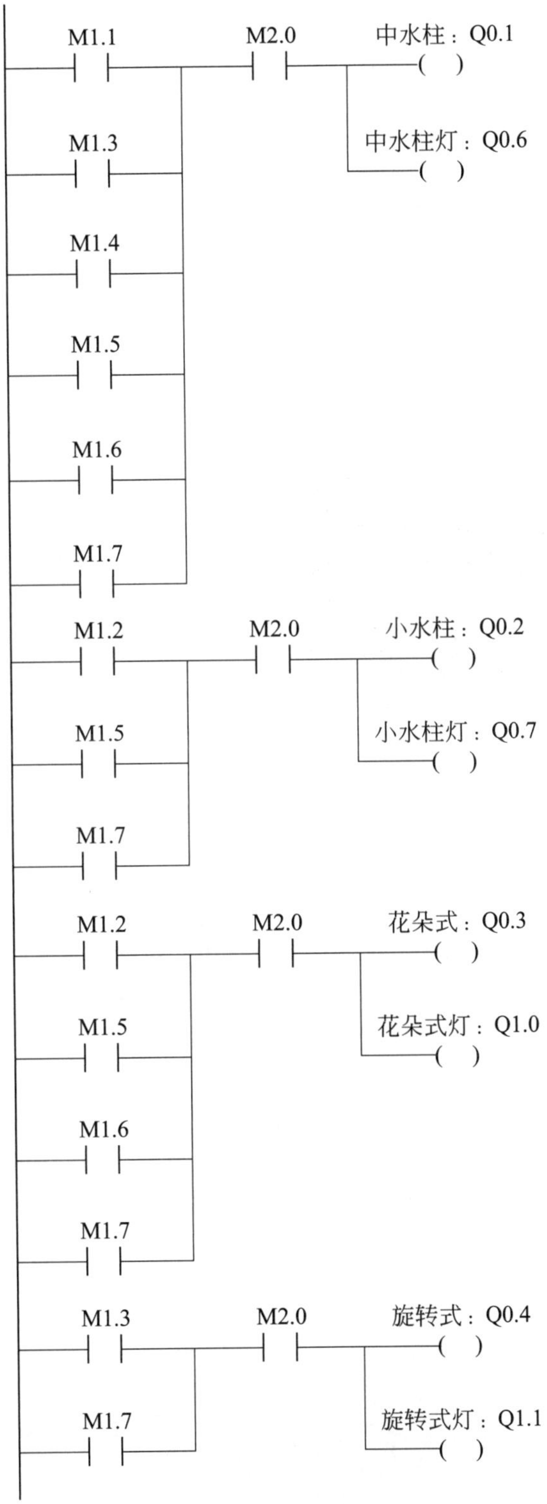

M1.1   M2.0   中水柱：Q0.1
―| |―――――| |―――――( )

中水柱灯：Q0.6
M1.3   ( )
―| |―

M1.4
―| |―

M1.5
―| |―

M1.6
―| |―

M1.7
―| |―

M1.2   M2.0   小水柱：Q0.2
―| |―――――| |―――――( )

小水柱灯：Q0.7
M1.5   ( )
―| |―

M1.7
―| |―

M1.2   M2.0   花朵式：Q0.3
―| |―――――| |―――――( )

花朵式灯：Q1.0
M1.5   ( )
―| |―

M1.6
―| |―

M1.7
―| |―

M1.3   M2.0   旋转式：Q0.4
―| |―――――| |―――――( )

旋转式灯：Q1.1
M1.7   ( )
―| |―

图 11-2　控制程序

369

11.2 弯管机的 PLC 控制

（1）控制要求

弯管机在弯管时，首先使用传感器检测是否有管。若没有管，则等待；若有管，则延时 2s 后，电磁卡盘将管子夹紧，并延时 2s。随后检测被弯曲的管上是否安装有连接头。若没有连接头，则弯管机将管子松开并将其推出，等待下一根管子的到来，同时废品计数器计数；若有连接头，则弯管机在延时 5s 后，启动主电动机开始弯管。弯管完成后，正品计数器计数，并将弯好的管子推出。系统设有启动按钮和停止按钮。当启动按钮被按下时，弯管机处于等待检测管子的状态。任何时候都可以用停止按钮停止弯管机的运行。范例示意如图 11-3 所示。

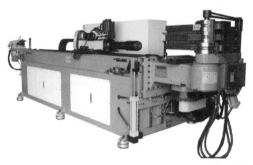
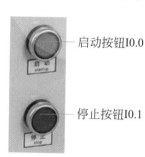

管子检测I0.2
连接头检测I0.3
弯管到位检测I0.4

电磁卡盘Q0.0
推管液压阀Q0.1
弯管电动机Q0.2

启动按钮I0.0

停止按钮I0.1

图 11-3　范例示意

（2）控制程序及程序说明

控制程序如图 11-4 所示。

① 按下启动按钮，I0.0 常开触点闭合，M0.0 得电并自锁，进入初始状态。

② 当管子检测传感器检测到有管子时，I0.2 得电并保持，M0.1 得电。同时，T37 定时器开始计时，2s 后，T37 常开触点闭合，M0.2 得电并自锁，使 Q0.0 得电，电磁卡盘将管子夹紧。同时 M0.1 失电、T37 复位，T38 开始计时，2s 后，T38 常开触点闭合。

③ 连接头传感器若检测到管子没有安装连接头，I0.3 常闭触点闭合，M0.4 得电并自锁，M0.2、Q0.0 失电，电磁卡盘松开；Q0.1 得电，将管子推出弯管机，同时废品计数器 C0 加 1；T40 开始计时，2s 后回到初始状态，等待下一个管子的到来。

④ 连接头传感器若检测到管子安装有连接头，I0.3 常开触点闭合，M0.3 得电并自锁，M0.2 失电，电磁卡盘 Q0.0 仍夹紧。同时 T39 开始计时，5s 后，T39 常开触点闭合，M0.5 得电并自锁，T39 复位、M0.3 失电，电磁卡盘 Q0.0 仍夹紧；同时 Q0.2 得电，弯管主电动机启动，开始弯管。

弯管到位后，弯管到位检测开关 I0.4 得电，M0.6 得电，M0.5、Q0.2、Q0.0 失电，弯管主电动机停止，电磁卡盘松开；Q0.1 得电，将管子推出，正品计数器 C1 加 1；同时，T41 开始定时，2s 后回到初始状态，等待下一个管子的到来。

⑤ 出现紧急情况时按下停止按钮 I0.1，弯管机立即停止工作。

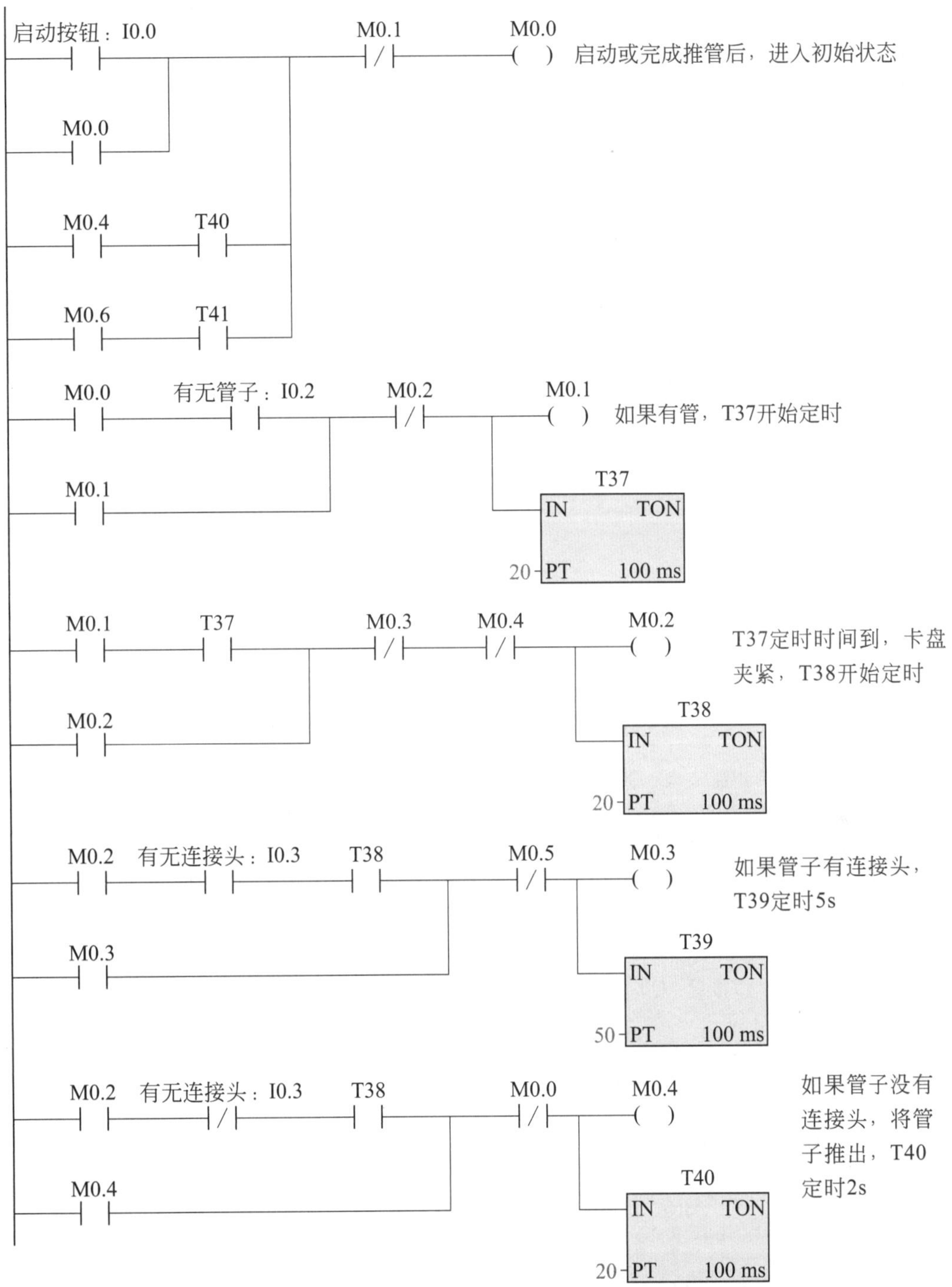

启动按钮：I0.0   M0.1   M0.0
├──┤ ├──┬─────────────────────────┬──┤/├────────( )   启动或完成推管后，进入初始状态
│   │   │
│   M0.0   │   │
├──┤ ├─────┤   │
│   │   │
│   M0.4   │   T40   │
├──┤ ├──────┤ ├──────────────────────────┤
│   │   │
│   M0.6   │   T41   │
├──┤ ├──────┤ ├──────────────────────────┘
│
│   M0.0   有无管子：I0.2   M0.2   M0.1
├──┤ ├──────────┤ ├────────┬──┤/├──────────( )   如果有管，T37开始定时
│   │
│   M0.1   │   T37
├──┤ ├──────────────────────┘   ┌──────────────┐
│   │IN   TON │
│   ┌──┤   │
│   │ │   │
│   20─┤PT   100 ms   │
│   └──────────────┘
│
│   M0.1   T37   M0.3   M0.4   M0.2
├──┤ ├────┬───┤ ├──────────┤/├────┤/├──────┬──( )   T37定时时间到，卡盘
│   │   │   夹紧，T38开始定时
│   M0.2 │   │
├──┤ ├────┘   │   T38
│   │ ┌──────────────┐
│   │ │IN   TON │
│   └──┤   │
│   │   │
│   20─┤PT   100 ms│
│   └──────────────┘
│
│   M0.2   有无连接头：I0.3   T38   M0.5   M0.3
├──┤ ├──────────┤ ├──────────┤ ├─────────┤/├──────┬──( )   如果管子有连接头，
│   │   T39定时5s
│   M0.3   │
├──┤ ├───┤   T39
│   │ ┌──────────────┐
│   │ │IN   TON │
│   └──┤   │
│   │   │
│   50─┤PT   100 ms│
│   └──────────────┘
│
│   M0.2   有无连接头：I0.3   T38   M0.0   M0.4
├──┤ ├──────────┤/├──────────┤ ├─────────┤/├──────┬──( )   如果管子没有
│   │   连接头，将管
│   M0.4   │   子推出，T40
├──┤ ├───┤   定时2s
│   │   T40
│   │ ┌──────────────┐
│   │ │IN   TON │
│   └──┤   │
│   │   │
│   20─┤PT   100 ms│
│   └──────────────┘

图 11-4

371

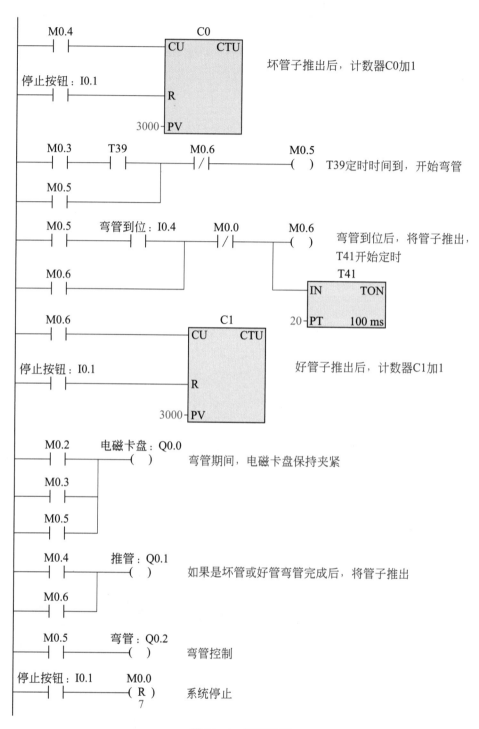

坏管子推出后，计数器C0加1

T39定时时间到，开始弯管

弯管到位后，将管子推出，T41开始定时

好管子推出后，计数器C1加1

弯管期间，电磁卡盘保持夹紧

如果是坏管或好管弯管完成后，将管子推出

弯管控制

系统停止

图 11-4 控制程序

11.3 居室安全系统

（1）控制要求

居室安全系统是当户主长时间不在家时，通过控制灯光和窗帘等设施来营造家中有人的假象来骗过盗窃分子的一种自动安全系统。当户主不在家时，两个居室的窗帘白天打开，晚上关闭。两个居室的照明灯白天关闭，晚上 6 ～ 10 点第一居室的照明灯持续点亮，第二居室的照明灯间隔 1h 点亮。范例示意如图 11-5 所示。

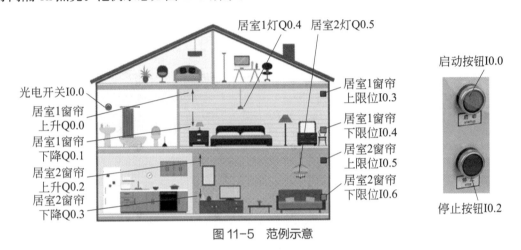

图 11-5　范例示意

（2）控制程序及程序说明

控制程序如图 11-6 所示。

① 启动时，按下启动按钮 I0.1，M0.0 得电并自锁，居室安全系统启动。

② 读取实时时钟，当晚上 18：00 ～ 22：00 时，比较指令条件接通，Q0.4 得电，第一居室灯点亮，T37 开始定时。

③ 3000s 后，T37 常开触点闭合，T38 开始定时；600s 后，T38 常开触点接通，Q0.5 得电，第二居室灯点亮。同时 T39 开始定时，3000s 后，T39 常开触点闭合，T40 开始定时；600s 后，T40 常闭触点断开，使 T37 ～ T40 复位，第二居室灯熄灭。

④ 定时器被复位后，T37 又重新开始定时，重复以上过程，从而使 Q0.5 间隔 1h 点亮。

⑤ 在有光的情况下，光电开关 I0.0 常开触点闭合，Q0.0、Q0.2 得电，两个居室的窗帘上升。碰到上限位开关后，I0.3、I0.5 常闭触点断开，两居室窗帘停止上升。

⑥ 在无光的情况下，光电开关 I0.0 常闭触点闭合，Q0.1、Q0.3 得电，两居室的窗帘下降。碰到下限位开关后，I0.4、I0.6 常闭触点断开，两居室窗帘停止下降。

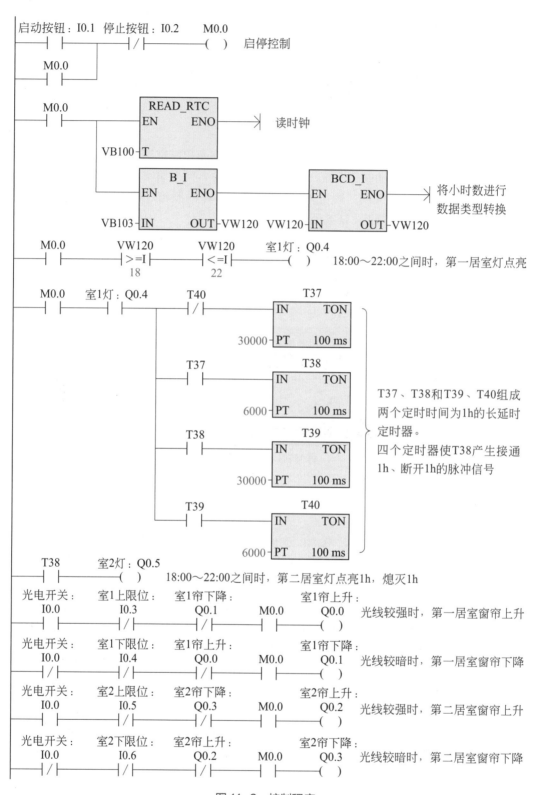

图 11-6 控制程序

11.4 气囊硫化机

（1）控制要求

气囊硫化机是橡胶硫化的新工艺，硫化机主要用于其周长在 1200mm 以下的圆模 V 带的硫化。硫化机结构包括缸门、锁紧环、模具、胶带、胶套和缸体及外压蒸汽进出口和内压蒸汽进出口。

装在圆模上的半成品套上胶套后装入缸内，闭合缸门并使之转过一个角度（合齿）。然后依次通入外压蒸汽和内压蒸汽。由于外压蒸汽压力高于内压蒸汽，在压差作用下胶套对半成品进行加压硫化，硫化时间根据胶带型号的不同进行调整。硫化后，按以上相反的程序动作取出产品，结束一次硫化周期。范例示意如图 11-7 所示。

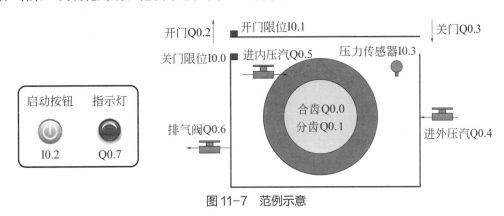

图 11-7　范例示意

（2）控制程序及程序说明

控制程序如图 11-8 所示。

① SM0.1 在 PLC 由 STOP 到 RUN 的第一个扫描周期为 ON，使 S0.0 置位。顺序控制继电器 SCR 段 S0.0 执行。按下启动按钮 I0.2，转到 S0.1 段程序。

② Q0.0 和 Q0.3 得电，执行关门动作，并进行合齿。当关门到位碰到限位开关 I0.0 时，程序转入 S0.2 段。

③ Q0.4 得电，进外压蒸汽，同时 T37 开始计时，计时达到 60s 后程序转到 S0.3 段。

④ Q0.4 保持得电，继续进外压蒸汽，Q0.5 得电，开始进内压蒸汽，同时 T38 开始计时，计时达到 120s 后程序转到 S0.4 段。指示灯 Q0.7 点亮，定时器 T39 开始计时，计时达到 30s 后程序转到 S0.5 段。

⑤ Q0.4、Q0.5 失电，停止进外压和内压蒸汽；同时 Q0.6 得电，排气阀被打开。当气压下降到设定值以下时，I0.3 常开触点闭合，程序转到 S0.6 段。

⑥ 排气阀 Q0.6 继续打开，定时器 T40 开始计时，计时达到 120s 后程序转到 S0.7 段。

⑦ Q0.6 失电，排气阀关闭。Q0.1 和 Q0.2 得电，进行开门动作并进行分齿，当门打开后，开门到位限位 I0.1 常开触点闭合，程序转到 S0.0 段。再次按下启动按钮 I0.2，可进行下一个工作周期。

```
   SM0.1              S0.0
───┤ ├──────────────( S )          进入初始状态
                       1
   S0.0
──┌──────────┐
  │   SCR    │
  └──────────┘

启动按钮：I0.2         S0.1
───┤ ├──────────────( SCRT )       按下启动按钮，进入S0.1

──( SCRE )

   S0.1
──┌──────────┐
  │   SCR    │
  └──────────┘

关门限位：I0.0         S0.2
───┤ ├──────────────( SCRT )       进行合齿、关门，关门限位以后，进入S0.2

──( SCRE )

   S0.2
──┌──────────┐
  │   SCR    │
  └──────────┘

   SM0.0                    T37
───┤ ├───────┬────────┌─────────────┐
             │        │IN       TON │
             │        │             │
             │    600─┤PT    100 ms │       进外压汽，T37定时60s后，进入S0.3
             │        └─────────────┘
             │   T37         S0.3
             └──┤ ├────────( SCRT )

──( SCRE )

   S0.3
──┌──────────┐
  │   SCR    │
  └──────────┘

   SM0.0                    T38
───┤ ├───────┬────────┌─────────────┐
             │        │IN       TON │
             │        │             │
             │   1200─┤PT    100 ms │       进内压汽和外压汽，T38定时120s后，进入S0.4
             │        └─────────────┘
             │   T38         S0.4
             └──┤ ├────────( SCRT )

──( SCRE )

   S0.4
──┌──────────┐
  │   SCR    │
  └──────────┘

   SM0.0                    T39
───┤ ├───────┬────────┌─────────────┐
             │        │IN       TON │
             │        │             │       进内压汽和外压汽，同时指示灯点亮，
             │    300─┤PT    100 ms │       T39定时30s后，进入S0.5
             │        └─────────────┘
             │   T39         S0.5
             └──┤ ├────────( SCRT )

──( SCRE )
```

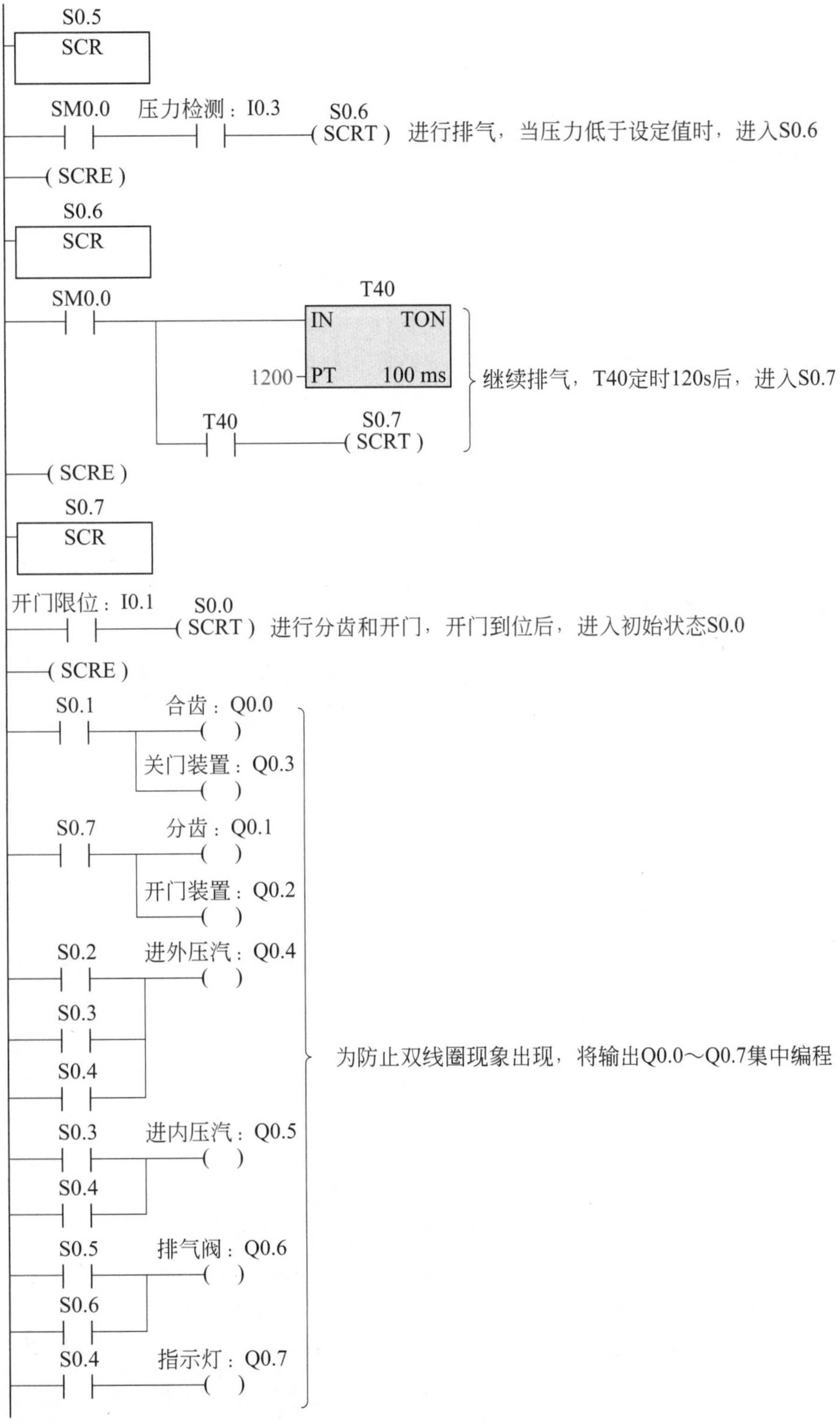

```
              S0.5
            ┌─────────┐
            │   SCR   │
            └─────────┘

      SM0.0   压力检测：I0.3    S0.6
     ──┤├──────┤├────────────( SCRT )   进行排气，当压力低于设定值时，进入S0.6

     ─( SCRE )

              S0.6
            ┌─────────┐
            │   SCR   │
            └─────────┘

      SM0.0                        T40
     ──┤├──────────────┌──────────────────────┐
                       │ IN          TON      │ ┐
                       │                      │ │
                       │                      │ │  继续排气，T40定时120s后，进入S0.7
               1200 ───┤ PT        100 ms     │ │
                       └──────────────────────┘ │
                 T40          S0.7              │
                ──┤├──────────( SCRT )          ┘

     ─( SCRE )

              S0.7
            ┌─────────┐
            │   SCR   │
            └─────────┘

     开门限位：I0.1     S0.0
     ──┤├──────────────( SCRT )   进行分齿和开门，开门到位后，进入初始状态S0.0

     ─( SCRE )

      S0.1       合齿：Q0.0   ┐
     ──┤├──────────( )        │
                关门装置：Q0.3 │
                   ─( )       │
      S0.7       分齿：Q0.1    │
     ──┤├──────────( )        │
                开门装置：Q0.2 │
                   ─( )       │
      S0.2      进外压汽：Q0.4 │
     ──┤├──────────( )        │
      S0.3                    │  为防止双线圈现象出现，将输出Q0.0～Q0.7集中编程
     ──┤├──                   │
      S0.4                    │
     ──┤├──                   │
      S0.3      进内压汽：Q0.5 │
     ──┤├──────────( )        │
      S0.4                    │
     ──┤├──                   │
      S0.5      排气阀：Q0.6   │
     ──┤├──────────( )        │
      S0.6                    │
     ──┤├──                   │
      S0.4      指示灯：Q0.7   │
     ──┤├──────────( )        ┘
```

图 11-8   控制程序

11.5 两个滑台顺序控制

（1）控制要求

现有两个滑台 A 和 B，初始状态滑台 A 在左边，限位开关 SQ1 受压，滑台 B 在右边，限位开关 SQ3 受压。当按下启动按钮时，滑台 A 右行，当碰到限位开关 SQ2 时停止并进行能耗制动 5s。之后滑台 B 左行，碰到限位开关 SQ4 时停止并进行能耗制动 5s。停止 100s，两个滑台同时返回原位，碰到限位开关时停止并进行能耗制动，5s 后停止。范例示意如图 11-9 所示。

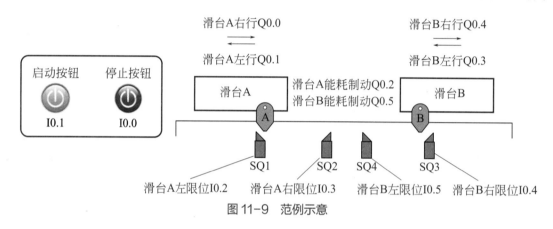

图 11-9　范例示意

（2）控制程序及程序说明

控制程序如图 11-10 所示。

① PLC 运行时初始化脉冲 SM0.1 使初始状态步 S0.0 置位，两个滑台在初始位置，限位开关 I0.2、I0.4 常开触点闭合。

② 按下启动按钮 I0.1，S0.1 置位，Q0.0 得电，滑台 A 右行，I0.2 触点断开。碰到限位开关 I0.3 时，S0.2 置位，Q0.0 失电，Q0.2 得电，滑台 A 进行能耗制动。5s 后 S0.3 置位，Q0.2 失电，Q0.3 得电，滑台 B 左行，I0.4 触点断开。碰到限位开关 I0.5 时，S0.4 置位，Q0.3 失电，Q0.5 得电，滑台 B 进行能耗制动。5s 后 S0.5 置位，Q0.5 失电。100s 后 S0.6 和 S1.0 同时置位。

③ S0.6 置位，Q0.1 得电，滑台 A 左行，I0.3 触点断开，滑台 A 回到原位碰到限位开关 I0.2。S0.7 置位，Q0.2 得电，5s 后失电，滑台 A 能耗制动 5s 停止。

④ S1.0 置位，Q0.4 得电，滑台 B 右行，I0.5 触点断开，滑台 B 回到原位碰到限位开关 I0.4。S1.1 置位，Q0.5 得电，5s 后失电，滑台 B 能耗制动 5s 停止。

⑤ 两个滑台都制动结束时，T40、T41 触点闭合，S0.7、S1.1 复位，S0.0 置位，转移到初始状态步，全工程完成。

⑥ 按下停止按钮 I0.0，系统停止。

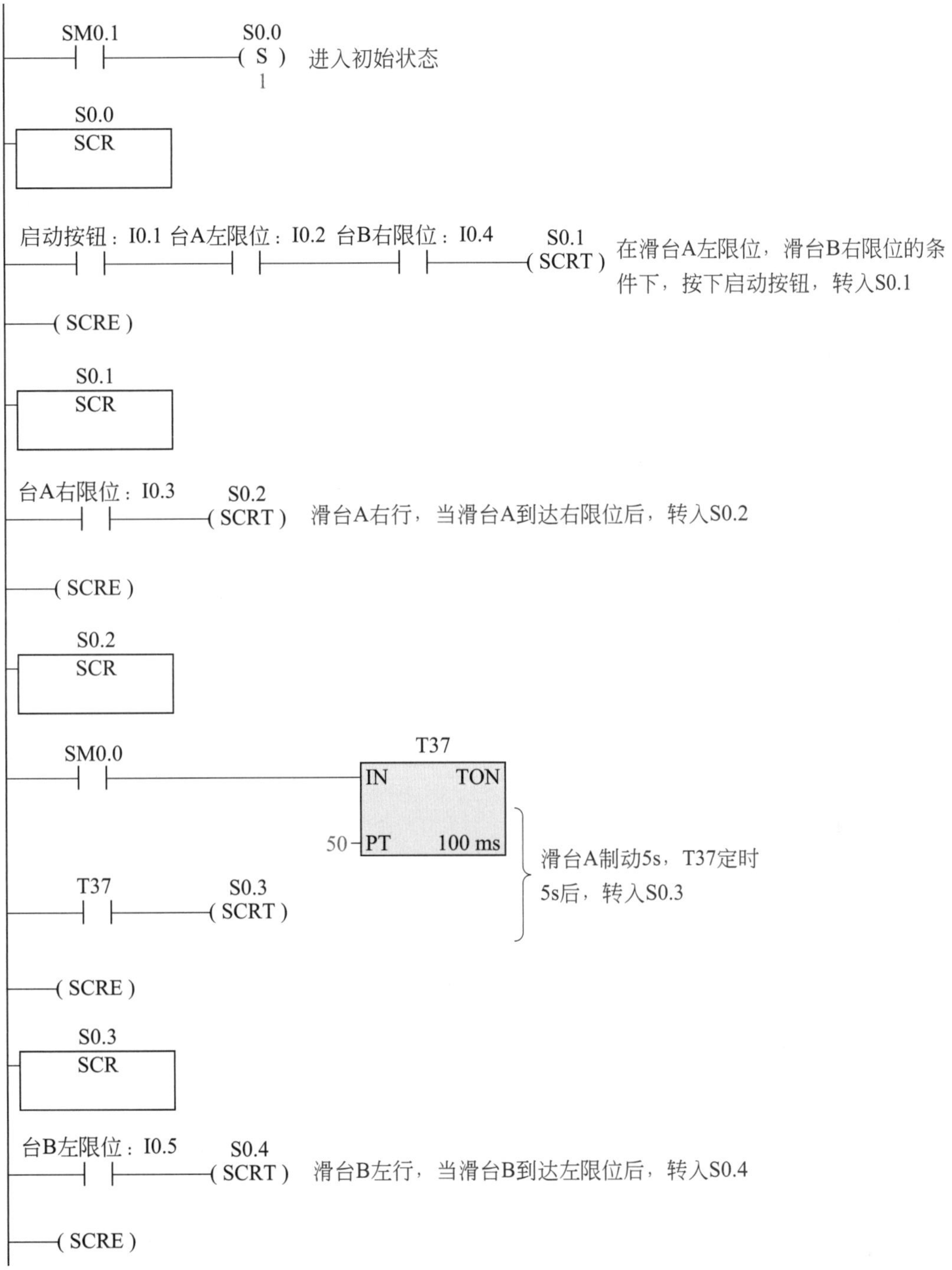

```
   SM0.1              S0.0
    ─┤├─              ─( S )    进入初始状态
                         1

        S0.0
    ┌──────────┐
    │   SCR    │
    └──────────┘

  启动按钮：I0.1 台A左限位：I0.2 台B右限位：I0.4      S0.1    在滑台A左限位，滑台B右限位的条
    ─┤├───────────┤├───────────┤├──────────( SCRT )  件下，按下启动按钮，转入S0.1

   ─( SCRE )

        S0.1
    ┌──────────┐
    │   SCR    │
    └──────────┘

  台A右限位：I0.3     S0.2
    ─┤├───────────( SCRT )    滑台A右行，当滑台A到达右限位后，转入S0.2

   ─( SCRE )

        S0.2
    ┌──────────┐
    │   SCR    │
    └──────────┘

    SM0.0                    T37
    ─┤├──────────────┌──────────────┐
                     │ IN       TON │
                     │              │
               50 ──┤ PT    100 ms │
                     └──────────────┘
    T37              S0.3              滑台A制动5s，T37定时
    ─┤├───────────( SCRT )            5s后，转入S0.3

   ─( SCRE )

        S0.3
    ┌──────────┐
    │   SCR    │
    └──────────┘

  台B左限位：I0.5     S0.4
    ─┤├───────────( SCRT )    滑台B左行，当滑台B到达左限位后，转入S0.4

   ─( SCRE )
```

图 11-10

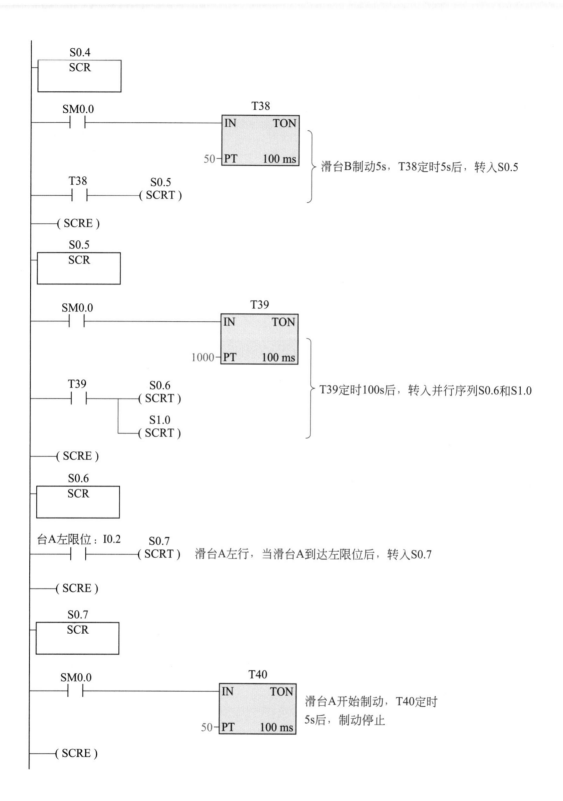

滑台B制动5s，T38定时5s后，转入S0.5

T39定时100s后，转入并行序列S0.6和S1.0

滑台A左行，当滑台A到达左限位后，转入S0.7

滑台A开始制动，T40定时5s后，制动停止

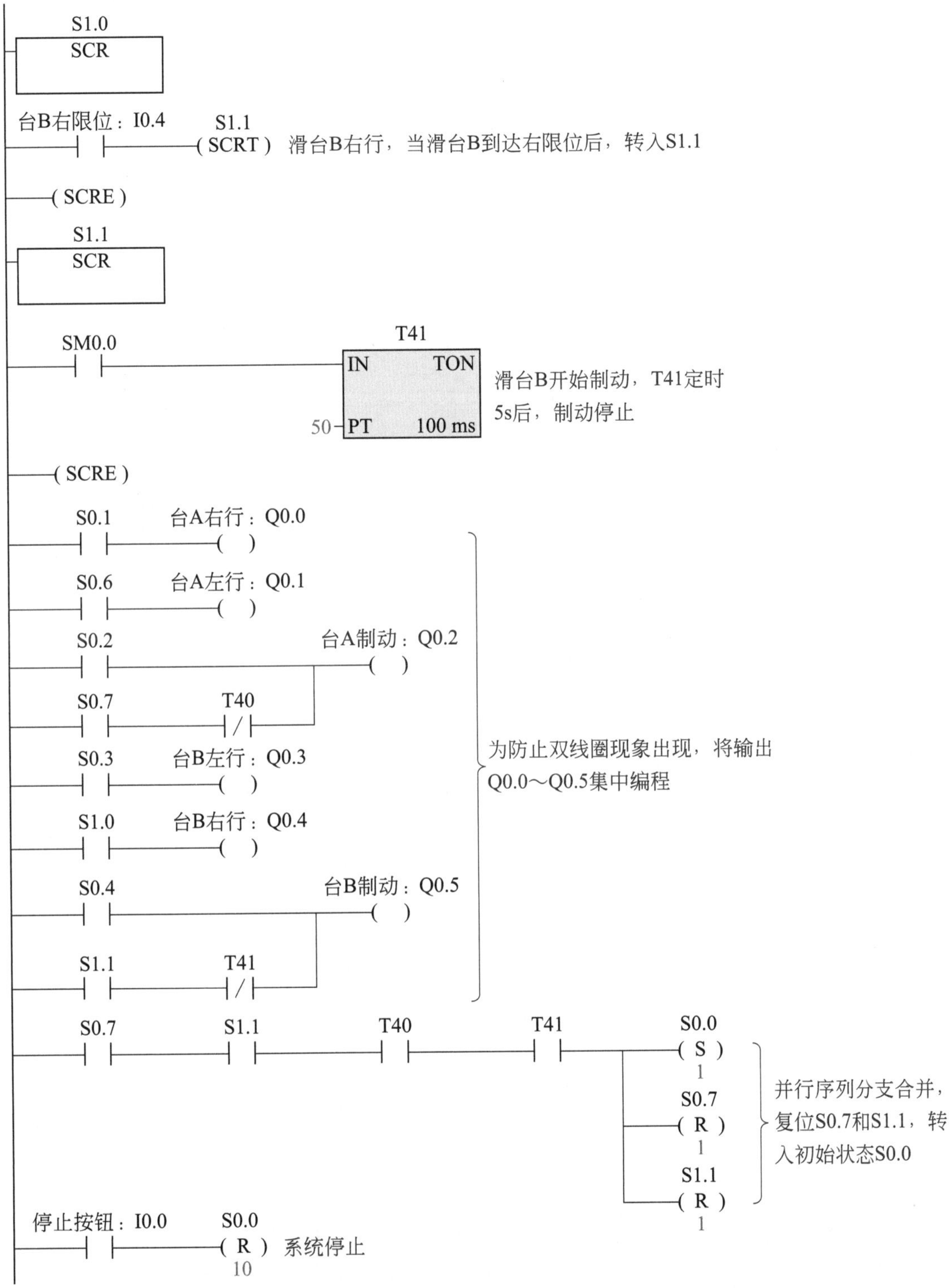

S1.0
SCR

台B右限位：I0.4　　S1.1
├─┤ ├──────────(SCRT)　滑台B右行，当滑台B到达右限位后，转入S1.1

├──(SCRE)

S1.1
SCR

SM0.0　　　　　　　　T41
├─┤ ├────────IN　　TON　　滑台B开始制动，T41定时
　　　　　　　　　　　　　　　　5s后，制动停止
　　　　　　　50─PT　　100 ms

├──(SCRE)

S0.1　　台A右行：Q0.0
├─┤ ├────( )

S0.6　　台A左行：Q0.1
├─┤ ├────( )

S0.2　　　　　　　台A制动：Q0.2
├─┤ ├──────────( )

S0.7　　T40
├─┤ ├──┤ / ├

S0.3　　台B左行：Q0.3
├─┤ ├────( )　　　　　　　　　为防止双线圈现象出现，将输出
　　　　　　　　　　　　　　　　　Q0.0～Q0.5集中编程
S1.0　　台B右行：Q0.4
├─┤ ├────( )

S0.4　　　　　　　台B制动：Q0.5
├─┤ ├──────────( )

S1.1　　T41
├─┤ ├──┤ / ├

S0.7　　S1.1　　　T40　　　T41　　　S0.0
├─┤ ├──┤ ├──┤ ├──┤ ├────(S)
　　　　　　　　　　　　　　　　　　　　1
　　　　　　　　　　　　　　　　　　　S0.7　　并行序列分支合并，
　　　　　　　　　　　　　　　　　　　(R)　　复位S0.7和S1.1，转
　　　　　　　　　　　　　　　　　　　1　　　入初始状态S0.0
　　　　　　　　　　　　　　　　　　　S1.1
　　　　　　　　　　　　　　　　　　　(R)
　　　　　　　　　　　　　　　　　　　1

停止按钮：I0.0　　S0.0
├─┤ ├────(R)　系统停止
　　　　　　　　　　10

图 11-10　控制程序

11.6 大小球分拣系统

（1）控制要求

某分拣系统要分开大小两种球，并搬到不同的箱子内存放。机械手臂依次完成下降、夹取、上升、右移、下降、释放、上升、左移等动作，从而实现皮球的搬运。机械臂在原始位置按自动启动按钮，开始循环运行。如果按下停止按钮，则不管何时何处，机械臂最终都要完成本周期动作，停止在原始位置。范例示意如图 11-11 所示。

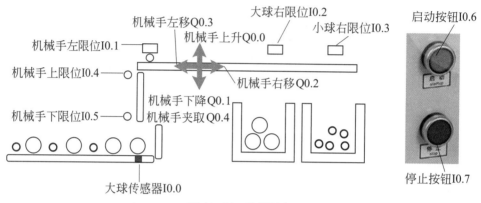

图 11-11　范例示意

（2）控制程序及程序说明

控制程序如图 11-12 所示。

① 系统开始运行时，SM0.1 接通一个扫描周期，S0.0 置位。

② 按下启动按钮，将 S0.0 ~ S0.7 和 S1.0 复位，将停止标志 M0.2 复位，并转到 S0.1。

③ 大球传感器检测是否是大球，如果是大球，置位大球标志 M0.0，如果是小球，置位小球标志 M0.1。同时，Q0.1 得电，机械手下降，下降到下限位 I0.5 后转到 S0.2。

④ Q0.4 得电，机械手夹取皮球，同时，T37 开始定时，3s 后转到 S0.3。

⑤ Q0.0 和 Q0.4 得电，机械手夹取皮球后上升，达到上限位 I0.4 后，转到 S0.4。

⑥ Q0.2 和 Q0.4 得电，机械手夹取皮球右移。如果是大球，大球标志 M0.0 闭合，到达大球右移限位 I0.2 后，转到 S0.5。如果是小球，小球标志 M0.1 闭合，到达小球右移限位 I0.3 后，转到 S0.5。

⑦ Q0.1 和 Q0.4 得电，机械手夹取球下降，达到下限位 I0.5 后，复位大小球标志 M0.0、M0.1，并转到 S0.6。

⑧ Q0.4 失电，机械手释放皮球，T38 开始定时，3s 后，转到 S0.7。

⑨ Q0.0 得电，机械手上升，达到上限位 I0.4 后，转到 S1.0。

⑩ Q0.3 得电，机械手左移，达到左限位 I0.1 后，如果在此工作周期，按下过停止按钮，停止标志 M0.2 常开触点闭合，转到初始状态 S0.0。如果没有按下，M0.2 常闭触点闭合，转到 S0.1，进入下一个工作周期。采用停止标志编程可以实现当按下停止按钮 I0.7 时，机械手臂完成动作返回原点时，系统才停止工作。

```
        SM0.1              S0.0
       ─┤ ├─              ─( S )      进入初始状态
                             1

停止按钮：I0.7              M0.2
       ─┤ ├─              ─( S )      置位停止标志
                             1

        S0.0
     ┌─────────┐
     │  SCR    │
     └─────────┘

启动按钮：I0.6             S0.0
       ─┤ ├─              ─( R )    ┐
                             9      │
                           M0.2     │
                          ─( R )    ├  按下启动按钮，初始复位，转到S0.1
                             1      │
                           S0.1     │
                          ─( SCRT ) ┘

      ─( SCRE )

        S0.1
     ┌─────────┐
     │  SCR    │
     └─────────┘

        SM0.0      机械手下限：I0.5      S0.2
       ─┤ ├──────────┤ ├──────────────( SCRT )   Q0.1得电，机械手下降，下降
                                                  到下限位后转到S0.2
                   大球传感器：I0.0      M0.0
                   ───┤ ├──────────────( S )      如果是大球，置位大球标志M0.0
                                          1
                   大球传感器：I0.0      M0.1
                   ───┤/├──────────────( S )      如果是小球，置位小球标志M0.1
                                          1
      ─( SCRE )

        S0.2
     ┌─────────┐
     │  SCR    │
     └─────────┘

        SM0.0                        T37
       ─┤ ├──────────────┐      ┌──────────┐  ┐
                         │      │ IN    TON │  │
                         │      │          │  │
                         │   30─┤ PT  100 ms│  ├  Q0.4得电，机械手夹取皮球，
                         │      └──────────┘  │   T37定时3s后转到S0.3
                         │   T37         S0.3 │
                         └──┤ ├─────────( SCRT ) ┘
      ─( SCRE )
```

图 11-12
```
```

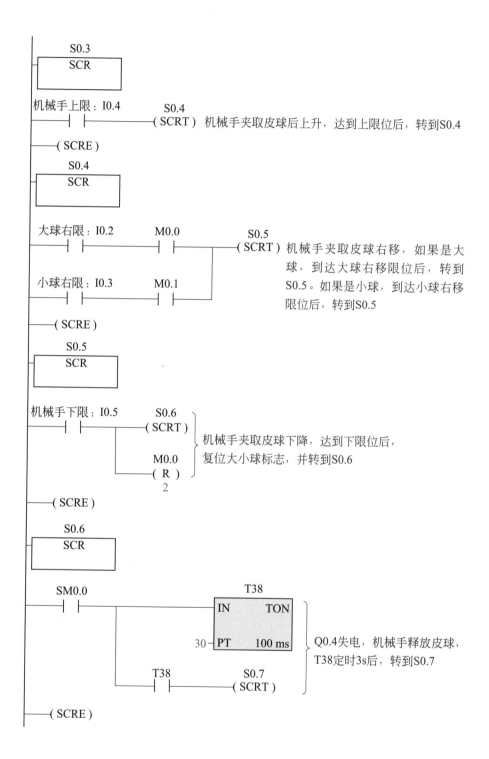

机械手上限：I0.4　　S0.4
机械手夹取皮球后上升，达到上限位后，转到S0.4

大球右限：I0.2　M0.0　　S0.5
机械手夹取皮球右移，如果是大球，到达大球右移限位后，转到S0.5。如果是小球，到达小球右移限位后，转到S0.5

机械手下限：I0.5　S0.6
机械手夹取皮球下降，达到下限位后，复位大小球标志，并转到S0.6

Q0.4失电，机械手释放皮球，T38定时3s后，转到S0.7

```
      S0.7
   ┌─────────┐
───┤   SCR   │
   └─────────┘

机械手上限：I0.4           S1.0
───┤ ├──────────────────( SCRT )  机械手上升，达到上限位后，转到S1.0

───( SCRE )

      S1.0
   ┌─────────┐
───┤   SCR   │
   └─────────┘

机械手左限：I0.1      M0.2        S0.1          ┐ 机械手左移，达到左限位后，如果在此
───┤ ├──────────┤/├─────────( SCRT )         │ 工作周期，按下过停止按钮，M0.2常
          │                                    ├ 开触点闭合，转到初始状态S0.0。如果
          │         M0.2        S0.0          │ 没有按下，M0.2常闭触点闭合，转到
          └─────────┤ ├─────────( SCRT )        │ S0.1，进入下一个工作周期
                                              ┘
───( SCRE )

      S0.3      机械手上升：Q0.0
───┤ ├──────────────( )────────┐
      S0.7                      │
───┤ ├──────────────           │
                                │
      S0.1      机械手下降：Q0.1  │
───┤ ├──────────────( )          │
      S0.5                       │
───┤ ├──────────────            │
                                 │
      S0.4      机械手右移：Q0.2   │
───┤ ├──────────────( )           │
                                  │
      S1.0      机械手左移：Q0.3   ├ 为防止双线圈现象出现，将
───┤ ├──────────────( )           │ 输出Q0.0～Q0.4集中编程
                                  │
      S0.2      机械手夹取：Q0.4   │
───┤ ├──────────────( )────────┐ │
      S0.3                      │ │
───┤ ├──────────────           │ │
      S0.4                      │ │
───┤ ├──────────────           │ │
      S0.5                      │ │
───┤ ├──────────────           ┘ ┘
```

图 11-12　控制程序

385

11.7 切割机控制

（1）控制要求

机械切割机可用 PLC 控制，利用高速计数器和中断程序完成流水线工作。工件移动时，当高速计数器时钟信号到达设定值时，工作台停止，切刀 Q0.0 动作一次，完成一次切割过程。切割完成后，开始下一次过程。范例示意如图 11-13 所示。

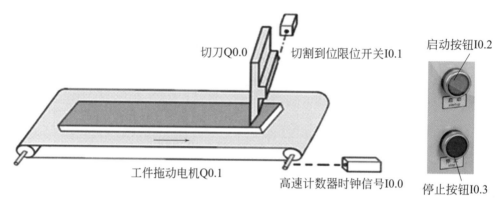

图 11-13 范例示意

（2）高速计数器的配置

采用 PLC 编程软件提供的指令向导，可以比较方便地将高速计数器初始化并建立子程序和中断程序。

① 单击菜单栏中的工具，单击高速计数器，便可进入指令向导，选择需要组态的计数器"HSC0"，单击"下一个"按钮，如图 11-14 所示。

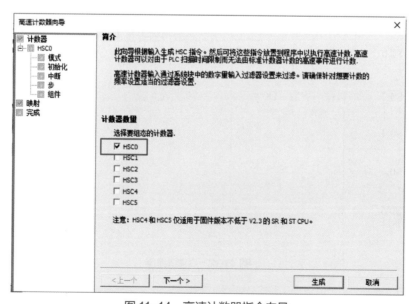

图 11-14 高速计数器指令向导

② 在模式选择窗口，选择模式 0 后单击"下一个"按钮，如图 11-15 所示。

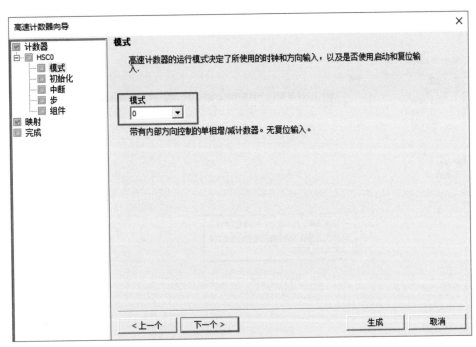

图 11-15　模式选择

③ 在初始化窗口，子程序的名称默认为"HSC0_INIT"。将预设值设为"1000"（每来 1000 个脉冲，切刀切割一次），将当前值设为"0"，计数方向选择"上"（为增计数），单击"下一个"按钮，如图 11-16 所示。

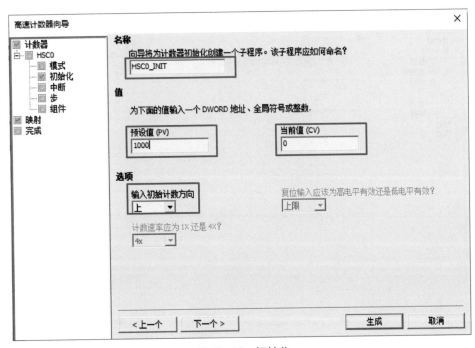

图 11-16　初始化

④ 在中断窗口，由于模式 0 不存在复位和改变方向功能，所以勾选"当前值等于预设值（CV=PV）时的中断"，中断程序的名称默认为"COUNT_EQ0"，单击"下一个"按钮，如图 11-17 所示。

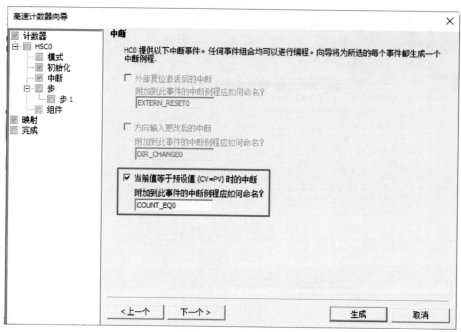

图 11-17　中断窗口

⑤ 在选择步数窗口，由于当 PV=CV 事件发生时，只需要执行一个中断程序，故选择步数为"1"，单击"下一个"按钮，如图 11-18 所示。

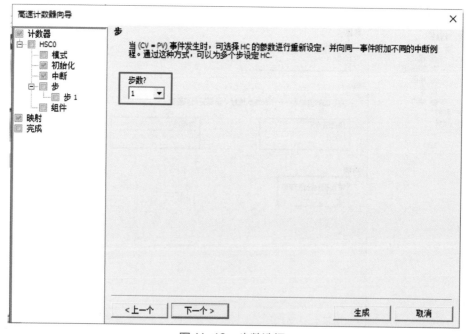

图 11-18　步数选择

⑥ 在步1窗口，由于控制要求当计数达到1000时触发中断后，高速计数器要从0开始重新计数，所以勾选"更新当前值"。设置完后，单击"生成"按钮，如图11-19所示。

⑦ 在项目树的程序块中将会有新生成的 HSC0_INIT 子程序和 COUNT_EQ0 中断程序，双击程序名，可以打开并查看和编辑程序，如图11-20所示。

⑧ 编写好的主程序如图11-21（a）所示；子程序 HSC0_INIT 由向导自动生成，如图11-21（b）所示；中断程序 COUNT_EQ0 一部分由向导自动生成，另一部分根据控制要求编写，如图11-21（c）所示。保存项目，项目名为"切割机控制"。

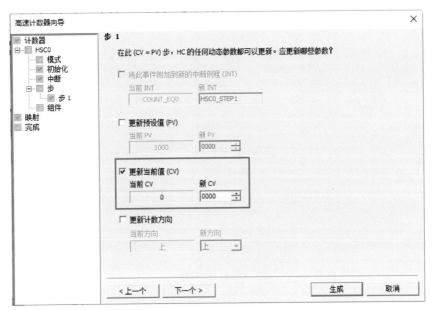

图11-19　步的设置

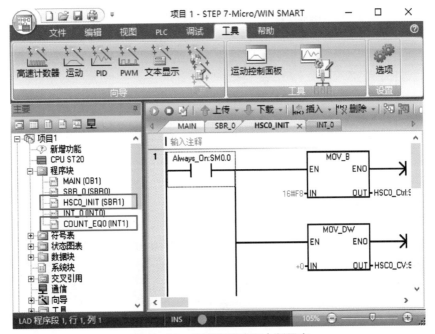

图11-20　查看子程序和中断程序

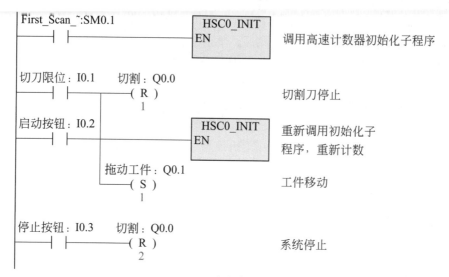

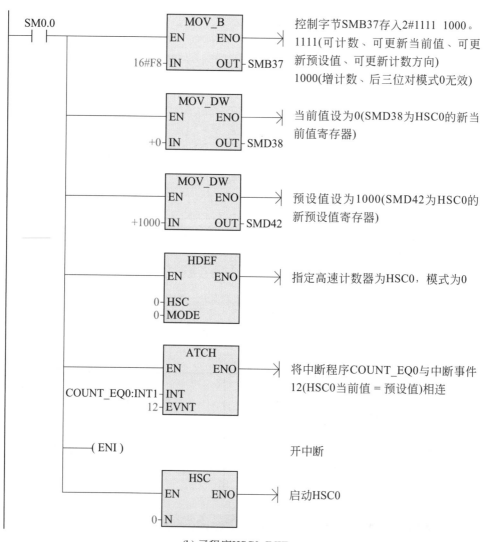

(b) 子程序HSC0_INIT

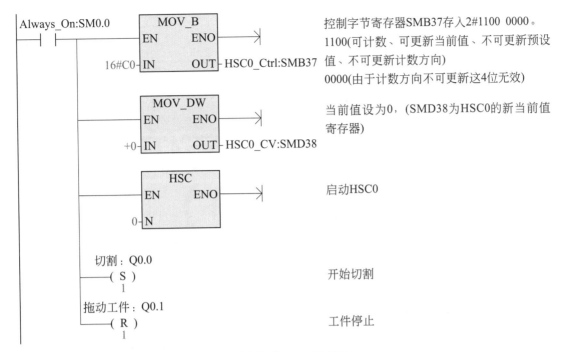

控制字节寄存器SMB37存入2#1100 0000。
1100(可计数、可更新当前值、不可更新预设值、不可更新计数方向)
0000(由于计数方向不可更新这4位无效)

当前值设为0，(SMD38为HSC0的新当前值寄存器)

启动HSC0

开始切割

工件停止

(c) 中断程序COUNT_EQ0

图 11-21　控制程序

（3）控制程序及程序说明

① 第一个扫描周期，SM0.1 接通，调用执行初始化操作的子程序 HSC0_INIT。

② 按下启动按钮 I0.2，Q0.1 得电，工件开始移动，同轴的编码器输出脉冲，脉冲输出端接到 PLC 的 I0.0（此时，I0.0 作为 HSC0 的脉冲输入端，不能再被用作普通端子），高速计数器开始计数。

③ 当计数的当前值等于预设值 1000 时，触发中断，进入中断程序，当前值被重置为 0，Q0.0 得电，启动切割刀，Q0.1 失电，工件停止移动。

④ 当切割完成后，切刀限位 I0.1 常开触点闭合，Q0.0 被复位，停止切割。Q0.1 得电，工件又开始移动，高速计数器又从 0 开始计数，当计数的当前值等于预设值 1000 时，又触发中断，重复上述过程。

⑤ 按下停止按钮 I0.3，系统停止。

附录
西门子 PLC 编程与仿真视频拓展 (二维码视频)

附录 1   西门子 200 编程与仿真

附录 5   西门子 300 编程与
仿真举例

附录 2   计算机与 200PLC 硬件
通信以及上载和下载程序

附录 6   西门子 400 编程与
仿真举例

附录 3   基于 SIMATIC Manager 的
西门子 200 编程与仿真

附录 7   博途 15.1 西门子 300
编程与仿真－起保停控制

附录 4   西门子 200SMART
编程软件使用与仿真

附录 8   博途 15.1 西门子 300
编程与仿真－启动优先控制

附录 9　博途 15.1 西门子 300
编程与仿真 – 多地控制

附录 15　博途讲解西门子 300
定时器 SD 并举例

附录 10　博途西门子 400 组态
编程仿真举例

附录 16　博途西门子 1200 编程
仿真举例（正反转控制）

附录 11　博途西门子 300 定时
器时间设定规则及举例

附录 17 博途西门子 1200 与触摸屏
动画仿真举例（含 FC）

附录 12　博途讲解西门子 300
定时器 SS

附录 18 博途 1500 编程仿真举例及
注意事项

附录 13　博途讲解西门子 300
定时器 SP

附录 19　博途 1500PLC 与触摸屏
快速仿真举例

附录 14　博途讲解西门子 300
定时器 SE

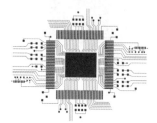

SIEMENS PLC

参考文献

[1] 刘振全,王汉芝.PLC 编程及案例手册[M].北京:化学工业出版社,2021.

[2] 刘振全,王汉芝,等.零起步学 PLC 编程(西门子和三菱)[M].北京:化学工业出版社,2021.

[3] 刘振全,王汉芝.电气控制从入门到精通[M].北京:化学工业出版社,2020.